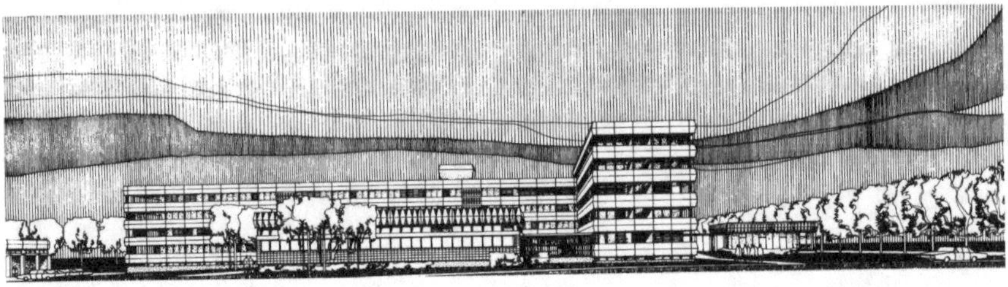

Gebäudekomplex des Zentralen Chiffrierorgans in Dahlwitz-Hoppegarten. (Quelle: Privatarchiv)

Wolfgang Killmann · Winfried Stephan

Das DDR-Chiffriergerät T-310

Kryptographie und Geschichte

zweite, überarbeitete und erweiterte Auflage

Springer Spektrum

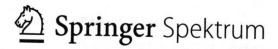

Wolfgang Killmann
Neuenhagen, Deutschland

Winfried Stephan
Sankt Augustin, Deutschland

ISBN 978-3-662-67583-0 ISBN 978-3-662-67584-7 (eBook)
https://doi.org/10.1007/978-3-662-67584-7

Die Deutsche Nationalbibliothek verzeichnet diese Publikation in der Deutschen Nationalbibliografie; detaillierte bibliografische Daten sind im Internet über http://dnb.d-nb.de abrufbar.

Planung/Lektorat: Iris Ruhmann
Springer Spektrum ist ein Imprint der eingetragenen Gesellschaft Springer-Verlag GmbH, DE und ist ein Teil von Springer Nature.
Die Anschrift der Gesellschaft ist: Heidelberger Platz 3, 14197 Berlin, Germany

Unseren Frauen EVA und PETRA gewidmet

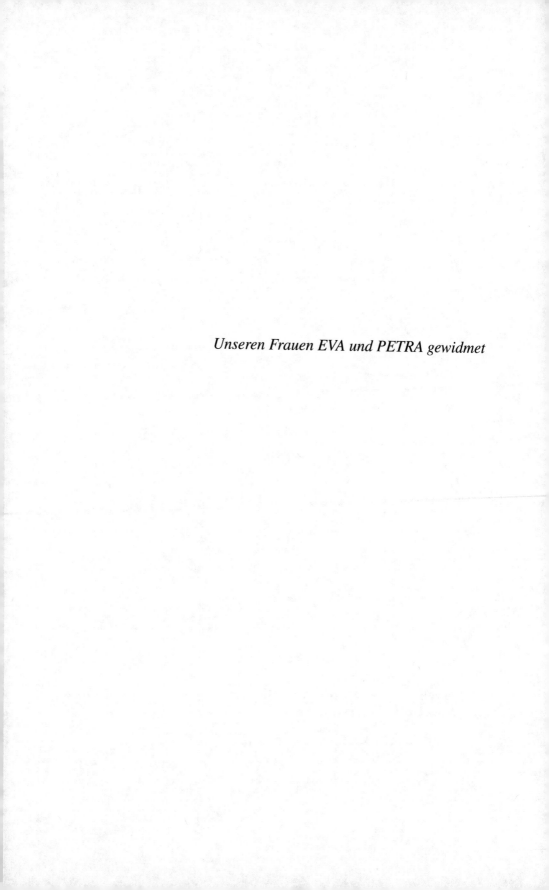

Geleitwort

Es bedurfte einer Revolution, damit dieses Buch geschrieben werden konnte. Nichts Geringeres als eines der größten Geheimnisse eines Staates wird in allen Details vor dem staunenden Leser ausgebreitet. Die jahrzehntelange Entwicklung und Nutzung eines äußerst sicheren Verschlüsselungssystems wurde nicht durch einen wissenschaftlich-technischen Kraftakt beendet wie bei der deutschen Enigma-Chiffriermaschine im zweiten Weltkrieg, sondern durch einen banalen Verwaltungsakt, der mit dem Ende des kalten Krieges und der deutschen Wiedervereinigung möglich geworden war. Kein spektakulärer Spionagecoup, sondern simple Aushändigung aller produzierten Geräte und sämtlicher in präziser mathematischer Form formulierten kryptologischen Konstruktionsprinzipien und Analysedetails markierte das Ende im Lebenszyklus dieses Chiffriersystems. Nach ihrer Auswertung durch die bundesrepublikanischen Fachbehörden wurden die ausgehändigten Unterlagen als obsolet angesehen und in den Aktenbestand des Bundesbeauftragten für die Unterlagen des Staatssicherheitsdienstes der ehemaligen Deutschen Demokratischen Republik (BStU) überführt. Der angemessene Aufbewahrungsort dieses Meilensteins deutscher Technikgeschichte ist aber m. E. nicht der Fundus der hässlichen Hinterlassenschaften eines repressiven politischen Apparats, sondern das Deutsche Museum, wie ich im Folgenden begründen werde.

Revolutionär für die Kryptographie selbst war die Veröffentlichung des Data Encryption Standard (DES) im Jahre 1975 und dessen Annahme als verbindlicher Verschlüsselungsstandard für die vertrauliche Kommunikation der US-amerikanischen Bundesbehörden. Man kann sagen, dass der DES den Anstoß gab sowohl zu der rasanten technischen Entwicklung kryptographischer Sicherheitskomponenten in IT-Systemen aller Art als auch und gerade der breit angelegten akademischen Disziplin der Kryptographie in der Mathematik, der Informatik und den Ingenieurwissenschaften.

Vor diesem Hintergrund ist es reizvoll, die Entwicklung des DES, die von einem Kryptologenteam der IBM durchgeführt wurde, mit der der ALPHA-Algorithmenklasse zu vergleichen, die Gegenstand des vorliegenden Buches ist. Eine Gruppe überwiegend junger Leute von etwa zehn Mitgliedern entwickelte, unter der Anleitung erfahrener Praktiker, aufbauend auf einem soliden technischen Hintergrund, die mathematischen Grundlagen für die konstruktiven und analytischen Elemente eines nachweislich sicheren kryptographischen Systems gemäß Kerckhoffs' Prinzip. Interessanter sind aber sowohl die Unterschiede in den

Ziel- und Aufgabenstellungen als auch denen der Anwendungsumgebung beider Projekte.

Ein entscheidendes Moment der Bedeutung des DES war, dass er ein STANDARD sein sollte, geeignet für die vielfältige Anwendbarkeit in Kommunikationssystemen aller Art, realisierbar gleichermaßen in Software und Hardware. Der Siegeszug der Chipkarte wurde durch einen universellen Kryptostandard erst möglich, die Nutzung in den unterschiedlichen Zahlungssystemen brachte die Förderung und Investitionen in Sicherheitstechnik zuerst in der Finanzindustrie, aus der sich das Verständnis für die Rolle der IT-Sicherheit zum reibungslosen und störungsfreien Funktionieren der gesellschaftlichen Infrastrukturen insgesamt entwickelte. Von praktischer Relevanz des DES war zu dem die Möglichkeit, ihn flexibel in unterschiedlichen Betriebsarten zu nutzen und auch den Schlüsselraum durch Einführung des Triple-DES drastisch zu vergrößern und damit das kryptographische Sicherheitsniveau zu erhöhen. Der DES war ein Blockchiffrieralgorithmus, der Nachrichten in Blöcke von jeweils 64 Bits portionierte und verschlüsselte. Aus einem festen Schlüssel von 56 Bits wurden dabei 16 Zustandswechsel je Eingabeblock gebildet, deren Wirkung insgesamt den 64 Bit langen Chiffreblock ergab. Dafür wurden neue schnelle Hardware-Bausteine entwickelt, die in den verschiedenen Betriebsarten (ECB, CFB,CBC, OFB) genutzt werden konnten, um die sprunghaft steigenden Bedarfe und Märkte des Kommunikations- und IT-Zeitalters mit Sicherheitstechnik abdecken zu können.

So unterschiedlich wie die Aufgabenstellungen waren die kryptologischen Methoden und Konzepte des ALPHA- und des DES-Entwicklungsteams. Die ALPHA-Entwickler waren vor gänzlich andere Aufgaben gestellt, deren Rahmenbedingungen durch die intendierte Verwendung im militärisch-administrativen Umfeld mit einem etablierten Schlüsselmanagement gegeben waren, bei dem ein großer Anteil auch von organisatorischen Sicherheitsmaßnahmen abgedeckt werden konnte. Der DES wurde für einen offenen, die ALPHA-Algorithmen für geschlossene Nutzerkreise vorgesehen.

Das kryptologische Basiskonzept der ALPHA-Algorithmenklasse ist ein Automat mit 2^{36} Zuständen, der taktweise aus einem Paar von jeweils 120 Schlüsselbits und einem 61 Bit langen Initialvektor einen Zustandswechsel erzeugte und nach je 127 Takten ein einzelnes Bit für den Bitstrom ausgab, aus dem dann ein Strom von Substitutionen zur buchstabenweisen Verschlüsselung von Fernschreib texten produziert wurde. Dazu wurden jeweils 13 konsekutive Bits des Stroms zur Auswahl einer von 992 möglichen Substitutionen des Fernschreibalphabets verwendet. Bei der technischen Realisierung des Automaten konnte auf bewährte Bauelemente aus DDR-Produktion zurückgegriffen werden, mit denen die üblichen Fernschreibübertragungsraten von 50–100 Baud problemlos erreicht wurden.

Eine besondere Finesse des Konzepts bestand darin, dass ein Teil der Logik des Automaten hardwaremäßig auswechselbar war. Dadurch entstand einerseits eine ganze Familie verschiedener Ausprägungen des gleichen Kryptosystems, das andererseits für jede Instanz, jeden sogenannten Langzeitschlüssel, den Nachweis der geforderten kryptographischen Eigenschaften erforderlich machte. Jeder Langzeitschlüssel erzeugte acht feste Transformationen der Zustände, von denen jeweils eine durch einen Steuerstrom von Bittripeln ausgewählt und für den nächsten Zustandsübergang genutzt wurde.

Am Anfang des Buches zeigt eine Abbildung die Silhouette vom Hauptgebäude des Zentralen Chiffrierorgans der DDR (ZCO). Die Entwicklung, über die in diesem Buch detailliert berichtet wird, fand in einem modernen funktionalen Bau in der Art eines Forschungs- und Entwicklungscampus statt, nicht in einer finsteren Lubjanka. Die Bauherren haben gut begriffen, wie wichtig eine attraktive offene Gestaltung des Umfelds für kreatives und zugleich intensives und zielgerichtetes Arbeiten ist, ob einzeln oder im Team. Aufschlussreich ist der Einblick in das systematische mathematisch-kryptologische Training durch renommierte Professoren sowjetischer Universitäten (gleichwohl hochrangige KGB-Offiziere), von denen zwei im Buch näher vorgestellt werden.

Ob es am akademischen Hintergrund dieser Berater liegt, vermag ich nicht zu beurteilen. Ein großer Teil des vorliegenden Buches jedenfalls ist in der Fachsprache der reinen Mathematik geschrieben, in exakter algebraisch-algorithmischer Diktion formuliert. Dies betrifft sowohl die Darstellung der kryptographischen Spezifikation als auch die kryptoanalytische Untersuchung der Wirksamkeit der konstruktiven Maßnahmen. Manchen Leser wird es überraschen, dass die praktische Arbeit eines Kryptologen zu einem großen Teil in theoretischer Grundlagenforschung besteht, zu anderen großen Teilen in der Modellierung stochastischer Prozesse und in umfangreichen langwierigen statistischen Analysen. Als Beispiel mag die Forderung genannt sein, dass nur solche Langzeitschlüssel zum operativen Einsatz zugelassen wurden, bei denen eine Einzelfalluntersuchung verifiziert hatte, dass die von ihnen bestimmte Permutationsgruppe die Alternierende Gruppe von 2^{36} Elementen enthält. Eigenschaften dieser Art sollten gewährleisten, dass nicht aus kompromittiert gewordenen Teilen des Bitstroms dessen weitere Sequenz vorhersagbar würde oder die geheimen Schlüssel berechnet werden konnten.

Tatsächlich betreibt das Buch eine Demystifizierung und ersetzt das Geraune über die fantastischen Mittel und Möglichkeiten des ZCO durch eine Beschreibung der akribischen, soliden und gewissenhaften kryptologischen Arbeit, die dort geleistet wurde. Nur auf dieser Grundlage konnte eine sorgfältige verantwortungsvolle Abwägung der Risiken getroffen werden, die einer seriösen Entscheidungsfindung vor dem operativen Einsatz vorausgehen muss. Das Bewusstsein für ein verbleibendes Restrisiko und dessen qualitative Bewertung, aber auch die methodische Erarbeitung geeigneter Abläufe für die Nutzungsphase des kryptographischen Gesamtsystems als wichtige Aspekte und Aufgaben werden ausführlich dargelegt. Detailliert wird die Bedeutung von Schlüsselerzeugung und -verteilung als wesentliche Komponenten des Gesamtkonzepts erläutert.

Die Rolle der Fernschreiber in der Kommunikationstechnik wurde in den 1980er Jahren immer unbedeutender, im Westen etwa fünf bis sechs Jahre früher als im Osten. Sichere Daten- und Kommunikationsnetze! hieß die neue Aufgabe. Jeder höhere Grad der Vernetzung in Wirtschaft, Industrie, öffentlicher Verwaltung und im Alltag erforderte geeignete kryptographische Schutzmaßnahmen. Dem veränderten Bedarf trug man ab 1985 durch eine Neustrukturierung der Zentralstelle für das Chiffrierwesen (ZfCh) in Bonn-Mehlem Rechnung, indem ein Teil ihrer Aufgaben im Februar 1987 in einer neuen Zentralstelle für Sicherheit in der Informationstechnik (ZSI) unter der Aufsicht des Bundesinnenministeriums angesiedelt wurde. Ein entscheidender Schritt war die Herausgabe der IT-Sicherheitskriterien im Juni 1989, durch die die Positionierung und Aufgabenstellung der ZSI für die Öffentlichkeit dokumentiert wurde. Zu Jahresbeginn 1991 wurde aus der ZSI das neue Bundesamt für Sicherheit in der Informationstechnik (BSI) gegründet, zu dessen Aufgaben und Kompetenzen die Bearbeitung der technisch-wissenschaftlichen Grundlagen der Informationssicherheit sowie die Prüfung von DV-Systemen auf Sicherheit und Vertrauenswürdigkeit gehörten. Dr. Otto Leiberich, der Leiter der ZfCh, wurde Gründungspräsident des BSI.

In dieser Phase technischer und organisatorischer Veränderungen der IT-Sicherheit für Gesellschaft, Wirtschaft und Staat ging mit dem Fall der Berliner Mauer der kalte Krieg zwischen Ost und West zu Ende. Aufgrund des Einigungsvertrages von 1990 wurde das ZCO aufgelöst, dessen Dokumente und Geräte an die Behörden der Bundesrepublik übergeben.

Welchen Nutzen und welche Relevanz hatten die übergebenen Informationen für die westdeutschen Stellen, die nunmehr nicht nur Wissensfragmente gewannen, sondern sogar alle Details der ALPHA-Algorithmenklasse geliefert bekamen? Die ausgehändigten Dokumente des ZCO belegen eine tiefschürfende und ausführliche Untersuchung der Konstruktion und geben Aufschluss von einer äußerst gewissenhaften Kryptoanalyse, die keinerlei Schwachstellen zu Tage gebracht hat. Auch die Kenntnis aller konstruktiven Details nutzt nichts, die Kompromittierung des Bauplans ist sogar das Ausgangsszenario der Analysen. Die Resistenz gegen alle denkbaren Angriffe ist exzellent begründet. Das Kerckhoffs' Prinzip wurde vorbildlich umgesetzt.

Auf Seiten von ZSI/BSI gab es andererseits eindeutig keinen Bedarf an diesem System, im Zuge NATO-weit einheitlicher Lösungen war auf eigene Entwicklungen von Stromchiffren sogar verzichtet worden. Auch zu den Aufgaben des BSI konnten sie unmittelbar keinen signifikanten technischen Beitrag leisten, ebenso wenig wie die subtilen, aber auch sehr speziellen, grundsätzlichen mathematischen Ergebnisse, die bei der Arbeit am ALPHA-System gewonnen wurden. Bei einer nüchternen Betrachtung war daher der geschenkte kryptologische Schatz für das BSI wertlos.

Blockchiffren wurden das Mittel der Wahl zur kryptographischen Sicherheit in Kommunikations- und IT-Systemen. Zwar wurde der DES-Algorithmus durch den AES ersetzt, weil sich letztlich der Schlüsselraum als zu klein erwies, jedoch war seine Entwicklung wegweisend für Sicherheit im Informationszeitalter und gab den entscheidenden Anstoß für die explosive theoretische und praktische Stellung, die die Kryptologie heute einnimmt.

Das Erbe der ALPHA-Entwicklung ist weniger spektakulär aber gleichwohl sichtbar. BSI-Präsident Leiberich schätzte die Qualität der Kryptologen des ZCO sehr hoch ein und wollte deren Know-how für den Aufbau seines neuen Bundesamtes sichern. Eine besondere Rolle kamen nach seiner Meinung einer stringenten Entwicklungssystematik und der entwicklungsbegleitenden Evaluierung zu und er ermunterte daher Firmen aus dem Auftragnehmerkreis des BSI, aktiv auf die Erfahrungen des ZCO zuzugreifen und die teilweise arbeitslos gewordenen Leute als eigene Mitarbeiter zu gewinnen. Diese Strategie erwies sich als sehr erfolgreich, im Laufe der Jahre entstand eine gut kooperierende Community, die im wirtschaftlichen Wettbewerb der Sicherheitsindustrie innerhalb der EU gut etabliert war.

Die genial-einfachen ALPHA-Algorithmen können auch nach heutigen Maßstäben noch eine starke Verschlüsselung leisten, wenn man ihre Prinzipien verstanden hat. Die vorliegende kryptographische Biographie ist eine gediegene Arbeit, möchte ich sagen – sie hat unseren Respekt verdient.

Hürth
April 2020

F.-P. Heider

Vorwort

Das Gerät T-310 war das am weitesten verbreitete Fernschreibchiffriergerät in der DDR. Die DDR gibt es seit mehr als 30 Jahren nicht mehr. So gut wie alles aus der DDR- Zeit wurde negiert und geriet mehr oder weniger in Vergessenheit. Das Chiffrierwesen ist nur ein Teil der DDR, aber auch es ist einer genaueren Betrachtung wert. Seit 1995 veröffentlicht Jörg Drobick dazu eine umfangreiche Dokumentation im Internet [30]. Der Chiffrieralgorithmus des Geräts T-310 wurde 2006 in der Fachzeitschrift *Cryptologia* veröffentlicht [69]. Der vor mehr als 50 Jahren in der DDR entwickelte Algorithmus ist immer noch Gegenstand kryptologischer Untersuchungen. Die Kryptologen der DDR werden an der *Kryptologischen Analyse des Chiffriergeräts T-310/50* [111] aus dem Jahr 1980 gemessen und bewertet. Unsere späteren Ergebnisse bis 1990 sind noch nicht vollständig öffentlich zugängig. Das scheinbar ungebrochene Interesse an dem Algorithmus und der Untersuchung seiner Sicherheit erstaunte und elektrisierte uns, denn wir sind zwei der Entwickler dieses Chiffrieralgorithmus und auch Mitautoren dieser Analyse. Der besondere Reiz erwächst dabei vor allem aus der Tatsache, dass die neuen Analyseergebnisse von Kryptologen der uns nachfolgenden Generation erarbeitet wurden. Ihnen stehen heute ganz andere mathematische Erkenntnisse und Methoden, aber auch deutlich bessere technische Möglichkeiten zur Verfügung. So bekamen wir beim Lesen den Eindruck, dass sich heute kaum noch jemand vorstellen kann, wie wir damals arbeiteten und über welche Mittel wir zu jener Zeit verfügten.

Die Entwicklung und der Einsatz der T-310 müssen in der historischen Situation gesehen werden. Der Chiffrieralgorithmus, das Gerät T-310 und deren Analyse sind Kinder ihrer Zeit. Der Chiffrieralgorithmus war der zweite einer Algorithmenklasse und, weil sich die technische Basis änderte, war er der letzte seiner Art. Der Chiffrieralgorithmus und das Gerät T-310 waren auf die heute weitgehend ausgestorbene Fernschreibtechnik und deren Übertragungsgeschwindigkeit abgestimmt. Für die kryptographische Analyse nutzten wir die uns damals verfügbaren mathematischen Methoden, aber auch die Kopplung von Spezialtechnik an Computer für umfangreiche Routineberechnungen. Es kommt nur selten vor, dass ein zum Schutz von Staatsgeheimnissen verwendeter Chiffrieralgorithmus und dessen Analyse durch seine Entwickler in der Öffentlichkeit bekannt werden. Deshalb ist es nach genauerer Überlegung auch nicht verwunderlich, dass sich Kryptologen aus dem akademischen Bereich jetzt noch mit diesem alten Algorithmus beschäftigen. Während es in den 70er Jahren weder in Ost noch in West kaum eine öffentliche akademische Kryptographie gab, kann sich heute die gesamte Kryptocommunity einem Algorithmus zuwenden. Dass daraus neue Erkenntnisse, aber auch Fragen und gelegentliche Missverständnisse entstehen, ist ganz natürlich. So haben wir uns entschlossen, aus dem Schatten der Verschwiegenheit herauszutreten und unseren Beitrag zum besseren Verständnis unserer Arbeit und damit zur Geschichte der Kryptologie zu leisten. Die Arbeiten an der T-310 waren mehr als 15 Jahre lang der Mittelpunkt unserer beruflichen Tätigkeit. Wenn wir von unseren Ergebnissen der T-310-Entwicklung und -Analyse sprechen, dann sind immer die Resultate gemeint, die von den Mitarbeiterinnen und Mitarbeitern des Zentralen Chiffrierorgans der DDR erarbeitet wurden. Die Darstellung und Bewertung dieser Ergebnisse in diesem Buch sind sicher nicht vollständig und auch subjektiv beeinflusst, das lässt sich nicht vermeiden. Die erneute Beschäftigung mit ihnen ist für uns auch ein Ausflug in unsere Vergangenheit. Deshalb wählten wir als Untertitel des Buches *Kryptographie und Geschichte*. Uns würde es freuen, wenn wir zum Verständnis unserer damaligen Denk- und Arbeitsweise beitragen und eine Brücke zur heutigen Kryptographie schlagen können.

Inhalt und Aufbau des Buches

Das Dokument ist in vier Hauptteile untergliedert. Im ersten Teil beschreiben wir die Rahmenbedingungen für die Entwicklung des Chiffriergeräts T-310. Wir beginnen mit einer historischen Einordnung der Entwicklung und Analyse des Chiffriergeräts T-310, seiner Zweckbestimmung und den vorgesehenen Einsatzbedingungen. Es folgt eine kurze Einschätzung des damaligen kryptologischen Wissensstandes und wir beschreiben, wie wir unser Wissen mit Unterstützung sowjetischer Kryptologen kontinuierlich erweitern konnten. Die von uns genutzten Grundbegriffe des Chiffrierwesens werden vorgestellt. Wir erläutern unser methodisches Herangehen an die Entwicklung des Geräts auf der Basis definierter operativer und technischer Forderungen an das Chiffrierverfahren. In Verbindung mit der Definition des Begriffs der quasiabsoluten Sicherheit werden grundlegende Überlegungen zur Sicherheit von Chiffrierverfahren und -algorithmen diskutiert.

Im zweiten Teil stellen wir in den ersten drei Kapiteln den T-310-Algorithmus vor. Die mathematische Definition des Algorithmus und die Anforderungen an die strukturbestimmenden Langzeitschlüssel im Kap. 5 und im Abschn. 8.6 sind als Einheit zu sehen. In den weiteren Kapiteln diskutieren wir die Ergebnisse der Entwicklungsanalyse [111]. Wo es uns sinnvoll und für das Verständnis notwendig erscheint, erläutern wir die Ergebnisse genauer oder beweisen sie. Als Beispiel sei hier auf das Kap. 8 verwiesen. Die Methode zum Nachweis der Primitivität der durch eine Abbildung im Chiffrieralgorithmus erzeugten Gruppe ist in der Literatur in dieser Form nicht zu finden und wird deshalb ausführlicher beschrieben. An anderen Stellen setzen wir ein gewisses kryptologisches und mathematisches Grundwissen voraus und verweisen lediglich auf entsprechende

Quellen. Die gewollte Kompliziertheit des Chiffrieralgorithmus führt auch dazu, dass mitunter nur Modelle betrachtet werden können (Kap. 9) oder in der Analyse nur Teilergebnisse erreicht werden konnten. Im letzten Kapitel unternehmen wir den Versuch einer kryptologischen Bewertung des Chiffrieralgorithmus T-310 und ziehen dazu auch Ergebnisse aus [15] heran.

Der dritte Teil des Buches beschreibt die Chiffriergeräte T-310/50 und T-310/51 sowie deren Anwendung. Die Chiffriergeräte implementierten den Chiffrieralgorithmus T-310 und die Zusammenarbeit mit der Nachrichtentechnik. Die Integration der Chiffriergeräte in Nachrichtennetze und ihr sicherer Einsatz setzte eine geeignete Infrastruktur und verbindliche Anwendungsvorschriften voraus. Der Einsatz der Geräte wurde durch Vorschriften geregelt, deren Gesamtheit das Chiffrierverfahren bestimmen. Wir stellen dar, wie wir bei der Entwicklung und Analyse unserer Chiffrierverfahren diese Aspekte berücksichtigten. Nicht zuletzt wird im Rahmen der Analyse der Verfahren eingeschätzt, welche kryptologischen Angriffe auf ein Chiffrierverfahren praktisch möglich sind und umgekehrt, welche in der Algorithmusanalyse gefundenen potentiellen Schwachstellen praktisch ausnutzbar sein könnten.

Im vierten und letzten Teil legen wir dar, wie sich zur politischen Wende 1990 das Ende des Einsatzes der T-310 gestaltete und wie wir diesen Prozess begleiten mussten. Soweit es zum Verständnis wichtig ist, gehen wir auf die gesellschaftlichen und historischen Rahmenbedingungen ein. Deshalb beschreiben wir auch den Zusammenhang zwischen dem Ende des Einsatzes der T-310 und dem Ende der DDR. Für historisch Interessierte könnte dies neben der Kryptologie von eigenständigem Interesse sein. Im letzten Kapitel beschreiben wir, wie uns unser kryptologisches Fachwissen beim Neuanfang in der Bundesrepublik geholfen hat.

Im Anhang finden sich eine Liste der Vortragsthemen sowjetischer Kryptologen, eine Liste von Dokumenten zum Chiffrieralgorithmus T-310, die noch nicht wieder verfügbar sind, Protokolle zweier Dienstreisen nach Bonn im Sommer 1990 und die Kurzbeschreibung einer Algorithmenklasse LAMBDA, die 1990 unter Zeitdruck für kommerzielle Anwendungen entwickelt wurde.

Die erweiterte Version des Buches

Die vorliegende zweite Auflage des Buches wartet mit einer Reihe von Ergänzungen auf, außerdem haben wir Korrekturen vorgenommen. Die Ergänzungen beruhen auf Informationen und Beiträgen früherer Mitarbeiter, insbesondere von Ralph Wernsdorf, auf Dokumenten der 80er Jahre, die uns erst nach Erscheinen der Erstauflage wieder zugänglich wurden, und neueren eigenen Untersuchungen.

Aufgrund von neuen Rechercheergebnissen im Bundesarchiv durch Herrn Drobick können wir auf der Basis von Originaldokumenten die Historie der T-310-Entwicklung ausgehend vom Vorläuferalgorithmus SKS genauer darstellen. Zum Beispiel steht jetzt die SKS-Analyse von 1973 zur Verfügung. Durch die Beschreibungen und Analyseergebnisse zum Chiffrieralgorithmus SKS war es für uns möglich, die Entwicklung des Chiffrieralgorithmus T-310 in den Entwicklungsprozess besser einzuordnen. Der Ursprung bestimmter kryptologischer Forderungen kann so detaillierter erläutert werden. Das führt zu Erweiterungen in den Teilen I, II und III. Weiterhin wurden Unterlagen zur T-310 aus der Zeit nach 1980 gefunden. Sie belegen die mathematisch-kryptologischen Arbeiten von 1980 bis 1990. Sie standen für die erste Ausgabe nicht zur Verfügung.

Das spiegelt sich in Erweiterungen zum Teil II wider. Hier finden sich die meisten Ergänzungen. Sie beziehen sich auf Invarianzen, gruppentheoretische Aussagen, Periodizitäts- und Äquivalenzeigenschaften des Chiffrieralgorithmus T-310. Es wurde genauer gekennzeichnet, welche Aussagen durch uns in Verbindung mit der Arbeit an diesem Buch ergänzt werden konnten. Es gelang uns, einige damals nicht lösbare Probleme mit der heute zur Verfügung stehenden Computertechnik zu lösen. Hierdurch wird der Unterschied zu der damals sehr begrenzten Rechenkapazität plastisch darstellbar. Die Gesamtheit aller Ergebnisse werden im Kapitel „Der Algorithmus aus heutiger Sicht" bewertet. In der Zeitschrift Cryptologia (USA) wurden von Courtois et. al. einzelne Ergebnisse seiner T-310-Untersuchungen veröffentlicht. Die dort dargestellten Ergebnisse werden in unserer Neufassung in den Gesamtkontext kryptologisch eingeordnet.

Im Teil III ist ein Bedrohungsmodell des Chiffrierverfahrens ARGON hinzugefügt. Mit ihm werden die notwendigen analytischen Arbeiten, die anschließend dargestellt werden, anschaulich eingeordnet.

Im Teil IV ist die Beschreibung der Ereignisse im Wendejahr 1990 neu strukturiert. Der Einsatz der T-310 zur Realisierung von gesicherten Fernschreibverbindungen zwischen Ministerien der BRD und der DDR wird genauer rekonstruiert. Auch die Entstehungsgeschichte der SIT konnten wir genauer fassen. Ein Großteil der Präzisierungen und Neubewertungen basieren auf persönlichen Unterlagen, Aufzeichnungen und Notizen von Protagonisten dieser Zeit, zu denen wir nach Veröffentlichung der ersten Auflage Verbindungen knüpfen konnten.

Wir danken

... dem Springer-Verlag, der dieses Buch auch in der zweiten Auflage ermöglichte. Dr. Franz-Peter Heider motivierte uns zum Schreiben des Buches und begleitete auch die Neuauflage. Ihm gilt unser besonderer Dank für seine uneigennützige Unterstützung mit seinem Fachwissen. Wir danken Jens Raeder vom NVA Museums in Harnekop für die Einsichten in Originaldokumente und die Möglichkeit, Fotos vom Gerät T-310 und relevanten Unterlagen zu erstellen. Insbesondere gilt unser Dank Jörg Drobick, durch dessen Internetseiten [30] uns viele Dokumente wieder zugänglich wurden, die wir im Rahmen unserer Arbeiten zur T-310 erstellten. Damit hat er uns sehr geholfen, unsere Erinnerungen aufzufrischen und anhand der verfügbaren Materialien zu objektivieren. Er unterstützte uns in dankenswerter Weise in Konsultationen mit weiteren Informationen. Auf seine umfangreiche Sammlung von Dokumenten des Chiffrierwesens der DDR [30], recherchiert durch die BStU, sei ausdrücklich verwiesen.

Wir danken Dr. Petra Stephan für die kritische Begleitung und die Übernahme umfangreicher redaktioneller Arbeiten.

Wolfgang Killmann
Winfried Stephan

Inhaltsverzeichnis

Teil IV Ende und Neuanfang

Teil I
Rahmenbedingungen für die Entwicklung

„Nur vordergründig kämpfen Codemaker gegen Codebreaker. In Wirklichkeit findet ein wissenschaftlicher Krieg zwischen den Staaten statt."

Dr. Otto Leiberich [52]

T-310-Chronologie

1

Inhaltsverzeichnis

Das Chiffriergerät T-310 sowie das zugehörige Chiffrierverfahren ARGON waren die wichtigsten Eigenentwicklungen des Zentralen Chiffrierorgans der DDR (ZCO). In den 70er Jahren entwickelt, kam die T-310 nach ihrer Erprobung ab 1983 vor allem in den Staats- und Sicherheitsorganen der DDR zum Einsatz. Zum Ende der DDR existierten fast 3900 dieser Geräte, die nach der Vereinigung der beiden deutschen Staaten auftragsgemäß so gut wie alle vernichtet wurden. Diesen Lebenszyklus, vom Beginn der Entwicklung über einzelne Entwicklungsetappen bis zur Vernichtung der Geräte, beschreiben wir im Überblick. Ergänzend erläutern wir die Entwicklung des Chiffriergeräts SKS V/1, das den Vorgänger des Chiffrieralgorithmus T-310 enthält. Beide Chiffrieralgorithmen wurden später zur Chiffrieralgorithmenklasse ALPHA zusammengefasst und parallel untersucht. Die personellen, technischen und wissenschaftlichen Voraussetzungen für die Entwicklungsarbeiten, insbesondere die Zusammenarbeit mit den sowjetischen Kryptologen, werden im historischen Kontext beschrieben.

1.1 Historische Einordnung

Das Chiffriergerät T-310 wurde für die Verschlüsselung von Fernschreibverbindungen konzipiert und in den 80er Jahren in mehreren Varianten produziert, wie aus der folgenden Chronologie hervorgeht. Das Chiffrierverfahren ARGON mit dem Chiffriergerät T-310/50 diente zum Vor-, Teildirekt- und Direktchiffrieren von Fern-

W. Killmann und W. Stephan, *Das DDR-Chiffriergerät T-310*,
https://doi.org/10.1007/978-3-662-67584-7_1

schreiben über Wahl-, Stand- und Funkverbindungen mit einer Übertragungsgeschwindigkeit von 50 oder 100 Baud. ARGON wurde in den Nachrichtenverbindungen der Staatsorgane der DDR (Staatsrat, Ministerrat, Ministerien, Rat der Bezirke und Kreise), den Sicherheitsorganen der DDR (Ministerium für Nationale Verteidigung, Ministerium des Innern, Ministerium für Staatssicherheit), der Sozialistischen Einheitspartei Deutschlands, anderer Parteien (DBD, CDU, LDPD, NDPD), der Freien Deutschen Jugend und des Freien Deutschen Gewerkschaftsbundes sowie ausgewählter Kombinate eingesetzt. 1989 waren 3835 Geräte T-310/50 im Einsatz. Der Einsatz des Chiffriergeräts war auf das Gebiet der DDR beschränkt, mit einer Ausnahme: Das Ministerium für Außenhandel setzte die T-310 zeitweise auch im Ausland ein, z. B. während laufender Vertragsverhandlungen. Die Nationale Volksarmee (NVA) nutzte das Chiffrierverfahren ARGON für Nachrichtenverbindungen der Verwaltungen (Ministerien, Teilstreitkräfte, Militärbezirke, Wehrbezirkskommandos) und der Grenztruppen. Die Volksmarine nutzte 70 Geräte T-310/51 mit dem Chiffrierverfahren SAGA für die Darstellung der technischen und operativen Lage sowie für die Kommunikation der technischen Beobachtungskompanien (Abschn. 13.2). Verbände, die mit den anderen Armeen des Warschauer Vertrags zusammenwirkten, nutzten für die Kommunikation andere Chiffrierverfahren[1].

Einen Eindruck vom Aussehen des Geräts vermittelt Abb. 1.1.

Mit der Entwicklung der Nachrichten- und Computertechnik wurden weitere Anwendungsgebiete der Chiffriergeräte T-310/50 mit Personalcomputern und Fernschreibmodems untersucht und getestet. Das Zentrale Chiffrierorgan (bis 1989 im Ministerium für Staatssicherheit, ab 1990 Zentrales Chiffrierorgan im Ministerium für Innere Angelegenheiten) entwickelte auch Chiffrierverfahren für den kommerziellen Einsatz. Dazu gehörte die Verwendung der Chiffriergeräte T-310/50 im Chiffrierverfahren ADRIA (Abschn. 13.1) mit gesonderten Langzeitschlüsseln (Kap. 5 und Anlage C) und Gebrauchsanweisungen mit empfehlendem Charakter für den Einsatz mit Personalcomputern und anderer Kommunikationstechnik.

Eine umfassende Materialsammlung zur T-310 findet man auf den Internetseiten [30]. Die technischen Daten des Chiffriergeräts und die Einsatzbedingungen sind in den dort aufgeführten Dokumenten ausführlich beschrieben. Außerdem ist dort eine umfangreiche Dokumentation zum Chiffrierwesen der DDR zu finden, die wir als Gedanken- und Erinnerungsstütze nutzen konnten. Die wahrscheinlich erste Publikation in der Fachliteratur über das Gerät T-310 mit einer vollständigen Beschreibung des Chiffrieralgorithmus erfolgte durch Klaus Schmeh 2006 in der Fachzeitschrift *Cryptologia* [69]. Später gab Nicolas T. Courtois dazu eine Reihe kryptologischer Untersuchungen heraus [15], auf die wir im Kap. 12 näher eingehen.

[1] Auf der Seite „http://scz.bplaced.net/t310-keymanagment.html“ sind die Einsatzgebiete anhand der aufgeführten Schlüsselbereiche umfassend dargestellt.

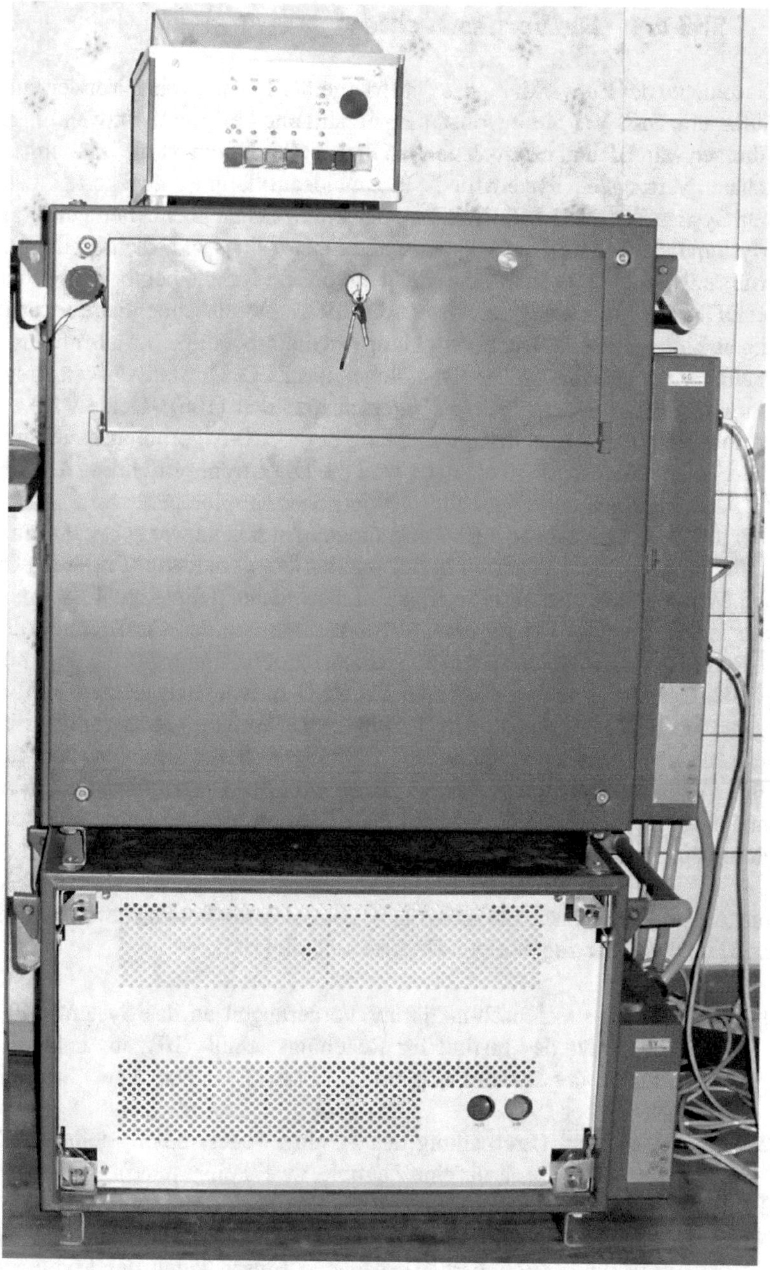

Abb. 1.1 Das Gerät T-310/50 (Harnekop NVA Museum)

1.2 SKS V/1 – Die Vorgeschichte

Die Geschichte der Entwicklung des Chiffriergeräts T-310 ist ohne Verweis auf das Vorläufergerät SKS V/1 nur unvollständig erzählt und bestimmte Entwicklungsentscheidungen wären kaum nachvollziehbar. In den 60er Jahren wurde im Rahmen des Warschauer Vertrags ein System für die Fernmeldeaufklärung entwickelt. Es bestand aus dem System KRISTALL-QUARZ auf der strategischen Ebene (Fernpeilung) und dem System OPERATION auf der taktischen Ebene (Nah- und Nächstpeilung). Die Federführung dabei hatte sicher die Sowjetunion. Im Rahmen einer Arbeitsteilung fiel der DDR die Entwicklung des Systems OPERATION einschließlich der dazu notwendigen Chiffrierung zu. Die Entwicklung des dafür benötigten Algorithmus SKS übernahmen zwei Mathematiker-Kryptologen des ZCO, Dr. Hans-Jürgen Krey und Diplommathematiker Klaus Helbig (Unterschriftenblatt [106]). Beide waren auch später noch federführend an der Entwicklung des T-310-Algorithmus beteiligt. Die zugehörige Sicherheitsanalyse erfolgte, weil die DDR wenig Erfahrung auf diesem Gebiet hatte, natürlich unter Anleitung sowjetischer Kryptologen.

Über das Gerät selbst und die Einsatzbedingungen scheint wenig bekannt zu sein. Selbst für die Abkürzung haben wir in den Quellen keine eindeutige Erklärung finden können. Wir vermuten aber, dass SKS als Kurzbezeichnung für „Signal-Kommando-System" steht und SKS V/1 für die Chiffriertechnik und den Chiffrieralgorithmus (CA). Wegen der notwendigen schnellen Kommandoübertragung sollte die Chiffrierung in das Gesamtsystem integriert sein. Die ZCO-Entwicklung erfolgte in Abstimmung mit den zuständigen Stellen in NVA und MfS. Weil die Geräte für den Einsatz in mehreren Ländern vorgesehen waren, bei denen auch die Verantwortung für die Geheimhaltung lag, mussten schon aus diesen Gründen Unterschiede in den Algorithmus eingebaut werden. So entstand die Idee, eine flexible Verdrahtung in die Schaltung zu integrieren, die auch als Langzeitschlüssel (LZS) benutzt wird (Kap. 5).

Nachfolgend ein kurzer historischer Überblick über die Entwicklung des Systems OPERATION und der zugehörigen Chiffriertechnik [106].

1971 Vorgabe technisch-taktischer Forderungen an das System OPERATION für das Institut für Regelungstechnik (IfR) im Januar 1971, Beginn der Entwicklung im ZCO (zwei Mathematiker) und IfR im November 1971

1972 A-Muster[2] (Erarbeitung des Lösungsweges) des Systems OPERATION (ein Gerät für eine Zentrale, zwei Peilsysteme)

1973 Vorstellung des Chiffriersystems Variante 1 auf einer Beratung zwischen ZCO der DDR und der UdSSR (8. Hauptverwaltung des Komitees für Staatssicherheit), negative Einschätzung der kryptographischen Sicherheit (Ende Februar 1973), Änderung des Chiffriersystems zur Variante 2 (April 1973), Analyse des Chiffriersystems durch fünf

[2]Die A-Stufen stehen für angewandte Forschung [55].

	Mathematiker und einen Programmierer, kryptologische Analyse des Chiffrators im System OPERATION
1973	Fertigstellung der K5-Muster[3] (Funktionsmuster) des Systems OPERATION
1974	Erste Ergänzung zur kryptologischen Analyse des Chiffrators im System OPERATION
1974	Operative Erprobung der K5-Muster (März 1974)
1976–1990	Analyse des SKS-Algorithmus parallel zur Analyse des T-310-Algorithmus im Rahmen der Untersuchung zur Klasse ALPHA
1977–1982	Auslieferung der Geräte an DDR, Bulgarien, CSSR, Polen, UdSSR und Ungarn

Wie bereits erwähnt, war der Algorithmus SKS eine Entwicklung des ZCO. Eine erste kryptologische Analyse des CA SKS [106] lag 1973 vor. Zusätzliche Sicherheit gab, dass aufgrund des internationalen Einsatzes des Geräts auch die sowjetischen Kryptologen den Algorithmus analysierten. Durch die Entwicklung eines Algorithmus mit ähnlicher Struktur für T-310 konnten wir inhaltlich und methodisch auf den Ergebnissen der Entwicklung und der Analyse des SKS-Algorithmus aufbauen.

Die umfangreichsten öffentlich zugänglichen Informationen zum SKS-Algorithmus findet man auf der Internetseite [30] bzw. auf verlinkten Seiten.

1.3 T-310-Chronologie

Der Lebenszyklus des Chiffriergeräts T-310 von den Anfängen der Entwicklung über die Verwendung bis zur Vernichtung fast aller Geräte wird in der folgenden Kurzchronologie zusammengefasst. Hierfür stützen wir uns wesentlich auf die T-310-Chronologie in [30].

1973	Erste Festlegung der taktisch-technischen Anforderungen an das Gerät T-310 für die Verschlüsselung von Fernschreiben und Daten
1974	Konstruktion eines neuen Chiffrieralgorithmus, Einführung des Substitutionsalgorithmus für 5Bit- und 8Bit-Einheiten
1975	Erste Variante des Pflichtenhefts T-310, Entscheidung, den Algorithmus SKS als Basis zu verwenden
1975	Definition der Chiffrieralgorithmenklasse ALPHA, in der die Algorithmen SKS und T-310 enthalten sind
1976	Trennung der Entwicklung für T-310/50 Fernschreibchiffriergerät und für T-310/80 Datenchiffriergerät
1977	A-Pflichtenheft T-310/50 (Ergebnis der Stufe A1: Erarbeitung des Lösungsweges)

[3] Die K-Stufen stehen für die Entwicklung und Einführung von Erzeugnissen [55].

1978	K-Pflichtenheft T-310/50 (Ergebnis der Stufe K1: Erarbeitung des Lösungsweges und Präzisierung der Aufgabenstellung), Änderung des Chiffrieralgorithmus und technisch bedingte Einschränkungen des Langzeitschlüssels
1980	Dokumentation der Analyseergebnisse zur kryptologischen Sicherheit des T-310-Chiffrieralgorithmus durch Kryptologen des ZCO und mit beratender Unterstützung durch sowjetische Kryptologen (mindestens ab 1974 erfolgte die Analyse parallel zur Entwicklung) [111].
1980	Operative Erprobung des Geräts T-310/50
1982	Beginn der Serienproduktion der Geräte T-310/50, Fortführung der technisch-kryptologischen Untersuchungen
1983	01.06.1983 Beschluss zur Vervielfältigung und Anwendung der Gebrauchsanweisung ARGON
1984	Vorbereitung zur Einführung des Chiffrierverfahrens SAGA mit dem Gerätesystem T-310/51 (modifizierte T-310/50, K5-Muster Funktionsmuster [55] für die Volksmarine)
1985/1986	Truppenerprobung des Chiffrierverfahrens SAGA
1986–1987	Untersuchungen zu Periodizitätseigenschaften und Schlüsseläquivalenzen (Kap. 10 und 11)
1987	Vorstellung der T-310/50 als nationales Chiffriergerät auf dem Treffen der Chiffrierdienste des Warschauer Vertrages, Kaufwünsche z. B. der ungarischen Volksarmee wurden abschlägig behandelt
1988	Gruppentheoretische Ergebnisse (Abschn. 8.5)
1989	Festlegung, dass ab Ende 1989 keine weiteren T-310/50 produziert werden, geplante Nutzungsdauer bis mindestens 2000 (Schreiben Birke 17.10.1989 vgl.: MfS-Abt-XI-618-Lit-liste-T-310-50_51_Postprüfung)
1990	Letzte kryptologische Freigabe eines Langzeitschlüssels (LZS-33)
1990	28.06.1990 Inbetriebnahme einer gesicherten Fernschreibverbindung zwischen den Regierungsbunkern in Marienthal/Ahrweiler (BRD) und Prenden (DDR) zur Absicherung der Verbindung zwischen den beiden Innenministerien
1990	08. bis 10.07.1990 Vorstellung des Geräts T-310 einschließlich seiner grundlegenden kryptologischen Eigenschaften in der Zentralstelle für Sicherheit in der Informationstechnik (ZSI) in Bonn
1990	25.07.1990 Vorstellung der T-310 in den Rathäusern Berlins durch Politiker und das Fernsehen, um die Aufgaben der Chiffrierstellen in Betrieben und Verwaltungen in der DDR klarzustellen (vgl. Presse- und Fernsehbeiträge aus dieser Zeit)
1990	01.08.1990 Beschluss, dass keine kommerzielle Nutzung der T-310/50 ARGON/ADRIA erfolgen soll
1990	16.08.1990 Übergabe eines T-310/50-Geräts an das ZSI zur Information und Bewertung

1990	05.09.–06.09.1990 Installation einer T-310 in Rheinbach und Aufnahme der gesicherten Nachrichtenverbindung zwischen den beiden Verteidigungsministerien
1990	Oktober bis Dezember Vernichtung fast aller T-310-Geräte

Es gab 1989 folgende Chiffrierverfahren auf der Basis des Geräts T-310 [30]:

- ARGON-F = FS-Modem; T-310/50 an das FS-Modem angebunden
- ARGON-E = eFSM; elektronische Fernschreibmaschine
- ARGON-VU1 ... VU3 = V.24 Umsetzer in den Varianten 1 ... 4
- ARGON-R = RFLZ
- ARGON-PC = Z1013 mit FS-Modem an einer T-310/50 ADRIA

Ab 1990 waren folgende kommerzielle Versionen vorbereitet [30]:

- ARGON/ADRIA V1 Konfiguration mit F1300 oder F2001 Fernschreibmaschine, 100 Baud
- ARGON/ADRIA V2 Konfiguration mit PC zur Steuerung und Nutzung der Fernschreibmaschinen als Drucker
- ARGON/ADRIA V3 Konfiguration mit PC und Paralleldrucker
- ARGON/ADRIA V4 Konfiguration mit PC und Paralleldrucker, das Fernschreibgerät wird durch Softwarelösung des PC ersetzt

Mit Stichtag 04.11.1989 waren im Einsatz:

T-310/50:	3835 Geräte
T-310/51:	46 Geräte

Das Gerät T-310 wurden ausschließlich in Einrichtungen der DDR als nationales Chiffriergerät eingesetzt[4]. Das Gesamtvolumen der T-310/50 Geräte betrug wertmäßig 139246,6 TMark der DDR. (Das entspricht etwa 17 Mio. EUR.) Die hohe Anzahl von fast 3900 Geräten, die sich 1989 im Einsatz befanden, entsprach dem Sicherheitsbedürfnis der DDR an der Nahtstelle zwischen NATO und Warschauer Vertrag zum Schutz vor Fernmeldeaufklärung durch die BRD, die USA und andere Staaten. Die Fernmeldeaufklärung gegen die DDR ist in der Literatur ausreichend belegt ([57, Teil III], [13, S. 454 ff.], [31, S. 216 ff.]).

[4]Rückfragen bei ehemaligen Mitarbeitern des ZCO im Jahre 2023, die zu dieser Zeit für die Verteilung der Geräte mitverantwortlich waren, bestätigten diese Aussage.

1.4 Quellen unseres kryptologisch-mathematischen Wissens

1.4.1 Öffentliche Kryptographie

„This was the situation when I entered the field in late 1972. The cryptographic literature wasn't abundant, but what there was included some very shiny nuggets." So schätzte Whitfield Diffie in seinem Vorwort zum Kryptographie-Klassiker *Applied Cryptography* von Bruce Schneier [70] die Situation in der öffentlichen Kryptographie ein. Wir begannen 1973 bzw. 1975 unsere Tätigkeit als Kryptologen und können der Einschätzung mit unserem Erfahrungshintergrund nur zustimmen.

Die öffentliche, also nicht staatliche Kryptographie begann sich in den 70er Jahren gerade zu entwickeln. Die erste Vorlesung zur Kryptographie in Deutschland wurde 1977 an der Technischen Universität München von Friedrich Bauer gehalten [68]. Ebenfalls ein Vorreiter der öffentlichen Kryptographie in der Bundesrepublik war Thomas Beth, den wir nach der Wende anlässlich einer Tagung in Karlsruhe noch persönlich kennen lernten. Treibende Kraft für das Aufkommen der öffentlichen Kryptographie war sicherlich die Entwicklung der Computertechnik. Einerseits war mit dem Eindringen der Computer in die verschiedensten Lebensbereiche das staatliche Kryptologiemonopol nicht mehr aufrechtzuerhalten, denn mehr und mehr kommerzielle Anwendungen, z. B. in der Wirtschaft, benötigten kryptologische Verfahren. Andererseits eröffnete die Computertechnik auch neue Möglichkeiten für die Kryptographie selbst. In der DDR war die Situation für diese Entwicklung noch nicht reif. Zum einen hinkten wir der Entwicklung der Computertechnik hinterher, zum anderen wurde das Kryptologiemonopol des Staates konsequent beibehalten.

Für uns stellte sich Mitte der 70er Jahre die Situation wie folgt dar: Die üblichen Dekryptierangriffe auf manuelle Verfahren waren uns bekannt und auch die Grundzüge der Enigma-Analyse. Das half uns aber bei der Entwicklung und Analyse elektronischer Geräte nur bedingt weiter. Natürlich haben wir die Veröffentlichungen im westlichen Ausland, auch die älteren Artikel verfolgt, wovon es aber bekannterweise nur wenige gab. Das Buch *The Codebreakers* von David Kahn aus dem Jahr 1976 war uns zugänglich und auch Claude Shannons Artikel *The Communication Theory of Secrecy Systems* von 1949. Soweit wir uns erinnern, war eine der ersten für uns damals verfügbaren aktuellen Veröffentlichungen ein Buch von Heider/Kraus/Welschenbach von 1985 *Mathematische Methoden der Kryptoanalyse* [37]. Wirft man einen Blick auf dessen recht ausführliches Quellenverzeichnis, so ist erkennbar, dass die Quellen, die auf kryptographische Bezüge hinweisen, im Wesentlichen erst mit Beginn der 80er Jahre auftauchen. Unsere erste T-310-Analyse war 1980, also deutlich vor dem Erscheinungszeitpunkt des Buches, bereits abgeschlossen.

Rückblickend ist erkennbar, dass in dieser Zeit der Einfluss mathematischer Erkenntnisse auf die Kryptologie immer stärker wurde. Die Linguistik, die für die Entwicklung, Analyse und Dekryptierung von Handverfahren unverzichtbar war, verlor mit Einführung der mechanischen und insbesondere der elektronischen Chiffriertechnik an Bedeutung. Dank der Entwicklung der Rechentechnik fanden Bereiche der Mathematik wieder erhöhte Aufmerksamkeit, die zuvor nicht so sehr im

Fokus standen. Das betrifft u. a. die Diskrete Mathematik, die Gruppentheorie und komplexitätstheoretische Untersuchungen. Das konnten wir nutzen. Für uns war die Mathematik die wichtigste Basis für die kryptologischen Entwicklungen und Analysen.

Wie bereits gesagt, ist es für uns erstaunlich, dass unserem vor ca. 50 Jahren entwickelten Algorithmus noch solch eine Aufmerksamkeit zukommt. Möglicherweise besteht der Reiz für die aktuellen Untersuchungen darin, einzuschätzen, inwiefern ein solcher, in die Jahre gekommener Chiffrieralgorithmus dem heutigen Stand des Wissens und den enorm gewachsenen Möglichkeiten der IT noch immer widersteht. Die entwickelten Design-Kriterien (selbst diese Bezeichnung existierte damals nicht) und die Überlegungen zur Entwicklung unterscheiden sich aufgrund des damaligen Erkenntnisstandes von der heutigen Herangehensweise grundlegend. Differentialkryptoanalysis und lineare Kryptoanalysis waren z. B. nur in Ansätzen als Theorie entwickelt und konnten deshalb auch nur eher intuitiv berücksichtigt werden.

1.4.2 Quellen unseres Wissens – die Anfänge

Wieso waren wir bereits Anfang bis Mitte der siebziger Jahre in der Lage, mit einem jungen, relativ unerfahrenen Team von Mathematikern und Technikern einen Algorithmus zu entwickeln, der offenbar noch heute im Wesentlichen den Attacken der Kryptologen widersteht? Alle für unser Vorhaben relevanten Teilgebiete aus Wissenschaft und Technik zu berücksichtigen, wäre für uns schon aus Kapazitätsgründen eine sehr große Herausforderung gewesen. Konsultationen mit Wissenschaftlern in der DDR waren wegen der geforderten Geheimhaltung nur in sehr geringem Umfang und immer nur unter einer Legende möglich.

Es wurde ein anderer Weg eingeschlagen, einer mit historischen Wurzeln. Seit 1945 gab es in der sowjetischen Besatzungszone und der späteren DDR in wichtigen Verwaltungsbereichen sowjetische Berater. Die Berater hatten bei grundlegenden Entscheidungen Mitspracherecht, mitunter sogar Vetorecht. Im Laufe der Zeit hat die Sowjetunion ihre Befugnisse als Besatzungsmacht, gerade auch in Sicherheitsfragen, nur schrittweise an die DDR übergeben. Erst gegen Ende der 50er bzw. Anfang der 60er Jahre änderte sich der Status. Die Kompetenzen der Berater wurden eingeschränkt. Es wurden Verbindungsoffiziere eingesetzt, die hauptsächlich den Informationsaustausch und das Zusammenwirken der entsprechenden Dienststellen organisieren sollten.

In diesem Rahmen wurde irgendwann in den 60er Jahren entschieden, dass das ZCO das Chiffriergerät SKS V/1 einschließlich des Chiffrieralgorithmus SKS als Bestandteil einer gemeinsamen Entwicklung des Systems OPERATION der Funküberwachung für die Staaten des Warschauer Vertrags entwickelt. Die sowjetischen Kryptologen führten bereits damals erste Schulungen durch und erstellten eine Kontrollanalyse. Weitere Komponenten wurden von anderen Teilnehmerstaaten gebaut. Das Vorhaben konnte erfolgreich umgesetzt werden und führte zur Fortsetzung der bilateralen Zusammenarbeit mit der Sowjetunion auf kryptologischem Gebiet. Weil der Bedarf der DDR von sowjetischer Seite nicht abgedeckt werden konnte, kam es zu der Entscheidung, dass die DDR ein eigenes Chiffriergerät zur Verschlüsselung des Fernschreibverkehrs entwickelt. Dazu musste die mathematisch-kryptologische und die ingenieurtechnische Basis personell aufgestockt werden. Infolgedessen erhielten auch wir, die beiden Autoren, eine Anstellung im ZCO und verstärkten das bisherige Team. Die Vermittlung von kryptologischem Basiswissen übernahmen sowjetische Fachleute. Zudem erhielten zwei DDR-Kryptologen die Möglichkeit eines jeweils einjährigen Zusatzstudiums an der mechanisch-mathematischen Fakultät der Lomonossow-Universität in Moskau. Einer der beiden war Winfried Stephan. Weitere Mitglieder unsere Gruppe hatten ohnehin in der Sowjetunion Mathematik studiert, was auch auf Wolfgang Killmann zutrifft.

1.4.3 Schulung durch sowjetische Kryptologen

Der Beitrag der sowjetischen Kryptologen zum Aufbau einer mathematisch-kryptologischen Basis im ZCO ist nicht hoch genug einzuschätzen. Dass mathematische Theorien und Methoden in dem Umfang in der Kryptologie angewendet werden (vgl. [70]), war damals nur wenigen Insidern bekannt, heute ist das Wissen Allgemeingut. Sehr deutlich kann das der Inhalt eines russischen Kryptographie-Lehrbuchs belegen, das wir im Zuge der Literaturrecherche zu dieser Veröffentlichung entdeckten [9].

Einer der Autoren dieses Lehrbuchs ist für uns ein alter Bekannter. Alexander Vladimirovitsch Babasch war einer der Vortragenden, die im Zeitraum von 1974 bis 1987 im ZCO Lektionen zu mathematisch-kryptologischen Themen gehalten hatten. Heute ist er Professor am Lehrstuhl für angewandte Informatik und Informationssicherheit an der russischen Ökonomische Universität „Plechanov". In der Einleitung seines Buches dankt Babasch zwei Mathematikern und Kryptologen, die uns aus dieser Zeit als Mentoren in guter Erinnerung geblieben sind. Die ersten Lektionen zu Beginn der siebziger Jahre wurden von Juri Nikolajewitsch Gortschinski und Vadim Evdokimovitsch Stepanov gehalten. Wir wussten schon damals, dass uns nicht die „dritte Reihe" geschult hat. Zum Beispiel war uns bekannt, dass Gortschinski Oberst war. Die Strukturen selbst, in denen sie wirkten, und welches Renommee sie hatten, all das ist uns erst jetzt durch diese Publikation bewusst geworden. Gortschinski (1929–1999) war als Professor von 1961 bis 1978 Referatsleiter und wissenschaftlicher Berater einer Abteilung der 8. Hauptverwaltung des KGB der UdSSR. Professor Stepanov (1929–1986) war von 1966 bis 1976 wissenschaftlicher Berater dieser Hauptverwaltung und von 1976 bis 1986 Abteilungsleiter.

Leider sind wir nicht mehr im Besitz von Unterlagen zu diesen Vorlesungen. Soweit uns bekannt ist, sind die uns damals ausgehändigten Originaldokumente im Zuge der Abwicklung der DDR wieder an die sowjetische Seite zurückgegeben worden. Auch die Übersetzungen ins Deutsche mussten wir abgeben. Jedoch kann man den Inhalt dieser Lektionen zu wesentlichen Teilen in dem erwähnten Buch von Babasch sowie in anderen russischen Publikationen nachlesen. Erhalten geblieben ist uns nur eine Liste der damaligen Schulungsthemen. Im Anhang A haben wir insgesamt 27 Themen aufgeführt.

Die sowjetische Unterstützung war unseres Wissens unentgeltlich. Die Sicherheit der DDR und ihrer Nachrichtenverbindungen lag auch im eigenen Interesse der Sowjetunion. Natürlich wollte sie auch über unsere Entwicklungen informiert sein. Im Übrigen waren für sowjetische Kryptologen die Möglichkeiten, ins Ausland zu reisen, aus Sicherheitsgründen eher selten gegeben, und so waren viele auch persönlich an DDR-Reisen interessiert.

Dem heutigen Leser drängt sich vermutlich die Frage auf, inwiefern die sowjetischen Wissenschaftler die Entwicklung der T-310 konkret beeinflusst haben.

1. Die Entscheidung, den Algorithmus auf der Basis des Algorithmus SKS V/1 zu entwickeln, war die Entscheidung des ZCO. Sie gab uns die Sicherheit, dass wir auf einem bewährten Grundprinzip aufbauen konnten, denn der SKS V/1 wurde nach einer sowjetischen Kontrollanalyse voll akzeptiert. Es gab allerdings noch genügend Freiheitsgrade, die in unserer Verantwortung auszuschöpfen waren. Wie groß dieser Spielraum war, zeigt sich im Kap. 4.
2. Unsere Analyseergebnisse stellten wir auf den jährlichen Treffen mit den sowjetischen Kryptologen zur Diskussion. Es ist uns keine Situation bekannt, in der von sowjetischer Seite eine Untersuchungsrichtung bestimmt und durchgesetzt worden wäre. Natürlich beeinflussten sie mit den Inhalten ihrer Lektionen unsere Entwicklungs- und Analysearbeiten.
3. Der vermittelte konsequent mathematisch-analytische Ansatz und die Konstruktion mathematischer Modelle für Chiffrieralgorithmen unterschieden sich von dem unmittelbar auf das Entziffern gerichtete Vorgehen. Methodisch war die Analyse der inneren Zusammenhänge des Kryptoalgorithmus genauso wichtig wie die Suche nach unmittelbaren Dekryptieransätzen.
4. Entwicklungsentscheidungen wurden in dem beschriebenen Rahmen ausschließlich von der DDR-Seite, also vom ZCO, getroffen. Es gab eine Ausnahme: Zur Juni-Konsultation 1975 wurde von den sowjetischen Kryptologen vorgeschlagen, anstelle eines Additionsverfahrens ein Substitutionsverfahren einzusetzen. Diesen Vorschlag griffen wir auf und setzten ihn mit unseren Möglichkeiten um (Abschn. 4.2.4).

Die Entwicklung und der Einsatz des Chiffriergeräts T-310 und der zugehörigen Chiffrierverfahren sind ein wichtiger Teil und ein charakteristisches Spiegelbild der Geschichte des Chiffrierwesens der DDR.

2 Grundbegriffe und Entwicklungsanforderungen

Inhaltsverzeichnis

Zu Beginn dieses Kapitels führen wir einige grundlegende Begriffe so ein, wie wir sie damals im ZCO entwickelten bzw. nutzten. Begriffsinhalte und ihre Umfänge ändern sich im Laufe der Zeit. Sie sind oft abhängig vom wissenschaftlich-technischen und gesellschaftlichen Umfeld. Mit Hilfe dieser Termini legen wir dar, was wir unter der Sicherheit eines Chiffrierverfahrens verstehen. Ausgehend von den grundlegenden operativ-technischen Forderungen an Chiffrierverfahren, denen das Gerät T-310 und sein Algorithmus genügen müssen, leiten wir die Anforderungen an das Verfahren, das Gerät und den Algorithmus ab. Die Wechselwirkung von Entwicklung und Analyse im Entwicklungsprozess wird von uns dargestellt.

2.1 Chiffrierverfahren

Der Chiffrieralgorithmus (CA) ist ein wesentlicher, aber nicht der einzige sicherheitsbestimmende Bestandteil eines Chiffrierverfahrens (CV).

► **Definition 2.1** Ein CV ist die konkrete Art und Weise der Chiffrierung, die durch ein System von Mitteln und Vorschriften vollständig festgelegt ist [85].

W. Killmann und W. Stephan, *Das DDR-Chiffriergerät T-310*,
https://doi.org/10.1007/978-3-662-67584-7_2

Wir verwenden eine Definition, in der die Arten der verwendeten Schlüssel berücksichtigt werden.

▶ **Definition 2.2** Ein CV mit internen Schlüsseln ist ein Verfahren, dessen Schlüsselsystem folgende Besonderheit aufweist [85]:

1. Es existieren Schlüssel (z. B. Zeitschlüssel), die zum Chiffrieren von mehreren Grundtexten (bzw. zum Dechiffrieren der entsprechenden Geheimtexte) verwendet werden und zwar in der durch den CA bestimmten Art und Weise.
2. Durch Wechsel anderer Parameter des CA (z. B. Spruchschlüssel oder Synchronfolge) wird gewährleistet, dass der Schlüssel bei jeder Anwendung auf einen Grundtext verschiedenartig zum Chiffrieren des Grundtextes verwendet wird. Die Schlüsselgeltungsdauer des internen Schlüssels beträgt in der Regel einen Tag bis eine Woche. Theoretisch ist sie abhängig von den Möglichkeiten zur Dekryptierung von Geheimtexten, die in der Tendenz mit der Erhöhung der Schlüsselgeltungsdauer vielfältiger werden.

Die von uns in diesem Buch betrachteten CV umfassen:

- den CA T-310 und den CA SKS der Klasse ALPHA
- das Schlüsselsystem, insbesondere die Vorschriften für die Erzeugung der Langzeitschlüssel (LZS) und der Zeitschlüssel (ZS), der Synchronfolgen sowie die Produktion der Schlüsselmittel
- die Gerätesysteme T-310/50 bzw. T-310/51[1], bestehend aus den Bedienteilen, dem Grundgerät und der Stromversorgung einschließlich der Verbindungskabel und dem Kodeumsetzer
- die Gebrauchsanweisungen für das Bedienteil und das Grundgerät, die gerätespezifischen Installationsvorschriften sowie das zugehörige Schulungsmaterial des CV ARGON
- die Vorschriften für die Instandhaltung und die Prüfung der Gerätesysteme T-310/50 bzw. T-310/51.

Die CV waren über die verfahrensspezifischen Vorschriften hinaus in die allgemeinen Vorschriften des Chiffrierwesens der DDR eingebettet, wie z. B. die Vorschriften für die Produktion und den Versand der Chiffriergeräte und Schlüsselmittel, die Einrichtung und den Betrieb der Chiffrierstellen, die Schulung der Anwender. Informationen, die nur Mitarbeitern des Chiffrierwesens der DDR zur Kenntnis gelangen durften, wurden zusätzlich zu ihrer Einstufung als Staatsgeheimnis als Chiffriersache gekennzeichnet (mit Ausnahme der internen Dokumente des ZCO bzw. der Abteilung XI, die per se Chiffriersachen waren, und technischer Komponenten, deren Kennzeichnung nicht möglich oder unzweckmäßig war).

[1] Wir benutzen für T-310/50 und T-310/51 den allgemeinen Begriff Chiffriergerät synonym mit der Bezeichnung Gerätesystem.

2.2 Absolute und quasiabsolute Sicherheit – das Kerckhoffs' Prinzip

Der Schutz von Staatsgeheimnissen erforderte und erfordert auch heute ein Höchstmaß kryptologischer Sicherheit von CV. Es ist bekannt, dass das One-Time-Pad-Verfahren[2] das einzig beweisbar sichere Verschlüsselungsverfahren ist. Das hat für alle anderen Verschlüsselungsverfahren die Konsequenz, dass sie nicht beweisbar sicher sein können.

Wir benötigten deshalb Bezeichnungen für CV, die in der Praxis sicher sind, aber eben nicht nachweisbar sicher. Hierzu wurden im ZCO folgende Begriffe eingeführt:

▶ **Definition 2.3** *Absolute Sicherheit:* Das Verfahren ist weder theoretisch noch praktisch dekryptierbar.

▶ **Definition 2.4** *Quasiabsolute Sicherheit:* Das Verfahren ist theoretisch dekryptierbar, aber diese Möglichkeit ist in der Praxis nicht zu realisieren. Praktisch heißt das, dass die mit dem CV geschützte Information mit den aktuellen und vorhersehbaren Mitteln und dem zu erwartenden Aufwand in der Zeitspanne, in der die Information für den Angreifer[3] Wert besitzt, nicht dekryptierbar ist. Es wurde hier ein Zeitraum von mindestens 20 Jahren für die Sicherheit des Verfahrens unterstellt.

Als Synonym zur quasiabsoluten Sicherheit wird in den verfügbaren Quellen auch mitunter der Begriff *garantierte Sicherheit* verwendet. Der Begriff quasiabsolute Sicherheit dürfte im ZCO im Zusammenhang mit Entwicklung und Einsatz von Technik (auch sowjetischer) als Nachfolger absolut sicherer One-Time-Pad-Verfahren eingeführt worden sein. Im Chiffrierwesen der DDR kamen auch CV mit One-Time-Pad zum Einsatz. Sie waren aber wegen des hohen Aufwands für die Schlüsselmittelorganisation unpraktisch und teuer, deshalb wurden Verfahren mit internem Schlüssel eingeführt.

Es war sehr wichtig, jedem beteiligten Entscheider, auch Nichtkryptologen, kurz und präzise zu erläutern, dass es absolute Sicherheit nicht geben kann, weil die Wissenschaft nicht stehen bleibt, folglich jederzeit eine neue mathematische Methode bzw. technische Mittel auftauchen können und ein abschließender Sicherheitsbeweis grundsätzlich nicht möglich ist.

Wenn ein CV interne Schlüssel benutzt und quasiabsolute Sicherheit gewährleisten muss, erfordert das, dass der geheime Schlüssel im Chiffriergerät ausreichend geschützt ist und nicht kompromittiert werden kann. Das ist nur durch eine Sicherheitsanalyse des Geräts sowie des Geräts in seiner Anwendungsumgebung nachweisbar.

---

[2]Das One-Time-Pad-Verfahren basiert auf nur einmal verwendbaren Zufallsfolgen, von denen der Klartext bzw. der Geheimtext subtrahiert wird.

[3]Einen Angreifer, der CV hauptsächlich mit Methoden und Mitteln der Kryptoanalyse bearbeitet, um die CV und die mit ihnen bearbeiteten Klartexte zu rekonstruieren, nannten wir *Dekrypteur* [86].

Die Sicherheitsbegriffe müssen dem wissenschaftlich-technischem Fortschritt angepasst werden. Wie in [85] ersichtlich, beschäftigten wir uns noch 1989 mit der Neufassung des Sicherheitsbegriffs. Die Sicherheit von CV ist in dieser neuen Definition deutlich besser und moderner herausgearbeitet als 1971 in [86].

Für die Einschätzung der Sicherheit ist das folgende Prinzip hilfreich, dessen Anwendung hat sich in der Praxis durchgesetzt hat:

▶ **Definition 2.5** Das *Kerckhoffs' Prinzip* besagt, dass die Sicherheit eines (symmetrischen) Verschlüsselungsverfahrens auf der Geheimhaltung eines Schlüssels beruht und nicht auf der Geheimhaltung des Verschlüsselungsalgorithmus.

Das heißt, bei Kenntnis aller Komponenten des Algorithmus, außer dem geheimen Schlüssel, darf ein CA nicht dekryptierbar sein.[4]

Etwas ausführlicher für das Gerät T-310 formuliert bedeutet das,
dem Gegner ist bekannt:

- das Gerät T-310/50 und die entsprechenden Dokumente in allen Einzelheiten, z. B.
  - Bedienanleitungen, Dokumentation für Instandsetzung
  - Ergebnisse kryptologischer Analysen, Vorschriften zur Schlüsselerzeugung
- alles, was über den Kanal übertragen wird
- jegliche Charakteristika des Nachrichtennetzes.

Das sind die generellen Voraussetzungen, unter denen wir die Analysen durchführten [111].

2.3 Operative und technische Forderungen an die Chiffrierverfahren

Die operativ-technischen Forderungen (OTF) an das Chiffriergerät T-310 und die darauf aufbauenden CV waren:

1. Die Geheimhaltung übertragener Informationen bis zur Stufe Geheime Verschlusssache (GVS) über ungeschützte Nachrichtenkanäle. Das schließt die Verschlüsselung von Nachrichten der Geheimhaltungsstufe Vertrauliche Verschlusssache (VVS) und Dienstgeheimnis sowie nicht eingestufter Nachrichten ein.
2. Nachrichtennetze, die nicht notwendigerweise mit einander kommunizieren müssen, werden durch LZS getrennt. Innerhalb der Nachrichtennetze sollen indivi-

[4] Wie bei allen Verfahren für klassifizierte staatliche Informationen unterlagen der Algorithmus und auch das gesamte Verfahren trotzdem zusätzlich der Geheimhaltung. Damit sollte u. a. die Informationsgewinnung durch nicht kryptologische Angriffe erschwert werden, z. B. durch Nutzung der elektromagnetischen Ausstrahlung.

dueller, zirkularer und allgemeiner Verkehr[5] durch die ZS-Bereiche eingerichtet werden.

3. Die Kenntnis der geheimzuhaltenden Informationen und der Chiffriermittel[6] soll aufgeteilt und damit die Verantwortung für die Sicherheit der Chiffriermittel getrennt werden.
   - Die Bediener der Nachrichtenendtechnik und des Bedienteils des Chiffriergeräts besitzen Kenntnis der Klartexte (und Geheimtexte) und tragen die Verantwortung dafür, dass die zu schützenden Klartexte verschlüsselt übertragen werden. Sie benötigen dazu nicht die Kenntnis des ZS oder des Chiffriergrundgeräts.
   - Die Chiffreure erhalten Kenntnis vom ZS und tragen die Verantwortung für die Bedienung des Chiffriergrundgerätes einschließlich des ZS-Wechsels und der prophylaktischen Prüfung. Sie benötigen nicht die Kenntnis des CA und des LZS.
   - Das Instandsetzungspersonal besitzt vollständige Kenntnis des Chiffriergeräts einschließlich des CA und des LZS und trägt die Verantwortung für die Wiederherstellung der Chiffriergeräte im Fall technischer Fehler. Sie benötigen nicht die Kenntnis der Klartexte oder des ZS.
4. Das Chiffriergerät T-310 soll sowohl verschlüsselte als auch offene Kommunikation ermöglichen, obwohl dies nicht für alle (späteren) CV genutzt wurde, z. B. nicht für das CV SAGA (Abschn. 13.2).

Aus der Geheimhaltung von Staatsgeheimnissen folgte die Anforderung an quasiabsolute Sicherheit, die im Abschn. 2.6 näher beschrieben wird.

Aus den OTF wurden die taktisch-technischen Forderungen (TTF) an das Chiffriergerät T-310 abgeleitet [88] und in den Anforderungen an die Entwicklung des Gerätes T-310/50 präzisiert [98]. Die Anforderungen an das Gerät T-310/50 umfassten

- die Betriebsarten der allgemeinen Empfangslage (offener Betrieb), Vorchiffrierung und Direktchiffrierung (mit und ohne Neusynchronisation)
- die Kopplung mit der Fernschreibtechnik
- die technischen Sicherheitsanforderungen, wie z. B. an die Kontroll- und Prüfvorrichtung, den Schutz gegen Ausstrahlung und Störbeeinflussung, die Gefäßabsicherung
- die Bedienung des Chiffriergeräts
- die Wartung und Instandhaltung des Chiffriergeräts.

---

[5] Individueller Verkehr besteht zwischen genau zwei Teilnehmern. Zirkularer Verkehr besteht, wenn eine Zentrale an alle Teilnehmer sendet. Allgemeiner Verkehr besteht, wenn jeder Teilnehmer mit jedem anderen Teilnehmer des ZS-Bereichs kommunizieren kann.

[6] Mittel, die zur Anwendung eines CV benötigt werden und den Ablauf der Prozesse des CV bestimmen [85].

Weiterhin gab es die Forderung, dass für die technische Realisierung nur in der DDR produzierte Bauelemente genutzt werden sollten. Einerseits hatte das Kostengründe. Zum anderen unterlag die DDR damals den COCOM-Embargobestimmungen. Ausbleibende Westimporte hätten die Entwicklung behindern können[7].

Die Entwicklung des Geräts T-310 erfolgte auf der Grundlage des A-Pflichtenhefts für das Funktionsmuster und des K-Pflichtenhefts für das Konstruktionsmuster entsprechend den allgemeinen Entwicklungsvorschriften in der DDR [55]. Was die zeitlichen Rahmenbedingungen betraf, so sollten beginnend mit dem Jahr 1973 innerhalb von drei Jahren ein Algorithmus und Vorseriengeräte entwickelt werden. Drei Jahre sind eine recht sportliche Vorgabe für die Entwicklung eines hochwertigen Verfahrens für die Fernschreibchiffrierung. So dauerte es dann auch fünf Jahre bis der Algorithmus als Bestandteil des K-Pflichtenhefts endgültig festgelegt werden konnte.

Die oben beschriebenen OTF 2, 3 und 4 und die sicherheitsspezifischen TTF sind Anforderungen an das CV (im engeren Sinn). So definiert z. B. der CA die mathematischen Objekte und kryptologischen Anforderungen an die LZS und ZS. Die technische Umsetzung im Chiffriergerät T-310, die Schlüsselmittel, deren Gültigkeitsbereich und Gültigkeitsdauer sowie die Anwendungsvorschriften werden durch das CV festgelegt.

2.4 Die Entwicklung und die Produktion der T-310 in der Industrie

Das Chiffriergerät T-310 wurde durch das Institut für Regelungstechnik (IfR), 1984 umbenannt in Zentrum für Forschung und Technologie (ZFT) und den VEB Steremat Berlin *Hermann Schlimme* entwickelt. Die Baugruppenfertigung erfolgte verteilt in mehreren Kombinatsbetrieben der Elektoapparatewerke (KEAW). Im VEB Steremat Berlin, Betriebsteil Strausberg, wurden die VS-Leiterplatten produziert und die T-310 montiert. Das alles erfolgte in speziellen, gesicherten Entwicklungs- und Produktionsbereichen. Im IfR war das der Militärbereich des Instituts. Die Arbeiten wurden von VS-verpflichteten Mitarbeitern durchgeführt. Mitarbeiter, die unmittelbar mit der Umsetzung des Chiffrieralgorithmus betraut waren, mussten zusätzlich noch durch das ZCO bestätigt sein. Wegen der geforderten strikten Geheimhaltung war die gesamte Entwicklungs- und Produktionskette durch entsprechende Maßnahmen der für die Objekte zuständigen MfS-Einheiten abgesichert. Eine Vorstellung, wie diese Bereiche durch die verschiedenen Einheiten des MfS abgesichert wurden, vermittelt das Protokoll [119].

Leider sind keine Mitarbeiterzahlen für die Entwicklung der T-310 bekannt, aber für das Vorläufersystem OPERATION arbeiteten im IfR 25 Entwicklungsingenieure [30]. Das wird auch die Größenordnung für die Entwicklung der T-310 gewesen sein.

[7] Exportverbote sind keine Erfindung der Neuzeit, es gab sie auch bereits und viel schärfer im Kalten Krieg (z. B. Wikipedia Stichwort: COCOM).

Aus Geheimhaltungsgründen produzierte das ZCO die Schlüsselmittel der ZS (Lochkarten) selbst. Die LZS-Leiterplatinen wurden ebenfalls unter direkter Kontrolle des ZCO hergestellt.

Die Abnahme der produzierten Geräte erfolgte in Strausberg durch Vertreter des ZCO. Aus einem Zentrallager in der Nähe wurden die Chiffriergeräte dann an die Bedarfsträger ausgeliefert.

Die Vorschriften zum Einsatz der CV, wie Gebrauchsanweisungen für das Bedienteil und das Grundgerät, die Installationsanweisung usw., wurden durch das ZCO entwickelt und herausgegeben. Durch zentrale Schulungen der Verantwortlichen bei den Bedarfsträgern durch Mitarbeiter des ZCO wurde der Einsatz vorbereitet. Die Schulung der Chiffreure und des Bedienpersonals erfolgte durch die einzelnen Chiffrierabteilungen.

Die Wartung und Reparatur der T-310-Geräte war dezentral organisiert. In den 14 Verwaltungsbezirken der DDR gab es in den Bezirksverwaltungen des MfS jeweils ein technisches Referat, das die Betreuung der Geräte übernahm. Personell war es mit vier Mitarbeitern, in der Regel waren es Nachrichtentechniker, ausgestattet.

2.5 Einheit von Entwicklung und Analyse

Die Entwicklung, die Sicherheitsanalyse und der Einsatz eines CV sind eng miteinander verbunden. Die Sicherheitsanalyse der CV oblag dem ZCO. Sie umfasste die mathematisch-kryptologische Analyse des CA und die technisch-kryptologische und verfahrensspezifische Analyse. Die Sicherheitsanalyse eines CV kann in drei Phasen eingeteilt werden:

1. die entwicklungsbegleitende Analyse
2. die Analyse zur Einsatzfreigabe
3. die einsatzbegleitende Analyse.

Die kryptologische Analyse des CA T-310 bezog sich auf verschiedene CV und erstreckte sich über alle drei Analysephasen. Die Entwicklungsanalyse der Chiffrieralgorithmenklasse ALPHA begann bereits im Vorfeld der Entwicklung des Chiffriergeräts T-310 mit dem Vorgänger SKS V/1. Der CA T-310 schloss über die Chiffrieralgorithmenklasse ALPHA hinausgehend die Substitutionsschaltung ein. Er wurde im Gerät T-310 implementiert und für mehrere CV wie ARGON, SAGA und ADRIA mit unterschiedlichen LZS verwendet. (Abschn. 13.1 und 13.2)

Die entwicklungsbegleitende Analyse untersuchte und bewertete die im Entwicklungsprozess neu entstehenden Bestandteile der CV im Kontext der bisherigen Entwicklungsergebnisse und der vorgesehenen Anwendungsbedingungen. Sie konnte auf den Ergebnissen zur Chiffrieralgorithmenklasse ALPHA aufbauen und für den CA T-310 konkretisiert und vertieft werden. So wurde der Chiffrator als technische Implementierung des CA entwickelt, aber die technische Realisierung bedingte Einschränkungen der zur Verfügung stehenden Menge der LZS und ZS. 1979 wurden drei LZS des CA T-310 unter Berücksichtigung der technischen Einschränkungen untersucht. Ein LZS realisierte eine SKS-ähnliche Implementierung. Die Untersuchungen ergaben keine krypologischen Schwachstellen. Die Entwicklungsbegleitung ist auch deshalb notwendig, weil bestimmte Sicherheitsuntersuchungen nur an Mustern durchgeführt werden können, wie z. B. die Untersuchung physikalischer Zufallszahlengeneratoren oder der kompromittierenden Ausstrahlung.

Die Analyse [111] für die Freigabe zur Erprobung des CV ARGON fasste die Ergebnisse der entwicklungsbegleitenden Analyse bis 1980 zusammen. Sie war wesentlicher Bestandteil der Freigabe für die Erprobung der K-Muster und für die Einsatzfreigabe. Die Analysen zur Einsatzfreigabe basierten auf den durch die Gebrauchsanweisung, die Installationsvorschriften und anderen Einsatzdokumenten festgelegten Anwendungs- und Einsatzbedingungen.

Die einsatzbegleitende Analyse untersuchte und bewertete regelmäßig oder anlassbezogen neue kryptologische Erkenntnisse auf ihre Anwendbarkeit auf das CV ARGON unter den tatsächlichen Einsatzbedingungen. Die Ergebnisse der Untersuchungen wurden jährlich zusammengefasst. Als Beispiel dafür kann die Untersuchung der kompromittierenden Ausstrahlung beim Einsatz elektronischer anstelle der elektromechanischen Fernschreiber dienen. Diese Analyse muss während des Einsatzes des CV durchgeführt werden, um die Kompromittierung der zu schützenden Informationen vorausschauend zu verhindern. Sie sollte auch danach so lange durchgeführt werden, wie die damit geschützten Informationen der Geheimhaltung unterliegen, um Kompromittierungen, auch wenn sie nicht mehr zu verhindern sind, wenigstens zu erkennen.

Schon damals strebten wir an, dass ein Analyseteam unabhängig vom Entwicklungsteam arbeitet. Während ein Entwickler mehr auf die Funktionalität, das Zusammenwirken der verschiedenen kryptographischen Mechanismen und auf Aufwandsfragen achtet, setzt der Analytiker Entwicklungsergebnisse voraus und konzentriert sich auf die Suche nach möglichen Schwachstellen und die Bewertung möglicher Angriffe. Für ein unabhängig arbeitendes Analyseteam spricht auch ein psychologischer Faktor. Es ist komplizierter, die Schwächen einer eigenen Entwicklung zu erkennen und aufzudecken, als Schwachstellen in Erzeugnissen eines anderen Teams zu analysieren. Ein gesunder Wettbewerb zwischen Entwickler- und Analyseteam kann das Endprodukt nur positiv beeinflussen. Aus Kapazitätsgründen konnte die Trennung erst nach 1980 schrittweise durchgesetzt werden.

Im Folgenden heben wir die mathematisch-kryptologische Analyse des CA T-310 als verfahrensübergreifende Voraussetzung und Kern der Sicherheitsanalyse im Teil II des Buches besonders hervor. Die Ergebnisse zu dem CA SKS ergänzen diese Darstellung zum Gesamtbild der Analyse der Algorithmenklasse ALPHA. Im Teil III konzentrieren wir uns bei der Analyse des CV auf die verfahrensspezifischen Aspekte und setzen dabei immer die Ergebnisse der mathematisch-kryptologischen Analyse des CA voraus.

2.6 Anforderungen an die Sicherheitsanalyse

Die oben eingeführten Begriffe absolute Sicherheit (Def. 2.3) und quasiabsolute Sicherheit (Def. 2.4) sind auf Chiffrieralgorithmen übertragbar, indem man das Wort Verfahren durch Algorithmus ersetzt. In diesem Abschnitt und immer, wenn es um Chiffrieralgorithmen geht, werden diese beiden Begriffe in diesem Sinne modifiziert. Damit treten einige wichtige Fragestellungen auf:

Frage 1: Wie ist die quasiabsolute Sicherheit für einen Algorithmus nachzuweisen bzw. zu begründen?

Ein solcher Nachweis ist eigentlich nur möglich, wenn man den aktuellen Stand von Wissenschaft und Technik kennt und die Anwendungsmöglichkeiten auf den konkreten Algorithmus prüft. Heutzutage hat, zumindest bei öffentlichen Verfahren, die gesamte Kryptocommunity die Möglichkeit, sich an solchen Analysen zu beteiligen, ihr geballtes Wissen einzubringen und den aktuellen Stand der Technik auszuschöpfen. Dennoch bleibt immer ein Restzweifel am Prüfresultat, weil man nicht weiß, was die staatliche Kryptologie an Wissensvorsprung und technischen Möglichkeiten besitzt. Ähnlich sieht die Situation bei der Vorhersage von künftigen Entwicklungen aus. Es gab und gibt natürlich Anhaltspunkte für Entwicklungen auf Teilgebieten. Zum Beispiel sind aus dem Moore'schen Gesetz die Entwicklungszeiträume integrierter Schaltkreise und damit die voraussichtliche Entwicklung der Leistungsfähigkeit von Rechnern vorhersehbar. Die Schlussfolgerung für unsere Arbeit konnte nur sein, die vorhandene eigene Kapazität und das Wissen der sowjetischen Kryptologen effektiv zu nutzen.

Frage 2: Widerspricht eine möglichst gute Analysierbarkeit eines CA nicht der Forderung nach quasiabsoluter Sicherheit?

Der Ansatz, der oft unter der Überschrift *security by obscurity* zusammengefasst wird, trägt nicht. Vielmehr sollte nach unserer Meinung eine Gesamtheit nachvollziehbarer Eigenschaften so nachgewiesen werden, dass man auf dieser Basis zumindest begründete heuristische Thesen dafür aufstellen kann, dass der Algorithmus insgesamt den Anforderungen genügt.

Frage 3: Wie groß muss die Menge der internen Schlüssel sein?

Sie muss so groß sein, dass die Anwendung der Totalen Probier-Methode (TPM, englisch: brute force attack) nicht möglich ist. Außerdem sollte eine gewisse Reserve existieren, falls es unentdeckte Schwachstellen im Algorithmus gibt, die zu einer Reduktion der TPM führen. In den frühen 1970er Jahren wurden für die Dekryptierung mindestens 10^{18} Elementaroperationen angenommen, was für die TPM mindestens einer Schlüssellänge von 60 Bit entspricht. Die effektive Schlüssellänge von 230 Bit (Schlüsselvorrat $2^{230} \approx 1{,}7 \cdot 10^{69}$) des CA T-310 zeigt, dass wir gegenüber der Mindestgrenze genügend kryptologische Sicherheitsreserven vorgesehen hatten.

Frage 4: Welche Möglichkeiten gibt es, kryptologische Reserven in den Algorithmus einzubauen, falls sich herausstellen sollte, dass der Algorithmus Schwachstellen besitzt?

Eine allgemeine Lösung gibt es hierfür nicht, sie muss in der Entwicklungsphase gefunden werden. Unsere Lösung war die Integration eines LZS als variables Element des CA mit ca. 10^{23} potentiellen Schlüsseln (Abschn. 3.4 und 3.5). Es wurden auch weitergehende Möglichkeiten wie z. B. die technische Nachrüstung zur Verdoppelung der ZS-Länge (Schlüsselvorrat $2^{460} \approx 3 \cdot 10^{138}$) diskutiert.

Frage 5: Welcher Aufwand muss für die Analysen betrieben werden? Welchen Aufwand würden denn potentielle Angreifer wie die Bundesrepublik (alt) oder die NSA betreiben?

In der Analyse von 1980 wird ausgeführt, dass die Firma IBM 17 Arbeitskräftejahre für den Versuch der Dekryptierung des Data Encryption Standard (DES) aufgewandt hat [111]. Das gab uns einen gewissen Anhaltspunkt. Natürlich bekamen wir aufgrund dessen, was uns über die NSA bekannt war, eine Vorstellung von den dort verfügbaren Kapazitäten, und es war uns völlig klar, dass wir da keinesfalls mithalten konnten. Zu den Kapazitäten in der BRD war uns nichts bekannt. Neben unseren theoretischen Erwägungen spielten auch rein praktische Überlegungen der Entwicklung und Analyse eine Rolle. Unser Aufwand für die Analyse wurde letztlich durch die verfügbaren Ressourcen begrenzt. Rückblickend können wir abschätzen, dass von etwa 1973 bis 1980 ungefähr 25 Arbeitskräftejahre in die Analyse geflossen sind, hinzu kommen noch der Umfang der Programmierarbeiten und die Kapazität für die Entwicklung von Spezialgeräten für die Analyse.

Unser Verständnis von quasiabsoluter Sicherheit eines CA unterscheidet sich von dem akademisch oft vertretenen Standpunkt, dass ein CV gebrochen sei, wenn unter idealisierten Bedingungen eine Methode effektiver als die TPM ist. Unseres Erachtens deutet das höchstens auf eine Schwachstelle hin, führt aber nicht dazu, dass Geheimtexte tatsächlich gelesen werden können.

Die Gesamtheit dieser Überlegungen legte den Entschluss nahe, die Entwicklung zur T-310 auf der Grundlage des schon vorhandenen Algorithmus SKS zu beginnen. So entstand der Gedanke, eine Chiffrieralgorithmenklasse ALPHA einzuführen, die beide Algorithmen umfasst. Das versprach Vorteile und erzeugte Rationalisierungseffekte.

- Wir mussten die Algorithmenentwicklung nicht beim Stand Null beginnen. Auf dem Algorithmus SKS aufzubauen und nur vorsichtige Änderungen vorzunehmen, gab uns für die Entwicklung eine gewisse Sicherheit. Wir konnten auf der 1971 im ZCO erstellte Analyse zum CA SKS aufbauen, die im Wesentlichen aus der Definition des Algorithmus und der Sammlung weniger grundsätzlicher mathematischer Aussagen bestand[8]. Der Algorithmus SKS wurde, wie bereits dargelegt, von den sowjetischen Kryptologen als gut eingeschätzt [111]. Sollten Probleme im T-310-Entwicklungsprozess auftreten, hätte auf den CA SKS zurückgegriffen werden können (Abschn. 3.5). Damit ist u. a. auch zu erklären, warum nur 27 Bit in der Rundenfunktion aktiv eingesetzt wurden und die *Z*-Funktion erhalten blieb (Algorithmusdefinition im Abschn. 4.2).
- Die Analyseergebnisse zur Algorithmenklasse ALPHA sollten dann für beide Algorithmen anwendbar sein. So gab es in der LZS-Technologie gemeinsame kryptographische Anforderungen an die zufällige Wahl eines LZS-Kandidaten innerhalb von definierten Klassen. Die manuelle und rechentechnische Überprüfung der Eigenschaften eines LZS-Kandidaten und die Nachweisführung für alle LZS-Kandidaten wurden in einem LZS-Verzeichnis dokumentiert. Außerdem gab es spezielle Vorschriften für die Umsetzung auf Brückenplänen und zur Produktion der Leiterplatten eines LZS.
- Letztendlich war es auch notwendig, für jeden eingesetzten CA eine Art analytische Betreuung über die gesamte Einsatzzeit zu organisieren. Auf diese Weise sollte quasiabsolute Sicherheit gewährleistet werden.

Ab 1973 wurde eine Gruppe von ca. zehn Mathematiker-Kryptologen aufgebaut. Sie trieb die Entwicklung des Algorithmus T-310 auf der Basis der Klasse ALPHA voran und erarbeitete die zugehörigen Entwicklungsanalysen. Parallel dazu wurden die Ergebnisse auch für den Algorithmus SKS bewertet. Hinzu kamen ca. 15 Kryptologen, die technisch-kryptologische Untersuchungen durchführten, die Vorschriften des CV entwickelten und die technische Entwicklung betreuten.

> Der Schutz von Staatsgeheimnissen stellte höchste Anforderungen an die Sicherheit des Chiffriergeräts T-310 und die der Chiffrierverfahren.

[8] Bisher ist die Analyse SKS unter den Veröffentlichungen nach der Auflösung des ZCO nicht aufgetaucht und wir können nicht darauf zurückgreifen.

Teil II
Entwicklung und Analyse des Chiffrieralgorithmus

„The methods of cryptography are mathematical."

David Kahn [44]

Blockstruktur des Chiffrieralgorithmus T-310

3

Inhaltsverzeichnis

Die Chiffieralgorithmen SKS und T-310 folgen, weil sie historisch aufeinander aufbauen, sehr ähnlichen Grundprinzipien.Wir stellen zunächst die Funktionsblöcke der Chiffrieralgorithmen der Klasse ALPHA und der beiden Realisierungen CA T-310 und CA SKS vor. Die einzelnen Blöcke realisieren die Schlüsseleingabe, die Synchronisationseinheit, die Komplizierungseinheit und die Verschlüsselungseinheit. Die Gemeinsamkeiten und die Unterschiede beider Realisierungen werden von uns dargestellt. Im Anschluss erläutern wir den Aufbau des Schlüsselsystems mit dem Langzeitschlüssel, dem Zeitschlüssel und dem Initialisierungsvektor (IV) einschließlich der unterschiedlichen Funktionen dieser drei Schlüsselkomponenten.

3.1 Blockstruktur der Chiffrieralgorithmen der Klasse ALPHA

Einen Überblick über die wichtigsten Einheiten des Chiffrators ermöglicht Abb. 3.1.

Der geheime ZS ist auf einer Lochkarte gespeichert und wird in eine Eingabeeinheit eingelesen. Ein ZS gilt für einen gewissen Zeitraum, typischerweise für eine Woche, für die Erprobung des CV einen Tag. Der ZS besteht aus zwei Vektoren $S1$ und $S2$ für den CA SKS von je 104 Bit und für den CA T-310 von je 120 Bit. Die Eingabeeinheit erzeugt durch zyklische Wiederholungen der Vektoren $S1$ und $S2$ die s-Folge.

W. Killmann und W. Stephan, *Das DDR-Chiffriergerät T-310*,
https://doi.org/10.1007/978-3-662-67584-7_3

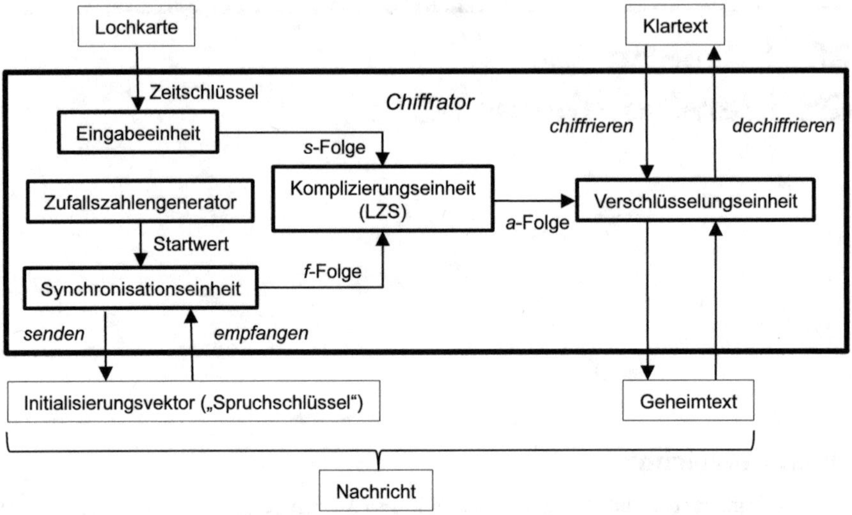

Abb. 3.1 Funktionseinheiten der CA der Klasse ALPHA

Für das Chiffrieren eines Klartextes wird durch den Zufallsgenerator (ZG) ein Startwert für die Synchronisationseinheit gebildet und als IV F in die Nachricht eingefügt. Die Synchronisationseinheit enthält ein linear rückgekoppeltes Schieberegister SFR, das die f-Folge erzeugt. Für den CA SKS besitzt das SFR $l = 52$ Bit und für den CA T-310 $l = 61$ Bit. Beide Schieberegister erzeugen Folgen mit Maximalperiode $2^{52} - 1$ bzw. $2^{61} - 1$. Lineare Schieberegister mit den genannten Eigenschaften werden als Pseudozufallsgeneratoren genutzt, u. a. bei Berechnungen mittels Monte-Carlo-Methode [36].

Die Chiffrieralgorithmen der Klasse ALPHA realisieren Stromchiffren. Eine Stromchiffre ist ein symmetrisches Chiffriersystem mit der Eigenschaft, dass der Chiffrieralgorithmus eine Verknüpfung einer Folge von Klartextsymbolen mit einer Schlüsselstromfolge ist. Mittels dieser Verknüpfungsabbildung entsteht ein Geheimtext. Die Abbildung muss natürlich umkehrbar sein, damit ein Empfänger bei Kenntnis der gleichen Schlüsselstromfolge den Klartext berechnen kann [42, clause 3.6]. Aus der s-Folge des ZS und der pseudozufälligen f-Folge wird in der Komplizierungseinheit (KE) der Schlüsselstrom, die Folge a, für die Steuerung der Verschlüsselungseinheit gebildet. Die KE erzeugt mit 104 (SKS) bzw. 127 (T-310) internen Takten ein Bit der a-Folge. In der Verschlüsselungseinheit ist die beschriebene Verknüpfungsabbildung implementiert. Die zu übertragende Nachricht besteht aus dem Initialisierungsvektor (IV) und dem durch die Verschlüsselungseinheit gebildeten Geheimtext.

Für das Dechiffrieren wird der IV der Nachricht entnommen. Besitzt der dechiffrierende Chiffrator denselben ZS und den korrekten Startwert, so erzeugen Eingabeeinheit, Synchronisationseinheit und KE dieselbe a-Folge, die für das Chiffrieren verwendet wurde. Die Verschlüsselungseinheit wendet die inverse Abbildung auf die Geheimtextzeichen an und stellt so den Klartext wieder her.

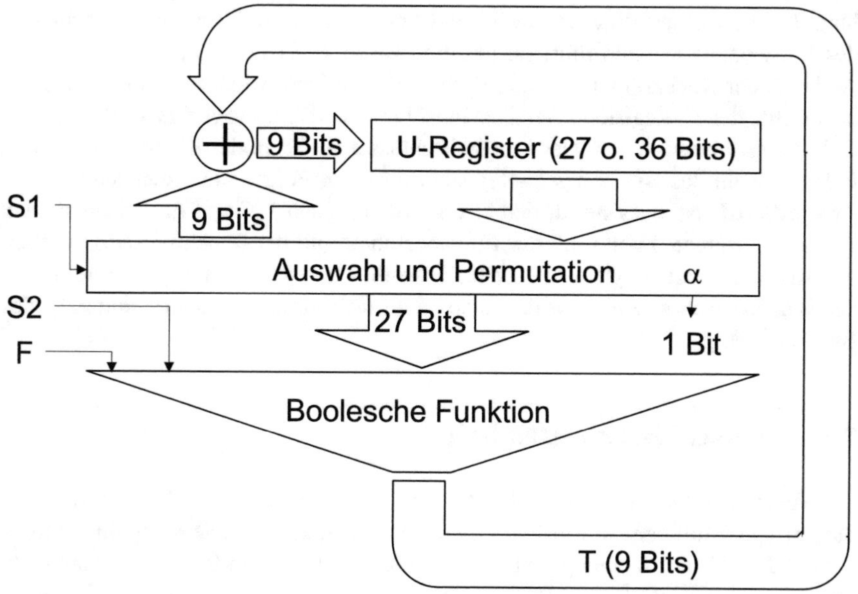

Abb. 3.2 Die Komplizierungseinheit implementiert die Abbildung φ

3.2 Komplizierungseinheit

Die KE hatte drei Hauptfunktionen: Die erste war die Berechnung einer pseudozufälligen Steuerfolge a für die Verschlüsselungseinheit. Die zweite Funktion bestand darin, dass es praktisch unmöglich gemacht werden sollte, von der ausgegebenen Steuerfolge a Rückschlüsse auf den ZS zu ziehen. Die dritte Funktion bestand darin zu verhindern, dass bei Kenntnis eines Abschnitts der Steuerfolge a eine Vorhersage über das zukünftige Verhalten der Steuerfolge getroffen werden konnte.

Die Grundstruktur der KE ist für CA der Klasse ALPHA im Wesentlichen gleich. Die CA SKS und CA T-310 unterscheiden sich in der Länge des U-Registers (27 Bit für CA SKS, 36 Bit für CA T-310) sowie in den Auswahl- und Permutationsfunktionen für die Argumente der Booleschen Funktionen (Abschn. 4.1 und 4.2). In Abb. 3.2 sind die Bestandteile der KE zu erkennen. Das Kästchen „Auswahl und Permutation“ steht für die in einem gewissen Rahmen noch frei wählbare Verdrahtung der Elemente der KE, die die LZS bilden (Genaueres im Abschn. 3.4).

Das U-Register des CA T-310 speichert 36 Bit, von denen in jedem Takt i 27 Bit verschoben und neun Bit neu berechnet werden. Für die Berechnung des Folgezustands des U-Registers werden alle 36 Bit an die Verdrahtung des LZS geführt. Die Komponente „Auswahl und Permutation“ wählt 27 Bit des U-Registers aus und führt sie permutiert an die Eingänge der Booleschen Funktionen. Die Booleschen Funktionen erzeugen im Takt i aus diesen Bits des U-Registers, dem Zeitschlüsselbit $s_2^i \in S2$ und dem Bit f^i der Synchronisationseinheit die neun Bit der Rückkopplung T. Die Komponente „Auswahl und Permutation“ wählt zusätzlich acht Bits des U-Registers aus und führt sie mit dem Bit $s_1^i \in S1$ des ZS permutiert an den Adder $\oplus$ der Rückkopplung. Das Ergebnis der binären Additionen mit T sind die neuen Bits des U-Registers. Der Zustandsübergang des U-Registers wird durch die Abbildung φ beschrieben. Der Langzeitschlüssel (LZS) in der KE bestimmt ebenfalls die Wahl des Bits α des U-Registers für die a-Folge. Kennzeichnend für die Arbeit der KE ist, dass sie für den CA T-310 erst nach 127 und für SKS erst nach 104 gemeinsamen Takten mit der Eingabeeinheit und der Synchronisationseinheit ein Bit der a-Folge ausgibt. Alle Zeitschlüsselbits und der gesamte (aktuelle) Inhalt der Synchronisationseinheit wirken also mindestens einmal bei der Erzeugung jedes Bits der a-Folge.

3.3 Verschlüsselungseinheit

Die Verschlüsselungseinheit des CA SKS ist eine einfache XOR Verknüpfung der Steuerfolge a mit dem Klartext- bzw. Geheimtext-Bitstrom. Die Verschlüsselungseinheit des CA T-310 erzeugt unter Verwendung von je zehn Bit aus den sich nicht überlappenden 13 Bit langen Segmenten der a-Folge aus jedem Klartextzeichen ein Geheimtextzeichen. Die Verschlüsselungseinheit besteht aus einem 5-fach XOR und einem linearen Schieberegister mit der Maximalperiode der Länge $31 = 2^5 - 1$. Die Periode enthält alle von $(0, 0, 0, 0, 0)$ verschiedenen Vektoren. Für die Verschlüsselung eines 5Bit-Fernschreibzeichens werden 13 Bit der Steuerfolge a bereitgestellt. Die ersten fünf a-Folgebits bestimmen die Anzahl r der Arbeitstakte des Schieberegisters. Die Zahl r ist gleich der Anzahl der Takte des Schieberegisters, um von $(1, 1, 1, 1, 1)$ in $(a_1, a_2, a_3, a_4, a_5)$ zu gelangen. Das nächste Bit der Steuerfolge wird ignoriert. Die folgenden fünf Bit werden mit dem 5Bit-Klartextzeichen bitweise XOR-verknüpft und in das lineare, rückgekoppelte Schieberegister geschoben. Die letzten zwei Bit bleiben ungenutzt. Nach r Arbeitstakten des Schieberegisters ist dessen Inhalt das Geheimtextzeichen. Damit ist die Substitution realisiert. Die etwas verwirrende Reihenfolge der Verwendung der Steuerfolge und die Ableitung von r aus der Steuerfolge ist der technischen Realisierung geschuldet. Für die Entschlüsselung werden die Operationen in umgekehrter Reihenfolge durchgeführt, d. h. erst die Rekursion im Schieberegister mit $2^5 - 1 - r$ Takten, dann Addition des a-Folgesegments $\mod 2$.

Eine schematische Vorstellung einer Verschlüsselungseinheit mit Substitution vermittelt Abb. 3.3.

3.4 Langzeitschlüssel

In den folgenden drei Abschnitten werden Komponenten des CA T-310 beschrieben, die als veränderliche Komponenten des CA in [111] als Schlüssel bezeichnet sind. Sie erfüllen Funktionen, die unmittelbar die Eigenschaften des Algorithmus beeinflussen.

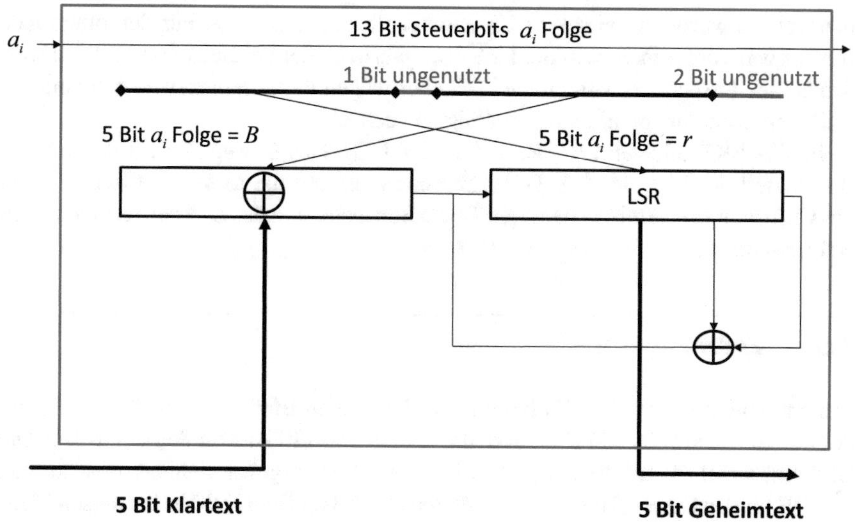

Abb. 3.3 Verschlüsselungseinheit des CA T-310

Der geheime Schlüssel im Sinne des Kerckhoffs' Prinzips (Def. 2.5) ist nur der ZS. Der konkret gewählte LZS bestimmt wesentlich die mathematischen und damit auch die kryptologischen Eigenschaften eines CA der Klasse ALPHA.

Mit der Einführung der LZS wird Folgendes erreicht:

1. Nutzerkreise, die nicht verschlüsselt miteinander kommunizieren sollen, sind auf diese Weise zuverlässig voneinander zu trennen. Für SKS V/1 waren dies z. B. die Funküberwachung verschiedener Länder.
2. Die Einführung eines LZS dient der Geheimhaltung des CA. Wenn der LZS unbekannt ist, dann ist die interne Verarbeitung der ZS unbekannt und muss rekonstruiert werden. Die LZS-Leiterplatten wurden völlig unabhängig von den Produktionsstätten der Geräte gefertigt und später in speziell gesicherten Umgebungen in die Geräte eingesetzt. Das vereinfachte die Geheimhaltung während der Produktion und Installation. Bei Kompromittierung eines LZS ist dieser durch einen neuen zu ersetzen.
3. Der LZS dient der Schaffung einer kryptologischen Reserve, denn wenn sich während der Kontrollanalyse Schwachstellen bezüglich eines LZS herausstellen sollten, hofften wir, in der Menge der LZS noch solche mit dann noch guter kryptologischer Qualität zu finden. Auch die Reduktion der Gültigkeitsdauer des LZS könnte bei Notwendigkeit angewiesen werden.
4. Die Entscheidung für einen konkreten LZS muss erst kurz vor der Auslieferung der Geräte getroffen werden. Der Einsatz von LZS verschaffte uns fünf Jahre Zeit für analytische Arbeiten.

Aus der Aufzählung erkennt man unschwer, dass neben kryptographischen Gründen auch weitere Argumente für die Integration eines LZS sprachen. Für die Erprobungsphase wurde ein eigener LZS entwickelt und eingesetzt. Für den operativen Einsatz war vorgesehen, dass der LZS etwa jährlich oder bei Bedarf gewechselt werden sollte. Tatsächlich wurden die LZS aber wegen der komplexen Vernetzung der Chiffrierverbindungen nicht regelmäßig gewechselt.

Im CA SKS bildeten (P^*, R, U^0, α) den LZS. Das U-Register wurde nicht als Bestandteil des LZS des CA T-310 übernommen, um die technische Realisierung des Chiffrators zu vereinfachen. Die T-310-Startbelegung des U-Registers U_0 wurde fest gewählt, den LZS bilden nur (P, D, α).

3.5 Zeitschlüssel

Der geheime ZS $S = (S1, S2)$ besteht aus den beiden Binärvektoren $S1$ und $S2$ mit der Länge von jeweils 104 Bits für den CA SKS und 120 Bits für den CA T-310. Die Bildungsvorschrift für die ZS (4.2), (4.3) und (4.41) ergeben Schlüsselvorräte von 2^{198} ZS für den CA SKS und 2^{230} ZS für den CA T-310. Eine TPM ist bei diesen Mengen prinzipiell ausgeschlossen, auch mit den heute zur Verfügung stehenden Mitteln. In der Design-Phase der Entwicklung wurden folgende Überlegungen angestellt:

1. Mit Blick auf die Schlüssellänge ist quasiabsolute Sicherheit gegeben.
2. Sollten sich im Algorithmus Schwachstellen verbergen, die ein Durchprobieren des Schlüsselvorrats zulassen, dann sollte dieser reduzierte ZS-Vorrat kleiner als etwa 2^{80} sein. Das würde bedeuten, dass eine sehr große Anzahl von Schlüsseln, im Mittel etwa jeweils 2^{150}, die gleichen Steuerfolgen für die Verschlüsselung erzeugen. Wir waren optimistisch, dass wir eine solche Schwachstelle in der Analyse erkennen und durch eine entsprechende Wahl des LZS vermeiden konnten.

In der Erprobungsphase musste der ZS täglich gewechselt werden, im operativen Betrieb wöchentlich. Eine Begrenzung der Anzahl bzw. der Länge der Sprüche war aufgrund der Bewertung in der T-310-Analyse [111] nicht erforderlich. Zur Wirkung der ZS in der Abbildung φ sei auf den Abschn. 3.2 verwiesen.

3.6 Initialisierungsvektor

Der IV F hat mehrere Funktionen:

- Mit der Übertragung von F werden beim Sender und beim Empfänger die Chiffratoren synchronisiert. F ist nicht geheim.
- Aus kryptologischer Sicht soll vermieden werden, dass während des Geltungszeitraums im Geltungsbereich eines ZS gleiche a-Steuerfolgen für die Chiffrierung erzeugt werden.
- Die mit dem IV erzeugte f-Folge besitzt gute statistische Eigenschaften, die in der KE wirken und wesentlich dafür verantwortlich sind, dass die Ausgabefolge an die Verschlüsselungseinheit ebenfalls gute statistische Eigenschaften besitzt.

Die Synchronfolge des CA SKS wird ständig übertragen (Abschn. 4.1). Der IV F des CA T-310 ist der Startwert für ein linear rückgekoppeltes Schieberegister der Länge 61, das die f-Folge mit Maximalperiode erzeugt. Die Zahlen 61 und $2^{61} - 1$ sind Primzahlen. Die Zahl $2^{61} - 1$ ist die Mersenne'sche Primzahl $\mathcal{M}_{61}$. Damit ist gesichert, dass die erzeugte f-Folge genau die Periode $2^{61} - 1$ besitzt. Die Primzahlperiode bewirkt lange Perioden der internen Folgen der Komplizierungseinheit.

Die Analyse [111] enthält im Abschn. 3.3.2 die folgende Einschätzung:

„Unter der Voraussetzung, dass m IV gleichwahrscheinlich und unabhängig voneinander gebildet werden, ist die Wahrscheinlichkeit dafür, dass sie paarweise voneinander verschieden sind, annähernd $1 - 2m^2 \cdot 10^{-19}$."

Wenn also in einem ZS-Bereich beispielsweise 1000 Geräte arbeiten und pro Minute ein IV erzeugt wird, dann treten im Mittel alle 10 000 Jahre gleiche Texte auf (Abschn. 10.5). Das ist kryptologisch vertretbar.

In [111] und auch in diesem Buch wird für den IV ebenfalls die Bezeichnung *Spruchschlüssel* als veränderliches Element des Chiffrierverfahrens verwendet.

In der Blockstruktur ist die Designidee der Chiffrieralgorithmen T-310 und SKS umgesetzt. Die Algorithmen müssen den nachfolgend beschriebenen Analysen und den Dekryptierangriffen standhalten.

Chiffrieralgorithmus T-310

4

Inhaltsverzeichnis

Wir definieren den CA SKS gemäß [106] im Abschn. 4.1. Die Beschreibung des CA T-310 im Abschn. 4.2 ergänzen wir durch die Einführung weniger neuer Definitionen, die in der aktuellen Ergebnisdiskussion benötigt werden. Wir fügen eine kompakte Darstellung als MEALY-Automat für den Chiffrier- und den Dechiffrierprozess hinzu. Beide Möglichkeiten der Beschreibung nutzen wir in den nachfolgenden Kapiteln. Die Gemeinsamkeiten und Unterschiede der CA SKS und CA T-310 als Vertreter der Chiffrieralgorithmenklasse ALPHA werden im Abschn. 4.6 diskutiert.

Wir bezeichnen mit $\mathcal{B}$ die Elemente 0 und 1 des endlichen Körpers $GF(2)$. Beiden CA ist die Boolesche Funktion (BF) Z gemeinsam (zu den Eigenschaften Abschn. 7.1). Sie ist durch das Shegalkinsche Polynom in $GF(2)$ definiert (Abschn. 7.1.1).

$$
\begin{aligned}
Z = {}& Z\left(e_1, e_2, ..., e_6\right) \\
= {}& 1 \oplus e_1 \oplus e_5 \oplus e_6 \oplus e_1 e_4 \oplus e_2 e_3 \oplus e_2 e_5 \oplus e_4 e_5 \oplus e_5 e_6 \\
& \oplus e_1 e_3 e_4 \oplus e_1 e_3 e_6 \oplus e_1 e_4 e_5 \oplus e_2 e_3 e_6 \oplus e_2 e_4 e_6 \oplus e_3 e_5 e_6 \\
& \oplus e_1 e_2 e_3 e_4 \oplus e_1 e_2 e_3 e_5 \oplus e_1 e_2 e_5 e_6 \oplus e_2 e_3 e_4 e_6 \oplus e_1 e_2 e_3 e_4 e_5 \oplus e_1 e_3 e_4 e_5 e_6
\end{aligned}
$$

$$(4.1)$$

Die Parameter sind Tripel aus $\mathcal{B}$, $p = (s_1, s_2, f) \in \mathcal{B}^3$.

© Springer-Verlag GmbH Deutschland, ein Teil von Springer Nature 2023
W. Killmann und W. Stephan, *Das DDR-Chiffriergerät T-310*,
https://doi.org/10.1007/978-3-662-67584-7_4

4.1 Definition des Chiffrieralgorithmus SKS

Der CA SKS basiert auf einem nicht-linearen Schieberegister aus einem Zustandsregister $U \in \mathcal{B}^{27}$ und neun Rückkopplungen. Das Schieberegister erhält als Eingabe die sich periodisch wiederholenden ZS-Vektoren $S1 \in \mathcal{B}^{104}$ und $S2 \in \mathcal{B}^{104}$ sowie die Synchronisationsfolge f, die aus dem IV $F = (f^1, ..., f^{52}) \in \mathcal{B}^{52}$ gebildet wird. Die ZS enthalten Paritätsbits, so dass für $S1 = \left(s_1^i\right)_{i\in\overline{1,104}}$, $S2 = \left(s_2^i\right)_{i\in\overline{1,104}}$, $j \in \overline{1,2}$ und $k \in \overline{1,4}$ gilt [93]

$$s_j^8 = 1 \oplus \bigoplus_{l=1}^{7} s_j^l, \tag{4.2}$$

$$s_j^{24k+8} = 1 \oplus \bigoplus_{l=24k-15}^{24k+7} s_j^l \tag{4.3}$$

Der Zeitschlüsselvorrat beträgt folglich 2^{198}. Der Zustandsübergang wird durch die Abbildung $\phi : \mathcal{B}^3 \times \mathcal{B}^{27} \to \mathcal{B}^{27}$ beschrieben, die von den Permutationen $P^* \in \mathfrak{S}(\overline{1,27})$ und $R \in \mathfrak{S}(\overline{1,9})$ abhängt[1]. Nach jeweils 104 internen Takten des Schieberegisters wird das Bit u_α für die Additionsreihe $(w_i)_{i\in\overline{1,47}}$ ausgegeben. Die Permutationen P^* und R, der Startvektor U^0 und $\alpha \in \overline{1,27}$ bilden den SKS-LZS. In Abb. 4.1 ist diese Verdrahtung in den zwei Boxen P und $Q = R^{-1}$ gekennzeichnet. So entstand bereits hier nicht nur ein Algorithmus, sondern eine Klasse von SKS-Algorithmen.

Die Abbildung $\phi : \mathcal{B}^3 \times \mathcal{B}^{27} \to \mathcal{B}^{27}$ ist durch die BF $T_\eta(e_0, ..., e_{28})$

$$\begin{aligned}
T_{R1} &= e_0\\
T_{R2} &= T_{R1} \oplus Z(e_1, ..., e_6)\\
T_{R3} &= T_{R2} \oplus e_7\\
T_{R4} &= T_{R3} \oplus Z(e_8, ..., e_{13})\\
T_{R5} &= T_{R4} \oplus e_{14}\\
T_{R6} &= T_{R5} \oplus Z(e_{15}, ..., e_{20}) \oplus e_1\\
T_{R7} &= T_{R6} \oplus e_{21}\\
T_{R8} &= T_{R7} \oplus Z(e_{22}, ..., e_{27})\\
T_{R9} &= T_{R8} \oplus e_{28}
\end{aligned} \tag{4.4}$$

[1] Wir verwenden im Folgenden abweichend von der Originalnotation ϕ für die SKS-Abbildung und φ für die T-310-Abbildung.

und die BF ihrer Komponenten $\phi(s_1, s_2, f)U = (\phi_1(s_1, s_2, f)U, ..., \phi_{27}(s_1, s_2, f)U)$ mit $\eta \in \overline{2, 9}$

$$\phi_1(s_1, s_2, f)U = s_1 \oplus T_1(f, s_2, u_{P*1}, ..., u_{P*27}) \quad (4.5)$$

$$\phi_{3\eta-2}(s_1, s_2, f)U = u_{3\eta-3} \oplus T_\eta(f, s_2, u_{P*1}, ..., u_{P*27}) \quad (4.6)$$

$$\phi_{3\eta-1}(s_1, s_2, f)U = u_{3\eta-2} \quad (4.7)$$

$$\phi_{3\eta}(s_1, s_2, f)U = u_{3\eta-1} \quad (4.8)$$

gegeben. Die Folgen $(s_1^i)_{i\in N}$, $(s_2^i)_{i\in N}$, $(f^i)_{i\in N}$, $(U^i)_{i\in N}$ und $(w_i)_{i\in N}$ werden wie folgt gebildet, $j \in \overline{1, 2}$

$$s_j^{i+104} = s_j^i \quad (4.9)$$

$$f^{i+52} = f^{i+3} + f^i \quad (4.10)$$

$$U^i = \phi(s_1^i, s_2^i, f^i)U^{i-1} \quad (4.11)$$

$$w_i = u_\alpha^{104i} \quad (4.12)$$

Wir bezeichnen die aus den ZS-Vektoren $S1$ und $S2$ sowie dem IV F gebildete Additionsreihe mit $W(S1, S2, F) = (w_i(S1, S2, F))_{i\in N}$.

Der CA SKS diente der verschlüsselten Übertragung von Kommandos der Funküberwachung (Grundtexte) $(G_i)_{i\in N}$, $G_i = (g_{i,1}, ..., g_{i,47})$, $g_{ij} \in \mathcal{B}$. Die Übertragung erfolgte im Zirkularverkehr, d. h. eine Station sendete chiffriert an bis zu 10 dechiffrierende Empfangsstationen. Die Sendestation sendete ununterbrochen aufeinanderfolgende Informationsblöcke $(B_i)_{i\in N}$, $B_i = (b_{77(i-1)+1}, ..., b_{77i})$, $b_j \in \mathcal{B}$, $j \in N$. Die Synchronisationsfolge f wird durch die Sendestation ständig im Übertragungstakt j gebildet. Wenn kein Kommando zu übertragen war, so enthielt der Informationsblock B_i nur die Synchronisationsfolge, $i \in N_0$, $j \in \overline{1, 77}$

$$b_{77i+j} = f^{77i+j} \quad (4.13)$$

Wenn ein Kommando zu übertragen war, so enthielt der Informationsblock die *XOR*-Summe aus Synchronisationsfolge und Geheimtext, $i \in N, i \geq 2$ (wegen der anfänglichen Synchronisation der Chiffratoren),

$$F^i = (f^{104\cdot77\cdot(i-1)+1}, ..., f^{104\cdot77\cdot(i-1)+52})$$

$$b_{77i+j} = \begin{cases} f^{77i+j} \oplus g_{i,j} \oplus w_{j+1}(S.1, S.2, F^i) & \text{für } j \in \overline{1, 47} \\ f^{77i+j} & \text{für } j \in \overline{48, 77} \end{cases} \quad (4.14)$$

Für das Chiffrieren bzw. Dechiffrieren eines jeden Kommandos wurde der Zustand des U-Registers auf U^0 zurückgesetzt und die Additionsreihe mit dem aktuellen Abschnitt der Synchronisationsfolge F^{77i} (im Register SRF der Chiffratoren) und den ZS-Vektoren $S1$ und $S2$ (in den Schlüsselregistern $SRS1$und $SRS2$) erzeugt.

4.2 Definition des Chiffrieralgorithmus T-310

Die Entwicklung des CA T-310 begann 1974 auf der Basis des CA SKS. Für den neuen Algorithmus wurde 1975 noch die Verwendung des ZS mit 208 Bit, 27 Bit U-Register, aber bereits mit dem 61 Bit Schieberegister für die f-Folge und den Substitutionsalgorithmen für 5Bit- und 8Bit-Einheiten festgelegt [40]. Durch die Verfügbarkeit von Bauelementen mit 4Bit-Schieberegistern wurde eine Verlängerung des U-Registers und des ZS möglich. Die logischen Funktionen der KE wurden weiter verwendet, so dass der Kern des CA SKS – die Abbildung ϕ – weiterhin implementiert werden konnte. Im Ergebnis der A-Entwicklung ergaben sich aber auch die im Abschn. 4.4 beschriebenen technisch bedingten Einschränkungen des LZS und des ZS. Das K-Pflichtenheft [41] beschrieb 1978 die Änderungen des CA T-310 mit 240 Bit ZS-Speicher, 36 Bit U-Register, geändertem Substitutionsalgorithmus für 5Bit-Einheiten und den technisch bedingten Einschränkungen. 1979 wurde der CA T-310 als verbindlich für die weitere Entwicklung und Analyse festgelegt.

4.2.1 Bezeichnungen

Wir bezeichnen die Mengen $M = \mathcal{B}^{36}$ und $\bar{M} = \mathcal{B}^5$. Seien P und D eindeutige Abbildungen

$$P : \overline{1{,}27} \longrightarrow \overline{1{,}36},\ D : \overline{1{,}9} \longrightarrow \overline{0{,}36} \tag{4.15}$$

für die gilt

$$\exists i \in \overline{1{,}9} : Di = 0 \tag{4.16}$$

$$\forall (i, j) \in \overline{(1{,}9)}^2 : i \neq j \Longrightarrow Di \neq Dj,\ \forall (i, j) \in \overline{(1, 27)}^2 : i \neq j \Longrightarrow Pi \neq Pj \tag{4.17}$$

Die BF T_i $(e_0, e_1, ..., e_{28})$ sind für $i = 1, 2, \ldots, 9$ definiert

$$
\begin{aligned}
T_i &= T_i\,(e_0, e_1, \ldots, e_{28})\\
T_1 &= e_0\\
T_2 &= T_1 \oplus Z\,(e_1, e_2, \ldots, e_6)\\
T_3 &= T_2 \oplus e_7\\
T_4 &= T_3 \oplus Z\,(e_8, e_9, \ldots, e_{13})\\
T_5 &= T_4 \oplus e_{14}\\
T_6 &= T_5 \oplus Z\,(e_{15}, e_{16}, \ldots, e_{20}) \oplus e_1\\
T_7 &= T_6 \oplus e_{21}\\
T_8 &= T_7 \oplus Z\,(e_{22}, e_{23}, \ldots, e_{27})\\
T_9 &= T_8 \oplus e_{28}
\end{aligned} \tag{4.18}
$$

4.2.2 Abbildung φ

Die Abbildung φ bildet in Abhängigkeit von dem Parameter p und den Abbildungen P und D die Menge M in sich ab, $(y_1, y_2, \ldots, y_{36}) = \varphi\,(p)\,(u_1, u_2, \ldots, u_{36})$. Sie wird durch ein Formelsystem definiert

$$
\begin{aligned}
\forall i \in \overline{1,9} : y_{4i-3} &= u_{Di} \oplus T_{10-i}\,(f, s_2, u_{P1}, \ldots, u_{P27})\\
y_{4i-2} &= u_{4i-3}\\
y_{4i-1} &= u_{4i-2}\\
y_{4i} &= u_{4i-1}
\end{aligned} \tag{4.19}
$$

$$u_0 = s_1 \tag{4.20}$$

wobei (4.20) in Verbindung mit (4.16) sicherstellt, dass s_1 in die *XOR*-Summen (4.19) eingeht.

Für die Darlegungen in späteren Kapiteln werden hier noch folgende Bezeichnungen eingeführt:

$$\varphi^n(p_n, \ldots, p_1)U := \varphi(p_n)(\varphi^{n-1}(p_{n-1}, \ldots, p_1)U) \tag{4.21}$$

Die BF $\varphi_i : \mathcal{B}^3 \times \mathcal{B}^{36} \to \mathcal{B}$

$$\varphi_i(s_1, s_2 f, u_1, \ldots, u_{36}) = \pi(i)\varphi(s_1, s_2, f)(u_1, \ldots, u_{36}) \tag{4.22}$$

wobei $\pi(i)(y_1, \ldots, y_{36}) = y_i$ für beliebige $i \in \overline{1,36}$ und $Y = (y_1, \ldots, y_{36}) \in M$ die Projektion des Vektors Y auf seine i-te Koordinate bezeichnet. Wir schreiben (4.19) mit diesen BF, wobei für eine kompakte Schreibweise U an Stelle von $u_1, \ldots, u_{36}$ steht:

$$\begin{aligned}
\varphi_{33}(s_1, s_2, f, U) =& u_{D9} \oplus f \\
\varphi_{29}(s_1, s_2, f, U) =& u_{D8} \oplus f \oplus Z_1 \\
\varphi_{25}(s_1, s_2, f, U) =& u_{D7} \oplus f \oplus Z_1 \oplus u_{P6} \\
\varphi_{21}(s_1, s_2, f, U) =& u_{D6} \oplus f \oplus Z_1 \oplus u_{P6} \oplus Z_2 \\
\varphi_{17}(s_1, s_2, f, U) =& u_{D5} \oplus f \oplus Z_1 \oplus u_{P6} \oplus Z_2 \oplus u_{P13} \\
\varphi_{13}(s_1, s_2, f, U) =& u_{D4} \oplus f \oplus Z_1 \oplus u_{P6} \oplus Z_2 \oplus u_{P13} \oplus Z_3 \oplus s_2 \\
\varphi_{9}(s_1, s_2, f, U) =& u_{D3} \oplus f \oplus Z_1 \oplus u_{P6} \oplus Z_2 \oplus u_{P13} \oplus Z_3 \oplus s_2 \oplus u_{P20} \\
\varphi_{5}(s_1, s_2, f, U) =& u_{D2} \oplus f \oplus Z_1 \oplus u_{P6} \oplus Z_2 \oplus u_{P13} \oplus Z_3 \oplus s_2 \oplus u_{P20} \oplus Z_4 \\
\varphi_{1}(s_1, s_2, f, U) =& u_{D1} \oplus f \oplus Z_1 \oplus u_{P6} \oplus Z_2 \oplus u_{P13} \oplus Z_3 \oplus s_2 \oplus u_{P20} \oplus Z_4 \oplus u_{P27}
\end{aligned} \tag{4.23}$$

$$\forall i \in \overline{1{,}9} \forall j \in \overline{0,2} : \varphi_{4i-j}(s_1, s_2, f, U) = u_{4i-j-1} \tag{4.24}$$

$$\begin{aligned}
Z_1(s_2, U) =& Z(s_2, u_{P1}, u_{P2}, u_{P3}, u_{P4}, u_{P5}) \\
Z_2(U) =& Z(u_{P7}, u_{P8}, u_{P9}, u_{P10}, u_{P11}, u_{P12}) \\
Z_3(U) =& Z(u_{P14}, u_{P15}, u_{P16}, u_{P17}, u_{25}, u_{P19}) \\
Z_4(U) =& Z(u_{P21}, u_{P22}, u_{P23}, u_{P24}, u_{P25}, u_{P26})
\end{aligned} \tag{4.25}$$

Für die neun 4Bit-Schieberegister des U-Vektors schreiben wir

$$\forall i \in \overline{1{,}9} : \Delta_i(U) = (u_{4i-3}, u_{4i-2}, u_{4i-1}, u_{4i}) \tag{4.26}$$

und für die vier Register in einer Darstellung als Chiffre mit 9Bit-Registern:

$$\forall j \in \overline{0{,}3} : \Upsilon_{4-j}(U) = (u_{4-j}, u_{8-j}, u_{12-j}, u_{16-j}, u_{20-j}, u_{24-j}, u_{28-j}, u_{32-j}, u_{36-j}) \tag{4.27}$$

Wenn der Vektor U, auf den sich die Δ_i bzw. Υ_j beziehen, aus dem Zusammenhang klar ist, so kann U entfallen.

4.2.3 *U*-Vektorfolge

Gegeben sei die Parameterfolge $(p_i)_{i \in N} = \left((s_1^i, s_2^i, f^i)\right)_{i \in N}$, bestehend aus der s_1- bzw. s_2-Folge $s_1 = \left(s_1^i\right)_{i \in N}$, $s_2 = \left(s_2^i\right)_{i \in N}$ und der f-Folge $f = \left(f^i\right)_{i \in N}$. Ausgehend von einem $U^0 \in M$ wird die U-Vektorfolge $\left(U^i\right)_{i \in N_0}$ für alle $i \in N$ wie folgt gebildet:

$$U^i = \varphi(s_1^i, s_2^i, f^i) U^{i-1} \tag{4.28}$$

Sei $U^i = \left(u_1^i, u_2^i, \ldots, u_{36}^i\right)$. Für festes $\alpha \in \overline{1{,}36}$ und $i = 1, 2, ...$ sei durch

$$a_i = \varphi_\alpha(s_1^{127i}, s_2^{127i}, f^{127i}, \varphi^{127i-1}(p_{127i-1}, \ldots, p_1) U^0) \tag{4.29}$$

die a-Steuerfolge $(a_i)_{i \in N}$ definiert.

4.2.4 Substitution ψ

Für eine feste Matrix $T = \left(t_{i,j}\right)_{i,j\in\overline{1,5}}$ mit Elementen $t_{ij} \in \mathcal{B}$ und einem primitivem charakteristischen Polynom über $GF(2)$ wird die Abbildung $\psi = \psi(r, B)$ der Menge $\overline{M}$ auf sich mit $B \in \overline{M}$ und $r \in \overline{0,31}$ als Parameter durch

$$\psi(r, B)\, G = (G \oplus B) \cdot T^r \tag{4.30}$$

definiert. Das i-te Geheimtextsymbol C_j wird aus dem j-te Klartextsymbol nach der folgenden Formel gebildet:

$$C_i = \psi(r_i, B_i)\, G_i = (G_i \oplus B_i) \cdot T^{r_i} \tag{4.31}$$

Das i-te Klartextsymbol wird wie folgt berechnet:

$$G_i = \psi^{-1}(r_i, B_i)\, G_i = C_i \cdot T^{-r_i} \oplus B_i \tag{4.32}$$

Die Matrix T ist definiert durch

$$T = \begin{pmatrix} 0\,0\,0\,0\,1 \\ 1\,0\,0\,0\,0 \\ 0\,1\,0\,0\,1 \\ 0\,0\,1\,0\,0 \\ 0\,0\,0\,1\,0 \end{pmatrix} \tag{4.33}$$

Aus der a-Steuerfolge $(a_i)_{i\in N}$ werden die Parameter $\left(r_j, B_j\right)$, $(r_i, B_i) \in \overline{0,30} \times \mathcal{B}^5$ gebildet.

Die a-Folgeabschnitte

$$\bar{a}^i = (a_{13(i-1)+1}, a_{13(i-1)+2}, \ldots, a_{13(i-1)+5}, a_{13(i-1)+7}, \ldots, a_{13(i-1)+11}) \tag{4.34}$$

werden durch eine Abbildung $\sigma : \mathcal{B}^{10} \to \overline{0,30} \times \mathcal{B}^5$ in das Paar (r_i, B_i) gemäß (4.35) und (4.36) transformiert:

$$\forall i \in N : B_i = \left(a_{7+13(i-1)}, \ldots, a_{11+13(i-1)}\right) \tag{4.35}$$

$$r_i = \begin{cases} 0, & \text{falls } (a_{1+13(i-1)}, \ldots, a_{5+13(i-1)}) \in \{(0, \ldots, 0), (1, 1, \ldots, 1)\} \\ 31 - r & \text{anderenfalls } (a_{1+13(i-1)}, \ldots, a_{5+13(i-1)}) \cdot T^r = (1,1, \ldots, 1) \end{cases} \tag{4.36}$$

4.3 Das T-310-Schlüsselsystem

Das Tripel (P, D, α) bildet den LZS. Das Paar $S = (S1, S2)$ bildet den ZS, $S1 = \left(s_1^i\right)_{i\in\overline{1,120}} \in \mathcal{B}^{120}$ und $S2 = \left(s_2^i\right)_{i\in\overline{1,120}} \in \mathcal{B}^{120}$.

Der LZS und der ZS unterliegen technisch bedingten Einschränkungen des effektiven Schlüsselvorrats, wie es im Abschn. 4.4.2 beschrieben wird.

Die Binärfolge $F = \left(f^i\right)_{i\in\overline{-60,0}} \in \mathcal{F}, \mathcal{F} = \mathcal{B}^{61}\backslash\{(0,0,\ldots,0)\}$, bildet den IV. In den Originaldokumenten zum CA T-310 (z. B. [111]) wurde der IV als variables Element eines CA auch als *Spruchschlüssel* bezeichnet. Die Verbindung zu den Definitionen der Folgen in Abschn. 4.2.3 wird auf folgende Weise hergestellt:

Aus $(S1, S2)$ und F wird die Parameterfolge $p = (p_i)_{i\in N} = \left((s_1^i, s_2^i, f^i)\right)_{i\in N}$ wie folgt gebildet:

$$\forall i \in N : s_1^{i+120} = s_1^i,\ s_2^{i+120} = s_2^i \tag{4.37}$$

$$\forall i \in \overline{-60,0} \cup N : f^{i+61} = f^{i+5} \oplus f^{i+2} \oplus f^{i+1} \oplus f^i \tag{4.38}$$

Damit enthalten $(S1, S2)$ und F die Startwerte für die Parameterfolge $(p_i)_{i\in N}$. Für die Erzeugung der Parameterfolgen mit gleichen ZS $S1$ und $S2$ sind unterschiedliche F zu wählen.

4.4 T-310-Festlegungen zur technischen Implementierung

Die technische Implementierung des CA T-310 erforderte Einschränkungen der LZS und des ZS-Vorrats.

4.4.1 Langzeitschlüssel (P, D, α)

Die technische Implementierung des Chiffrators mit zwei KE (Duplierung) auf drei Leiterkarten (Abschn. 14.5.2) bedingt Einschränkungen des LZS. Sei $W = \{5, 9, 21, 25, 29, 33\}$ und

$$\begin{cases} (1)\quad P3 = 33,\ P7 = 5,\ P9 = 9,\ P15 = 21,\ P18 = 25,\ P24 = 29 \\ (2)\quad \forall i \in \overline{1,9} : Di \in \overline{0,36} \setminus W \\ (3)\quad \alpha \in \overline{1,36} \setminus W \\ (4)\quad \left| \left(\left(\overline{0,12} \setminus W\right) \cap (\{P1, P2, \ldots, P24\} \cup \{D4, D5, \ldots, D9\} \cup \{\alpha\})\right) \setminus \{P25\} \right| \\ \qquad + \left| \left(\left(\overline{13,36} \setminus W\right) \cap (\{P26, P27\} \cup \{D1, D2, D3\})\right) \setminus \{P25\} \right| \leq 12 \end{cases} \tag{4.39}$$

Diejenigen (P, D, α), die den Bedingungen (4.39) genügen, werden als technisch zulässig bezeichnet. Aus (4.39) ergeben sich folgende BF Z

$$\begin{aligned} Z_1(s_2, U) =& Z(s_2, u_{P1}, u_{P2}, u_{33}, u_{P4}, u_{P5}) \\ Z_2(U) =& Z(u_5, u_{P8}, u_9, u_{P10}, u_{P11}, u_{P12}) \\ Z_3(U) =& Z(u_{P14}, u_{21}, u_{P16}, u_{P17}, u_{25}, u_{P19}) \\ Z_4(U) =& Z(u_{P21}, u_{P22}, u_{P23}, u_{29}, u_{P25}, u_{P26}) \end{aligned} \tag{4.40}$$

4.4.2 Zeitschlüsselvorrat

Der ZS $(S1, S2)$ enthält Paritätsbits, um Verfälschungen des ZS bei der Eingabe und der Verarbeitung zu erkennen.

$$\forall (i, k) \in \overline{1{,}5} \times \overline{1, 2} : \bigoplus_{j=1}^{24} s_k^{24(i-1)+j} = 1 \tag{4.41}$$

Die Menge der ZS, die der Bedingung (4.41) genügt, wird als ZS-Vorrat $\mathcal{S}$, $\mathcal{S} \subset \mathcal{B}^{120} \times \mathcal{B}^{120}$ bezeichnet.

4.4.3 U-Startvektor

Der Startvektor U^0 der U-Folge ist auf den Leiterkarten fest implementiert.

$$U = (0110\,1001\,1100\,0111\,1100\,1000\,0101\,1010\,0011) \tag{4.42}$$

Dies ist eine Einschränkung gegenüber dem CA SKS der Klasse ALPHA. Dort ist U^0 Bestandteil des LZS.

4.5 Automatenmodell des Chiffrieralgorithmus T-310

Nachdem die einzelnen Teile des CA beschrieben sind, folgt eine ganzheitliche Darstellung auf der Basis von Automatenmodellen. Diese Darstellung erweist sich als recht komplex. Ein Vergleich der in den nachfolgenden Kapiteln beschriebenen Teilergebnisse mit der hier vorgestellten Gesamtbeschreibung des Chiffriervorgangs hilft jedoch bei deren Einordnung und Bewertung.

Wir beginnen mit der üblichen Definition eines MEALY-Automaten und definieren danach die Automaten für das Chiffrieren und das Dechiffrieren. Weitere Automaten werden für Untersuchungen einzelner Fragestellungen im Kap. 10 eingeführt.

▶ **Definition 4.1** Ein endlicher MEALY-Automat ist ein 6-Tupel $\mathcal{A} = (X, Y, Z, \delta, \lambda, z_0)$, wobei X die endliche Eingabemenge, Y die endliche Ausgabemenge, Z die nichtleere endliche Zustandsmenge, $\delta : X \times Z \to Z$ die Zustandsfunktion, $\lambda : X \times Z \to Y$ die Ausgabefunktion und z_0 den Anfangszustand bezeichnen.

Seien $X^\star$ und $Y^\star$ die freien Halbgruppen über den Wörtern aus Eingabemenge X bzw. Ausgabemenge Y bezüglich der Aneinanderreihung $(w_1, \ldots w_n)|(u_1, \ldots u_m) := (w_1, \ldots, w_n, u_1, \ldots, u_m)$ mit der leeren Zeichenkette ϵ als Einselement, d. h. für alle $w \in$X gilt $w|\epsilon = \epsilon|w = \epsilon$. Wir definieren die erweiterte Zustandsfunktion $\Delta : X^\star \times Z \to Z$ durch

$$\forall z \in Z \forall x \in X \forall w \in X^\star : \Delta(\epsilon, z) = z \wedge \Delta(wx, z) = \delta(x, \Delta(w, z)) \tag{4.43}$$

und die erweiterte Ausgabefunktion $\Lambda : X^\star \times Z \to Y^*$ durch

$$\forall z \in Z \forall x \in X \forall w \in X^\star : \Lambda(\epsilon, z) = z \wedge \Lambda(wx, z) = \Lambda(w, z)|\lambda(x, \Delta(w, z)) \tag{4.44}$$

► **Definition 4.2** Ein MEDVEDEV-Automat $\mathcal{M} = (X, Z, Z, \delta, \delta, z_0)$ ist ein MEALY-Automat, bei dem Ausgabemenge gleich Zustandsmenge $Y = Z$ und die Ausgabefunktion gleich der Zustandsfunktion $\lambda = \delta$ ist.

Ein MEDVEDEV-Automat kann folglich auch kurz mit $\mathcal{M} = (X, Z, \delta, z_0)$ bezeichnet werden.

Der CA T-310 kann durch zwei MEALY-Automaten, einen für das Chiffrieren und einen für das Dechiffrieren von Nachrichten, beschrieben werden. In einem ersten Schritt definieren wir den MEALY-Automaten K, der die Erzeugung der a-Folge in der KE und der (r, B)-Steuerfolge in der Verknüpfungseinheit beschreibt. Er bildet dem Prinzip der Stromchiffre folgend den gemeinsamen Kern der Automaten $\mathcal{C}$ für das Chiffrieren eines Klartextzeichens und $\mathcal{D}$ für das Dechiffrieren eines Geheimtextzeichens. Wir erweitern dann diese Automaten auf die Automaten $\mathcal{C}^*$ für das Chiffrieren von Klartexten zu Nachrichten und $\mathcal{D}^*$ für das Dechiffrieren von Nachrichten zu Klartexten.

Die Bits $S1$ und $S2$ der Schieberegister in der Eingabeeinheit werden in jedem Takt zyklisch nach links verschoben. Wir bezeichnen mit ρ die Linksrotation eines Vektors, d. h.

$$\rho(s_i^1, s_i^2, \ldots, s_i^{120}) = (s_i^2, s_i^3, \ldots, s_i^1) \tag{4.45}$$

und schreiben $\mathcal{S}_\rho$ für die Vektoren, die aus $(S1^0, S2^0) \in \mathcal{S}$ durch diese zyklischen Linksrotation ρ hervorgehen. Die Bits der Synchronisationseinheit unterliegen der Rekursion τ,

$$\tau(f^1, f^2, \ldots, f^{61}) = (f^2, f^3, \ldots, f^{61}, f^5 \oplus f^3 \oplus f^2 \oplus f^1) \tag{4.46}$$

und verbleiben in $\mathcal{F}$.

Der autonome MEALY-Automat $\mathcal{K} = (X_{\mathcal{K}}, Y_{\mathcal{K}}, Z_{\mathcal{K}}, \delta_{\mathcal{K}}, \lambda_K, z^0)$ erzeugt aus den Zuständen des ZS-Registers $S = (S1, S2)$, des F-Registers und des U-Registers das Paar (r, B). Er ist durch die Eingabemenge $X_{\mathcal{K}} = \{e\}$, die Ausgabemenge $Y_{\mathcal{K}} = \overline{0,30} \times \mathcal{B}^5$, die Zustandsmenge $Z_{\mathcal{K}} = \mathcal{S} \times \mathcal{F} \times M$, die Zustandsfunktion $\delta_{\mathcal{K}} : \{e\} \times (\mathcal{S} \times \mathcal{F} \times M) \rightarrow \mathcal{S} \times \mathcal{F} \times M$ und die Ausgabefunktion $\lambda_K : \{e\} \times (\mathcal{S} \times \mathcal{F} \times M) \rightarrow \overline{0,30} \times \mathcal{B}^5$ definiert. Der Anfangszustand z^0 besteht aus dem ZS $S^0 = (S1^0, S2^0)$ aus dem ZS-Vorrat $\mathcal{S}$, dem Anfangswert F^0 der Synchronfolge, $F^0 \in \mathcal{F}$, und dem festen Anfangszustand des U-Registers U^0, $U^0 \in M$.

$$z^0 = (S1^0, S2^0, F^0, U^0) \in \mathcal{S} \times \mathcal{F} \times M \tag{4.47}$$

Die Zustandsfunktion von $\mathcal{K}$ ist von der Eingabe X unabhängig, die nur den externen Takt für die Zustandsänderung und die Ausgabe vorgibt. Die Zustandsfunktion $\delta_{\mathcal{K}}$ von $\mathcal{K}$ ist

$$\delta_{\mathcal{K}}(e, z) := (\rho^{91}(S_1), \rho^{91}(S_2), \tau^{1651}(F), \varphi^{1651}(p_{1651}, p_{1650}, \dots, p_1)U) \tag{4.48}$$

wobei gilt:

$$z = (S_1, S_2, F, U)$$

$$\varphi^{i+1}(p_{i+1}, \dots, p_1) = \varphi(p_{i+1})\varphi^i(p_i, \dots, p_1)$$

$$p_i = (\pi(1)(\rho^i(S.1)), \pi(1)(\rho^i(S.2)), \pi(1)(\rho^i(F)))$$

Man beachte, dass $127 \cdot 13 = 1651 \equiv 91 mod 120$ ist. Die a-Folge ist eine interne Zwischenfolge von $\mathcal{K}$, die gemäß (4.29) durch die Projektion $\pi(\alpha)$ des internen Zustands U auf seine α-Komponente nach jeweils 127 internen Takten der Abbildung φ entsteht. Die Ausgabefunktion (4.49) beschreibt, wie das Tupel $\bar{a}$ mit der Abbildung $\sigma : \mathcal{B}^{10} \rightarrow \overline{0,30} \times \mathcal{B}^5$ in das Paar (r, B) gemäß (4.36) transformiert wird

$$\begin{aligned}\lambda_K(e, Z) =& \sigma(\varphi_\alpha(s_1^{127}, s_2^{127}, f^{127}, \varphi^{126}(p_{126}, \dots, p_1)U), \dots,\\ &\varphi_\alpha(s_1^{127 \cdot 5}, s_2^{127 \cdot 5}, f^{127 \cdot 5}, \varphi^{127 \cdot 5-1}(p_{127 \cdot 5-1}, \dots, p_1)U),\\ &\varphi_\alpha(s_1^{127 \cdot 7}, s_2^{127 \cdot 7}, f^{127 \cdot 7}), \varphi(p_{127 \cdot 7-1}, \dots, p_1)U), \dots\\ &\varphi_\alpha(s_1^{127 \cdot 11}, s_2^{127 \cdot 11}, f^{127 \cdot 11}), \varphi(p_{127 \cdot 11-1}, \dots, p_1)U)\end{aligned} \tag{4.49}$$

Der MEALY-Automat $\mathcal{C} = (\overline{M}, \overline{M}, Z_{\mathcal{K}}, \delta_{\mathcal{K}}, \lambda_{\mathcal{C}}, z^0)$ beschreibt die Verschlüsselung eines Klartextzeichens x zum Geheimtextzeichen y. Dabei ist $\bar{M} = \mathcal{B}^5$ die Menge der Klartext- und Geheimtextzeichen im 5-Kanalcode. Da die Synchronfolge in der Nachricht nur einmal beim Chiffrieren ausgegeben wird, schließen wir den IV F^0 in den Anfangszustand z^0 ein. Der Wert F^0 wird in $\mathcal{C}$ zufällig durch den Zufallszahlengenerator gebildet und der gesendeten Nachricht vorangestellt. $\mathcal{C}$ gibt nur den Geheimtext der Nachricht aus. Die interne Funktion des Automaten $\mathcal{C}$ entspricht dem

Automaten $\mathcal{K}$. Die Zustandsmenge und die Zustandsfunktion sind die des Automaten $\mathcal{K}$. $\mathcal{K}$ erzeugt mit seiner Ausgabe den Parameter (r, B) der Substitution $\psi(r, B)$. Die Ausgabefunktion von $\mathcal{C}$ gibt für jedes Klartextzeichen x genau ein Geheimtextzeichen y aus.

$$y = \lambda_{\mathcal{C}}(x, S_1, S_2, F, U) = \psi(r, B)x$$

Der MEALY-Automat $\mathcal{C} = (\overline{M}, \overline{M}, Z_{\mathcal{K}}, \delta_{\mathcal{K}}, \lambda_{\mathcal{C}}, z^0)$ wird zum MEALY-Automaten $\mathcal{C}^* = (\bar{M}^*, \bar{M}^*, Z_{\mathcal{K}}, \delta^*_{\mathcal{K}}, \lambda^*_{\mathcal{C}}, z^0)$ für das Chiffrieren beliebiger Klartexte erweitert (Abschn. 4.5). In der Nachricht wird dem Geheimtext die Synchronfolge mit dem intern zufällig gebildete IV F^0 vorangestellt. Es sind $X = \bar{M}^*$ die Eingabemenge der Klartexte, $Y = \bar{M}^*$ die Ausgabemenge der Geheimtexte. Der Anfangszustand z^0 von $\mathcal{C}$ ist auch der Anfangszustand von $\mathcal{C}^*$. Für die erweiterte Zustandsfunktion $\delta^*_{\mathcal{K}}$ gilt die Beziehung $\delta^*_{\mathcal{K}}(w, z) = \Delta_{\mathcal{K}}(w, z), (w, z) \in \bar{M}^* \times Z$. Die erweiterte Ausgabefunktion von $\mathcal{C}^*$entspricht der erweiterten Ausgabefunktion von $\mathcal{C}$ gemäß (4.44) , $\lambda^*_{\mathcal{C}}(w, z) = \Lambda_{\mathcal{C}}(w, z), (w, z) \in \bar{M}^* \times Z$.

Der MEALY-Automat $\mathcal{D} = (\overline{M}, \overline{M}, Z_{\mathcal{K}}, \delta_{\mathcal{K}}, \lambda_{\mathcal{C}}, z^0)$ beschreibt die Entschlüsselung eines Geheimtextzeichens y zum Klartextzeichen x. Der IV wird durch $\mathcal{D}$ der empfangenen Nachricht entnommen und der Wert F^0 in den Anfangszustand z^0 übernommen. $\mathcal{D}$ erzeugt (r, B) genau so $\mathcal{C}$. Die Ausgabefunktionn von $\mathcal{D}$ gibt für jedes Geheimtextzeichen y genau ein Klartextzeichen x aus. $\lambda_{\mathcal{C}}$ und $\lambda_{\mathcal{D}}$ sind zueinander invers (vgl. Abschn. 4.2.4).

$$x = \lambda_{\mathcal{D}}(y, S_1, S_2, F, U) = \psi^{-1}(r, B)y \tag{4.50}$$

Der MEALY-Automat $\mathcal{D} = (\bar{M}, \bar{M}, Z_{\mathcal{K}}, \delta_{\mathcal{K}}, \lambda_{\mathcal{D}}, z^0)$ wird zum MEALY-Automaten $\mathcal{D}^* = (\mathcal{F} \times \bar{M}^*, \bar{M}^*, Z_{\mathcal{K}}, \delta^*_{\mathcal{K}}, \lambda^*_{\mathcal{D}}, z^0)$ für das Dechiffrieren eines Geheimtextes erweitert. Die Eingabemenge $\bar{M}^*$ ist die Menge der Geheimtexte, die Ausgabemenge $\bar{M}^*$ ist die Menge der dechiffrierten Geheimtexte. Der Anfangszustand z^0 besteht aus dem ZS $S^0 = (S_1^0, S_2^0)$, dem Anfangswert der Synchronfolge (F-Register) F^0 und dem Anfangszustand des U-Registers U^0. $\mathcal{D}^*$ besitzt die gleiche Zustandsfunktion wie $\mathcal{C}^*$. Die Ausgabefunktion von $\mathcal{D}^*$ entspricht der erweiterten Ausgabefunktion von $\mathcal{D}$ gemäß (4.44), $\lambda^*_{\mathcal{D}}(w, z) = \Lambda_{\mathcal{D}}(w, z), (w, z) \in X^* \times Z$.

4.6 Chiffrieralgorithmenklasse ALPHA

Die Chiffrieralgorithmenklasse ALPHA bildete die gemeinsame Grundlage für die Analyse der CA SKS und CA T-310. Die Klasse wurde 1975 in [78] definiert. Im Folgenden wird die Entwicklungsgeschichte beider Chiffrieralgorithmen und ihr Zusammenhang beschrieben.

Die Ähnlichkeit der Abbildungen ϕ der KE des CA SKS und φ der KE des CA T-310 werden in den Prinzipbildern Abb. 4.1 und 4.2 deutlich. Die Implementierung des SKS-Registers U in Dreiergruppen entsprach den verfügbaren Bauelementen mit jeweils drei Speicherzellen. Für die Implementierung des CA T-310 standen Bauelemente mit vier Speicherzellen zur Verfügung. Sie wurden für eine Verlängerung des

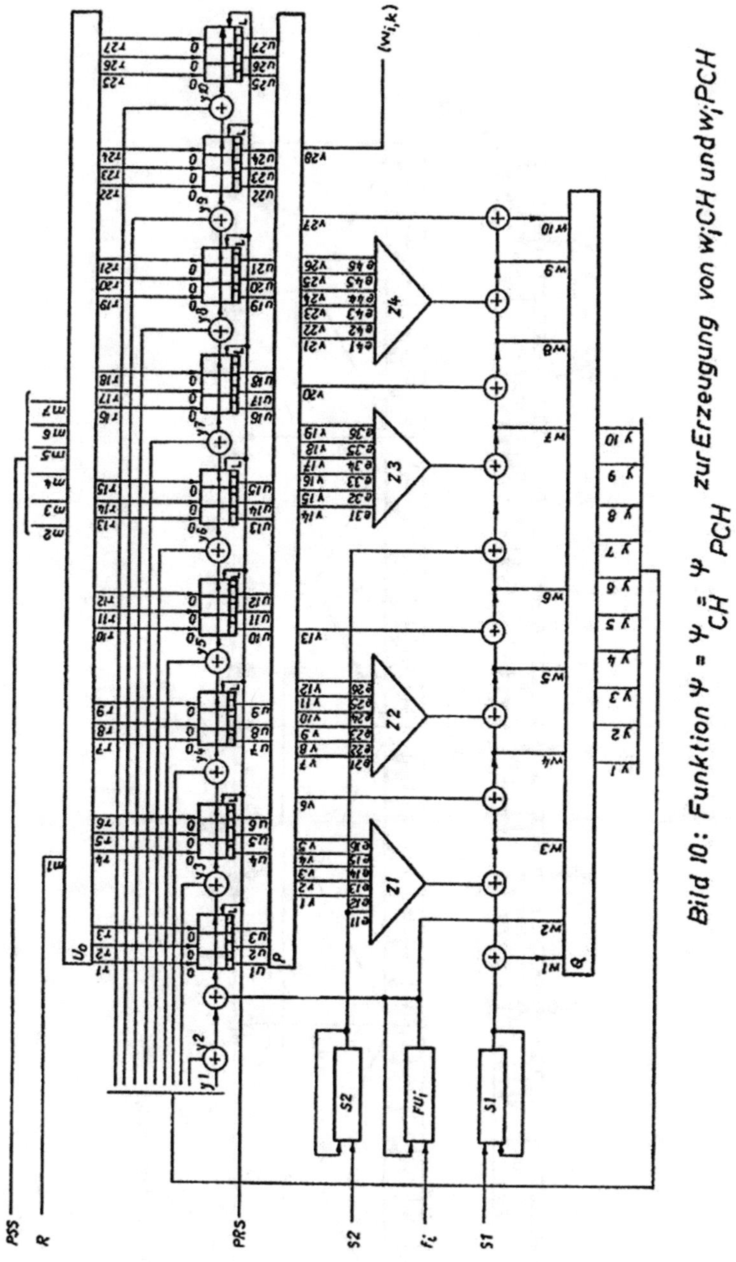

Abb. 4.1 Prinzipbild des Chiffrieralgorithmus SKS [30]

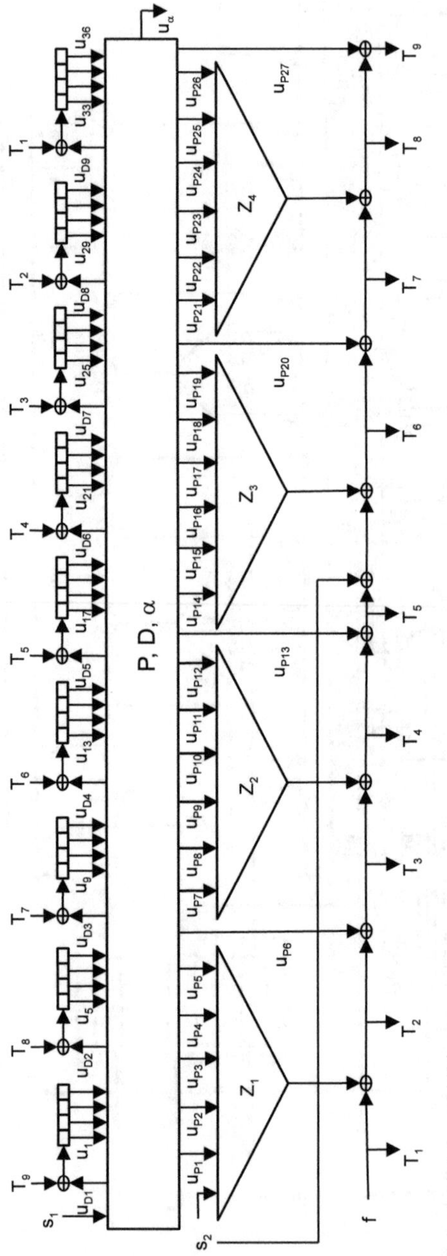

Abb. 4.2 Prinzipbild der Abbildung φ

U-Vektors von 27 Bits auf 36 Bits genutzt. Die Permutationen P^* und R wurden im SKS-Chiffrator getrennt implementiert.

Im T-310-Chiffrator wurde die Implementierung der Abbildungen P und D zusammengefasst (Abschn. 14.2 für eine nähere Beschreibung). Die logische Verknüpfung der ausgewählten und permutierten Ausgänge der U-Vektoren durch die BF Z_1 bis Z_4 und die XOR-Summen von u_{P6}, u_{P13}, u_{P20} und u_{P27} sowie der Bits s_1, s_2 und f blieb erhalten. Die KE SKS verkettete die Dreiergruppen zu einem Zyklus und permutierte durch R die BF T_i, $i \in \overline{1,9}$, bevor sie zu den Eingängen der Dreiergruppen xoriert wurden. Die KE des CA T-310 ordnete den Vierergruppen feste BF T_i, $i \in \overline{1,9}$, zu und permutierte mit D die U-Komponenten, die mit den T_i zu Eingängen der Vierergruppen xoriert wurden. Die „zyklische" Verkettung der Dreiergruppen der U^{SKS}-Koordinaten wurde in der LZS-Klasse KT1 des CA T-310 (Abschn. 5.2, Formel 5.2) zu einer „zyklischen" Verkettung der Vierergruppen der $U^{(T310)}$ wie Abb. 5.1 zeigt. Dadurch konnte die Abbildung $\phi(s_1, s_2, f)U$ des CA SKS auch im T-310-Chiffrator implementiert werden. Diese Möglichkeit war als Rückfallposition für den Fall kryptologischer Schwächen des CA T-310 durchaus beabsichtigt.

Die Ähnlichkeiten des CA SKS und des CA T-310 bildeten die Grundlage der Definition der Chiffrieralgorithmenklasse ALPHA und die Anwendung gleicher oder zumindest ähnlicher Analysemethoden. Die CA SKS und CA T-310 wurden bis in die 80er Jahre parallel untersucht. Viele Eigenschaften beider Algorithmen konnten mit den gleichen Methoden untersucht werden, z. B. die Bijektivität der Abbildungen ϕ und φ. Einige Computerberechnungen waren wegen der geringeren U-Zustandsmenge $\mathcal{B}^{27}$ des CA SKS leichter möglich als für den CA T-310 mit der U-Zustandsmenge $\mathcal{B}^{36}$. Ein „eingebetteter" CA SKS hat natürlich nicht die guten kryptologischen Eigenschaften eines „echten" CA T-310.

Der Chiffrieralgorithmus T-310 gehört mit seinem Kern zur Klasse ALPHA, ist aber um die Substitution erweitert.

Langzeitschlüssel 5

Inhaltsverzeichnis

Die Wahl des LZS bestimmt wesentlich die kryptologischen Eigenschaften des CA T-310. Die für den operativen Einsatz freigegebenen LZS wurden auf der Grundlage einer aufwendigen LZS-Technologie ausgewählt. Aus Effizienzgründen wurden die beiden LZS-Klassen KT1 und KT2 konstruiert [81]. Die Vorauswahl der LZS aus diesen Klassen berücksichtigte technisch bedingte Einschränkungen der Leiterplattentopologie, garantierte die Bijektivität der Zustandsfunktion und den Ausschluss bestimmter kryptologisch relevanter Vereinfachungen dieser Abbildung. Gleichzeitig wurde es durch diese Vorauswahl praktisch möglich, Experimente zum Nachweis der Transitivität dieser Abbildung durchzuführen.

5.1 Langzeitschlüsselauswahl

Die Wahl des LZS bestimmt wesentlich die kryptologischen Eigenschaften der CA der Klasse ALPHA. Es wurde eine LZS-Technologie entwickelt, die eine Bereitstellung der LZS auf dem jeweiligen Stand der kryptologischen Analyse sichern sollte. Jeder für den Einsatz freigegebene LZS wurde allen uns möglichen theoretischen und experimentellen Untersuchungen unterzogen. Die nachfolgenden Kapitel sechs bis neun enthalten eine mathematisch kryptologische Begründung sowohl für die aufgestellten Forderungen als auch für Methoden zur Konstruktion bzw. zur Überprüfung der LZS. Die LZS-Wahl erfolgte in vier Schritten:

W. Killmann und W. Stephan, *Das DDR-Chiffriergerät T-310*,
https://doi.org/10.1007/978-3-662-67584-7_5

Schritt 1: Zufällige Wahl eines LZS-Kandidaten aus einer der nachfolgend definierten LZS-Klasse KT1 und KT2. Er besitzt dann die nachfolgend unter 1. bis 4. aufgeführten Eigenschaften
Schritt 2: Zusätzliche manuelle Kontrollen der nachfolgend unter 1. bis 4. aufgeführten Eigenschaften für den gewählten LSZ-Kandidaten
Schritt 3: Experimentelle Überprüfung von Eigenschaften des LZS-Kandidaten
Schritt 4: Gegebenenfalls wurden zusätzliche Untersuchungen unter Nutzung experimenteller Ergebnisse durchgeführt

Die LZS, deren Abbildung $\varphi(p)$ für alle $p \in \mathcal{B}^3$ bijektiv ist (Abschn. 7.3), heißen *reguläre* LZS.

Für den Schritt 1 der LZS-Wahl für den CA T-310 wurden die Klassen KT1 und KT2 definiert, die

1. die technischen Einschränkungen an die LZS berücksichtigten (Abschn. 14.2)
2. die umkehrbare Eindeutigkeit der Abbildung $\varphi(p)$ für alle $p \in \mathcal{B}^3$ (Abschn. 7.3) garantierten
3. das Fehlen echter Effektivitätsgebiete (Abschn. 8.2.1) gewährleisteten
4. die Voraussetzungen für die experimentellen Untersuchungen, insbesondere für die Existenz reduzierter Mengen (Abschn. 7.5), schufen.

Allen in der LZS-Liste [82] angegebenen SKS-LZS ist $R9 = 1$ gemeinsam.

Wir beschreiben nunmehr die beiden T-310-Langzeitschlüsselklassen.

5.2 Langzeitschlüsselklasse KT1

Ein Tripel (P, D, α) gehört genau dann der LZS-Klasse KT1 an, wenn folgende Bedingungen zusätzlich zu den technischen Einschränkungen (Abschn. 4.4) erfüllt sind:

$$D1 = 0 \tag{5.1}$$

$$\{j_1, j_2, \ldots, j_8\} = \overline{2{,}9} \Longrightarrow Dj_1 = 4,\ Dj_2 = 4j_1, \ldots, Dj_8 = 4j_7 \tag{5.2}$$

$$P20 = 4j_8 \tag{5.3}$$

$$D3 \in \{P1, P2, P4, P5\} \tag{5.4}$$

$$D4 \notin \{P14, P16, P17, P19\} \tag{5.5}$$

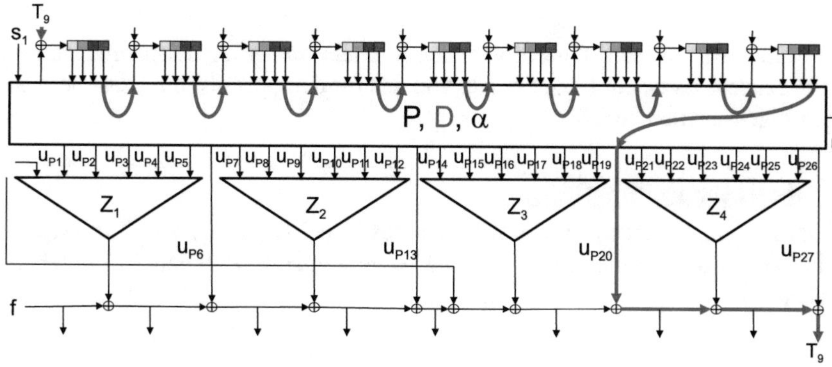

Abb. 5.1 Illustration der Abbildung D und $P20$ für LZS aus KT1

$$\{D4, D5, D6\} \cap \{P8, P10, P11, P12\} = \emptyset \tag{5.6}$$

$$(D5, D6) \in \{8, 12, 16\} \times \{20, 28, 32\} \cup \{24, 28, 32\} \times \{8, 12, 16\} \tag{5.7}$$

$$P6 = D8, P13 = D7 \tag{5.8}$$

$$P27 \neq 0 \, mod \, 4 \tag{5.9}$$

$$\forall l \in \overline{1,9} \; \exists i \in \overline{1,26} : Pi = 4l \tag{5.10}$$

Die Verkettung der Vierergruppen durch die Abbildung D der LZS aus KT1 entspricht der Verkettung der Dreiergruppen des CA SKS (4.6). Mit Abb. 5.1 illustrieren wir die Kette der Di in (5.2) und $P20$ in (5.3) für eine Abbildung φ mit einem LZS aus KT1.

Für (P, D) aus KT1 und u_{4i-3}, $i = 1, ..., 9$, gilt

$$\begin{aligned}
\varphi_{33}(s_1, s_2, f, U) &= u_{D9} \oplus f \\
\varphi_{29}(s_1, s_2, f, U) &= u_{D8} \oplus f \oplus Z_1 \\
\varphi_{25}(s_1, s_2, f, U) &= u_{D7} \oplus f \oplus Z_1 \oplus u_{D8} \\
\varphi_{21}(s_1, s_2, f, U) &= u_{D6} \oplus f \oplus Z_1 \oplus u_{D8} \oplus Z_2 \\
\varphi_{17}(s_1, s_2, f, U) &= u_{D5} \oplus f \oplus Z_1 \oplus u_{D8} \oplus Z_2 \oplus u_{D7} \\
\varphi_{13}(s_1, s_2, f, U) &= u_{D4} \oplus f \oplus Z_1 \oplus u_{D8} \oplus Z_2 \oplus u_{D7} \oplus Z_3 \oplus s_2 \\
\varphi_{9}(s_1, s_2, f, U) &= u_{D3} \oplus f \oplus Z_1 \oplus u_{D8} \oplus Z_2 \oplus u_{D7} \oplus Z_3 \oplus s_2 \oplus u_{4j_8} \\
\varphi_{5}(s_1, s_2, f, U) &= u_{D2} \oplus f \oplus Z_1 \oplus u_{D8} \oplus Z_2 \oplus u_{D7} \oplus Z_3 \oplus s_2 \oplus u_{4j_8} \oplus Z_4 \\
\varphi_{1}(s_1, s_2, f, U) &= s_1 \oplus f \oplus Z_1 \oplus u_{D8} \oplus Z_2 \oplus u_{D7} \oplus Z_3 \oplus s_2 \oplus u_{4j_8} \oplus Z_4 \oplus u_{P27}
\end{aligned} \tag{5.11}$$

Der LZS-21 wird in den nachfolgenden Kapiteln immer für Beispielrechnungen herangezogen. Es ist ein LZS, der alle von uns für den operativen Einsatz notwendigen Eigenschaften besitzt.

Beispiel LZS-21: Abbildung φ

Der LZS-21 (Anlage C.6) aus KT1 legt das Tripel (P, D, α) fest. Zur besseren Lesbarkeit der Permutation P sind die Werte $P6$, $P13$, $P20$ und $P27$ unterstrichen.

$$\begin{aligned} P =&(36, 4, 33, 11, 1, \underline{20}, 5, 26, 9, 24, 32, 7, \underline{12}, 2, 21, 3, 28, 25, 34, \underline{8},\\ &31, 13, 18, 29, 16, 19, \underline{6})\\ D =&(0, 24, 36, 4, 16, 28, 12, 20, 32)\\ \alpha =&1 \end{aligned}$$

Daraus folgen die BF $\varphi_i(p)$

$$\begin{aligned} \varphi_{33}(s_1, s_2, f, U) =&u_{32} \oplus f\\ \varphi_{29}(s_1, s_2, f, U) =&u_{20} \oplus f \oplus Z_1\\ \varphi_{25}(s_1, s_2, f, U) =&u_{12} \oplus f \oplus Z_1 \oplus u_{20}\\ \varphi_{21}(s_1, s_2, f, U) =&u_{28} \oplus f \oplus Z_1 \oplus u_{20} \oplus Z_2\\ \varphi_{17}(s_1, s_2, f, U) =&u_{16} \oplus f \oplus Z_1 \oplus u_{20} \oplus Z_2 \oplus u_{12}\\ \varphi_{13}(s_1, s_2, f, U) =&u_4 \oplus f \oplus Z_1 \oplus u_{20} \oplus Z_2 \oplus u_{12} \oplus Z_3 \oplus s_2\\ \varphi_9(s_1, s_2, f, U) =&u_{36} \oplus f \oplus Z_1 \oplus u_{20} \oplus Z_2 \oplus u_{12} \oplus Z_3 \oplus s_2 \oplus u_8\\ \varphi_5(s_1, s_2, f, U) =&u_{24} \oplus f \oplus Z_1 \oplus u_{20} \oplus Z_2 \oplus u_{12} \oplus Z_3 \oplus s_2 \oplus u_8 \oplus Z_4\\ \varphi_1(s_1, s_2, f, U) =&s_1 \oplus f \oplus Z_1 \oplus u_{20} \oplus Z_2 \oplus u_{12} \oplus Z_3 \oplus s_2 \oplus u_8 \oplus Z_4 \oplus u_6 \end{aligned} \tag{5.12}$$

$$\forall i \in \overline{1{,}9} \forall j \in \overline{0{,}2} : \varphi_{4i-j}(s_1, s_2 f, U) = u_{4i-j-1}$$

$$\begin{aligned} Z_1(s_2, U) =&Z(s_2, u_{36}, u_4, u_{33}, u_{11}, u_1)\\ Z_2(U) =&Z(u_5, u_{26}, u_9, u_{24}, u_{32}, u_7)\\ Z_3(U) =&Z(u_2, u_{21}, u_3, u_{28}, u_{25}, u_{34})\\ Z_4(U) =&Z(u_{31}, u_{13}, u_{18}, u_{29}, u_{16}, u_{19}) \end{aligned} \tag{5.13}$$

◄

5.3 Langzeitschlüsselklasse KT2

Für die Definition der LZS-Klasse KT2 werden folgende Bezeichnungen eingeführt:

$$A = \{D1, D2, ..., D9\} \cup \{P6, P13, P20, P27\}$$
$$A_1 = \{D1, D2, P27\},\ A_2 = \{D3, D4, P20\},$$
$$A_3 = \{D5, D6, P13\},\ A_4 = \{D7, D8, P6\}$$

Ein Tripel (P, D, α) gehört genau dann der LZS-Klasse KT2 an, wenn zusätzlich zu den technischen Einschränkungen (Abschn. 4.4.1) die folgenden Bedingungen erfüllt sind:

$$\forall(i, j) \in \overline{1{,}27} \times \overline{1{,}9} : Pi \neq Dj \tag{5.14}$$

$$\{4i \mid i = 1, 2, ...9\} \subset A \tag{5.15}$$

$$\{D8, D9\} \subset \{4i \mid i = 1, 2, ...9\} \tag{5.16}$$

$$D9 \notin (\overline{33{,}36} \cup \{0\}) \tag{5.17}$$

Im Original von 1980 [111] hat sich in dieser Relation der Schreibfehler $D9 \setminus (\overline{33{,}36} \cup \{0\}) = \emptyset$ eingeschlichen. In der vorliegenden Definition für KT2 ist dieser Fehler in (5.17) korrigiert. Die Grund für diese Korrektur ist in Abschn. 8.2.1 dargestellt.

$$\{D8, D9, P1, ..., P5\} \setminus (\overline{29{,}36} \cup \{0\}) \neq \emptyset \tag{5.18}$$

$$\{D7, D8, P1, ..., P6\} \setminus (\overline{25{,}32} \cup \{0\}) \neq \emptyset \tag{5.19}$$

$$\{D7, D9, P1, ..., P6\} \setminus (\overline{25{,}28} \cup \overline{33{,}36} \cup \{0\}) \neq \emptyset \tag{5.20}$$

$$\{D6, D7, D8, D9, P1, ..., P12\} \setminus (\overline{21{,}36} \cup \{0\}) \neq \emptyset \tag{5.21}$$

$$\{D5, D7, D8, D9, P1, ..., P13\} \setminus (\overline{17,20} \cup \overline{25,36} \cup \{0\}) \neq \emptyset \tag{5.22}$$

$$\{D7, D8, D9, P1, ..., P6\} \setminus (\overline{25,36} \cup \{0\}) \neq \emptyset \tag{5.23}$$

$$\{D5, D6, D8, D9, P1, ..., P13\} \setminus (\overline{17,24} \cup \overline{29,36} \cup \{0\}) \neq \emptyset \tag{5.24}$$

$$\{D5, D6, D7, D9, P1, ..., P13\} \setminus (\overline{17,28} \cup \overline{33,36} \cup \{0\}) \neq \emptyset \tag{5.25}$$

$$\{D5, D6, D7, D8, P1, ..., P13\} \setminus (\overline{17,32} \cup \{0\}) \neq \emptyset \tag{5.26}$$

$$\{D5, D6, D7, D8, D9, P1, ..., P13\} \setminus (\overline{17,36} \cup \{0\}) \neq \emptyset \tag{5.27}$$

$$\{D4, D5, ..., D9, P1, ..., P19\} \setminus (\overline{13,36} \cup \{0\}) \neq \emptyset \tag{5.28}$$

$$\{D3, D4, ..., D9, P1, ..., P20\} \setminus (\overline{9,36} \cup \{0\}) \neq \emptyset \tag{5.29}$$

Es existiert ein 6-Tupel $(j_1, j_2, j_3, j_4, j_5, j_6) \in \overline{1,9}^6$, das folgende Bedingungen erfüllt:

$$\exists j_1 \in \overline{1,7} : Dj_1 = 0 \tag{5.30}$$

$$j_2 \in \overline{1,4} \wedge Dj_1 \notin A_{j_2} \tag{5.31}$$

$$j_3 \in \overline{1,4} \wedge Dj_1 \notin A_{j_3} \tag{5.32}$$

$$j_2 \neq j_3 \tag{5.33}$$

$$j_4 \in \overline{1,4} \setminus \{j_1, 2j_2 - 1, 2j_2\} \tag{5.34}$$

$$j_5 \in \overline{5,8} \setminus \{j_1, 2j_2 - 1, 2j_2\} \tag{5.35}$$

$$j_6 \in \overline{1,9} \setminus \{j_1, 2j_2 - 1, 2j_2, j_4, j_5\} \tag{5.36}$$

$$\{4j_4, 4j_5\} \subset A_{j_2} \tag{5.37}$$

$$(\overline{4j_1 - 3, 4j_1} \cup \overline{4j_6 - 3, 4j_6}) \cap A_{j_2} \neq \emptyset \tag{5.38}$$

$$\{8j_2 - 4, 8j_2\} \subset A_{j_3} \tag{5.39}$$

$$(\overline{4j_1 - 3, 4j_1} \cup \overline{4j_6 - 3, 4j_6}) \cap A_{j_3} \neq \emptyset \tag{5.40}$$

Spaltet man für (P, D, α) in KT2 von der BF

$$\varphi_{4i-3}(s_1, s_2, f, u_1, ..., u_{36}) = u_{Di} \oplus T_{10-i}\,(f, s_2, u_{P1}, ..., u_{P27})\,, i = 1, 2, ..., 9,$$

ihren nichtlinearen Anteil $\tilde{\varphi}_i(s_1, s_2, f, u_1, ..., u_{36})$ ab, so kann sie wegen (5.15) und (4.20) in Abschn. 4.2.2 in der Form

$$\begin{aligned} \varphi_{4i-3}(s_1, s_2, f, u_1, ..., u_{36}) = &\ u_{Di} \oplus T_{10-i}\,(f, s_2, u_{P1}, ..., u_{P27}) \\ = &\ \tilde{\varphi}_i(s_1, s_2, f, u_1, ..., u_{36}) \bigoplus\nolimits_{j=1}^{9} b_{ij} u_{4j} \end{aligned} \tag{5.41}$$

dargestellt werden (4.19). Für die Matrix $B = (b_{ij})_{i=1,..,9, j=1,...,9}$ gilt dabei

$$\det(B) = 9 \tag{5.42}$$

5.4 Die Entscheidung für KT1

Die beiden Klassen KT1 und KT2 unterscheiden sich in den Variablen der BF

$$\varphi_{4i-3}(p)U = u_{Di} \oplus T_{10-i}(f, s_2, u_{P1}, ..., u_{P27}), i = 1, ..., 9$$

Im Fall $(P, D) \in KT1$

- werden genau neun Komponenten des U-Vektors nur in den Vierergruppen verschoben und gehen nicht in die Berechnung der linken Elemente der Vierergruppen ein (d. h., sie sind fiktive Variablen der Funktionen $\varphi_{4i-3}(p)U$)
- treten acht Komponenten des U-Vektors in den Funktionen $\varphi_{4i-3}(p)U$ sowohl als u_{Di} als auch als Variable der Funktionen T_{10-i} auf.

Im Fall $(P, D) \in KT2$

- ist nur eine Komponente von U eine fiktive Variable in den Funktionen $\varphi_{4i-3}(p)U$
- tritt jede Komponente von U, die effektive Variable der Funktionen $\varphi_{4i-3}(p)U$ ist, entweder als u_{Di} oder als Variable der Funktionen T_{10-i} auf.

Für die Wahl der operativen LZS ist in der LZS-Technologie [80] die Verwendung von KT1 vorgegeben, denn die Vorschrift zur zufälligen Auswahl der LZS aus KT1 war gemäß Schritt 1 der LZS-Technologie leichter handhabbar. KT2 war eher als eine stille kryptologische Reserve gedacht.

Alle LZS-Kandidaten und speziell für Tests der Analyseprogramme konstruierten Tripel (P, D, α) wurden in einer LZS-Liste erfasst [82]. Aus den Kommentaren zu einigen aufgelisteten LZS geht der Zweck ihrer Konstruktion und Verwendung hervor. Andere LZS-Kandidaten wurden im Prozess ihrer Analyse als kryptologisch ungeeignet verworfen, verblieben aber in der Liste aller untersuchten oder speziell konstruierten Tripel (P, D, α). Nicht alle in der Literatur (z. B. in [15]) untersuchten (P, D) verdienen die dort genutzte Bezeichnung *real life key*. Nur die LZS 19, 21, 22, 23, 26, 30, 31, 32 und 33, die laut der Liste den Zusatz *für operativen Einsatz freigegeben* enthalten, sind tatsächlich LZS aus dem realen Leben (Anhang C)[1].

Die Langzeitschlüssel waren wesentliche, die Sicherheit bestimmende Bestandteile des Chiffrieralgorithmus. Die Langzeitschlüsselklassen trafen nur eine für weitere Analyse zweckmäßige Vorauswahl. Nutzerguppen konnten durch unterschiedliche LZS getrennt werden.

[1] Für jeden LZS, der auf der Basis der LZS-Technologie erzeugt wurde, gibt es eine eigene Dokumentation. Diese Unterlagen haben wir in den einschlägigen Quellenverzeichnissen bisher nicht gefunden.

Eigenschaften der Substitution ψ 6

Inhaltsverzeichnis

Mit dem CA T-310 realisierten wir ein Substitutionsverfahren zur Verknüpfung der a-Folge als Schlüsselstrom mit dem Klartext bzw. dem Geheimtext. Das Ursprungsdokument mit der Beschreibung des Substitutionsalgorithmus ist [77]. Die Realisierung ist wesentlicher Bestandteil der Verschlüsselungseinheit. Die Substitution ψ bewirkt, dass für einen Angriff mit bekannten Klartexten zwei schlüsselgleiche Texte und für einen Angriff nur mit Geheimtexten drei schlüsselgleiche Texte benötigt werden. Nur so können Substitutionsfolgen bestimmt bzw. Klartexte rekonstruiert werden. Wir diskutieren den Vorteil der Nutzung eines Substitutionsverfahrens gegenüber einem Additionsverfahren.

6.1 Substitutionsfolge und Geheimtext

Die Integration der Substitution ψ in den CA T-310 geht auf einen Vorschlag der sowjetischen Kryptologen zur Juni-Konsultation 1975 zurück [30]. Sie verwiesen darauf, dass in der Praxis schlüsselgleiche Texte auftreten können, die mit gleichem IV F verschlüsselt werden. Zur Abwehr solcher Angriffe wurde die Substitution ψ eingeführt.

W. Killmann und W. Stephan, *Das DDR-Chiffriergerät T-310*,
https://doi.org/10.1007/978-3-662-67584-7_6

Definition 6.1 Von schlüsselgleichen Texten sprechen wir, wenn mehrere Klartexte mit dem gleichen Schlüssel verschlüsselt werden. Texte sind phasengleich, wenn der Klartext ganz oder stückweise auf dieselbe Weise in den Geheimtext umgeformt werden.

Phasengleiche Texte treten auf, wenn Klartexte mit den gleichen oder äquivalenten ZS und IV F gebildet werden. Für ein einfaches Additionsverfahren, wie es für die T-310 ursprünglich vorgesehen war, ist bekannt:

1. Bei einem Angriff mit bekannten Klartexten reicht bereits eine bekannte Klartext-Geheimtext-Zuordnung, um die Additionsreihe zu bestimmen, im ursprünglichen Fall wäre das die a-Steuerfolge gewesen.
2. Für zwei schlüsselgleiche Texte mit gleichem F kann ein Angriff nur mit Geheimtexten durchgeführt werden, mit denen einerseits die Klartexte rekonstruiert werden können und andererseits auch die Additionsreihe bestimmbar ist.

Für die T-310 sind schlüsselgleiche Texte mit gleichem F nicht auszuschließen, weil F beispielsweise manuell vorgegeben werden kann (Abschn. 15.2) oder der Zufallsgenerator für die Erzeugung von F schlecht arbeitet. Deshalb griffen wir den Vorschlag auf und definierten die Substitution ψ. Der Angreifer benötigt dann mehrere phasengleiche Texte.

1. Für einen Angriff mit bekannten Klartexten, mit dem die Substitutionsfolge bestimmt wird, benötigt man zwei schlüsselgleiche Texte mit gleichem F, die sich an jeder Klartextparallelstelle unterscheiden.
2. Für einen Angriff nur mit Geheimtexten, mit dem die Klartexte und die Substitutionsfolge rekonstruiert werden, benötigt man drei zeitschlüsselgleiche Texte mit gleichem F, die sich an jeder Klartextparallelstelle paarweise unterscheiden.

Wir belegen die Aussagen durch die folgenden Eigenschaften der Substitution:
Wir bezeichnen $\mathcal{R} = \overline{0{,}30} \times \mathcal{B}^5$ und für $(0, 0, \ldots, 0)$ kurz $\bar{0}$.

Satz 6.1 *Die Gruppe* $\Psi\left(\{\psi(r, B) : (r, B) \in \mathcal{R}\}, \circ\right)$ *mit* $\circ$ *als Superposition der Abbildungen* ψ *ist zweifach transitiv.*

Beweis Für beliebige $(r, B) \in \mathcal{R}$, $(r', B') \in \mathcal{R}$ und $G \in \bar{M}$ gilt

$$\psi(r, B)G = G \cdot T^r \oplus B \cdot T^r \tag{6.1}$$

$$\begin{aligned}(\psi(r, B)G) \circ \psi(r', B') &= \left(\left((G \oplus B) \cdot T^r\right) \oplus B'\right) \cdot T^{r'} \\ &= (G \oplus B) \cdot T^r \cdot T^{r'} \oplus B' \cdot T^{r'}\end{aligned}$$

$$= (G \oplus (B \oplus B' \cdot T^{-r}) \cdot (T^r \cdot T^{r'})$$

$$\psi(r, B) \circ \psi(r', B') = \psi(r + r' \,(mod\, 31), B \oplus B' \cdot T^{-r}) \tag{6.2}$$

Die Operation $\circ$ führt nicht aus der Menge $\{\psi(r, B) : (r, B) \in \mathcal{R}\}$ hinaus. $\psi(0, \bar{0})$ ist das neutrale Element von Ψ. Für beliebige $\psi(r, B) \in \Psi$ ist $\psi(-r(mod\, 31), B \cdot T^r)$ das inverse Element. Seien $(G, C) \in \overline{M}^2$ und $(G', C') \in \overline{M}^2$ mit $G \neq G'$. Aus der Eindeutigkeit von ψ folgt $C \neq C'$. Es folgt nach (6.1)

$$C = G \cdot T^r \oplus B \cdot T^r$$

$$C' = G' \cdot T^r \oplus B \cdot T^r$$

$$C \oplus C' = (G \oplus G') \cdot T^r \tag{6.3}$$

Da die Matrix T ein primitives charakteristisches Polynom über $GF(2)$ besitzt, durchläuft $(G \cdot T^r)_{r \in \overline{0,30}}$ für $G \oplus G \neq \bar{0}$ alle von $\bar{0}$ verschiedenen Werte aus $\bar{M}$. Aus (6.3) kann r eindeutig bestimmt werden. B wird in (4.30) zu $B = C \cdot T^{-r} \oplus G$ bestimmt. ■

Nachfolgend wird erläutert, wie die Substitution die Verwendung bekannter phasengleicher Grundtext-Geheimtext-Paare einschränkt. Aus einem bekannten Grundtext-Geheimtext-Zeichenpaar (G, C) mit $C \neq \bar{0}$ können in $G \oplus C \cdot T^{-r} = B$ nur 31 Paare (r, B) bestimmt werden, Für $C = \bar{0}$ folgt sofort $G = B = \left(a_{7+13(j-1)}, \ldots, a_{11+13(j-1)}\right)$, r und B sowie G können aber nicht bestimmt werden. Unter der Annahme, dass die

$$B = \left(a_{7+13(j-1)}, \ldots, a_{11+13(j-1)}\right)$$

gleichmäßig über $\bar{M}$ verteilt sind, tritt $C = \bar{0}$ mit der Wahrscheinlichkeit $2^{-5} = 0{,}03125$ auf. Die Substitution entspricht mit der Wahrscheinlichkeit 2^{-5} einer Addition.

Für den Angriff mit bekannten Klartexten mit zwei Grundtext-Geheimtext-Paaren $(G, C) \in \overline{M}^2$ und $(G', C') \in \overline{M}^2$ mit $G \neq G'$ kann man, wie im Beweis des Satzes 6.1 gezeigt, $(r, B) \in \mathcal{R}$ bestimmen. Wenn das bekannte Grundtext-Geheimtext-Zeichenpaar an der Stelle j auftritt, ist $B = \left(a_{7+13(j-1)}, \ldots, a_{11+13(j-1)}\right)$ bekannt. Falls $G \oplus G' = C \oplus C'$ gilt, folgt $r = 0$ und die zugeordnete Steuerfolge $(a_{1+13(j-1)}, \ldots, a_{5+13(j-1)})$ nimmt die Werte (00000) oder (11111) an. Mit der Wahrscheinlichkeit $1 - 2^{-5}$ bewirkt die Substitution mehr als die Addition. Für einen Angriff mit bekannten Klartexten werden zwei schlüsselgleiche Texte mit gleichem F benötigt.

Auf dieser Basis ist auch leicht zu erklären, warum man für einen Angriff drei Geheimtexte benötigt und zwei Grundtexte raten muss. Für diese wird das Gleichungssystem (6.3) wie oben gelöst. Mit der so errechneten Folge von Parameterpaaren (r_i, B_i) wird der dritte entsprechende Geheimtextteil entschlüsselt. Entsteht damit ein sinnvoller Klartext, dann ist die angenommene Parameterfolge richtig und eine Teilfolge der a-Folge kann wie oben beschrieben bestimmt werden. Der Erfolg des Angriffs hängt stark von einer ausreichenden Redundanz der Klartextabschnitte ab. Die berechnete Parameterfolge kann ebenfalls benutzt werden, eigene Texte phasengleich zu verschlüsseln.

6.2 Phasengleiche Texte und äquivalente Schlüssel

Die Wahrscheinlichkeit schlüsselgleicher Texte mit gleichem IV und auch phasengleicher Texte ist im normalen Betrieb sehr gering (Abschn. 10.5). Technische Fehler, die häufiger zu gleichen IV führen würden, werden durch das Prüf- und Blockiersystem (PBS) der T-310 erkannt und diese Art phasengleicher Texte praktisch verhindert (Abschn. 14.5.2). Phasengleiche Texte, die mit der gleichen Substitutionsfolge verschlüsselt sind, können auch bei äquivalenten ZS/IV-Paaren entstehen (Kap. 11) und bei Perioden der Steuerfolge a_i auftreten, die kürzer als die Länge des Geheimtexts sind (Kap. 10). Entsprechend der Äquivalenzdefinition (Abschn. 11.3) sind zwei Paare (ZS,IV) dann äquivalent, wenn sie die gleichen Substitutionsfolgen erzeugen. Es ist ungeklärt, in welchem Umfang Schlüsseläquivalenzen bzgl. der Substitutionsfolge vorkommen können. Es konnten nur (hinreichend große) Abschätzungen für die Anzahl nichtäquivalenter ZS gefunden werden (Untersuchungen in Abschn. 11.3). Man benötigt in diesem Fall auch für die Klartext-Geheimtext-Attacke wieder drei Texte. Die Periode der Substitutionsfolge müsste also kleiner als ein Drittel der Geheimtextlänge sein. Die Schlüsseläquivalenzen und Kurzperioden sind durch die Anwendung der Substitution schwer erkennbar.

Die Eigenschaften der Substitution ψ und ihre Einbindung in den CA T-310 zeigen, dass zur Bestimmung der ZS immer Informationen über die a-Folge notwendig sind. Deshalb gingen wir bei den entsprechenden Untersuchungen in der kryptologischen Analyse grundsätzlich davon aus, dass für Dekryptieransätze zur Bestimmung der ZS in aller Regel eine beliebige Anzahl von a-Folgen beliebiger Länge zur Verfügung steht. In konkreten Fällen wurden sie dann auf praktisch vorkommende Mengen und Längen begrenzt. Die Substitution in der T-310 bietet auch einen Schutz, wenn sich die genannten Schwachstellen noch herausstellen sollten. Als wir das Gerät T-310 im Juli 1990 den Kryptologen des BSI in Bonn vorstellten, zeigten sie sich von diesem Teil des Algorithmus stark beeindruckt. Diese Schaltung hatten sie im Gerät nicht erwartet.

Die Substitution begrenzt die Nur-Geheimtext-Angriffe gegen Klartexte auf das Auftreten von drei Geheimtexten mit gleichem Zeitschlüssel und gleichem Initialisierungsvektor. Angriffe auf den Zeitschlüssel erfordern zwei solche Geheimtexte mit den zugehörigen Klartexten oder hinreichend viele Geheimtextzeichen Null.

Elementare Eigenschaften der Abbildung φ

7

Inhaltsverzeichnis

In der KE der T-310 wird die Abbildung φ realisiert. Dazu stellen wir die Untersuchung der Eigenschaften der Abbildungen φ als Basis für die in den Folgekapiteln beschriebenen Analysen vor. Die kryptologisch wichtigste Komponente ist eine vierfach vorhandene nichtlineare Boolesche Funktion Z. Sie wurde bereits für die Abbildung ϕ des CA SKS verwendet und für den CA T-310 beibehalten. An sie wurden Forderungen gestellt, die heute von einigen Kryptologen als Anfänge der Differentialkryptoanalysis gedeutet werden. Die Wirkung der gesamten Abbildungen φ wird durch drei Parameter s_1, s_2 und f bestimmt. Die für die Eigenschaften der Abbildungen φ weitreichenden Forderungen nach Bijektivität für alle Parametertripel begründen wir im Abschn. 7.3. Die effektive Wirksamkeit der Parameter s_1, s_2 und f muss sich darin zeigen, dass für gewählte LZS (P^*, R) bzw. (P, D) alle Zustände des U-Registers mit einer möglichst kurzen Folge von Abbildungen φ erreichbar sind. Durch Einschränkung von M könnte ein Beobachter, der nur U kennt, den Aufwand für seine Analysen einschränken. Im Abschn. 7.5 erläutern wir eine experimentelle Methode zur Prüfung, ob der zur Abbildung φ gehörige Graph stark zusammenhängend ist. Wir zeigen, dass moderne PC sogar eine Abschätzung des maximalen Abstands zwischen den Knoten des Graphen ermöglichen (Abschn. 7.6.1).

W. Killmann und W. Stephan, *Das DDR-Chiffriergerät T-310*,
https://doi.org/10.1007/978-3-662-67584-7_7

7.1 Z-Funktion, nichtlineare Komponente der Abbildung φ

7.1.1 Design der Z-Funktion

In [111] wird der Untersuchung der Z-Funktion große Aufmerksamkeit gewidmet. Das ist nicht verwunderlich, denn durch sie wird die Kompliziertheit, genauer die Nichtlinearität, in der Abbildung φ erzeugt. Die vier Designkriterien der BF Z von 1973 sind [106]:

$$\left|\left\{X = (x_1, x_2, \ldots, x_6) \in \mathcal{B}^6 \mid Z(X) = 0\right\}\right| = 2^5 \tag{7.1}$$

$$\forall r \in \overline{0,6} : \left|\left\{X \in \mathcal{B}^6 \mid Z(X) = 0 \wedge \sum_{i=1}^{6} x_i = r\right\}\right| \approx \binom{6}{r} \cdot \frac{1}{2} \tag{7.2}$$

$$|\{X \in \mathcal{B}^6 \mid Z(x_1, \ldots, x_i, \ldots, x_6) = Z(x_1, \ldots, x_i \oplus 1, \ldots, x_6)\}| \approx 2^5, i \in \overline{1,6} \tag{7.3}$$

$$\forall A \in \mathfrak{S}(\overline{1,6}) \setminus \{Id\} : Z(x_1, x_2, \ldots, x_6) \not\equiv Z(x_{A1}, x_{A2}, \ldots, x_{A6}) \tag{7.4}$$

Diese Kriterien wurden schon während der Entwicklung des CA SKS aufgestellt. Der CA T-310 verwendete die gleiche Z-Funktion.

Das Kriterium (7.1) garantiert ein ausgewogenes 0-1-Verhältnis der Funktionswerte von $Z(X)$. Die Anzahl im Kriterium (7.2) wird als Hamming-Gewicht eines Binärvektors bezeichnet. Es stellt sicher, dass die Anzahl der Funktionswerte 0 und 1 gleichmäßig über den Mengen der Vektoren mit gleichem Hamming-Gewicht verteilt sind. Das Kriterium (7.2) kann für ungerade Binominialkoeffizienten etwas präziser gefasst werden

$$\left|\left|\left\{X \in \mathcal{B}^6 \mid Z(X) = 0 \wedge \sum_{i=1}^{6} x_i = r\right\}\right| - \binom{6}{r} \cdot \frac{1}{2}\right| \leq \begin{cases} 0, & \text{falls}\, r \equiv 0\, mod 2 \\ \frac{1}{2} & \text{falls}\, r \equiv 1\, mod 2 \end{cases} \tag{7.5}$$

Der Festlegung im Kriterium (7.3) lagen folgende Überlegungen zu Grunde: Wenn die Änderung eines Arguments bei den Eingabewerten X immer den Funktionswert ändert, dann ist die Funktion linear von dieser Variablen abhängig. Wenn im Gegensatz dazu die Änderung eines Arguments den Funktionswert in keinem Punkt ändert, ist die Variable fiktiv. Die daraus gezogene Schlussfolgerung lautete, dass eine Änderung der Variablen möglichst in der Hälfte der Fälle auch eine Änderung des Funktionswerts bewirken sollte. Es war uns bewusst, dass aufgrund dieser Eigenschaft das Schlüsselbit s_2 in der Z-Funktion und damit in den BF T_2 bis T_5 im Mittel nur in der Hälfte der Takte effektiv wirken würde. In der anderen Hälfte der Fälle wirkt das Schlüsselbit s_2 in den BF T_6 bis T_9 linear. Deshalb erscheint speziell für

Tab. 7.1 Wertetabelle der BF Z

	000	100	010	110	001	101	011	111
000	1	0	1	0	1	0	0	1
100	1	1	1	1	1	0	0	0
010	0	1	1	0	0	1	0	0
110	1	0	0	1	1	1	1	0
001	0	1	0	1	0	0	0	0
101	0	0	1	1	0	0	0	1
011	0	1	1	1	1	1	0	0
111	1	0	1	1	0	0	1	1

s_2 als Variable in der ersten Z-Funktion in der Abbildung φ zusätzlich noch ein $\oplus$. Kryptologisch gesprochen sollten hierdurch Äquivalenzen der ZS und der IV, die zu gleichen Steuerfolgen $(a_i)_{i\in N}$ führen, vermieden werden. Das Kriterium (7.3) wurde weniger streng interpretiert. Genauer, es wurde gefordert, dass

$$14 \leq |\{X \in \mathcal{B}^6 \mid Z(x_1, \ldots, x_i, \ldots, x_6) = Z(x_1, \ldots, x_i \oplus 1, \ldots, x_6)\}| \leq 18 \tag{7.6}$$

und folglich eine Toleranz von ± 2 um die 0/1-Balance von 16 zugelassen.

Das Kriterium (7.4) erzwingt, dass bei einer beliebigen Vertauschung der Eingänge der BF immer eine andere BF erzeugt wird. Das Kriterium beeinflusst die Anzahl der zur Verfügung stehenden unterschiedlichen LZS. Wäre die Z-Funktion symmetrisch, würden die entsprechenden Permutationen über den Eingängen von Z zu äquivalenten LZS führen. In diesem Fall wären das LZS, die zu gleichen Funktionswerten der Abbildung φ führen. Das würde die tatsächliche Menge der LZS einschränken, was vermieden werden sollte.

In [106] wird darauf hingewiesen, dass die BF Z alle vier Designkriterien (7.1), (7.4) (7.5) und (7.6) erfüllt.

Da alle linearen BF symmetrisch in Bezug auf Permutationen ihrer effektiven Variablen sind, ist die BF Z wegen (7.4) nichtlinear. Eine weitere, in der obigen Aufzählung nicht enthaltene Forderung an die BF Z war

$$Z(0, 0, 0, 0, 0, 0) = 1 \tag{7.7}$$

Im Fall $Z(0, 0, 0, 0, 0, 0) = 0$ wäre der Nullvektor $U = (0, \ldots, 0)$ ein Fixpunkt der Abbildung $\varphi(0, 0, 0)$ und zwar unabhängig vom LZS. Jeder Kryptologe würde wohl rein intuitiv (7.7) für die notwendige Kompliziertheit der Abbildung φ wählen. Tab. 7.1 zeigt die Funktionswerte der BF Z als Karnaugh-Tafel.

Die Tab. 7.2 zeigt, dass die BF Z das Kriterium (7.5) erfüllt.

Wir untersuchen, wie viele BF die SKS-Kriterien (7.1), (7.4), (7.5) und (7.6) erfüllen. Für die Untersuchung der BF Z nutzen wir die Darstellung als Shegalkinsches Polynom. Wir bezeichnen mit $d(k) = (d_l(k), \ldots, d_1(k))$ die l-stellige Binärdarstellung der nichtnegativen ganzen Zahl k, $k = \sum_{i=1}^{l} d_i(k) \cdot 2^{i-1}$, $log_2 k \leq l$, und für beliebige l-stellige Binärvektoren $a = (a_1, \ldots, a_l) \in \mathcal{B}^l$ und $b = (b_1, \ldots, b_l) \in \mathcal{B}^l$

Tab. 7.2 Hamming-Gewicht-Kriterium für die BF Z

Hamming-Gewicht	Anzahl Vektoren	Anz. BF-Werte 0	Differenz
0	1	1	0,5
1	6	3	0,0
2	15	7	−0,5
3	20	10	0,0
4	15	7	−0,5
5	6	3	0,0
6	1	1	0,5

die Relation $a \leq b \Leftrightarrow \forall i \in \overline{1,l} : a_i \leq b_i$. Das Shegalkinsche Polynom einer n-stelligen BF g ist die lineare Funktionen der Produkte ihrer Variablen

$$g(x_1, \ldots, x_n) = \bigoplus_{k=0}^{2^n-1} g_k \cdot x_1^{d_1(k)} \cdot \ldots \cdot x_n^{d_n(k)} \tag{7.8}$$

mit

$$g_k = \bigoplus_{b \leq d(k)} g(b_1, \ldots, b_n) \tag{7.9}$$

Die Formel (7.9) definiert eine umkehrbar eindeutige Abbildung $\mathcal{S} : \mathcal{B}^{2^n} \to \mathcal{B}^{2^n}$ aller n-stelligen BF auf die 2^n-stelligen Vektoren der Koeffizienten ihrer Shegalkinschen Polynome.

Es gibt $2^{(2^6)} \approx 1{,}844674 \cdot 10^{19}$ BF mit sechs Argumenten. Die Menge A_1 derjenigen BF, die das Kriterium (7.1) eines ausgeglichenen 0/1-Verhältnisses erfüllen, enthält

$$|A_1| = \binom{64}{32} = 1{,}832624 \cdot 10^{18}$$

Elemente. Für die Bestimmung der Menge A_2 derjenigen BF, die (7.5) erfüllen, ordnen wir die Vektoren $\bar{x} = (x_1, \ldots, x_6)$ der Argumente nach ihrem Hamming-Gewicht $H(x) := \sum_{i=1}^{6} x_i$ zu einer Folge $X = (\bar{x}^1, \ldots, \bar{x}^{64})$ mit $H(\bar{x}^i) \leq H(\bar{x}^j)$ für alle $i \leq j$. Jede BF F mit sechs Argumenten ist durch die Folge $F(X)$ ihrer Funktionswerte über X, $F(X) = \big(F(\bar{x}^1), \ldots, F(\bar{x}^{64})\big)$, bijektiv definiert. Die Folge X besteht aus sieben Teilfolgen X_r, $r \in \overline{0,6}$, der Elemente mit gleichem Hamming-Gewicht r, $X_r := \left\{\bar{x} \in \mathcal{B}^6 \mid \sum_{i=1}^{6} x_i = r\right\}$ und $|X_k| = \binom{6}{r}$. Wir bezeichnen mit F_r die Teilfolgen der Funktionswerte über X_r, $F_r(X) = F(X_r)$. Die Funktionswerte

F_r können unabhängig von einander gewählt werden. Es gilt

$$\begin{aligned}|A_2| =&2 \cdot \binom{6}{3} \cdot \left(\binom{15}{7} + \binom{15}{8}\right) \cdot \binom{20}{10} \cdot \left(\binom{15}{8} + \binom{15}{7}\right) \cdot \binom{6}{3} \cdot 2 \\ =&2^4 \cdot \binom{6}{3}^2 \cdot \binom{15}{7}^2 \cdot \binom{20}{10} \\ \approx&4{,}896386 \cdot 10^{16}\end{aligned}$$

Sei A_{12} die Menge der BF, die (7.1) und (7.5) erfüllen. In der Tab. 7.2 gibt es 6 Kombinationen, die die zusätzlich die Bedingung (7.1) erfüllen. Folglich gilt

$$\begin{aligned}|A_{12}| =&6 \cdot \binom{6}{3}^2 \cdot \binom{15}{7}^2 \cdot \binom{20}{10} \\ =&1{,}836145 \cdot 10^{16}\end{aligned} \tag{7.10}$$

Die Kriterien (7.6) und (7.4) grenzen die Menge A_{12} zusätzlich zur Menge A_{1234} derjenigen BF weiter ein, die alle vier Kriterien erfüllen. Der relative Anteil h derjenigen BF, die zusätzlich die Kriterien (7.6) und (7.4) erfüllen, $|A_{1234}| \approx h \cdot |A_{12}|$, kann durch Monte-Carlo-Simulation abgeschätzt werden. Dafür wurden 10^7 BF zufällig mit gleichmäßiger Verteilung über A_{12} ausgewählt. Sie ergab $h \approx 1/9$. Daraus folgt die Näherung

$$|A_{1234}| \approx 2 \cdot 10^{15} \tag{7.11}$$

Es können ca. $2 \cdot 10^{15}$ BF erwartet werden, die die Kriterien (7.1), (7.4), (7.5) und (7.6) erfüllen.

7.1.2 Analyse der Z-Funktion – Anfänge der Differentialkryptoanalyse

In [15] verweisen die Autoren auf weitere analytische Untersuchungen des ZCO zur Z-Funktion in den Jahren bis 1976 und führen [67] und [110] als Quellen an. Zu diesem Thema gibt es auch einen Vortrag von *Courtois* mit dem etwas reißerischen Titel *Cold War Crypto, Correlation Attacks, DC, LC, T-310, Weak Keys and Backdoors* [14]. Insbesondere wird dort eingeschätzt, dass in [110] erste Ansätze zur Differentialkryptoanalyse und zur Linearen Kryptoanalyse zu finden seien. In dieser Begriffswelt haben wir damals noch nicht gedacht, aber das grundsätzliche Herangehen ist bereits an den Definitionen in Abb. 7.1 und 7.2 zu erkennen.

Boolesche Differentiale wurden schon lange beim Entwurf digitaler Schaltungen genutzt. Die sowjetischen Kryptologen gaben uns den Hinweis, sie auch für die Anwendung bei kryptologischen Aufgabenstellungen zu verwenden. Es wäre interessant zu erforschen, inwiefern das Boolesche Differentialkalkül aus der Schaltungselektronik als eine der Quellen für die Differentialkryptoanalyse angesehen werden kann. Von uns wurden damals folgende Quellen ausgewertet: [10–12].

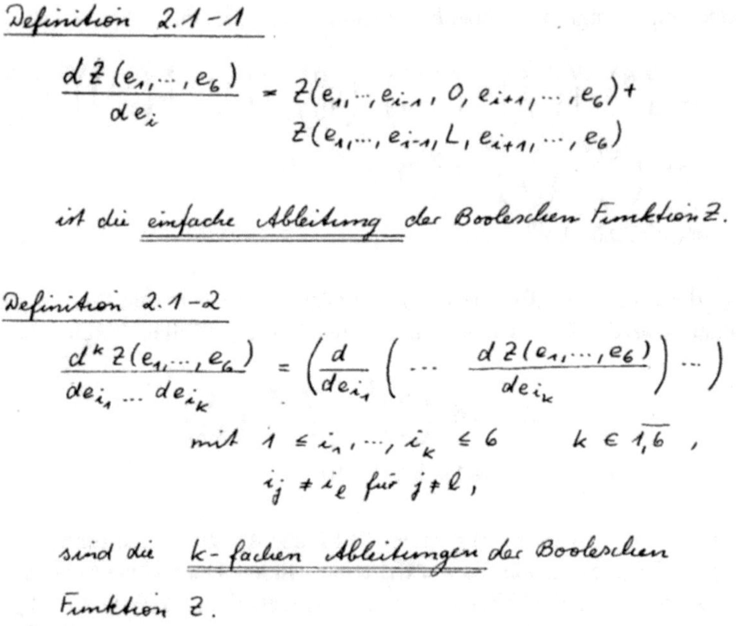
Definition 2.1-1

$$\frac{d\,Z(e_1,\dots,e_6)}{d e_i} = Z(e_1,\dots,e_{i-1},0,e_{i+1},\dots,e_6) + Z(e_1,\dots,e_{i-1},L,e_{i+1},\dots,e_6)$$

ist die einfache Ableitung der Booleschen Funktion Z.

Definition 2.1-2

$$\frac{d^k Z(e_1,\dots,e_6)}{de_{i_1}\dots de_{i_k}} = \left(\frac{d}{de_{i_1}}\left(\cdots \frac{d\,Z(e_1,\dots,e_6)}{de_{i_k}}\right)\cdots\right)$$

mit $1 \leq i_1,\dots,i_k \leq 6$ $k \in \overline{1,6}$,

$i_j \neq i_l$ für $j \neq l$,

sind die k-fachen Ableitungen der Booleschen Funktion Z.

Abb. 7.1 Diskrete Differentiale [110]

Nachfolgend beschreiben wir einige grundlegende Definitionen und Eigenschaften der Differentiale BF. Sei f eine BF mit n Argumenten. Die Ableitung der BF nach der Variablen x_i ist dann:

$$\frac{df(x)}{dx_i} = f(x_1,\dots,x_{i-1},0,x_{i+1},\dots,x_n) \oplus f(x_1,\dots,x_{i-1},1,x_{i+1},\dots,x_n) \tag{7.12}$$

Die Ableitung besitzt nur $n-1$ Argumente. Für die k-te Ableitung gilt mit $k = 2$

$$\frac{d^2 f(x)}{dx_i dx_j} = \frac{d}{dx_i}\left(\frac{df(x)}{dx_j}\right) \tag{7.13}$$

d. h.

$$\begin{aligned}\frac{d^2 f(x)}{dx_i dx_j} =& f\left(x_1,\dots,x_{i-1},0,x_{i+1},\dots,x_{j-1},0,x_{j+1},\dots,x_n\right) \oplus \\ & f\left(x_1,\dots,x_{i-1},1,x_{i+1},\dots,x_{j-1},0,x_{j+1},\dots,x_n\right) \oplus \\ & f\left(x_1,\dots,x_{i-1},0,x_{i+1},\dots,x_{j-1},1,x_{j+1},\dots,x_n\right) \oplus \\ & f\left(x_1,\dots,x_{i-1},1,x_{i+1},\dots,x_{j-1},1,x_{j+1},\dots,x_n\right)\end{aligned}$$

usw. für $k = 3, 4, \ldots$

$$\frac{d^{k+1} f(x)}{dx_{i_1} \ldots dx_{i_{k+1}}} = \frac{df(x)}{dx_{i_{k+1}}} \left(\frac{d^k f(x)}{dx_{i_1} \ldots dx_{i_k}} \right)$$

Die Differentiationsregeln besitzen die folgenden, aus der Infinitesimalrechnung geläufigen Eigenschaften:

(a) Additivität

$$\frac{d}{dx_i} (f(x) \oplus g(x)) = \frac{df(x)}{dx_i} \oplus \frac{dg(x)}{dx_i}$$

(b) Vertauschbarkeit der partiellen Ableitungen

$$\frac{d^2 f(x)}{dx_i dx_j} = \frac{d^2 f(x)}{dx_j dx_i}$$

(c) Wirkung auf dem speziellen Monom

$$\frac{d}{dx_i} x_1 \cdot \ldots \cdot x_n = x_1 \cdot \ldots \cdot x_{i-1} \cdot x_{i+1} \cdot \ldots \cdot x_n$$

Die Variable x_i heißt effektiv, wenn ein x in $\mathcal{B}^n$ existiert, für das

$$\frac{df(x)}{dx_i} = 1$$

Wir bezeichnen die Menge der effektiven Variablen einer BF $f(x)$ mit $E(f(x))$. Die Variable x_i heißt fiktiv, wenn für alle x aus $\mathcal{B}^n$

$$\frac{df(x)}{dx_i} = 0$$

Für die Z-Funktion wurden alle Differentiale für $k \in \overline{1{,}6}$ berechnet, um zu prüfen, ob alle Variablen annähernd gleich gewichtet in der Funktion Z wirken [110]. Die Hamming-Gewichte der Ableitungen der BF Z und deren Abweichung von einer ausgeglichenen 0/1-Verteilung sind in der Tab. 7.3 angegeben. Sie zeigt für alle Ableitungen die Differenz des Gewichts von dem ausgeglichenen 0/1-Verhältnis, nämlich in der Zeile $e_1e_2e_3$ und der Spalte $e_4e_5e_6$ die Ableitung nach denjenigen e_i, die gleich 1 sind, z. B. in Zeile 010 und Spalte 010 steht

$$\left| \frac{dZ}{de_2 de_5} \right| = 4$$

Wenn die Differentiale geringerer Ordnung schon die Werte konstant Null oder Eins angenommen hätten, würden die zugehörigen Variablen oder Variablenkombinationen entweder vorzugsweise oder gar nicht wirken, was als ungünstig für die

Tab. 7.3 Abweichung des Gewichts der Ableitungen der BF Z von der 0/1-Gleichheit

	000	100	010	110	001	101	011	111
000		0	2	−2	0	0	0	2
100	2	0	−2	−2	0	0	0	0
010	−2	0	4	0	−2	0	−2	0
110	2	2	−2	0	−2	0	0	1
001	0	0	2	0	2	2	0	−2
101	−2	−2	0	−2	0	0	2	−1
011	0	0	0	2	2	0	−2	−1
111	−2	0	−2	−1	0	1	−1	

Erzeugung des CA angesehen wurde. Die in Kriterium (3) in (7.3) verankerte Festlegung wurde in ihren Auswirkungen genauer analysiert. So gesehen spielten die Differentiale in der Tat in der Analyse eine Rolle.

Die Differentiale für die Funktionen der Komponenten

$$\varphi_{4i-3}(s_1, s_2, f, u_{P1}, \ldots u_{P36}),\ i = 1, 2, \ldots, 9$$

wurden ebenfalls untersucht. Es konnten aber letztlich keine zusätzlichen Erkenntnisse gewonnen werden. Wir gelangten zu der Einschätzung, dass die Analyse von Booleschen Gleichungen für die Abbildung φ^n, also über mehrere Schritte, auf diese analytische Weise mit unseren Mitteln nicht zu greifbaren Ergebnissen führen würde.

7.1.3 Statistische Struktur und Anfänge der Linearen Kryptoanalyse

Wie oben schon dargelegt, sollte die Z-Funktion möglichst nichtlinear sein. Das heißt, der Abstand zur Gesamtheit aller linearen BF sollte möglichst groß sein und so eine lineare Approximation der Z-Funktion verhindert werden. Die Intention war, dass sich diese Eigenschaft auch auf die Nichtlinearität der gesamten Abbildung φ über mehrere Schritte positiv auswirkt. Die Bestimmung der Statistischen Struktur war dazu ein geeignetes Mittel zur Abstandsdefinition und für ihre Berechnung.

Das Gewicht einer BF g ist gleich der ganzzahligen Summe ihrer Funktionswerte

$$\|g\| = \sum_x g(x).$$

Die 2^n linearen BF werden bezeichnet mit

$$(\alpha, x) = \bigoplus_{i=1}^{n} \alpha x_i$$

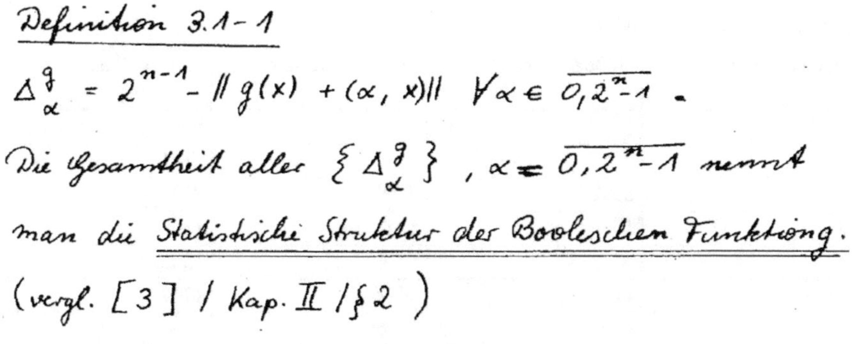

Definition 3.1-1

$\Delta^g_\alpha = 2^{n-1} - \| g(x) + (\alpha, x) \| \quad \forall \alpha \in \overline{0, 2^n - 1}$.

Die Gesamtheit aller $\{\Delta^g_\alpha\}$, $\alpha = \overline{0, 2^n - 1}$ nennt man die Statistische Struktur der Booleschen Funktion.

(vergl. [3] / Kap. II / §2)

Abb. 7.2 Statistische Struktur und Z-Funktion [110]

Die Statistische Struktur ist dann definiert durch

$$\Delta^g_\alpha = 2^{n-1} - \| g(x) \oplus (\alpha, x) \| \tag{7.14}$$

Die Größe Δ^g_α ist das Maß für die Abweichung der untersuchten BF g von der linearen BF (α, x) normiert auf den Mittelwert 2^{n-1} über alle n-stelligen BF. Daher rührt der von uns aus dem Russischen übernommene Begriff *Statistische Struktur.*

Die Abb. 7.2 zeigt einen Ausschnitt unserer Analyse der BF Z mit der Quellenangabe [3], die auf eine Lektion sowjetischer Kryptologen verweist. Eine Näherung einer BF mit einer linearen BF ist dann zweckmäßig, wenn die lineare BF eine maximale Anzahl Übereinstimmungen mit der BF besitzt. Eine Näherung mit affinen BF (d. h. einer lineare BF *XOR* 1) ist für eine BF dann zweckmäßig, wenn diese BF eine minimale Anzahl Übereinstimmungen mit den linearen BF besitzt. Die lineare Näherung und die affine Näherung sind gleichberechtigt, wenn sie beide gleiche maximale Übereinstimmungen mit linearen BF besitzen. Die Verwandtschaft zwischen Statistischer Struktur, Walsh-Transformationen und der diskreten schnellen Fouriertransformation war uns bekannt und wurde zur Berechnung genutzt. Wir entwickelten ein EDV-Programm, das ein Verfahren der schnellen diskreten Fouriertransformation realisierte. Der Algorithmus ist in [56, Chapter V, Seite 133 ff.] beschrieben. Insofern ist die Bemerkung aus [15, Abschn. 21.1] zutreffend, dass diese Analysen von BF zur Routine gehörten.

Für die BF Z wurde die maximale Abweichung für $\Delta^Z_{\alpha=(101101)} = 10$ festgestellt [110]. Nimmt man eine Gleichverteilung über den Komponenten des U-Vektors an, die in die BF Z eingehen, so stimmen die Funktionswerte der BF Z und der linearen BF $(\alpha, x) = x_1 \oplus x_3 \oplus x_4 \oplus x_6$ mit der Wahrscheinlichkeit $P\,(Z(x) = (\alpha, x)) = 0{,}65625$ überein. Indem wir in der Abbildung φ die BF Z durch (α, x) ersetzen, erhielten wir die lineare Abbildung $L(p, U)$. Die beiden Funktionen stimmen dann mit Wahrscheinlichkeit $P\,(\varphi(p)U = L(p, U)) = 0{,}1854715$ überein. Für alle anderen linearen BF waren die Abweichungen Δ^Z_α deutlich geringer. Angriffe auf den Algorithmus, die lineare Approximationen der Z-Funktion ausnutzen, schätzten wir deshalb als wenig erfolgreich ein.

Tab. 7.4 Statistische Struktur von BF

Übereinstimmung > 32	affine Näherung	lineare Näherung	affine u. lineare Näherung
6	0	0	62
7	3	22	2151
8	22027	2760	233574
9	13667	5267	18504
10	337334	142622	150577
11	11874	5678	1247
12	99937	43469	5830
13	1264	587	11
14	7430	3089	176
15	48	22	0
16	159	74	1
17	0	0	0
18	6	0	0

Für die Suche nach besseren BF wurde ein Monte-Carlo-Test mit zehn Millionen BF mit ausgeglichenen Hamming-Gewichten (7.5) durchgeführt. 1109472 BF erfüllten das Kriterium ausgeglichener Ableitungen (7.6) und waren asymmetrisch (7.4). Für diese BF wurde der minimale Abstand zu den linearen und den affinen BF berechnet. Die Ergebnisse sind in Tab. 7.4 zusammengefasst. In der linken Spalte steht die Anzahl der Übereinstimmungen bei bester Näherung. Beispielsweise steht in der ersten Zeile die Anzahl der BF, die $32 + 6 = 38$ Übereinstimmungen mit den besten Näherungen mit affinen BF und linearen BF besitzen.

Die BF Z besitzt eine beste lineare Näherung wie etwa ein Viertel aller durch die Monte-Carlo-Simulation getesteten 10 Mio. BF aus A_{1234}. Die minimale Näherung mit 38 Übereinstimmungen wurde für 31 lineare BF ermittelt, deren affine Gegenstücke (BF xor 1) ebenfalls 38 Übereinstimmungen besitzen.

Beispiel: BF mit maximalem Abstand zu linearen BF

Die folgende BF B erfüllt alle Kriterien (7.1), (7.4), (7.5) und (7.6) und besitzt den mit 38 kürzesten Abstand von den linearen und affinen BF (Tab. 7.5).

$$\begin{aligned} B(x_0,\ldots,x_5) =&1 + x_0 + x_0x_1 + x_0x_2 + x_1x_2 + x_0x_1x_2 + x_0x_3 + x_1x_3 + \\ &x_0x_2x_3 + x_4 + x_1x_4 + x_0x_1x_4 + x_0x_2x_4 + x_1x_2x_4 + \\ &x_0x_1x_2x_4 + x_1x_3x_4 + x_0x_1x_3x_4 + x_0x_2x_3x_4 + x_1x_2x_3x_4 + \\ &x_5 + x_0x_5 + x_1x_5 + x_0x_1x_5 + x_0x_1x_2x_5 + x_1x_3x_5 + \\ &x_0x_1x_3x_5 + x_0x_2x_3x_5 + x_0x_1x_2x_3x_5 + x_4x_5 + x_0x_2x_4x_5 + \\ &x_1x_2x_4x_5 + x_0x_1x_2x_4x_5 + x_1x_3x_4x_5 + x_2x_3x_4x_5 \end{aligned}$$

Tab. 7.5 Wertetabelle der BF B

	000	100	010	110	001	101	011	111
000	0	1	0	0	0	0	1	1
100	0	0	1	0	0	0	0	0
010	1	0	0	1	1	0	0	1
110	1	1	0	1	1	1	1	0
001	1	1	0	0	1	0	1	0
101	1	0	0	0	1	1	1	1
011	1	1	1	0	1	0	0	0
111	1	0	1	1	0	1	0	1

Die Tab. 7.6 zeigt die statistische Struktur der BF B. Negative Zahlen stehen für die beste Übereinstimmung mit dem affinen Gegenstück der BF der Zelle. ◄

Aussagen zur Statistischen Struktur von Booleschen Gleichungen für die Abbildung φ^n waren für uns aufgrund der Kompliziertheit der Abbildung nicht zu erreichen.

Die Klasse der Bent-Funktionen [63], die bei der Auswahl für kryptologische Anwendungen eine wichtige Rolle spielt, war uns ebenfalls bekannt. Die Klasse ist dadurch definiert, dass der Abstand der BF dieser Klasse zur Gesamtheit aller linearen BF möglichst groß ist. Die Z-Funktion gehört nicht zu dieser Klasse, ihre Eigenschaften sind jedoch aufgrund der Konstruktionsprinzipien ähnlich. Wir diskutierten damals auch die Möglichkeit, eine Bent-Funktion in die Abbildung φ einzusetzen, hatten die Variante aber unter anderem verworfen, weil ein Angreifer auf der Suche nach der eingesetzten BF mit hoher Wahrscheinlichkeit erst einmal in dieser Klasse suchen würde.

Tab. 7.6 Statistsiche Struktur der BF B

	000	100	010	110	001	101	011	111
000	0	4	4	4	0	0	4	0
100	−2	2	2	2	2	−6	6	−6
010	−6	2	−2	−6	−6	−2	6	−2
110	4	−4	0	−4	0	−4	4	4
001	−4	−4	−4	0	0	−4	0	0
101	2	−6	−6	6	−6	6	2	2
011	−6	−2	−6	−6	6	6	−2	−6
111	4	0	4	−4	−4	−4	4	0

7.2 Einfluss der Zeitschlüsselkomponenten $S1$ und $S2$

Durch die Wahl des LZS wird festgelegt, an welcher Stelle die Schlüsselkomponente $S1$ als Variable s_1 in der Abbildung φ (4.19) wirkt. So könnte z. B. die Variable s_1 in eine der Z-Funktionen als Argument eingehen. Ihre Wirksamkeit wäre dann von den konkreten Werten der anderen Variablen in dieser Funktion abhängig. Sie könnte aber auch bei entsprechender Schaltung direkt auf eines der Adder[1] und damit in der Abbildung linear wirken. In den LZS-Klassen ist sichergestellt, dass genau ein i mit $Di = 0$ existiert (Kap. 5).

Ebenso klar ist die Wirkung der Schlüsselkomponente $S2$ durch die Variablen s_2. In einer Vorversion des CA SKS ging die Schlüsselvariable s_2 nur in die BF $Z_1(s_2, U) = Z(s_2, u_{P1}, u_{P2}, u_{P3}, u_{P4}, u_{P5})$ ein. Diese Version wurde aber als kryptologisch schwach erkannt [106]. Der CA SKS wurde dahingehend geändert, dass die Schlüsselvariable s_2 in $Z_1(s_2, U)$ und damit in T_{R2} bis T_{R9} nicht-linear eingeht und zusätzlich in T_{R6} bis T_{R9} xoriert wird. Dies gilt analog für den CA T-310: Die Schlüsselvariable s_2 wirkt in jedem Fall linear in den Abbildungen φ, aber nur auf die Werte T_2, T_3, T_4, T_5 oder T_6, T_7, T_8, T_9 in Abhängigkeit von der effektiven Wirksamkeit von s_2 in der Z-Funktion. So beeinflusst s_2 immer die Hälfte von acht 4Bit-Registern (Abschn. 8.1). Dieser Wirkmechanismus hängt nicht vom konkreten LZS ab. Die Variable f, die aus dem IV F gebildet wird, wirkt in der Abbildung φ ausschließlich linear auf alle Werte $T_1, \ldots, T_9$, und ist nicht vom aktuellen Inhalt des U-Registers abhängig.

Wir betrachten nun die Wirkung der ZS-Parameter s_1 und s_2 zusammen mit dem Parameter f der Synchronfolge im CA T-310. Ausgangspunkt ist die Darstellung der Abbildungen $\varphi(p)$ als Chiffre mit 9-Bit-Registern im Abschn. 4.2.1. Dann hängt nur $\Upsilon_3(\varphi(p)U)$ von p ab und für Υ_i, $i = 0, 1, 2$, erfolgt nur eine Verschiebung $\Upsilon_{i-1}(\varphi(p)U) = \Upsilon_i(U)$. Nun können Beziehungen zwischen den Abbildungen verschiedener Parameter p beschrieben werden. Wir definieren die Vektoren $V^{(k)} = (v_1^{(k)}, \ldots, v_{36}^{(k)})$ und die Vektoradditionen τ und ς zur Manipulation von Υ_3

$$v_i^{(1)} = \begin{cases} 1, & \text{wenn } i = 4j - 3, D(j) = 0 \\ 0 & \text{sonst} \end{cases}$$

$$v_i^{(k)} = \begin{cases} 1, & \text{wenn } i = 4j - 3, j \in \overline{1, k} \\ 0 & \text{sonst} \end{cases} \quad \text{für } k = 4, 8, 9$$

$$\tau(V)U := V \oplus U$$

[1] Ein Adder ist ein technisches Bauelement, das die BF *XOR* $\oplus$ realisiert.

Tab. 7.7 Übersicht $Y = \Upsilon_3(\varphi(s_1, s_2, f)U \oplus \varphi(s_1 \oplus \delta_1, s_2 \oplus \delta_2, f \oplus \delta_3)U)$

δ_1	δ_2	δ_3	$\frac{dZ(s_2, u_{P1}, \ldots, u_{P5})}{ds_2}$	y_1	y_5	y_9	y_{13}	y_{17}	y_{21}	y_{25}	y_{29}	y_{33}
0	0	0		0	0	0	0	0	0	0	0	0
1	0	0		1	0	0	0	0	0	0	0	0
0	1	0	0	0	0	0	0	1	1	1	1	0
0	1	0	1	1	1	1	1	0	0	0	0	0
1	1	0	0	1	0	0	0	1	1	1	1	0
1	1	0	1	0	1	1	1	0	0	0	0	0
0	0	1		1	1	1	1	1	1	1	1	1
1	0	1		0	1	1	1	1	1	1	1	1
0	1	1	0	1	1	1	1	0	0	0	0	1
0	1	1	1	0	0	0	0	1	1	1	1	1
1	1	1	0	0	1	1	1	0	0	0	0	1
1	1	1	1	1	0	0	0	1	1	1	1	1

Zur Veranschaulichung stellen wir die linken Bits der Vierergruppen in den $V^{(k)}$-Vektoren mit der Υ-Schreibweise (4.27) dar

$$\Upsilon_3(V^{(1)}) = (1, 0, 0, 0, 0, 0, 0, 0, 0)$$
$$\Upsilon_3(V^{(4)}) = (1, 1, 1, 1, 0, 0, 0, 0, 0)$$
$$\Upsilon_3(V^{(8)}) = (1, 1, 1, 1, 1, 1, 1, 1, 0)$$
$$\Upsilon_3(V^{(9)}) = (1, 1, 1, 1, 1, 1, 1, 1, 1)$$

Die Tab. 7.7 zeigt die Differenz der Abbildung $\varphi(s_1, s_2, f)$ in den Komponenten Υ_3 für verschiedene (s_1, s_2, f) in Abhängigkeit von den Differenzen der Parameter s_1, s_2 und f sowie $dZ(s_2, u_{P1}, \ldots, u_{P5})/ds_2$.

Aus (4.18), (4.19) und (4.20) folgt für beliebige $(s_1, s_2, f) \in \mathcal{B}^3$

$$\varphi(s_1 \oplus 1, s_2, f) = \varphi(s_1, s_2, f) \oplus V^{(1)} \tag{7.15}$$

$$\varphi(s_1, s_2 \oplus 1, f) = \varphi(s_1, s_2, f) \oplus V^{(4)} \oplus \frac{dZ(s_2, u_{P1}, \ldots, u_{P5})}{ds_2} V^{(8)} \tag{7.16}$$

$$\varphi(s_1, s_2, f \oplus 1) = \varphi(s_1, s_2, f) \oplus V^{(9)} \tag{7.17}$$

Wir fassen die Ergebnisse im Lemma 7.1 zusammen.

Lemma 7.1 *Für alle $(s_1, s_2, f) \in \mathcal{B}^3$, $(s_1', s_2', f') \in \mathcal{B}^3$ und alle $U \in M$ gilt*

$$\begin{aligned} \varphi(s_1', s_2', f')U =& \varphi(s_1, s_2, f)U \oplus (s_1 \oplus s_1')V^{(1)} \oplus (f \oplus f')V^{(9)} \\ & (s_2 \oplus s_2') \left(V^{(4)} \oplus \frac{dZ(s_2, u_{P1}, \ldots, u_{P5})}{ds_2} V^{(8)} \right) \end{aligned} \tag{7.18}$$

Wenn $\Upsilon_3\left(\varphi(s_1, s_2, f)U\right) = \Upsilon_3\left(\varphi(s_1', s_2', f')U\right)$, so gilt $(s_1, s_2, f) = (s_1', s_2', f')$.

Für eine Darstellung von (7.16) in der Form $\varphi(s_1, s_2 \oplus 1, f) = \varsigma(s_1, s_2, f) \circ \varphi(s_1, s_2, f)$ ist zu beachten, dass sich $\varsigma(s_1, s_2, f)$ auf $W = \varphi(s_1, s_2, f)U$ bezieht. Wir bezeichnen $\varphi_i^{-1}(s_1 s_2, f) := \pi(i)\varphi^{-1}(s_1 s_2, f)$ für $i = 1, \ldots, 36$ und definieren für beliebige Vektoren U

$$\varsigma(s_1, s_2, f)U := V^{(4)} \oplus \frac{dZ(s_2, \varphi_{P1}^{-1}(s_1, s_2, f)U, \ldots, \varphi_{P5}^{-1}(s_1, s_2, f)U)}{ds_2} V^{(8)} \oplus U \tag{7.19}$$

Nach (4.18) sind die BF der *XOR*-Summen

$$T_1 \oplus T_2 = Z_1,\ T_3 \oplus T_4 = Z_2,\ T_5 \oplus T_6 = s_2 \oplus Z_3,\ T_7 \oplus T_8 = Z_4 \tag{7.20}$$

nicht linear und die BF der *XOR*-Summen

$$T_1 = f,\ T_2 \oplus T_3 = u_{P6},\ T_4 \oplus T_5 = u_{p13},\ T_6 \oplus T_7 = u_{P20},\ T_8 \oplus T_9 = u_{P27} \tag{7.21}$$

sind linear. Es ist weiter festzustellen, dass die BF φ_{33} und einige XOR-Summen der BF φ_{4i-3} von den ZS-Parameter s_1 und s_2 unabhängige lineare Funktionen sind

$$\varphi_1(s_1, s_2, f, U) \oplus \varphi_5(s_1, s_2, f, U) = u_{D1} \oplus u_{D2} \oplus u_{P27} \tag{7.22}$$
$$\varphi_9(s_1, s_2, f, U) \oplus \varphi_{13}(s_1, s_2, f, U) = u_{D3} \oplus u_{D4} \oplus u_{P20} \tag{7.23}$$
$$\varphi_{17}(s_1, s_2, f, U) \oplus \varphi_{21}(s_1, s_2, f, U) = u_{D5} \oplus u_{D6} \oplus u_{P13} \tag{7.24}$$
$$\varphi_{25}(s_1, s_2, f, U) \oplus \varphi_{29}(s_1, s_2, f, U) = u_{D7} \oplus u_{D8} \oplus u_{P6} \tag{7.25}$$
$$\varphi_{33}(s_1, s_2, f, U) = u_{D9} \oplus f \tag{7.26}$$

Die Struktur dieser XOR-Summen hängen nur von $P6$, $P13$, $P20$, $P27$ und D ab. Für (P, D) aus KT1 ergeben sich deshalb die folgenden Beziehungen (in verkürzter Schreibweise)

$$\varphi_{25} \oplus \varphi_{29} = u_{D7} \tag{7.27}$$
$$\varphi_{17} \oplus \varphi_{21} = u_{D5} \oplus u_{D6} \oplus u_{D7} \tag{7.28}$$
$$\varphi_1 \oplus \varphi_5 = u_{D2} \oplus u_{P27} \oplus s_1 \tag{7.29}$$
$$\varphi_{17} \oplus \varphi_{21} \oplus \varphi_{25} \oplus \varphi_{29} = u_{D5} \oplus u_{D6} \tag{7.30}$$

Für die Abbildung ϕ des CA SKS können analoge von R abhängige Beziehungen wie im Lemma 7.1 und den Gleichungen (7.22) bis (7.25) abgeleitet werden. Wenn in den linken und rechten Seiten der Gl. (7.22) bis (7.26) gleiche Komponenten des U-Vektors auftreten, so können Invariante der Abbildung φ entstehen, die intransitive Gruppen (Abschn. 8.1.2) oder imprimitive Gruppen (Abschn. 8.4.4) hervorrufen (Abschn. 7.5.4, Beispiel 7.5.4 und Abschn. 8.4.4, Beispiel 8.4.4).

7.3 Berechnung der inversen Abbildung

Die Entscheidung, nur bijektive Abbildungen $\phi(p)$ für den CA SKS und $\varphi(p)$ für den CA T-310 zuzulassen, fiel bereits in einer sehr frühen Phase der Algorithmusentwicklung. Bei einer nicht surjektiven Abbildung reduziert sich die Bildmenge, wird bei wiederholter Nacheinanderausführung der Abbildung kleiner und bleibt dann irgendwann konstant [34]. Der Effekt muss nicht notwendigerweise bei pseudozufälligen Anwendungen der acht verschiedenen Abbildungen $\varphi(p)$ auftreten, wenn sie nicht surjektiv wären. Der Nachweis, dass sich durch die potentielle Reduktion der Zustände der KE keine Schwachstellen ergeben, erschien uns aber zu aufwendig. Die Situation wäre dann vergleichbar mit den heutigen Untersuchungen zu Hash-Funktionen, bei denen der Bildraum in aller Regel nicht bestimmbar ist. Die Analysierbarkeit der Abbildungen φ als Permutationen über M war mit der Forderung nach bijektiven Abbildungen einfacher, denn letztlich konnte für die Analyse die verfügbare, weit ausgebaute Gruppentheorie angewendet werden (Kap. 8).

Die Bijektivität der Abbildung ist durch Inversion des Gleichungssystems (4.19) für eine gegebene Abbildung überprüfbar. Die LZS-Klassen KT1 und KT2 sind so konstruiert, dass für alle LZS aus diesen Klassen die zugehörigen Abbildungen φ bijektiv sind.

Folgendes Verfahren kann zur Prüfung der Bijektivität verwendet werden: Sei für die Abbildung $Y = \varphi(p)U$ das Bild Y und der Parameter p bekannt und das Urbild U zu berechnen. Wir stellen das Gleichungssystem (4.19) um und erhalten

$$\begin{aligned} u_{Di} &= y_{4i-3} \oplus T_{10-i}\,(f, s_2, u_{P1}, \ldots, u_{P27}) \\ u_{4i-3} &= y_{4i-2} \\ u_{4i-2} &= y_{4i-1} \\ u_{4i-1} &= y_{4i} \\ u_0 &= s_1 \end{aligned} \tag{7.31}$$

Offensichtlich sind u_0, u_{4i-1}, u_{4i-2} und u_{4i-3} sofort berechenbar und nur die u_{Di} in den Gl. 7.31 zu bestimmen.

Beispiel LZS-21: Inverse Abbildung φ

Wir beschreiben die inverse Abbildung $\varphi^{-1}(p)$ als Lösung der Gleichung $Y = \varphi(p)U$ für den LZS-21 (Abschn. C.2). Offensichtlich gilt für alle $i \in \overline{1{,}9}$ und $j \in \overline{0{,}2}$ die Gleichung

$$u_{4i-j-1} = y_{4i-j}$$

Daraus folgt für die BF Z:

$$\begin{aligned} Z_1(s_2, Y, U) &= Z(s_2, \boldsymbol{u_{36}}, \boldsymbol{u_4}, y_{34}, y_{12}, y_2) \\ Z_2(Y, U) &= Z(y_6, y_{27}, y_{10}, \boldsymbol{u_{24}}, \boldsymbol{u_{32}}, y_8) \\ Z_3(Y, U) &= Z(y_3, y_{22}, y_4, \boldsymbol{u_{28}}, y_{26}, y_{35}) \\ Z_4(Y, U) &= Z(y_{32}, y_{14}, y_{19}, y_{30}, \boldsymbol{u_{16}}, y_{20}) \end{aligned}$$

Die u_{4j} müssen für alle $i \in \overline{1,9}$ aus dem folgenden Gleichungssystem bestimmt werden.

$$y_{33} = u_{32} \oplus f \tag{7.32}$$
$$y_{29} = u_{20} \oplus f \oplus Z_1 \tag{7.33}$$
$$y_{25} = u_{12} \oplus f \oplus Z_1 \oplus u_{20} \tag{7.34}$$
$$y_{21} = u_{28} \oplus f \oplus Z_1 \oplus u_{20} \oplus Z_2 \tag{7.35}$$
$$y_{17} = u_{16} \oplus f \oplus Z_1 \oplus u_{20} \oplus Z_2 \oplus u_{12} \tag{7.36}$$
$$y_{13} = u_4 \oplus f \oplus Z_1 \oplus u_{20} \oplus Z_2 \oplus u_{12} \oplus Z_3 \oplus s_2 \tag{7.37}$$
$$y_9 = u_{36} \oplus f \oplus Z_1 \oplus u_{20} \oplus Z_2 \oplus u_{12} \oplus Z_3 \oplus s_2 \oplus u_8 \tag{7.38}$$
$$y_5 = u_{24} \oplus f \oplus Z_1 \oplus u_{20} \oplus Z_2 \oplus u_{12} \oplus Z_3 \oplus s_2 \oplus u_8 \oplus Z_4 \tag{7.39}$$
$$y_1 = s_1 \oplus f \oplus Z_1 \oplus u_{20} \oplus Z_2 \oplus u_{12} \oplus Z_3 \oplus s_2 \oplus u_8 \oplus Z_4 \oplus u_6 \tag{7.40}$$

Aus (7.32) folgt sofort

$$u_{32} = y_{33} \oplus f \tag{7.41}$$

und aus der *XOR*-Summe von (7.33) und (7.34)

$$u_{12} = y_{25} \oplus y_{29} \tag{7.42}$$

Die *XOR*-Summe von (7.39) und (7.40) liefert

$$u_{24} = y_1 \oplus y_5 \oplus y_7 \oplus s_1 \tag{7.43}$$

und Z_2 kann berechnet werden. Wir erhalten aus (7.43), (7.34) und (7.35) :

$$u_{28} = y_{21} \oplus y_{29} \oplus Z_2 \tag{7.44}$$

und Z_3 kann berechnet werden. Die *XOR*-Summe von (7.36) und (7.37) liefert unter Nutzung von (7.42) und (7.44)

$$u_{16} = y_{17} \oplus y_{25} \oplus Z_2 \tag{7.45}$$

und Z_4 kann berechnet werden. Aus der *XOR*-Summe von (7.36) und (7.37) und der Berechnung von Z_2 und Z_3 erhalten wir

$$u_4 = y_{13} \oplus y_{25} \oplus Z_2 \oplus Z_3 \oplus s_2 \tag{7.46}$$

Analog erhält man aus der *XOR*-Summe von (7.38) und (7.39) und Z_4

$$u_{36} = y_1 \oplus y_7 \oplus y_9 \oplus Z_4 \oplus s_1 \tag{7.47}$$

und Z_1 kann berechnet werden. Mit den BF Z_1, Z_2, Z_3 und Z_4 können auch

$$u_{20} = y_{29} \oplus f \oplus Z_1 \tag{7.48}$$

$$u_8 = y_1 \oplus y_7 \oplus y_{25} \oplus Z_2 \oplus Z_3 \oplus Z_4 \oplus s_1 \oplus s_2 \tag{7.49}$$

berechnet werden. Damit sind alle u_i, $i \in \overline{1,36}$, bestimmt. ◄

Allgemein erhält man für die Berechnung der Abbildung $\varphi^{-1}(s_1, s_2, f)$ der LZS aus KT1 den Satz 7.1.

Satz 7.1 *Für alle (P, D) aus KT1, alle $U \in M$ und alle $(s_1, s_2, f) \in \mathcal{B}^3$ gilt*

$$\forall i \in \overline{1,9}\, \forall j \in \overline{0,2} : \varphi^{-1}_{4i-j-1} = u_{4i-j} \tag{7.50}$$

$$\varphi^{-1}_{D9}(s_1, s_2, f)U = u_{33} \oplus f \tag{7.51}$$
$$\varphi^{-1}_{D7}(s_1, s_2, f)U = u_{25} \oplus u_{29} \tag{7.52}$$
$$\varphi^{-1}_{D2}(s_1, s_2, f)U = u_1 \oplus u_5 \oplus u_{P27+1} \oplus s_1 \tag{7.53}$$
$$\varphi^{-1}_{D6}(s_1, s_2, f)U = u_{21} \oplus u_{29} \oplus Z_2 \tag{7.54}$$
$$\varphi^{-1}_{D5}(s_1, s_2, f)U = u_{17} \oplus u_{25} \oplus Z_2 \tag{7.55}$$
$$\varphi^{-1}_{D4}(s_1, s_2, f)U = u_{13} \oplus u_{25} \oplus Z_2 \oplus Z_3 \oplus s_2 \tag{7.56}$$
$$\varphi^{-1}_{D3}(s_1, s_2, f)U = u_1 \oplus u_9 \oplus u_{P27+1} \oplus Z_4 \oplus s_1 \tag{7.57}$$
$$\varphi^{-1}_{D8}(s_1, s_2, f)U = u_{29} \oplus f \oplus Z_1 \tag{7.58}$$
$$\varphi^{-1}_{P20}(s_1, s_2, f)U = u_1 \oplus u_{25} \oplus u_{P27+1} \oplus Z_2 \oplus Z_3 \oplus Z_4 \oplus s_1 \oplus s_2 \tag{7.59}$$

Bei der Anwendung des Satzes 7.1 ist die Reihenfolge der Berechnungen gemäß der angegebenen Gleichungen zu beachten. Der Beweis folgt der Logik des Beispiels 2 und den Bedingungen der LZS-Klasse KT1. Die BF Z_i, $i \in \overline{1,4}$, in (7.54) bis (7.59) sind deshalb Funktionen bereits berechneter u_j. Aus Satz 7.1 folgen unmittelbar die folgenden Korollare:

Korollar 7.1 *Für alle (P, D) aus KT1, alle $U \in M$ und alle $(p, p') \in \left(\mathcal{B}^3\right)^2$ gilt mit $p \neq p'$ auch $\varphi^{-1}(p)U \neq \varphi^{-1}(p')U$.*

und

Korollar 7.2 *Für alle (P, D) aus KT1, alle $U \in M$ und alle $p \in \mathcal{B}^3$ sind*

(1) $\varphi^{-1}_{D2}(s_1, s_2, f)U$ und $\varphi^{-1}_{P20}(s_1, s_2, f)U$ linear von s_1 abhängig
(2) $\varphi^{-1}_{D4}(s_1, s_2, f)U$ und $\varphi^{-1}_{P20}(s_1, s_2, f)U$ linear von s_2 abhängig
(3) $\varphi^{-1}_{D9}(s_1, s_2, f)U$ und $\varphi^{-1}_{D8}(s_1, s_2, f)U$ linear von f abhängig
(4) die BF $\varphi^{-1}_{D7}(s_1, s_2, f)U$ und die folgenden XOR-Summen der BF φ^{-1}_i von s_1, s_2 und f unabhängig

$$\varphi_{D5}^{-1} \oplus \varphi_{D6}^{-1} = u_{17} \oplus u_{21} \oplus u_{25} \oplus u_{29} \tag{7.60}$$

$$\varphi_{D5}^{-1} \oplus \varphi_{D6}^{-1} \oplus \varphi_{D7}^{-1} = u_{17} \oplus u_{21} \tag{7.61}$$

$$\varphi_{D3}^{-1} \oplus \varphi_{D4}^{-1} \oplus \varphi_{P20}^{-1} = u_9 \oplus u_{13} \tag{7.62}$$

Die XOR-Summen der inversen Abbildung φ^{-1} (7.60) bis (7.62) können ebenso wie die Gleichungen (7.22) bis (7.26) der Abbildung φ Invariante bilden. Diese Invarianten erzeugen zerfallende Graphen (s. Abschn. 7.5.4) bzw. intransitive Gruppen (Abschn. 8.1.2) oder imprimitive Gruppen (Abschn. 8.4.4).

Für die weitere Analyse der Algorithmen der Klasse ALPHA setzen wir die Bijektivität der Abbildungen ϕ bzw. φ voraus. Alle LZS, die nicht zu bijektiven Abbildungen führen, wurden nicht tiefer untersucht, sondern höchstens zum Test von Programmen genutzt.

7.4 Zyklenlängen

7.4.1 Rolle der Zyklenstruktur

In den 70er und 80er Jahren war es uns praktisch nicht möglich, für die Abbildungen ϕ des CA SKS bzw. φ des CA T-310 die erreichbare Zustandsmenge bei p-Folgen zu berechnen, die aus ZS und IV erzeugt werden. Als Zwischenschritt wurde die Berechnung der Anzahl der bei freier Parameterwahl erreichbaren Zustände angesehen. Die SKS-Analyse [106, Abschn. 5.5] von 1973 berechnete als untere Schranke die Länge der Zyklen bijektiver Abbildungen ϕ mit festem p. Am 10. Oktober 1973 wurden nach 35 Stunden Rechenzeit auf einem Computer $27,7 \cdot 10^6$ Vektoren berechnet, ohne den Zyklus zu vollenden. Erst vier Jahre später ergaben sich neue Möglichkeiten.

Die Zyklenlängen erlangten durch die algebraischen Untersuchungen ab 1977 eine eigenständige Bedeutung (Abschn. 8.3). Die Berechnung aller Zyklenlängen der Abbildungen $\phi(p)$ und erst recht der Abbildungen $\varphi(p)$ war jedoch praktisch nicht möglich. Dafür hätten wir für jeden der 2^{27} bzw. 2^{36} U-Vektoren speichern müssen, ob er bereits in einem berechneten Zyklus enthalten ist. Wir entwickelten deshalb eine Methode, die Zyklenlängen der Erzeugenden für einige p wenigstens teilweise zu berechnen (Abschn. 7.4.2). Selbst für die teilweise Berechnung der Zyklenstruktur nur einer Permutation $\varphi(p)$ auf dem Rechner ES1040 wären etwa 66 000 Rechnerstunden nötig gewesen [111, Abschn. 1.8].

Der Prozess wurde ab Mitte 1980 durch den Anschluss der Spezialtechnik T-032 an einen Rechner wesentlich beschleunigt (Abschn. 7.4.3). Die Berechnung der Zyklenlängen der Abbildungen $\varphi(p)$ erfolgte im Projekt PROGRESS-2[2]. PROGRESS-2 nutzte die direkte Kopplung eines Prozessrechnersystems PRS4000

[2]Der Name wurde in Anlehnung an den sowjetischen Raumtransporter *Progress* gewählt, der zu dieser Zeit für die Versorgung der Raumstation *Sojus* eingesetzt wurde.

mit dem Spezialgerät T-032, das im ZCO entwickelt und gebaut wurde [117]. Der Prozessrechner wurde in den Räumen des ZCO zur Schlüsselmittelproduktion genutzt, was die Durchführung des Projekts wesentlich erleichterte. Er implementierte die Berechnung der Zyklenlängen mit Ausnahme der Schritte 3 und 4 des Algorithmus 7.1. Dem Gerät T-032 oblagen die Berechnung der Abbildung $\varphi(p)U$ und der Test, ob der neue Vektor in der Kontrollwertmenge liegt. Es enthielt T-310-Chiffratorleiterkarten, die mit 1 MHz interner Taktfrequenz die fixierte Abbildung $\varphi(p)$ berechneten (Schritt 3), die Kontrollvektoren (Schritt 4) erkannten und die Werte mit max. 30 kbyte pro Sekunde an das Prozessrechnersystems PRS4000 ausgaben. Der Test, ob ein U-Vektor in der Kontrollwertmenge $U \in \mathcal{W}$ liegt, war mit Hilfe eines Karteneinschubs frei programmierbar.

Trotz der schnellen technischen Implementierung verblieb neben den sehr großen Zyklen und den sehr kleinen Zyklen (Fixpunkten) immer noch ein unbekannter Rest. Der Nachweis, dass alle Vektoren bei freier Parameterwahl erreichbar sind, gelang uns erst mit der Methode der reduzierten Mengen (Abschn. 7.5.3) und bei durch ZS und IV erzeugten p-Folgen erst jetzt mit modernen PC (Abschn. 7.6.1).

7.4.2 Teilweise Berechnung der Zyklen mittels einer Kontrollwertmenge

Der in diesem Abschnitt beschriebene Algorithmus ist auf beliebige Permutationen anwendbar. Für die Berechnung der Zyklen einer Permutation $g \in \mathfrak{S}(X)$ wählt man eine Kontrollwertmenge $\mathcal{W} \subseteq X$. Man berechnet für diejenigen Zyklen, die Kontrollwerte enthalten, die Zykluslänge und die Lage der Kontrollwerte auf dem Zyklus.

Algorithm 7.1 *Unvollständige Berechnung der Zyklenstruktur einer Permutation mittels Kontrollwertmenge*

Eingabe:
$g, \mathcal{W}$
Berechnungsschritte:
1. $i := 0, \mathcal{W}^* := \mathcal{W}$
2. $i := i + 1$, wähle C_i aus $\mathcal{W}^*$. $\mathcal{W}^* := \mathcal{W}^* \setminus \{C_i\}, x := C_i$ und $L(x) := 0$
3. $x := g(x), L(x) := L(x) + 1$
4. Wenn $x \notin \mathcal{W}$, gehe zu Schritt 3. Wenn $x \in \mathcal{W}$, so gehe zu Schritt 5.
5. $\mathcal{W}^* := \mathcal{W}^* \setminus \{x\}$, speichere i, x und $L(x)$, gebe i, x und $L(x)$ aus.
6. Wenn $x \neq C_i$, gehe zu Schritt 3. Wenn $x = C_i$, so gebe aus: „Zyklus mit C_i der Länge $L_i = (C_i)$ berechnet“ und gehe zu Schritt 2.
Ausgabe:
1. Zyklenlängen L_i mit dem Repräsentanten C_i (im Schritt 5)
2. Lage der Kontrollwerte $x \in \mathcal{W}$ auf den Zyklen i mit ihrem Abstand $L(x)$ zu den Repräsentanten C_i (im Schritt 6).

Die Speicherungen im Schritt 5 dienen sowohl der Kontrolle des Berechnungsfortschritts als auch der Konstruktion eines Wiederherstellungspunktes bei einer Programmstörung.

Die Effizienz des Algorithmus wird durch die Anzahl und die Verteilung der Kontrollwertmenge auf den Zyklen bestimmt. Wenn $\mathcal{W} = X$ wäre, so würde der Algorithmus die Zyklen von g vollständig berechnen. Mit fallender Mächtigkeit von $\mathcal{W}$ werden für immer weniger Zyklen sowohl die Längen als auch die Lagen von Elementen der Basismenge auf den Zyklen berechnet. Die Anzahl der mit der Kontrollwertmenge $\mathcal{W}$ berechneten Zyklen $\Omega(\mathcal{W})$ von g schätzten wir durch einen Vergleich mit zufälligen, über $\mathfrak{S}(M)$ gleichmäßig verteilten Permutationen g. Für die Anzahl der Zyklen zufälliger Permutationen gilt Satz 7.2 [64].

Satz 7.2 *Sei ξ_n die Anzahl der Zyklen einer zufällig mit gleichmäßiger Verteilung der Permutationen über $\mathfrak{S}(\overline{1,n})$ gewählten Permutation p. Für $n \to \infty$ ist die Zufallsgröße $\xi' = (\xi - \ln n)/\sqrt{\ln n}$ asymptotisch normal verteilt mit den Parametern* $(0, 1)$.

Wenn die Permutation g durch einen Zufallsprozess, wie in Abschn. 9.6 beschrieben, erzeugt wird, so erhält man eine zufällige, über $\mathfrak{S}(M)$ gleichmäßig verteilte Permutation. Wenn die Kontrollwertmenge $\mathcal{W}$ mit gleichmäßiger Verteilung über $\overline{1,n}$ zufällig gewählt wird, so erhält man durch denselben Zufallsprozess mit Streichen der Paare $(x, g(x))$, $x \in X \setminus \mathcal{W}$, auch eine zufällige, über $\mathfrak{S}(\mathcal{W})$ gleichmäßig verteilte Permutation $h(\mathcal{W})$. Die Anzahl der Zyklen der Permutation h entspricht der Anzahl der berechneten Zyklen der Permutationen von g.

7.4.3 Anwendung auf Permutationen

Für jede Abbildung $\varphi(p)$ kann man die Zyklen der Längen 1 und 2 leicht berechnen. Fixpunkte der Abbildung $\varphi(p)$ (d. h. Zyklen der Länge 1) bestehen aus konstanten Vierergruppen Δ_i, $i = 1, \dots, 9$ (4.26). Folglich genügt es, für 512 U-Vektoren maximal neun Parameter $p \in \mathcal{B}^3$ zu überprüfen, wobei ein U-Vektor für höchstens einen Parameter p Fixpunkt sein kann. Die Zyklen der Länge 2 besitzen die Eigenschaft, dass $\Upsilon_1 = \Upsilon_3$ und $\Upsilon_0 = \Upsilon_2$ (vergl. Definition in 4.27) gilt. Es genügt folglich $2^{18} = 262\,144$ U-Vektoren und neun Parameter p zu prüfen, wobei bereits nach der Berechnung der ersten Abbildung $\Upsilon_2(U) = \Upsilon_3(\varphi(p)U) \neq \Upsilon_3(U)$ erfüllt sein muss.

Für die teilweise Berechnung der Zyklenstruktur einer Permutation $\varphi(p)$ nach dem im vorherigen Abschnitt beschriebenen Algorithmus wurde eine Kontrollwertmenge $\mathcal{W}$ mit bis zu 2^{16} Elementen gewählt. Es ergeben sich daraus die Erwartungswerte für die Anzahl

- der Zyklen einer zufälligen Permutation über $\overline{1,2^{27}}$ von rund 18,7 Zyklen und einer zufälligen Permutation über $\overline{1,2^{36}}$ von rund 25 Zyklen,

- der berechneten Zyklen für $|\mathcal{W}| = 2^{14}$ von 9,7 und für $|\mathcal{W}| = 2^{18}$ von 12,5 für zufällige Permutation über $\overline{1,2^{36}}$ und über $\overline{1,2^{27}}$.

Beachtet man den asymptotischen Erwartungswert der Länge des längsten Zyklus einer zufälligen Permutation mit $0{,}6243 \cdot |M|$ (0,6243... ist die Golomb-Dickman-Konstante), so kann erwartet werden, dass der oben beschriebene Algorithmus einige der längsten Zyklen berechnet. Die Kontrollwertmenge im Spezialgerät T-032 wurde nicht mit gleichmäßiger Verteilung über $\overline{1,n}$ zufällig, sondern technisch einfach implementierbar gewählt. Für

$$\mathcal{W} = \{W \mid \Upsilon_1(W) = \Upsilon_3(W) \wedge \Upsilon_0(W) = \Upsilon_2(W)\} \tag{7.63}$$

erhält man durch Algorithmus 7.1 auch alle Fixpunkte und alle Zyklen der Länge zwei.

Bei Tests mit dem CA SKS benötigte das System für eine Abbildung $\varphi(p)$ über 27 Bit-Vektoren und einer Kontrollwertmenge aus 2^{14} Vektoren ungefähr 10 min, davon benötigt das Gerät T-032 etwa 2 Min und der Rechner 8 Min. Es wurden 10 bis 12 der größten Zyklen ermittelt. Für den CA T-310 lag die Rechenzeit für eine Abbildung $\varphi(p)$ bei ca. 17 h.

Beispiel Zyklenlängen zweier Permutationen für LZS-21

Für den LZS-21 wurden mit 2^{18} Kontrollwerten der Menge $\mathcal{W}$ gemäß Formel (7.63) folgende Zyklenlängen berechnet

1. Abbildung $\varphi(0,0,0)$: $L_1^{(0)} = 50577854950$, $L_2^{(0)} = 12799924594$, $L_3^{(0)} = 3446410270$, $L_4^{(0)} = 1044349489$, $L_5^{(0)} = 836378785$, $L_6^{(0)} = 8741605$, $L_7^{(0)} = 3188304$, $L_8^{(0)} = 1027264$, $L_9^{(0)} = 858637$, $L_{10}^{(0)} = 472166$, $L_{11}^{(0)} = 1$, $L_{12}^{(0)} = 1$.
   Die Summe der berechneten Zyklenlängen beträgt $68719206066 = 2^{36} - 270670$.
2. Abbildung $\varphi(1,1,1)$: $L_1^{(7)} = 53625149638$, $L_2^{(7)} = 12100866433$, $L_3^{(7)} = 1277614591$, $L_4^{(7)} = 1152674037$, $L_5^{(7)} = 159742587$, $L_6^{(7)} = 135988284$, $L_7^{(7)} = 123061436$, $L_8^{(7)} = 75690395$, $L_9^{(7)} = 43710195$, $L_{10}^{(7)} = 8371880$, $L_{11}^{(7)} = 7496764$, $L_{12}^{(7)} = 3564268$, $L_{13}^{(7)} = 2454468$, $L_{14}^{(7)} = 741947$, $L_{15}^{(7)} = 667780$, $L_{16}^{(7)} = 609681$, $L_{17}^{(7)} = 419819$, $L_{18}^{(7)} = 330401$ und $L_{19}^{(7)} = 2$.
   Die Summe der berechneten Zyklenlängen beträgt $68719154606 = 2^{36} - 322130$.

◀

Die Zyklenlängen des Beispiels werden im Abschn. 8.4 verwendet, um für die Gruppe des LZS-21 den Nachweis der Primitivität zu erbringen.

7.5 Stark zusammenhängende Graphen

Ausgehend von einem Registerinhalt U sollte jeder andere Registerinhalt U' mit einer möglichst kurzen Folge von Abbildungen φ erreichbar sein, denn durch Einschränkung von M könnte ein Beobachter, der nur U kennt, den Aufwand seiner Analysen einschränken. Dass die Forderung kryptologisch sinnvoll war, zeigen Untersuchungen in [15, Kap. 18], die Angriffe für LZS beschreiben, deren Zustandsraum des U-Registers eingeschränkt und deren Graphen nicht (stark) zusammenhängend sind. Einschränkungen der Zustandsmenge könnten statistische Eigenschaften des CA wie schiefe Verteilungen und Abhängigkeiten hervorrufen als auch Vereinfachungen in der Schlüsselbestimmung ermöglichen.

Wir entwickelten eine „Methode der reduzierten Mengen“ (manchmal auch „Methode der dichten Mengen“ genannt) für den Nachweis, dass bei uneingeschränkter Wahl der p-Folge von jedem Zustand alle Zustände erreicht werden können. Die Integration der Forderung an die LZS-Klassen, reduzierte Mengen zu ermöglichen, ist weder kryptologisch noch mathematisch, sondern beweistechnisch motiviert. Sie ist den damals verfügbaren IT-Möglichkeiten geschuldet, die nur eine Speicherung von 2^{16} Werten zuließen. Die Forderung nach der Existenz solcher reduzierten Mengen erschwerte die Definition der LZS-Klassen.

7.5.1 Analytische Betrachtungen

In ersten einfachen Untersuchungen betrachteten wir für die CA SKS und T-310 die Mengen der Art

$$\left\{\varphi^n U\right\} := \left\{U' \in M | \exists \left(p_1, \ldots, p_n\right) \in \left(\mathcal{B}^3\right)^n : U' = \varphi\left(p_n\right) \ldots \varphi\left(p_1\right) U\right\}$$

$$\left\{\varphi^{-n} U\right\} := \left\{U' \in M | \exists \left(p_1, \ldots, p_n\right) \in \left(\mathcal{B}^3\right)^n : U' = \varphi^{-1}\left(p_n\right) \ldots \varphi^{-1}\left(p_1\right) U\right\}$$

In [111] wurde die Abschätzung des Lemmas 7.2 angeführt.

Lemma 7.2 *Für $t \in \overline{1,4}$ und alle $U \in M$ gilt*

$$|\varphi^t U| = 2^{3t} \tag{7.64}$$

Beweis Wir bezeichnen für alle $i \in \overline{1,4}$, beliebige Parameter $p_i = (s_1^i, s_2^i, f^i)$ und $U^{(0)}$ die Folgevektoren mit $U^{(i)} = \varphi(s_1^i, s_2^i, f^i)U^{(i-1)}$. Wegen der Rechtsverschiebung der Koordinaten bei Anwendung der Abbildung φ in (4.24) lassen sich die $U^{(i)}$-Vektoren nach einer Umstellung υ der Koordinaten in der Schreibweise (4.27) so darstellen

$$\upsilon\left(U^{(0)}\right) = (\Upsilon_1(U^{(0)}), \Upsilon_2(U^{(0)}), \Upsilon_3(U^{(0)}), \Upsilon_4(U^{(0)})) \tag{7.65}$$

$$\upsilon\left(U^{(1)}\right) = (\Upsilon_1(U^{(1)}), \Upsilon_1(U^{(0)}), \Upsilon_2(U^{(0)}), \Upsilon_3(U^{(0)})) \tag{7.66}$$

$$\upsilon\left(U^{(2)}\right) = (\Upsilon_1(U^{(2)}), \Upsilon_1(U^{(1)}), \Upsilon_1(U^{(0)}), \Upsilon_2(U^{(0)})) \tag{7.67}$$

$$\upsilon\left(U^{(3)}\right) = (\Upsilon_1(U^{(3)}), \Upsilon_1(U^{(2)}), \Upsilon_1(U^{(1)}), \Upsilon_1(U^{(0)})) \tag{7.68}$$

$$\upsilon\left(U^{(4)}\right) = (\Upsilon_1(U^{(4)}), \Upsilon_1(U^{(3)}), \Upsilon_1(U^{(2)}), \Upsilon_1(U^{(1)})) \tag{7.69}$$

Wegen $|\left\{(p_1, \ldots, p_t) \in \mathcal{B}^{3t}\right\}| = 2^{3t}$ ist $|\varphi^t U| \leq 2^{3t}$. Angenommen es existiert ein k mit $|\varphi^k U| < 2^{3k}$ und $k \in \overline{1,4}$. Dann existiert $(p_1, \ldots, p_k) \neq (\hat{p}_1, \ldots, \hat{p}_k)$ mit $U^{(k)} = \hat{U}^{(k)}$. Daraus folgt $\Upsilon_i(U^{(k)}) \neq \Upsilon_i(\hat{U}^{(k)})$ für $i \in \overline{1,4}$. Für $j \in \overline{1,k}$

$$\Upsilon_1(U^{(k-j+1)}) = \Upsilon_j(U^{(k)}) = \Upsilon_j(\hat{U}^{(k)}) = \Upsilon_1(\hat{U}^{(k-j+1)}) \tag{7.70}$$

Nach Lemma 7.1 folgt $p_j = \hat{p}_j$. Aus dem Widerspruch folgt $|\varphi^t U| = 2^{3t}$ für $t \in \overline{1,4}$. ■

Für $n > 4$ wurde in [111] nur die Abschätzung angeben, dass für alle $U \in M$ und $t \in N$ gilt

$$|\varphi^{t-1}U| \leq |\varphi^t U| \leq min\left\{2^{3t}, 2^{36}\right\} \tag{7.71}$$

Wir ergänzen in diesem Zusammenhang die Ergebnisse in [111]. Zunächst sei auf die Beziehung zwischen der maximalen Verzweigung der Abbildungen φ und φ^{-1} hingewiesen.

Lemma 7.3 *Wenn für die bijektive Abbildung φ, eine ganze Zahl t und alle $U \in M$ die Gleichung $|\varphi^t U| = 2^{3t}$ gilt, so gilt für alle $U' \in M$ auch die Gleichung $|\varphi^{-t}U'| = 2^{3t}$.*

Beweis Angenommen unter den Voraussetzungen des Lemmas sei $|\varphi^{-t}U| < 2^{3t}$. Dann existieren ein $\tilde{U}$ und zwei Parameterfolgen $(p_1, \ldots, p_t)$ und $(\tilde{p}_1, \ldots, \tilde{p}_t)$ für die

$$\tilde{U} = \varphi^{-1}(p_1, \ldots, p_t)U = \varphi^{-1}(\tilde{p}_1, \ldots, \tilde{p}_t)U$$

Dann gilt auch

$$U = \varphi(p_t, \ldots, p_1)\tilde{U} = \varphi(\tilde{p}_t, \ldots, \tilde{p}_1)\tilde{U}$$

im Widerspruch zur Voraussetzung angewandt auf $\tilde{U}$, d. h. $|\varphi^t \tilde{U}| = 2^{3t}$. ■

Aus Lemma 7.3 und 7.2 folgt

Korollar 7.3 *Für $t \in \overline{1,4}$ und alle $U \in M$ gilt*

$$|\varphi^t U| = |\varphi^{-t} U| = 2^{3t} \tag{7.72}$$

Wir geben hier ein verallgemeinertes Ergebnis für die maximale Verzweigung an [91].

Satz 7.3 *Für alle (P, D) aus KT1 mit $4 \in \{D3, D4, D7\}$, alle $t \in \overline{1,8}$ und alle $U \in M$ gilt*

$$|\varphi^t U| = |\varphi^{-t} U| = 2^{3t}$$

Der Beweis des Satzes 7.3 greift die Beweisideen des Lemmas 7.2 auf.

Beweis Für $t \in \overline{1,4}$ folgt die Behauptung bereits aus Korollar 7.3. Wir beweisen zunächst die Behauptung $|\varphi^t U| = 2^{3t}$ für alle $t \in \overline{5,8}$ und alle $U \in M$. Angenommen für ein $k \in \overline{5,8}$ gelte $|\varphi^k U| < 2^{3k}$. Dann existieren die Parameterfolgen $(p_1, \ldots, p_k) \neq (\hat{p}_1, \ldots, \hat{p}_k)$ sowie die U-Vektoren $U^{(0)} = \hat{U}^{(0)}$, $U^{(i)} = \varphi(s_1^i, s_2^i, f^i)U^{(i-1)}$, $\hat{U}^{(i)} = \varphi(\hat{s}_1^i, \hat{s}_2^i, \hat{f}^i)\hat{U}^{(i-1)}$ und $U^{(k)} = \hat{U}^{(k)}$. Sei $j = min\left\{i \in \overline{1,8} : U^{(i)} \neq \hat{U}^{(i)}\right\}$. Dann ist für alle $U^{(j-1)} = \hat{U}^{(j-1)}$ und für $j > 1$ folgt $(p_1, \ldots, p_{j-1}) = (\hat{p}_1, \ldots, \hat{p}_{j-1})$. Man kann folglich o. B. d. A. den Beweis auf den Fall $j = 1$ mit $p_1 \neq \hat{p}_1$ zurückführen. In der Schreibweise (4.27) lassen sich die U-Vektoren nach einer Umstellung υ der Koordinaten für $i > 4$ so darstellen

$$\upsilon\left(U^{(5)}\right) = (\Upsilon_1(U^{(5)}), \Upsilon_2(U^{(5)}), \Upsilon_3(U^{(5)}), \Upsilon_4(U^{(5)})) \tag{7.73}$$

$$= (\Upsilon_1(U^{(5)}), \Upsilon_1(U^{(4)}), \Upsilon_1(U^{(3)}), \Upsilon_1(U^{(2)})) \tag{7.74}$$

$$\upsilon\left(U^{(6)}\right) = (\Upsilon_1(U^{(6)}), \Upsilon_1(U^{(5)}), \Upsilon_1(U^{(4)}), \Upsilon_1(U^{(3)})) \tag{7.75}$$

$$\upsilon\left(U^{(7)}\right) = (\Upsilon_1(U^{(7)}), \Upsilon_1(U^{(6)}), \Upsilon_1(U^{(5)}), \Upsilon_1(U^{(4)})) \tag{7.76}$$

$$\upsilon\left(U^{(8)}\right) = (\Upsilon_1(U^{(8)}), \Upsilon_1(U^{(7)}), \Upsilon_1(U^{(6)}), \Upsilon_1(U^{(5)})) \tag{7.77}$$

Aus $U^{(j-1)} = \hat{U}^{(j-1)}$ folgt

$$\upsilon\left(U^{(i)}\right) = (\Upsilon_1(U^{(i)}), \Upsilon_1(U^{(i-1)}), \Upsilon_1(U^{(i-2)}), \Upsilon_1(U^{(i-3)})) \tag{7.78}$$

$$\upsilon\left(\hat{U}^{(i)}\right) = (\Upsilon_1(\hat{U}^{(i)}), \Upsilon_1(\hat{U}^{(i-1)}), \Upsilon_1(\hat{U}^{(i-2)}), \Upsilon_1(\hat{U}^{(i-3)})) \tag{7.79}$$

und für alle $j \in \overline{0,3}$

$$\Upsilon_1(U^{(i-j)}) = \Upsilon_1(\hat{U}^{(i-j)}) \tag{7.80}$$

Insbesondere gilt

$$\Upsilon_1(U^{(5)}) = \Upsilon_1(\hat{U}^{(5)}) \tag{7.81}$$

Da (P, D) aus KT1 ist, gelten für die Komponenten von $\Upsilon_1(U^{(5)})$ die Gl. (7.27) bis (7.30) und (4.24). Daraus folgt:

$$u_{25}^{(5)} \oplus u_{29}^{(5)} = u_{D7}^{(4)} = u_{D7-3}^{(1)} \tag{7.82}$$

$$\begin{aligned} u_{17}^{(5)} \oplus u_{21}^{(5)} &= u_{D5}^{(4)} \oplus u_{D6}^{(4)} \oplus u_{D7}^{(4)} \\ &= u_{D5-3}^{(1)} \oplus u_{D6-3}^{(1)} \oplus u_{D7-3}^{(1)} \end{aligned} \tag{7.83}$$

$$\begin{aligned} u_9^{(5)} \oplus u_{13}^{(5)} &= u_{D3}^{(4)} \oplus u_{D4}^{(4)} \oplus u_{P20}^{(4)} \\ &= u_{D3-3}^{(1)} \oplus u_{D4-3}^{(1)} \oplus u_{P20-3}^{(1)} \end{aligned} \tag{7.84}$$

$$u_{17}^{(5)} \oplus u_{21}^{(5)} \oplus u_{25}^{(5)} \oplus u_{29}^{(5)} = u_{D5-3}^{(1)} \oplus u_{D6-3}^{(1)} \tag{7.85}$$

Wir führen eine Fallunterscheidung für $p_1 \neq \hat{p}_1$ durch.

Fall 1: $f^{(1)} \neq \hat{f}^{(1)}$

Wenn $f^{(1)} \neq \hat{f}^{(1)}$, so folgen aus (4.23) $u_{D7-3}^{(1)} \neq \hat{u}_{D7-3}^{(1)}$ und aus (7.82)

$$u_{25}^{(5)} \oplus u_{29}^{(5)} \neq \hat{u}_{25}^{(5)} \oplus \hat{u}_{29}^{(5)} \tag{7.86}$$

Fall 2: $s_2^{(1)} \neq \hat{s}_2^{(1)}$

Wegen (5.7) ist

$$(D5-3, D6-3) \in \{5, 9, 13\} \times \{17, 25, 29\} \cup \{21, 25, 29\} \times \{5, 9, 13\} \tag{7.87}$$

Folglich hängt $u_{D5-3}^{(1)} \oplus u_{D6-3}^{(1)}$ nicht von Z_1 ab. Wenn $D3-3 \in \{5, 9, 13\}$, so geht s_2 durch $u_{D5-3}^{(1)}$ als XOR-Summand in $u_{D5-3}^{(1)} \oplus u_{D6-3}^{(1)}$ ein. Wenn $D6-3 \in \{5, 9, 13\}$, so geht s_2 durch $u_{D6-3}^{(1)}$ als XOR-Summand in $u_{D5-3}^{(1)} \oplus u_{D6-3}^{(1)}$ ein. Wenn $s_2 \neq \hat{s}_2$, so folgen aus (4.23) $u_{D5-3}^{(1)} \oplus u_{D6-3}^{(1)} \neq \hat{u}_{D5-3}^{(1)} \oplus \hat{u}_{D6-3}^{(1)}$ und aus (7.85)

$$u_{17}^{(5)} \oplus u_{21}^{(5)} \oplus u_{25}^{(5)} \oplus u_{29}^{(5)} \neq \hat{u}_{17}^{(5)} \oplus \hat{u}_{21}^{(5)} \oplus \hat{u}_{25}^{(5)} \oplus \hat{u}_{29}^{(5)} \tag{7.88}$$

Fall 3: $s_1^{(1)} \neq \hat{s}_1^{(1)}$ und $f^{(1)} = \hat{f}^{(1)}$

Es gilt

$$s_1^{(1)} + f^{(1)} \neq \hat{s}_1^{(1)} + \hat{f}^{(1)} \tag{7.89}$$

Aus $4 \in \{D3, D4, D7\}$ folgt $1 \in \{D3-3, D4-3, D7-3\}$. Wenn $s_1 \neq \hat{s}_1$ gilt, so folgt genau eine der Ungleichungen

$$u_{D3-3}^{(1)} \neq \hat{u}_{D3-3}^{(1)},\ u_{D4-3}^{(1)} \neq \hat{u}_{D4-3}^{(1)},\ u_{D7-3}^{(1)} \neq \hat{u}_{D7-3}^{(1)} \tag{7.90}$$

Fall 3.1: $1 = D7 - 3$
Aus (7.90) folgt $u^{(1)}_{D7-3} \neq \hat{u}^{(1)}_{D7-3}$ und $u^{(5)}_{25} \oplus u^{(5)}_{29} \neq \hat{u}^{(5)}_{25} \oplus \hat{u}^{(5)}_{29}$.

Fall 3.2: $1 \in \{D3 - 3, D4 - 3\}$
Da nur genau eine Ungleichung in (7.90) gilt, folgt aus (7.84)

$$u^{(5)}_{9} \oplus u^{(5)}_{13} \neq \hat{u}^{(5)}_{9} \oplus \hat{u}^{(5)}_{13} \tag{7.91}$$

Aus der Bedingung (5.3) für die (P, D) aus KT1 folgt, dass $P20 - 3 \neq 1$ ist und $u^{(1)}_{P20-3}$ nicht von s_1 abhängen kann.

Damit ist die Fallunterscheidung vollständig. Jeder Fall zeigt mit (7.86), (7.88) und (7.91) einen Widerspruch zu (7.81). Damit ist $|\varphi^t U| = 2^{3t}$ für alle $t \in \overline{1,8}$ und alle $U \in M$ bewiesen. Die Behauptung $|\varphi^{-t} U| = 2^{3t}$ folgt dann aus $|\varphi^t U| = 2^{3t}$ und Lemma 7.3. ■

Für die freigegebenen LZS-21, LZS-26, LZS-30, LZS-31 und LZS-32 ist die Bedingungen des Satzes 7.3 erfüllt. Für den ebenfalls freigegebenen LZS-33 ist die Bedingung des Satzes 7.3 nicht erfüllt. Tatsächlich liegen, wie heutige Berechnungen zeigen, für die Abbildungen φ^t nur für $t \in \overline{1,6}$ und für die inverse Abbildungen φ^{-t} mit $t \in \overline{1,8}$ maximale Verzweigungen vor. Derartige Berechnungen der Verzweigung waren uns zu Zeiten der kryptologischen Analyse [111] nicht möglich.

7.5.2 Graph der Abbildung φ

Wir bezeichnen in diesem Abschnitt mit $\overrightarrow{G}(M, \varphi)$ den Graphen der Abbildung φ, der durch alle Knoten $\{U \in M\}$ und die Kanten

$$K = \{(U, U') \in M^2 : \exists p \in \mathcal{B}^3 : \varphi(p)U = U'\} \tag{7.92}$$

erzeugt wird.

▶ **Definition 7.1** Zwei Knoten s, $s \in V$, und z, $z \in V$, eines gerichteten Graphen $\overrightarrow{G} = (V, E)$ heißen *zusammenhängend*, wenn es eine Folge von Kanten gibt, die von s nach z führen, d. h. es gibt einen *gerichteten Weg* $(w_1, \ldots, w_n)$, $(w_1, \ldots, w_n) \in V^n$ mit $s = w_1$, $(w_i, w_{i+1}) \in E$ für alle $i \in \overline{1, n-1}, w_n = z$. Ein gerichteter Graph heißt *zusammenhängend* von einem Knoten s aus, falls es zu jedem Knoten z aus V einen gerichteten Weg in $\overrightarrow{G}$ von s nach z gibt. Zwei Konten s und z heißen *stark zusammenhängend*, wenn gerichtete Wege von s nach z und von z nach s existieren. $\overrightarrow{G}$ heißt *stark zusammenhängend*, falls $\overrightarrow{G}$ von jedem Knoten aus zusammenhängend ist.

Anders formuliert heißt $\overrightarrow{G}$ stark zusammenhängend, falls es zwischen zwei beliebigen Knoten s und z aus $\overrightarrow{G}$ sowohl einen gerichteten Weg von s nach z als auch einen

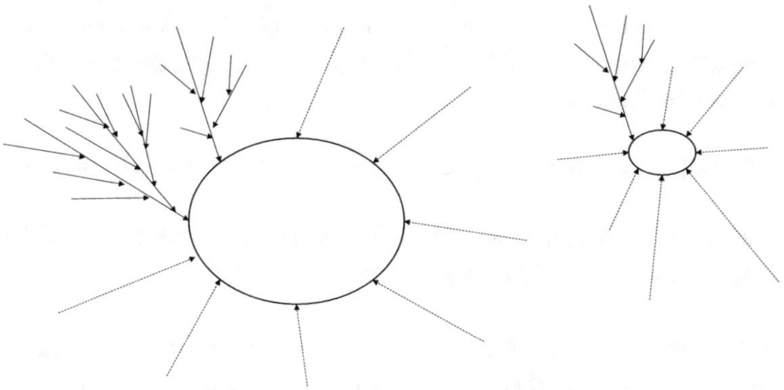

Abb. 7.3 Beispiel für M^{RED}

gerichteten Weg von z nach s in $\overrightarrow{G}$ gibt. Der starke Zusammenhang zwischen Knoten ist eine Äquivalenzrelation. Folglich zerfallen nicht stark zusammenhängende Graphen $\overrightarrow{G}(M, \varphi)$ in zusammenhängende Komponenten $\overrightarrow{Z_i}(M_i, K_i)$, $i \in I$, (das sind die Äquivalenzklassen des starken Zusammenhangs der Knoten, kurz Zusammenhangskomponenten genannt), für die

$$M = \cup_{i \in I} M_i, \; K = \cup_{i \in I} K_i \tag{7.93}$$

gilt.

Wir untersuchten, ob es LZS oder sogar ganze Klassen von LZS gibt, die eine Abbildung φ erzeugen, deren gerichteter Graph $\overrightarrow{G}(M, \varphi)$ stark zusammenhängend ist. Die Methodik der Überprüfung wird nachfolgend erläutert. Die Grundidee bestand darin, in einem ersten Schritt eine reduzierte Menge $M^{RED} \subset M$ so zu konstruieren, dass in $\overrightarrow{G}(M, \varphi, \varphi^{-1})$ ausgehend von jedem Knoten $U \in M$ ein Weg zu einem Knoten $U' \in M^{RED}$ gefunden werden kann. Für jedes $U \in M$ wurde ein $p^{RED}(U) = (s_1^{RED}(U), s_2^{RED}(U), f^{RED}(U))$ so bestimmt, dass der Weg entlang der Kanten $\varphi(p^{RED}(U))$ von jedem $U \in M$ in die Menge M^{RED} führt und von jedem $U \in M^{RED}$ auch $\varphi(p^{RED})U$ in M^{RED} verbleibt. Wir schreiben für $\varphi(p^{RED}(U))$ kurz φ^{RED}. In einem zweiten Schritt wurden die Komponenten des Graphen $\overrightarrow{G}(M^{RED}, \varphi^{RED})$ auf einem Rechner ES1040 bestimmt. Anschließend wurde geprüft, ob die Komponenten des Graphen $\overrightarrow{G}(M^{RED}, \varphi^{RED})$ in $\overrightarrow{G}(M, \varphi)$ verbunden werden können. Wenn man stets eine Verbindung findet, ist nachgewiesen, dass $\overrightarrow{G}(M, \varphi)$ stark zusammenhängend ist.

Der gerichtete Untergraph $\overrightarrow{G}(M^{RED}, \varphi^{RED})$ ist i. A. nicht zusammenhängend, sondern zerfällt wiederum in gerichtete Komponenten. Da die Abbildung $\varphi(p^{RED}(U))$ eindeutig ist, enthalten alle Komponenten jeweils genau einen Zyklus, in den alle Wege der Komponente münden. Die pseudozufällige Abbildung $\varphi(p^{RED}(U))$ besitzt Eigenschaften zufälliger Abbildungen [34].

In der Abb. 7.3 ist beispielhaft eine Zyklenstruktur über M^{RED} dargestellt.

Für die Verbindung der Komponenten des Graphen $\overrightarrow{G}(M,\varphi)$ kann auch die inverse Abbildung φ^{-1} genutzt werden. Sei $\overrightarrow{G}(M,\varphi,\varphi^{-1})$ der Graph, der durch alle Knoten $\{U \in M\}$ und die Kanten

$$K^* = \{(U,U') \in M^2 : \exists p \in \mathcal{B}^3 : \varphi(p)U = U' \vee \varphi^{-1}(p)U = U'\}$$

erzeugt wird. Die gerichteten Wege in $\overrightarrow{G}(M,\varphi,\varphi^{-1})$ entsprechen Produkten der Abbildungen $\varphi(p)$ und $\varphi^{-1}(p)$. Es gilt folgendes Lemma:

Lemma 7.4 *Der Graph $\overrightarrow{G}(M,\varphi)$ ist für bijektive φ genau dann stark zusammenhängend, wenn der Graph $\overrightarrow{G}(M,\varphi,\varphi^{-1})$ stark zusammenhängend ist.*

Beweis 1. Aus $K \subset K^*$ folgt, dass der Graph $\overrightarrow{G}(M,\varphi)$ ein Teil des Graphen $\overrightarrow{G}(M,\varphi,\varphi^{-1})$ ist. Wenn $\overrightarrow{G}(M,\varphi)$ stark zusammenhängend ist, so ist auch $\overrightarrow{G}(M,\varphi,\varphi^{-1})$ stark zusammenhängend.
2. Sei $\overrightarrow{G}(M,\varphi,\varphi^{-1})$ stark zusammenhängend. Für bijektive Abbildungen $\varphi(p)$ existiert immer eine natürliche Zahl n, so dass $\varphi^{-1}(p) = \varphi^n(p)$. Man kann folglich aus dem Graphen $\overrightarrow{G}(M,\varphi,\varphi^{-1})$ den Graphen $\overrightarrow{G}(M,\varphi)$ ableiten, in dem man die durch φ^{-1} erzeugten Kanten durch Kreise mit ausschließlich durch die Abbildungen φ erzeugten Kanten ersetzt. Folglich ist dann auch $\overrightarrow{G}(M,\varphi)$ stark zusammenhängend. ■

7.5.3 Konstruktion einer reduzierten Menge

Wir beschreiben die Berechnung der Parameter

$$p^{RED}(U) = \left(s_1^{RED}(U), s_2^{RED}(U), f^{RED}(U)\right)$$

zunächst am Beispiel des Parameters f. Wegen der Struktur der Funktionen T_i (4.19) wirkt f in allen Funktionen $i = 1, \ldots, 9$ linear:

$$\begin{cases} y_{4i-3} &= u_{Di} \oplus T_{10-i}(f, s_2, u_{P1}, \ldots, u_{P27}) \\ &= u_{Di} \oplus \widehat{T}_{10-i}(s_2, u_{P1}, \ldots, u_{P27}) \oplus f \end{cases} \tag{7.94}$$

Setzen wir für ein gewähltes i

$$f^{RED} := u_{Di} \oplus \widehat{T}_{10-i}(s_2, u_{P1}, \ldots, u_{P27}) \tag{7.95}$$

so ist $y_{4i-3} = 0$ und über vier Schritte sind die entsprechenden Registerinhalte $(u_{4i-3}, u_{4i-2}, u_{4i-1}, u_{4i})$ identisch Null.

In der Notation (4.26) heißt das $\Delta_i = (0, 0, 0, 0)$. Man erhält:

$$M^{RED} = \{U \in M \mid (u_{4i-3} = \ldots = u_{4i} = 0)\} = \{U \in M \mid \Delta_i = (0, 0, 0, 0)\}$$

Damit ist der erste Schritt der Grundidee beschrieben. Die erhaltene Menge hat die Mächtigkeit $\left|M^{RED}\right| = 2^{32}$.

Für die Klasse KT1 ist die Wahl der Parameter in [80] durch BF definiert, die in der angegebenen Reihenfolge definiert werden. Nach Definition von KT1 sind die Strukturen der BF auch von D abhängig

$$\begin{array}{ll} (1)\ s_2^{RED}(U) & := \varphi_{D5-3}\,(s_1, s_2, f, U) \oplus \varphi_{D6-3}\,(s_1, s_2, f, U) \oplus s_2 \\ (2)\ f^{RED}(U) := & \begin{cases} \varphi_{33}\left(s_1, s_2^{RED}, f, U\right) \oplus f \text{ falls } D7 = 4 \\ \varphi_{D7-3}\left(s_1, s_2^{RED}, f, U\right) \oplus f \text{ sonst} \end{cases} \\ (3)\ s_1^{RED}(U) := & \qquad \varphi_1\left(s_1, s_2^{RED}, f^{RED}, U\right) \oplus s_1 \end{array} \tag{7.96}$$

Aus der bereits festgelegten Einschränkung (5.7) folgt, dass s_2 nur in genau einer der beiden BF $\varphi_{D5-3}\,(s_1, s_2, f, U)$ oder $\varphi_{D6-3}\,(s_1, s_2, f, U)$ effektive Variable ist. Folglich ist s_2 eine fiktive Variable der BF $s_2^{RED}(U, D)$. Ebenso ist f fiktive Variable der BF $s_2^{RED}(U, D)$ und $f^{RED}(U, D)$. Die Variable s_1 ist eine fiktive Variable aller drei BF. Ausgehend von einem beliebigen U aus M berechnen wir

$$U^{(i+1)} := \varphi\left(s_1^{RED}(U^{(i)}), s_2^{RED}(U^{(i)}), f^{RED}(U^{(i)})\right) U^{(i)},\ U^{(0)} := U \tag{7.97}$$

Nach 4-maliger Anwendung der Abbildung $\varphi\left(s_1^{RED}(U), s_2^{RED}(U), f^{RED}(U)\right)$ erhalten wir

$$U^{(4)} \in M_4^{RED} = \begin{cases} \{U \in M : \Delta_1 = \Delta_9 = \bar{0}, \Delta_{D5/4} = \Delta_{D6/4}\} \text{ falls } D7 = 4, \\ \{U \in M : \Delta_1 = \Delta_{D7/4} = \bar{0}, \Delta_{D5/4} = \Delta_{D6/4}\} \text{ sonst} \end{cases}$$

mit $\left|M_4^{RED}\right| = 2^{24}$.

Ab dem fünften Schritt stellen sich weitere Reduktionen durch die in KT1 konstruierten funktionalen Zusammenhänge ein (5.11). Für beliebige s_1, s_2, f folgt aus (5.11)

$$\varphi_{25}(s_1, s_2, f, U) \oplus \varphi_{29}(s_1, s_2, f, U) = u_{D7}$$

Für $U \in M_4^{RED}$ gilt $u_{D5} = u_{D6}$ und somit zusätzlich

$$\varphi_{17}(p^{RED}(U), U) \oplus \varphi_{21}(p^{RED}(U), U) = u_{D7}$$

Für $D7/4 \neq 1$ folgt aus der Wahl von $f^{RED}(U)$, dass $u_{D7} = 0$. Für $D7/4 = 1$ folgt aus der Wahl von $s_1^{RED}(U)$ ebenfalls, dass $u_{D7} = 0$. Nach vierfacher Anwendung der Abbildungen $\varphi(p^{RED}(U), U)$ erhält man

$$\Delta_5 = \Delta_6,\ \Delta_7 = \Delta_8 \tag{7.98}$$

Nachdem die Abbildung $\varphi\left(s_1^{RED}(U), s_2^{RED}(U), f^{RED}(U)\right)$ insgesamt achtmal angewendet wird, erhalten wir

$$U^{(8)} \in M_8^{RED} = \begin{cases} \{U \in M : \Delta_1 = \Delta_9 = \bar{0}, \Delta_5 = \Delta_6, \\ \Delta_7 = \Delta_8, \Delta_{D5/4} = \Delta_{D6/4}\} & \text{falls } D7/4 = 1 \\ \{U \in M : \Delta_1 = \Delta_{D7/4} = \bar{0}, \Delta_5 = \Delta_6, \\ \Delta_7 = \Delta_8, \Delta_{D5/4} = \Delta_{D6/4}\} & \text{sonst} \end{cases} \tag{7.99}$$

In Abhängigkeit von $D5/4$, $D6/4$, $D7/4$ ergeben sich unterschiedliche Strukturen von M_8^{RED}. Für alle M_8^{RED} gilt $\left|M_8^{RED}\right| \leq 2^{16}$. Die Vorschrift (7.96) wird über alle Schritte beibehalten. So bleiben die Knoten in der reduzierten Menge.

Die LZS-Klassen KT1 und KT2 sind so konstruiert, dass für die LZS reduzierte Mengen mit der Mächtigkeit $\left|M^{RED}\right| \leq 2^{16}$ existieren. Es gibt weitere Möglichkeiten zur Konstruktion reduzierter Mengen. Das folgende Beispiel zeigt den LZS-25 mit einer stark reduzierten Menge bestehend aus nur einem U-Vektor.

Beispiel LZS-25: Stark reduzierte Menge

1981 wurde der LZS-25 ohne α und ohne U^0 für SKS konstruiert [83].

$$\begin{aligned} P_{25}^* &= (21, 1, 24, 23, 2, \underline{16}, 5, 6, 8, 3, 11, 9, \underline{12}, 10, 14, 18, 20, 25, 26, \underline{17}, \\ &\qquad 15, 4, 13, 19, 7, 22, \underline{27}) \\ R_{25} &= (9, 3, 4, 5, 7, 6, 8, 2, 1) \end{aligned}$$

Die Abbildung φ ist bijektive und besitzt keine echten Effektivitätsgebiete (Abschn. 8.2.1). Wir wählen die Parameter gemäß

$$s_1^{RED}(U) := u_{15} + u_{17} + u_{27} + Z_3 + 1 \tag{7.100}$$

$$s_2^{RED}(U) := u_3 + u_6 + u_{12} + u_{16} + u_{17} + Z_1 + Z_2 + Z_3 \tag{7.101}$$

$$f^{RED}(U) := u_3 + u_6 + u_{15} + u_{17} + Z(s_2^{RED}(U), u_{21}, u_1, u_{24}, u_{23}u_2) \tag{7.102}$$

Daraus ergeben sich folgende reduzierte Mengen

$$\begin{aligned} M_3^{RED} &= \{U \in M \;:\; \Delta_1 = \bar{1}, \Delta_6 = \bar{0}, \Delta_2 = \Delta_3\} \\ M_6^{RED} &= \{U \in M \;:\; \Delta_1 = \bar{1}, \Delta_6 = \bar{0}, \Delta_2 = \Delta_3 = \Delta_4, \Delta_5 = \Delta_7\} \\ M_9^{RED} &= \{U \in M \;:\; \Delta_1 = \bar{1}, \Delta_6 = \Delta_8 = \bar{0}, \Delta_2 = \Delta_3 = \Delta_4, \Delta_5 = \Delta_7\} \\ M_{12}^{RED} &= \{U \in M \;:\; \Delta_1 = \Delta_5 = \Delta_7 = \bar{1}, \Delta_2 = \Delta_3 = \Delta_4 = \Delta_6 = \Delta_8 = \bar{0}\} \\ M_{15}^{RED} &= \{U \in M \;:\; \Delta_1 = \Delta_5 = \Delta_7 = \bar{1}, \\ &\qquad \Delta_2 = \Delta_3 = \Delta_4 = \Delta_6 = \Delta_8 = \Delta_9 = \bar{0}\} \end{aligned} \tag{7.103}$$

Aus (7.103) folgt $|M_{15}^{RED}| = 1$. Der Graph $\overrightarrow{G}(M, \varphi)$ des LZS-25 ist stark zusammen hängend. ◀

Tab. 7.8 Reduzierte Menge für LZS-21

Anzahl der Knoten	Zykluslänge	U-Vektor auf dem Zyklus
55878	73	0b051155d
9613	13	0f04ee44d
29	10	0c024422b
16	10	0108dd886

Die reduzierten Mengen M^{RED} und die dafür fixierten Abbildungen φ^{RED} bilden einen gerichteten Untergraphen $\overrightarrow{G}(M^{RED}, \varphi^{RED})$ von $\overrightarrow{G}(M, \varphi, \varphi^{-1})$. Die Struktur dieses Untergraphen wurde auf EDV-Anlagen berechnet. Ausgeführt wurde die Berechnung bis 1976 auf dem Rechner SIEMENS4004 und danach auf dem ESER Großrechner ES1040. Der jeweils zur Verfügung stehende Speicher ließ nur die Speicherung einer Menge von 2^{16} Binärvektoren zu. Deshalb war die Konstruktion der reduzierten Mengen so wichtig. Die Berechnung der sich ergebenden Struktur des Untergraphen dauerte dann nur etwa 1,5 h.

Beispiel LZS-21: Reduzierte Menge

Für den LZS-21 (Beispiel in Abschn. 5.2) sind

$$D5/4 = 4, \; D6/4 = 7, \; D7/4 = 3$$

woraus sich als reduzierte Menge ergibt

$$M_8^{RED}(D) = \{U \in M : \Delta_1 = \Delta_3 = \bar{0}, \Delta_5 = \Delta_6, \Delta_4 = \Delta_7 = \Delta_8\}$$

Es wurden vier Komponenten ermittelt, deren Anzahl der Knoten, die Längen der Zyklen und jeweils ein U-Vektor des Zyklus in der Tab. 7.8 angegeben sind. Die U-Vektoren sind in der Form $U = (\Delta_1, \ldots, \Delta_9)$ und die Δ_i als Hexadezimalzahlen dargestellt. Alle Komponenten konnten miteinander verbunden werden. ◄

7.5.4 Die Verbindung der Zyklen durch Wege in den Graphen $\overrightarrow{G}(M, \varphi, \varphi^{-1})$ und $\overrightarrow{G}(M, \varphi)$

Im letzten Prüfschritt wurden in $\overrightarrow{G}(M, \varphi, \varphi^{-1})$ Verbindungen zwischen den Zyklen der Komponenten $\overrightarrow{G}(M^{RED}, \varphi^{RED})$ gesucht. Begonnen wurde mit einem Punkt $\widehat{U} \in M^{RED}$ aus dem kleinsten Zyklus. Mit einem Parameter p wurde $\varphi(p)\widehat{U} = \widetilde{U} \notin M^{RED}$ berechnet. Ausgehend von diesem Wert $\widetilde{U}$ wurde wieder der Weg in die reduzierte Menge und in der reduzierten Menge bis zu einem Zyklus berechnet. Dieser lag mit einer gewissen Wahrscheinlichkeit in einer anderen Komponente von $\overrightarrow{G}(M^{RED}, \varphi^{RED})$. Auf diese Weise wurde versucht, alle Zyklen der Komponenten miteinander zu verbinden. Die Vorgehensweise führte in der Praxis fast immer zum

Ziel. Sollte trotz wiederholter Versuche keine Verbindung zwischen allen Zyklen hergestellt werden können, dann wurde der LZS-Kandidat für den Einsatz verworfen. Wurde der beschriebene Prozess erfolgreich durchlaufen, dann war nachgewiesen, dass der Graph $\overrightarrow{G}(M, \varphi, \varphi^{-1})$ stark zusammenhängend ist.

Das folgende Beispiel zeigt, wie die Verbindung zwischen den Zyklen in M^{RED} experimentell überprüft werden kann. Die Vorgehensweise ist grundsätzlich auf andere LZS aus KT1 anwendbar.

Beispiel LZS-30: Reduzierte Menge

Die Abbildungen P und D des für den Einsatz freigegebenen LZS-30 (Abschn. C.6) lauten

$$P = (8, 28, 33, 3, 27, \underline{20}, 5, 16, 9, 1, 19, 23, \underline{4}, 2, 21, 36, 30, 25, 11, \underline{24}, 12, 18, 7, 29, 32, 6, \underline{35})$$
$$D = (0, 36, 8, 28, 12, 32, 4, 20, 16)$$

Aus $(D5, D6, D7, D8) = (12, 32, 4, 20)$ und (7.99) folgt:

$$M^{RED} = \{U \in M : \Delta_1 = \Delta_9 = 0, \Delta_3 = \Delta_7 = \Delta_8, \Delta_5 = \Delta_6\} \tag{7.104}$$

Aus P ergibt sich für M^{RED}

$$M^{RED} = \{U \in M : U = (0, 0, 0, 0, u_5, u_6, u_7, u_8, u_9, u_{10}, u_{11}, u_{12}, u_{13}, u_{14}, u_{15}, u_{16}, u_{17}, u_{18}, u_{19}, u_{20}, u_{17}, u_{18}, u_{19}, u_{20}, u_9, u_{10}, u_{11}, u_{12}, u_9, u_{10}, u_{11}, u_{12}, 0, 0, 0, 0)\}$$

Die Vektoradditionen $\tau(V^{(i)})U$ und $\tau(V^{(4)} \oplus V^{(8)})U$ führen für $U \in M^{RED}$ aus M^{RED} heraus, wie in der Tab. 7.7 angegeben. Vergleicht man Tab. 7.7 mit der reduzierten Menge (7.104), so zeigt sich, dass die Spalten y_5, y_6, y_7 und y_8 gleich sind. Folglich lässt eine Abbildung $\varphi(s_1^{RED} \oplus \delta_1, s_2^{RED} \oplus \delta_2, f^{RED} \oplus \delta_3)$ für $U \in M^{RED}$ die Gleichungen $\Delta_7 = \Delta_8$, $\Delta_5 = \Delta_6$ unverändert. Die Differenzen $\delta_1 = \delta_3 = 0$ lassen $\Delta_1 = \Delta_9 = 0$ unberührt. Die Differenz $\delta_2 = 1$ führt immer aus M^{RED} heraus. $\Delta_3 \neq \Delta_7 = \Delta_8$. Es gilt

$$\Upsilon_3(\varphi(s_1^{RED}(U), s_2^{RED}(U) \oplus \delta_1, f^{RED}(U))U) = \varphi(s_1^{RED}(U), s_2^{RED}(U), f^{RED}(U))U \oplus \delta_1 \cdot (0, 0, 1, 0, 0, 0, 0, 0, 0) \tag{7.105}$$

Die Wege entlang der Parameter gemäß (7.96) führen wieder zurück in M^{RED}. ◄

Die Methode der reduzierten Mengen erlaubt es, für zusammenhängende Graphen den Zusammenhang nachzuweisen. Für nicht zusammenhängende Graphen war es aber im allgemeinen Fall kaum möglich nachzuweisen, dass der Graph mehr als eine

Zusammenhangskomponente besitzt, oder gar diese zu bestimmen. Für den Nachweis des Zusammenhangs der Graphen $\overrightarrow{G}(M, \phi)$ für den CA SKS bzw. $\overrightarrow{G}(M, \varphi)$ für den CA T-310 wurden für die in den 70er Jahren verfügbare Rechentechnik entsprechende Programme entwickelt. Für den Test dieser Programme wurde ein SKS-LZS konstruiert, für den theoretisch nachgewiesen werden konnte, dass der Graph nicht zusammenhängend ist.

Beispiel LZS-24: Ein nicht zusammenhängender Graph der Abbildung ϕ des CA SKS

1981 wurde das Paar (P^*, R)

$$\begin{aligned} P_{24}^* &= (9, 18, 2, 4, 17, \underline{1}, 3, 24, 6, 7, 8, 5, \underline{15}, 21, 11, 14, 25, 10, 26, \underline{13}, \\ &\quad 19, 20, 22, 23, 16, 12, \underline{27}) \\ R_{24} &= (8, 2, 3, 6, 7, 5, 4, 9, 1) \end{aligned}$$

zum Testen von Programmen konstruiert. (P_{24}^*, R_{24}) ist als LZS-24 in [82] aufgeführt. Sein operativer Einsatz war selbstverständlich verboten. Die Abbildung ϕ enthält die folgenden BF

$$\begin{aligned} \phi_{25}(s_1, s_2, f, U) &= u_{22} \oplus f \oplus Z_1 \oplus u_1 \oplus Z_2 \oplus u_{15} \oplus Z_3 \oplus s_2 \oplus u_{13} \oplus Z_4 \\ \phi_{22}(s_1, s_2, f, U) &= u_{19} \oplus f \\ \phi_{19}(s_1, s_2, f, U) &= u_{16} \oplus f \oplus Z_1 \oplus u_1 \oplus Z_2 \oplus u_{15} \\ \phi_{16}(s_1, s_2, f, U) &= u_{13} \oplus f \oplus Z_1 \oplus u_1 \oplus Z_2 \\ \phi_{13}(s_1, s_2, f, U) &= u_{10} \oplus f \oplus Z_1 \oplus u_1 \oplus Z_2 \oplus u_{15} \oplus Z_3 \oplus s_2 \\ \phi_{10}(s_1, s_2, f, U) &= u_7 \oplus f \oplus Z_1 \oplus u_1 \oplus Z_2 \oplus u_{15} \oplus Z_3 \oplus s_2 \oplus u_{13} \\ \phi_7(s_1, s_2, f, U) &= u_4 \oplus f \oplus Z_1 \oplus u_1 \\ \phi_4(s_1, s_2, f, U) &= u_1 \oplus f \oplus Z_1 \\ \phi_1(s_1, s_2, f, U) &= s_1 \oplus f \oplus Z_1 \oplus u_1 \oplus Z_2 \oplus u_{15} \oplus Z_3 \oplus s_2 \oplus u_{13} \oplus Z_4 \oplus u_{27} \end{aligned} \tag{7.106}$$

Aus (7.106) folgt

$$\phi_4 \oplus \phi_7 \oplus \phi_{10} \oplus \phi_{13} = u_4 \oplus u_7 \oplus u_{10} \oplus u_{13} \tag{7.107}$$

Die Funktion

$$\mathcal{F}_{24}(U) = u_4 \oplus u_7 \oplus u_{10} \oplus u_{13} \tag{7.108}$$

ist folglich über den nicht-leeren Mengen $M(\mathcal{P}_{24}, c)$

$$M(\mathcal{F}_{24}, c) = \left\{U \in \mathcal{B}^{27} \ : \ u_4 \oplus u_7 \oplus u_{10} \oplus u_{13} = c\right\} \tag{7.109}$$

mit $c \in \{0, 1\}$ konstant. Ein Vektor $U \in M(\mathcal{P}_{24}, 0)$ kann nicht in einen Vektor $U' \in M(\mathcal{P}_{24}, 1)$ und ein Vektor $U \in M(\mathcal{P}_{24}, 1)$ kann nicht in einen Vektor $U' \in M(\mathcal{P}_{24}, 0)$ übergehen. Die Mengen $M(\mathcal{P}_{24}, 0)$ und $M(\mathcal{P}_{24}, 1)$ bilden zwei Zusammenhangskomponenten des Graphen $\overrightarrow{G}(\mathcal{B}^{27}, \phi)$ mit jeweils

Tab. 7.9 LZS-24: Die Anzahl der für $U^{(0)} = 0x0000000$ und $U^{(1)} = 0x0004000$ erreichbaren U-Vektoren

Abb. ϕ	$U^{(0)}$		$U^{(1)}$	
k	nach genau k Abb.	insges. nach k Abb.	nach genau k Abb.	insges. nach k Abb.
0	1	1	1	1
1	8	9	8	9
2	64	73	64	73
3	512	585	512	585
4	4096	4681	4096	4681
5	32768	37385	32768	37449
6	262144	298913	262144	299545
7	2079184	2363217	2077912	2371585
8	15011344	16791401	14986104	16855449
9	58378880	60505792	58311712	60540000
10	67108864	67108864	67108864	67108864
11	67108864	67108864	67108864	67108864

$2^{26} = 67108864$ Knoten. Die Tab. 7.9 zeigt für die zwei Startvektoren $U^{(0)} = 0x0000000 \in M(\mathcal{P}_{LZS24}, 0)$ und $U^{(1)} = 0x0004000 \in M(\mathcal{P}_{LZS24}, 1)$ die Mächtigkeit der Komponenten. Sie wurde nach der im Abschn. 7.6.1 beschriebenen Methode berechnet. In der linken Spalte ist die Anzahl k der Abbildungen ϕ und daneben die Anzahl der nach genau k Abbildungen erreichten Vektoren sowie die bis einschließlich der k-ten Abbildung ϕ insgesamt erreichten Vektoren (Abschn. 7.6.1) angegeben. ◄

7.5.5 Forderungen an die LZS-Klassen

Die Integration der Forderungen an die LZS-Klassen, reduzierte Mengen zu ermöglichen, ist weder kryptologisch noch mathematisch, sondern beweistechnisch motiviert. Sie ist den damals verfügbaren IT-Möglichkeiten geschuldet, die nur eine Speicherung von 2^{16} Werten zuließen. Die Forderung nach der Existenz solcher reduzierten Mengen erschwerte die Definition der LZS-Klassen. Für eine Abbildung φ aus KT1 oder KT2 war es aber damit praktisch möglich zu überprüfen, ob der zugehörige Graph stark zusammenhängend war. Dass diese Forderung kryptologisch sinnvoll war, zeigen Untersuchungen in [15, Kap. 18], die Angriffe auf T-310 mit LZS konstruieren, deren Graphen nicht (stark) zusammenhängend sind.

7.6 Ergänzende Ergebnisse zum Graphen $\overrightarrow{G}(M, \varphi)$

Mit dem Nachweis des starken Zusammenhangs des Graphen $\overrightarrow{G}(M, \varphi)$ war nur ein Teilergebnis erreicht, denn wir suchten ja eigentlich möglichst kurze Wege von einem beliebigen Knoten U zu jedem anderen Knoten U' im Graph $\overrightarrow{G}(M, \varphi)$. Die Frage nach dem Durchmesser $diam(\overrightarrow{G})$ des Graphen $\overrightarrow{G}(M, \varphi)$ als dem größten Abstand zwischen den Knoten ist aus kryptologischer Sicht interessant. Der Durchmesser bestimmt die Anzahl der U-Vektoren in Gleichungssystemen mit wenigen Zeitschlüsselbits, die die lokale Umgebung eines angenommenen U-Vektors beschreiben. Wenn der Durchmesser klein ist, so können bereits nach wenigen Schritten alle U-Vektoren auftreten. Wenn der Durchmesser sehr groß ist, so können die weit entfernten U-Vektoren ausgeschlossen und dadurch das Gleichungssystem vereinfacht werden. Aufgrund der rekursiven Konstruktion der f-Folge und der Einschränkungen durch die Paritätsbits in den s_1- und s_2-Folgen des CA T-310 sind im Graphen $\overrightarrow{G}(M, \varphi)$ nicht alle Wege beliebiger p-Folge tatsächlich möglich. Wenn der Durchmesser des Graphen klein genug ist, z. B. kleiner 24, so unterliegen die Wege im Graphen noch nicht den Beschränkungen der deterministischen Erzeugung der p-Folge. Ob also im CA T-310 tatsächlich alle Registerinhalte U von U^0 erreichbar sind und wenn ja, wie lang die dafür erforderlichen Parameterfolgen sein müssen, blieb in unseren Untersuchungen bis 1990 offen.

In diesem Abschnitt beschreiben wir neuere Ergebnisse von 2022, die mit einem PC erzielt wurden. Sie erlauben Abschätzungen des minimalen Abstands zwischen den Knoten der Graphen $\overrightarrow{G}(M, \varphi)$ des CA T-310 und $\overrightarrow{G}(M, \phi)$ des CA SKS. Wir zeigen, dass für die zum Einsatz frei gegebenen T-310-LZS und SKS-LZS gilt

1. Ausgehend vom Startvektor U^0 werden alle U-Vektoren nach 14 Abbildungen φ des CA T-310 und 11 Abbildungen ϕ des CA SKS erreicht,
2. Für die Durchmesser der Graphen gilt $diam\left(\overrightarrow{G}(M, \varphi)\right) \leq 28$ und $diam\left(\overrightarrow{G}(M, \phi)\right) \leq 22$.
3. Ein Urnenmodell stützt die Hypothese, dass

$$diam\left(\overrightarrow{G}(M, \varphi)\right) \leq 15 \tag{7.110}$$

7.6.1 Abschätzung des Durchmessers des Graphen

Wir führen zunächst die erforderlichen Bezeichnungen ein: Sei $\overrightarrow{G}(E, K)$ ein gerichteter stark zusammenhängender Graph mit der Knotenmenge E und der Kantenmenge K. Der Abstand $d(e, e')$ zweier Knoten e und e' in dem Graphen $\overrightarrow{G}(E, K)$ ist die minimale Länge aller gerichteten Wege zwischen e und e'

$$\begin{aligned} d(e, e') = min\{l \in N \mid \exists(k_1, \ldots, k_l) \in K^l \forall i \in \overline{1, l} : k_1 = (e, e_1) \\ \wedge k_i = (e_{i-1}, e_i) \wedge k_l = (e_{l-1}, e')\} \end{aligned} \tag{7.111}$$

Die Exzentrizität $ex(e)$ eines Knotens e ist der maximale Abstand von e zu allen Knoten von $\overrightarrow{G}(E, K)$

$$ex(e) = max\left\{d(e, e') \mid e' \in E\right\} \tag{7.112}$$

Der Durchmesser des Graphen $\overrightarrow{G}(E, K)$ ist die maximale Exzentrizität aller Knoten

$$diam(\overrightarrow{G}) = max\,\{ex(e) \mid e \in E\} \tag{7.113}$$

der gleich der maximalen Entfernung zwischen zwei Knoten des Graphen ist.

Die Methode der reduzierten Mengen erlaubte es, mit der in den 70er Jahren verfügbaren Rechentechnik für zusammenhängende Graphen $\overrightarrow{G}(M, \varphi)$ den Zusammenhang nachzuweisen. Für nicht zusammenhängende Graphen $\overrightarrow{G}(M, \varphi)$ war es aber im allgemeinen Fall kaum möglich nachzuweisen, dass ein Graph nicht zusammenhängend war, oder gar die Zusammenhangskomponente zu bestimmen. Nur für das Testen von Programmen wurden LZS mit nicht zusammenhängenden Graphen konstruiert. Heutige Personalcomputer mit ausreichend RAM (ca. 25 GB) erlauben die direkte Berechnung der Zusammenhangskomponenten.

Seien für alle $U \in M$ und alle $i \in N$ die Mengen der von U nach genau i Abbildungen φ erreichten Vektoren mit $L^{(i)}(U)$ und die der nach maximal i Abbildungen φ erreichten Vektoren mit $A^{(i)}(U)$ bezeichnet

$$L^{(0)}(U) = \{U\} \tag{7.114}$$

$$L^{(i)}(U) = \bigcup_{p \in M'} \varphi(p) L^{(i-1)}(U) \tag{7.115}$$

$$A^{(l)}(U) = \bigcup_{j=0}^{l} L^{(j)}(U) \tag{7.116}$$

Lemma 7.5 *Sei $\varphi(p)$ für alle $p \in M'$ bijektiv.*

1. *Für alle $i \in N$ gilt*

$$|L^{(i-1)}(U)| \leq |L^{(i)}(U)| \leq |M| \tag{7.117}$$

$$A^{(i-1)}(U) \subseteq A^{(i)}(U) \subseteq M \tag{7.118}$$

2. *Wenn ein m mit $M = A^{(m)}(U)$ existiert, so ist $G(P, D)$ transitiv.*
3. *Wenn ein $l \in N$ existiert, so dass*

$$|A^{(l)}(U)| = |A^{(l+1)}(U)| \tag{7.119}$$

dann gilt für alle i mit $l \leq i$ die Gleichung

$$A^{(l)}(U) = A^{(i)}(U) \tag{7.120}$$

Wenn zusätzlich $|A^{(l)}(U)| < |M|$, so ist $G(P, D)$ intransitiv.

Beweis

1. Wenn $\varphi(p)$ für alle $p \in M'$ bijektiv ist, so gilt für alle $U \in M$

$$|L^{(1)}(U)| = |M'| = 8 \tag{7.121}$$

Für alle Knoten ist die Anzahl der ausgehenden und der eingehenden Kanten gleich 8. Für $i \in N_0$ ist die Anzahl aller ausgehenden Kanten der Knoten von $L^{(i)}(U)$ gleich $8 \cdot |L^{(i)}(U)|$ und folglich muss die Anzahl aller in Knoten von $L^{(i+1)}(U)$ eingehenden Kanten mindestens $8 \cdot |L^{(i+1)}(U)|$ betragen. Folglich gilt $|L^{(i)}(U)| \leq |L^{(i+1)}(U)|$.
2. Wenn ein m mit $M = A^{(m)}(U)$ existiert, dann existiert für alle $U' \in M$ ein Produkt $g^{(V)} = g_1 \circ g_2 \circ \ldots \circ g_m$, $g_i \in G$, so dass $g(U^0) = V$. Sei $(V', V'') \in M^2$. Dann existieren $g^{(V')}$mit $g^{(V')}(U^0) = V'$ und $g^{(V'')}$ mit $g^{(V'')}(U^0) = V''$, so dass

$$\left(\left(g^{(V')}\right)^{-1} \circ g^{(V'')}\right)(V') = g^{(V'')}(U^0) = V''$$

Folglich ist $G(P, D)$ transitiv.
3. Wenn $L^{(l)} = L^{(l+1)}$, so folgt für alle i mit $l \leq i$ aus (7.115) sofort $L^{(l)} = L^{(i)}$ und mit (7.116) auch die Behauptung $A^{(l)}(U) = A^{(i)}(U)$. Aus $|A^{(l)}(U)| = |A^{(l+1)}(U)|$ und $A^{(l)}(U) \subseteq A^{(l+1)}(U)$ folgt $A^{(l)} = A^{(l+1)}$. Wegen $A^{(l)} \cup L^{(l+1)} = A^{(l+1)}$ folgt $L^{(l+1)} \subseteq A^{(l)} = \bigcup_{j=0}^{l} L^{(j)}(U)$.

$$L^{(i+2)} = \bigcup_{p=1}^{8} \varphi(p) L^{(i+1)} \subseteq \bigcup_{p=1}^{8} \varphi(p) A^{(l)} = \bigcup_{p=1}^{8} \varphi(p) \left(\bigcup_{j=0}^{l} L^{(j)}(U)\right)$$

$$L^{(i+2)} \subseteq \bigcup_{j=0}^{l} \left(\bigcup_{p=1}^{8} \varphi(p) L^{(j)}(U)\right) = \bigcup_{j=0}^{l} L^{(j+1)}(U) \subseteq A^{(l+1)}$$

$$A^{(l+2)} = A^{(l+1)} \cup L^{(l+2)} \subseteq A^{(l)} \tag{7.122}$$

Aus (7.118) und (7.122) folgt die Behauptung (7.120) für $i = l + 2$. Gleichzeitig folgt $|A^{(l+1)}(U)| = |A^{(l+2)}(U)|$. Nach dem Prinzip der vollständigen Induktion folgt (7.120) für alle i mit $l \leq i$. Wenn für alle $l \leq i$ die Ungleichung $|A^{(i)}(U)| < |M|$ gilt, so ist $G(P, D)$ intransitiv. ■

Für Fixpunkte $U^* = \varphi(p)U^*$ folgt aus (7.115)

$$L^{(l-1)}(U^*) \subseteq L^{(l)}(U^*) \tag{7.123}$$

Das Ziel der Untersuchungen im ZCO bestand darin, nur LZS zu verwenden, deren Graphen $\overrightarrow{G}(M,\varphi)$ zusammenhängend sind.

Tab. 7.10 $|A^{(l)}(U^0)|$ der für den operativen Einsatz freigegebenen SKS-LZS

l	LZS-19	LZS-22	LZS-23
0	1	1	1
1	9	9	9
2	73	73	73
3	585	585	585
4	4681	4681	4681
5	37449	37449	36793
6	299465	299417	292569
7	2377333	2372293	2317193
8	17847789	17857633	17228369
9	90921168	91448429	89096704
10	134199916	134203940	134193632
11	134217728	134217728	134217728

Die Tab. 7.10 zeigt, dass im Fall aller für den operativen SKS-Einsatz bestätigten LZS-19, LZS-22 und LZS-23 alle U-Vektoren von dem jeweiligen U^0 nach elf Schritten erreicht werden.

Analoge Berechnungen wurden für die T-310 durchgeführt. Die Tab. 7.11 gibt die Mächtigkeiten der Mengen $A^{(l)}(U^0)$ für die für den operativen Einsatz freigegebenen LZS wieder [82].

$$L^{(-i)}(U) = \left\{V \in M \,:\, \exists p \in M' \exists U' \in L_{i+1}(U) : V = \varphi^{-1}(p)U'\right\}$$

$$A^{(-l)}(U) = \bigcup_{j=0}^{l} L^{(-j)}(U)$$

Die Tabelle 7.11 bestätigt die Aussage des Satzes 7.3, dass die Abbildungen φ für die LZS-21, LZS-26, LZS-30, LZS-31 und LZS-32 bis zum Schritt 8 eine maximale Verzweigung der aufweisen, d. h. für alle $l \in \overline{1,8}$ gilt $|\left\{\varphi^l U\right\}| = |L^{(l)}(U^0)| = 8^l$ und $|\left\{\varphi^{-l} U\right\}| = |L^{(-l)}(U^0)| = 8^l$. Für LZS-33 besitzt φ^{-1}, aber nicht φ, die maximale Verzweigung bis $l = 8$. Die maximale Verzweigung in den Schichten ist nur ein Zwischenergebnis für das Erreichen aller U-Vektoren. Für alle für den operativen T-310-Einsatz bestätigten LZS ist $|A^{(14)}(U^0)| = |A^{(-14)}(U^0)| = |M| = 2^{36}$.

Die negativen Zahlen in der linken Spalte stehen für die Mächtigkeit der Mengen der Abbildung φ^{-1}.

Daraus ergibt sich der Satz 7.4.

Satz 7.4 *Die Graphen $\overrightarrow{G}(M, \varphi, \varphi^{-1})$ der für den Einsatz mit T-310 freigegebenen LZS besitzen einen Durchmesser kleiner-gleich 28*

$$diam(\overrightarrow{G}(M, \varphi, \varphi^{-1})) \leq 28 \tag{7.124}$$

Beweis Die erste Zeile der Tab. 7.11 zeigt, dass ausgehend von U^0 alle $2^{36} = 68719476736$ U-Vektoren aus M nach 14 Abbildungen φ^{-1} erreicht werden und

Tab. 7.11 $|A^{(l)}(U^0)|$ der freigegebenen LZS des CA T-310

l	LZS-21	LZS-26	LZS-30	LZS-31	LZS-32	LZS-33
−14	68719476736	68719476736	68719476736	68719476736	68719476736	68719476736
−13	68699746414	68706276448	68702824806	68704039352	68705827936	68711561740
−12	45567464344	46346331394	45314178760	45019829689	45573442644	46496260385
−11	8868512639	9062388364	8815827779	8715223433	8591094945	9006499613
−10	1197077631	1206917229	1196355495	1168559657	1176508717	1210842281
−9	152299879	152548751	152955045	149279545	151287325	152957113
−8	19173961	19173961	19173961	19173961	19173961	19173961
−7	2396745	2396745	2396745	2396745	2396745	2396745
−6	299593	299593	299593	299593	299593	299593
−5	37449	37449	37449	37449	37449	37449
−4	4681	4681	4681	4681	4681	4681
−3	585	585	585	585	585	585
−2	73	73	73	73	73	73
−1	9	9	9	9	9	9
0	1	1	1	1	1	1
1	9	9	9	9	9	9
2	73	73	73	73	73	73
3	585	585	585	585	585	585
4	4681	4681	4681	4681	4681	4681
5	37449	37449	37449	37449	37449	37449
6	299593	299593	299593	299593	299593	299593
7	2396745	2396745	2396745	2396745	2396745	2395649
8	19173589	19172937	19173881	19173961	19173505	19149377
9	152999701	152982729	152940693	152492973	152987489	151985093
10	1211057921	1212543209	1210592637	1200783461	1209947397	1200519209
11	9027766005	9095526505	9094462181	8965350297	9048621509	8990704696
12	46216674889	46507486089	46662737328	46044404096	46650430340	46355396772
13	68705482744	68709974816	68711535852	68707022076	68711610420	68710566712
14	68719476736	68719476736	68719476736	68719476736	68719476736	68719476736

folglich umgekehrt von jedem U-Vektor U^0 nach 14 Abbildungen φ erreicht wird. Wie die letzte Zeile zeigt, werden ausgehend von U^0 alle U-Vektoren aus M nach 14 Abbildungen φ erreicht. Von jedem beliebigen Vektor U' existiert zu jedem beliebigen Vektor U'' ein Weg über U^0 der Länge 28. Daraus ergibt sich eine grobe Abschätzung des Durchmessers des Graphen $\overrightarrow{G}(M, \varphi, \varphi^{-1})$ von 28. ■

Für den CA T-310 werden auch unter Berücksichtigung der Paritätsbedingung in den s_1- und s_2-Folgen (4.37) und der f-Rekursion (4.38) alle U-Vektoren von U^0 nach 14 Abbildungen φ erreicht.

7.6.2 Urnenmodell des Durchmessers

Die Abschätzung des Durchmessers des Graphen $\overrightarrow{G}(M, \varphi)$ im Satz 7.4 basiert auf Wegen von einem beliebigen Vektor U' zu jedem beliebigen Vektor U'', die immer über U^0 führen. Für einen Beweis der Hypothese (7.110) wären nach dieser Methode Berechnungen für alle $2^{36}U$-Vektoren erforderlich. Wir verwenden deshalb für eine Abschätzung der Mächtigkeit der Mengen $L^{(l)}(U)$ und $A^{(l)}(U)$ ein Urnenmodell.

Es seien N Urnen gegeben, in die unabhängig von einander n Kugeln mit gleicher Wahrscheinlichkeit $1/N$ auf jede der N Urnen zufällig verteilt werden. Wir bezeichnen mit $\mu_k = \mu_k(n, N)$ die zufällige Anzahl der Urnen mit genau k Kugeln und mit ν_k die kleinste Anzahl Kugeln, bei der k Urnen mit Kugeln belegt sind. Es gilt [49]

$$P\{\nu_k \leq n\} = P\{\mu_0(n, N) \leq N - k\}$$

Wir fassen einige Ergebnisse zur Anzahl leerer Urnen $\mu_0(n, N)$ aus [49] zusammen:

Satz 7.5 *Für den mathematischen Erwartungswert und die Dispersion der Anzahl leerer Urnen $\mu_0(n, N)$ gilt*

$$M\mu_0(n, N) = N\left(1 - \frac{1}{N}\right)^n \tag{7.125}$$

$$D\mu_0(n, N) = N(N-1)\left(N - \frac{2}{N}\right)^n + N\left(1 - \frac{1}{N}\right)^n - N^2\left(1 - \frac{1}{N}\right)^{2n} \tag{7.126}$$

Wenn $n, N \to \infty$ mit $0 < c_1 \leq n/N \leq c_2 < \infty$, wobei c_1 und c_2 beliebige Konstanten sind, so ist μ_0 asymptotisch normalverteilt gemäß $N(M\mu_0, \sqrt{D\mu_0})$. Für beliebige n und N gilt

$$M\mu_0(n, N) \leq Ne^{-n/N} \tag{7.127}$$

Für die Berechnung des Erwartungswertes $M\mu_0(n, N)$ der leeren Urnen für $N = 2^{36}$ gibt deren obere Grenze $Ne^{-n/N}$ eine gute Näherung an.

Die Vektoren $\varphi(p)U$, $p \in \mathcal{B}^3$ und $U \in \mathcal{B}^{36}$, sind mit den im Abschn. 9.6 beschriebenen Einschränkungen pseudozufällig über $\mathfrak{S}(M)$ verteilt. Das Urnenmodell wird für die l-Schicht $L^{(l)}(U)$ und die l-Umgebung $A^{(l)}(U)$ nacheinander getrennt angewandt. Zunächst wird die Berechnung der l-Schicht $L^{(l)}(U)$ als der Nachfolger der $(l-1)$-Schicht $L^{(l-1)}(U)$ mit der Abbildung $\varphi(p)$ modelliert. Für die l-Schicht $L^{(l)}(U)$, $9 \leq l$, werden $n(l) := 8 \cdot |L^{(l-1)}(U)|$ „L-Kugeln" auf $|M| = 2^{36}$ „L-Urnen" verteilt. Dadurch werden

$$|L^{(l)}(U)| = 2^{36} - \mu_0(8 \cdot |L^{(l-1)}(U)|, 2^{36}) \tag{7.128}$$

Tab. 7.12 Urnenmodell der l-Schichten und l-Umgebung

l	L-Kugeln	belegte L-Urnen	A-Kugeln	belegte A-Urnen	unbelegte A-Urnen
0	1	1	$1.000000e+00$	1.0	$6.8719476735e+10$
1	8	8	$9.000000e+00$	9.0	$6.8719476727e+10$
2	64	64	$7.300000e+01$	73.0	$6.8719476663e+10$
3	512	512	$5.850000e+02$	585.0	$6.8719476151e+10$
4	4096	4096	$4.681000e+03$	4681.0	$6.8719472055e+10$
5	32768	32768	$3.744900e+04$	37449.0	$6.8719439287e+10$
6	262144	262144	$2.995930e+05$	299593.0	$6.8719177143e+10$
7	2097152	2097152	$2.396745e+06$	2396745.0	$6.8717079991e+10$
8	16777220	16777220	$1.917396e+07$	19173961.0	$6.8700302775e+10$
9	134217700	134086700	$1.226086e+09$	1215212535.2	$6.7504264201e+10$
10	1072694000	1064365000	$9.741006e+09$	9082108241.6	$5.9637368494e+10$
11	8514921000	8008516000	$7.380913e+10$	45243715815.0	$2.3475760921e+10$
12	64068130000	41668620000	$4.071581e+11$	68535858629.0	$1.8361810714e+08$
13	333348900000	68181980000	$9.526139e+11$	68719411162.0	$6.5574454536e+04$
14	545455800000	68694940000	$1.502173e+12$	68719476714.0	$2.2060714722e+01$
15	549559500000	68696360000	$2.051744e+12$	68719476736.0	$7.4234008789e-03$

„L-Urnen" in der Schicht l belegt. Im Schritt l werden alle bisherigen $8 \cdot \sum_{l=0}^{l} |L^{(l)}(U)|$ „L-Kugeln" auf $|M| = 2^{36}$ „A-Urnen" verteilt. Dadurch werden

$$|A^{(l)}(U)| = 2^{36} - \mu_0 \left(8 \cdot \sum_{l=0}^{l} |L^{(l)}(U)|, 2^{36} \right) \tag{7.129}$$

„A-Urnen" belegt. Für $l \in \overline{0,8}$ gilt gemäß Lemma 7.2 $|L^{(l)}(U)| = 8^l$. Da die $|L^{(l)}(U)|$ für $l \geq 8$ normalverteilte Zufallsgrößen sind, sind die $\sum_{l=0}^{l} |L^{(l)}(U)|$ ebenfalls normal verteilt. Zur Näherung ersetzen wir die Zufallsvariable μ_0 durch die obere Grenze ihres Erwartungswerts gemäß (7.127) $F(n, N) := Ne^{-n/N}$ sowie schrittweise $|L^{(l)}(U)|$ durch $\tilde{L}^{(l)}(U)$ und $|A^{(l)}(U)|$ durch $\tilde{A}^{(l)}(U)$.

$$\tilde{L}^{(l)}(U) = 2^{36} - F(8 \cdot \tilde{L}^{(l-1)}(U), 2^{36}) \tag{7.130}$$

$$\tilde{A}^{(l)}(U) = 2^{36} - F \left(8 \cdot \sum_{l=0}^{l} |\tilde{L}(U)|, 2^{36} \right) \tag{7.131}$$

Die Tab. 7.12 zeigt die Ergebnisse numerischer Berechnungen von $\tilde{L}^{(l)}(U)$ und $\tilde{A}^{(l)}(U)$. Für $l = 14$ sind nur 22 „A-Urnen" unbelegt und für $l = 15$ sind alle „A-Urnen" belegt. Das Urnenmodell legt nahe, dass von jedem beliebigen U aus M nach 14 Anwendungen der Abbildung φ alle Vektoren U' aus M erreicht werden können. In diesem Fall wäre auch der Durchmesser des Graphen $\overrightarrow{G}(M, \varphi)$ gleich 15.

7.6.3 Zusammenhang des Graphen und Invariante der Zustandsfunktion

Courtois und andere Autoren suchten Invarianten der Abbildung φ des CA T-310 [15,21,22,24]. Killmann stellte die Verbindung zwischen den Invarianten der Zustandsfunktion und dem Zusammenhang des Graphen der Zustandsfunktion her. Wir fassen die wesentlichen Aussagen aus [45] zusammen.

Sei $\delta(x, z) : X \times Z \to Z$ die Zustandsfunktion eines MEALY-Automat (Abschn. 4.5).

▶ **Definition 7.2** Eine *Invariante der Zustandsfunktion* (IZ) ist ein nicht-konstantes Polynom $\mathcal{P}(z), \mathcal{P} : Z \to C$ über den Zuständen, wobei $C = (C, +)$ eine abelsche Gruppe ist, so dass für alle $x \in X$ und alle $z \in Z$ gilt

$$\mathcal{P}(\delta(x, z)) = \mathcal{P}(z) \tag{7.132}$$

Die IZ der Zustandsfunktion $\delta(x, z)$ sind unabhängig von der Eingabe des MEALY-Automaten. Für Blockchiffrieralgorithmen sind die $\delta(x, z)$ die Rundenfunktionen mit dem Rundenschlüssel x über den Blöcken z. Für den CA SKS besitzt eine IZ $\mathcal{P}(z)$ 27 binäre Variablen x_1 bis x_{27} und es gilt für alle $p \in M'$ und alle $U \in \mathcal{B}^{27}$ die Gleichung

$$\mathcal{P}(\phi(p)U)) = \mathcal{P}(U) \tag{7.133}$$

Für den CA T-310 besitzt eine IZ $\mathcal{P}(z)$ 36 binäre Variablen $x_1$bis x_{36} und es gilt für alle $p \in M'$ und alle $U \in M$ die Gleichung

$$\mathcal{P}(\varphi(p)U)) = \mathcal{P}(U) \tag{7.134}$$

Die IZ der Abbildungen ϕ bzw. φ sind von den Parametern s_1, s_2 und f unabhängig. Sie schränken die Wirksamkeit der ZS und IV ein und sollen als potentielle kryptographische Schwachstelle für operative LZS ausgeschlossen werden.

Sei $\Delta(w, z)$ die erweiterte Zustandsfunktion des MEALY-Automaten und $O(z)$ die Zusammenhangskomponente des Graphen $\overrightarrow{G}(M, \varphi)$, die den Knoten z enthält

$$O(z) = \left\{z' \in Z \mid \exists w \in I^* : \Delta(w, z) = z'\right\} \tag{7.135}$$

Wir bezeichnen für eine IZ $\mathcal{P}(z)$ und beliebige $c \in \mathcal{B}$

$$M(\mathcal{P}, c) = \{z \in Z : \mathcal{P}(z) = c\} \tag{7.136}$$

Da $\mathcal{P}(z)$ ein nicht-konstantes Polynom ist, bilden die $\mathcal{M}(\mathcal{P}) = \{M(\mathcal{P}, c) : c \in C\}$ eine Zerlegung von Z, d. h. $Z = \cup_{c \in C} M(\mathcal{P}, c)$ und für alle $(c, c') \in \mathcal{M}(\mathcal{P})^2$ mit $c \neq c'$ gilt $M(\mathcal{P}, c) \cap M(\mathcal{P}, c') = \emptyset$.

$$M(\mathcal{P}, c) \cap M(\mathcal{P}, c') = \emptyset \tag{7.137}$$

Lemma 7.6 *Wenn $\mathcal{P}(z)$ eine IZ δ ist, so gilt $O(z) \subseteq M(\mathcal{P}, \mathcal{P}(z))$ für alle $z \in Z$.*

Beweis Seien $\mathcal{P}(z)$ eine IZ δ, $z \in Z$ ein beliebiger Zustand, z' ein beliebiges Element aus $O(z)$ und $w \in I^*$ das Eingabewort, das z in z' überführt, $z' = \Delta(w, z)$. Da (7.132) für alle $x \in X$ und alle $z \in Z$ gilt, folgt auch für alle $w \in I^*$die Gleichung $\mathcal{P}(\Delta(w, z)) = \mathcal{P}(z)$. Aus (7.136) erhält man $z' = \Delta(w, z) \in M(\mathcal{P}, \mathcal{P}(\Delta(w, z))) = M(\mathcal{P}, \mathcal{P}(z))$ und damit $O(z) \subseteq M(\mathcal{P}, \mathcal{P}(z))$. ■

Ein Beispiel für (P, D) mit einer IZ φ wird für LZS-24 im Abschn. 7.5.4 angegeben. Diese Invariante (7.107) führt dazu, dass der Graph $\overrightarrow{G}(M, \varphi)$ des LZS-24 in die Zusammenhangskomponenten $M(\mathcal{P}_{24}, 0)$ und $M(\mathcal{P}_{24}, 1)$ zerfällt (7.109).

Wir formulieren nun den Zusammenhang zwischen IZ und dem Graphen der Zustandsfunktion.

Satz 7.6 *[45] Wenn der Graph $\overrightarrow{G}(M, \delta)$ der Zustandsfunktion δ stark zusammenhängend ist, so existiert keine IZ.*

Beweis Angenommen für die Zustandsfunktion δ existiere eine Invariante $\mathcal{P}(z)$ der Zustandsfunktion δ. Da $\mathcal{P}(z)$ ein nicht-konstantes Polynom $\mathcal{P}(z)$ über den Zuständen $z \in Z$ ist, so existieren $z_0 \in Z$ mit $\mathcal{P}(z_0) = c$ und $O(z_0) \subseteq M(\mathcal{P}, c)$ sowie $z_1 \in Z$ mit $\mathcal{P}(z_0) = c'$ und $O(z_1) \subseteq M(\mathcal{P}, c')$, wobei $c \neq c'$. Nach (7.137) ist aber $M(\mathcal{P}, c) \cap M(\mathcal{P}, c') = \emptyset$ und folglich $O(z_0) \cap O(z_1) = \emptyset$. Der Graph $\overrightarrow{G}(M, \delta)$ kann nicht stark zusammenhängend sein. Aus dem Widerspruch folgt die Behauptung. ■

Aus der im Abschn. (7.5.5.) bereits erwähnten Festlegung zum verpflichtenden Nachweis des starken Zusammenhangs des Graphen folgt

Korollar 7.4 *Für die für den operativen Einsatz freigegebenen LZS existieren keine IZ.*

Die Untersuchungsergebnisse zur Abbildung ϕ und φ schufen wichtige Voraussetzungen für weiterführende komplexere Analysen. Die Bijektivität und der starke Zusammenhang des Graphen gewährleisten, dass es in der KE prinzipiell möglich ist, jeden Zustand U während des Prozesses der Erzeugung der a-Folge zu erreichen. Diese Eigenschaften der Abbildung wurden für alle zum operativen Einsatz zugelassenen LZS gefordert. Eine Möglichkeit von kryptoanalytischen Angriffen, die auf der Reduktion der Zustände der KE beruhen, wurden damit ausgeschlossen.

Gruppe $G(P, D)$ 8

Inhaltsverzeichnis

Für die kryptologischen Untersuchungen wird die durch die bijektiven Abbildungen $\varphi(p)$, $p \in \mathcal{B}^3$, erzeugte Gruppe $G(P, D)$ eingeführt. Zur Auswahl der operativ einsetzbaren LZS werden von der zugehörigen Gruppe bestimmte Eigenschaften gefordert und die Wege für ihren Nachweis aufgezeigt. Von zentraler Bedeutung ist der Nachweis der Transitivität und der Primitivität der Gruppe. Schrittweise werden die inneren Strukturen einer Gruppe, die Homomorphismen und die Imprimitivitätssysteme analysiert und darauf aufbauend Algorithmen für deren experimentelle Prüfung entwickelt. Die Methode zum Nachweis der Primitivität auf der Basis unvollständiger Kenntnis der Zyklenstrukturen der Erzeugenden der Gruppe ist in der Literatur in dieser Form nicht veröffentlicht und wird deshalb ausführlicher beschrieben. Schließlich kann aufgrund der beschriebenen Methodik geprüft werden, ob die Gruppe $G(P, D)$ die Alternierende Gruppe enthält bzw. mit dieser übereinstimmt. Der Nachweis dieser Eigenschaft für operative LZS ist das Hauptergebnis der Untersuchungen in diesem Kapitel. Neuere Ergebnisse belegen, dass die Überprüfung der geforderten Gruppeneigenschaften heute einfacher durchgeführt werden kann. Sie sind am Ende dieses Kapitels zusammengefasst.

Das Design und die Analyse der CA SKS und CA T-310 entwickelten wir in mehreren Phasen. Am Beginn stand die Untersuchung der Eigenschaften der Abbildung φ, wie sie im Kap. 7 beschrieben wurde. Etwa 1977 begann die Analyse auf

W. Killmann und W. Stephan, *Das DDR-Chiffriergerät T-310*,
https://doi.org/10.1007/978-3-662-67584-7_8

der Basis der Gruppentheorie und der Theorie endlicher Automaten, gestützt auf die von den sowjetischen Kryptologen gehaltenen Lektionen (Anhang A und [9]). Bereits 1977 wurden erste Nachweise für die Transitivität und die Primitivität der Gruppe der Abbildung φ für konkrete LZS erbracht [120]. Die Effektivitätsgebiete der Abbildung φ waren das erste Beispiel für Homomorphismen, die dann allgemeiner zur Untersuchung der Imprimitivität führten. Ab 1980 wurde die Primitivität der Gruppen aller operativen LZS für SKS und T-310 mit einem Spezialgerät und einem EDV-Programm geprüft. Schließlich konnte geprüft werden, ob die Gruppe $G(P, D)$ der Abbildungen φ die Alternierende Gruppe enthält. 1988 wurde bewiesen, dass Gruppen, die die Alternierende Gruppe enthalten, gleich der Alternierenden Gruppe sind. Der Nachweis dieser Eigenschaft für operative LZS ist das Hauptergebnis der Untersuchungen.

Im Abschn. 8.1 führen wir die durch die bijektiven Abbildungen $\varphi(p)$, $p \in \mathcal{B}^3$, erzeugte Gruppe $G(P, D)$ ein. Wir analysieren schrittweise die inneren Strukturen der Gruppe und ihre Erzeugenden. Besondere Bedeutung hat die Untersuchung sogenannter Effektivitätsgebiete (EG), die die Wirksamkeit der Parameter s_1 und s_2 auf Teile der U-Register begrenzen (Abschn. 8.2.1). Im Abschn. 8.2.2 beschreiben wir dann die Reduktionshomomorphismen als Spezialfall der Permutationshomomorphismen der Gruppe $G(P, D)$. Die Untersuchung erweitern wir im Abschn. 8.3 auf Imprimitivitätsgebiete beliebiger Permutationsgruppen und deren Homomorphismen. Wir entwickeln dann Algorithmen für die experimentelle Prüfung, um diese Strukturen auszuschließen. Im Abschn. 8.5 erbringen wir den Nachweis, dass die Gruppen $G^*(P^*, R)$ bzw. $G(P, D)$ die Alternierende Gruppe enthalten bzw. ihr gleich sind. In jeder dieser Phasen stellten wir, dem gewachsenen Kenntnisstand entsprechend, kryptologisch begründete Anforderungen an die jeweiligen Untersuchungsmodelle. Wir forderten für die für den operativen Einsatz freigegebenen LZS, dass die zugehörige Gruppe bestimmte Eigenschaften besitzt. Wir zeigen die Wege auf, wie diese nachgewiesen wurden. Im Abschn. 8.6 fassen wir die Anforderungen an die LZS zusammen. Die Ergebnisse führten zu den Festlegungen für die LZS-Auswahl. Mit neueren Ergebnissen belegen wir, dass die Überprüfung der geforderten Gruppeneigenschaften heute einfacher durchgeführt werden kann (Abschn. 8.7).

Für die verwendeten Elemente der Gruppentheorie sei auf [76] oder andere Standardwerke verwiesen.

8.1 Die Permutationsgruppe $G(P, D)$

Wir setzen im Folgenden immer voraus, dass die Abbildungen $\varphi(p)$ des CA T-310 und $\phi(p)$ des CA SKS für alle $p \in \mathcal{B}^3$ bijektiv sind, d. h. die zugehörigen LZS sind regulär. Wir bezeichnen mit $\mathfrak{S}(X)$ die Symmetrische Gruppe aller bijektiven Abbildungen (Permutationen) über X mit der Operation des Nacheinanderausführens. Die Gruppe $G(P, D)$ ist eine Untergruppe der Symmetrischen Gruppe $G(P, D) \leq \mathfrak{S}(M)$. Die Abbildungen $\varphi(p)$ bzw. $\phi(p)$, $p \in \mathcal{B}^3$, bilden Erzeugendensysteme (ES),

$$G(P, D) = < \varphi(0, 0, 0), \varphi(0, 0, 1), \ldots, \varphi(1, 1, 1) > \tag{8.1}$$

$$G^*(P^*, R) = < \phi(0, 0, 0), \phi(0, 0, 1), \ldots, \phi(1, 1, 1) > \tag{8.2}$$

Aus den im Abschn. 7.2 beschriebenen Beziehungen zwischen den Abbildungen verschiedener Parameter p lassen sich weitere ES ableiten.

8.1.1 Erzeugendensysteme

Es zeigt sich, dass es noch weitere ES gibt, die wir in diesem Kapitel benötigen:

Lemma 8.1 *Für die Gruppe $G(P, D)$ und beliebige $(s_1, s_2, f) \in \mathcal{B}^3$ gilt*

$$G(P, D) =< \varphi(s_1, 0, f), \varphi(s_1, 1, f), \tau(V^{(1)}), \tau(V^{(9)}) > \tag{8.3}$$

$$G(P, D) =< \varphi(s_1, s_2, f), \varsigma(s_1, s_2, f), \tau(V^{(1)}), \tau(V^{(9)}) > \tag{8.4}$$

Beweis Aus den Definitionen (7.22), (7.16) und (7.17) folgt, dass die Vektoradditionen Elemente der Gruppe $G(P, D)$ sind

$$\begin{aligned} \tau(V^{(1)}) &:= \varphi(s_1 \oplus 1, s_2, f) \circ \varphi^{-1}(s_1, s_2, f) \\ \tau(V^{(4)}) &:= \varphi(s_1, s_2, f \oplus 1) \circ \varphi^{-1}(s_1, s_2, f) \\ \tau(V^{(1)} \oplus V^{(9)}) &:= \varphi(s_1 \oplus 1, s_2, f \oplus 1) \circ \varphi^{-1}(s_1, s_2, f) \end{aligned}$$

Sie können für beliebige $(s_1, s_2, f) \in \mathcal{B}^3$ die erzeugenden Elemente $\varphi(s_1 \oplus 1, s_2, f)$, $\varphi(s_1, s_2, f \oplus 1)$ und $\varphi(s_1 \oplus 1, s_2, f \oplus 1)$ im ES (8.1) ersetzen. Die Vektoraddition $\tau(V^{(1)} \oplus V^{(9)})$ wird wegen $\tau(V^{(1)} \oplus V^{(9)}) = \tau(V^{(1)}) \circ \tau(V^{(9)})$ im ES nicht benötigt. Man erhält

$$G(P, D) =< \varphi(s_1, 0, f), \varphi(s_1, 1, f), \tau(V^{(1)}), \tau(V^{(4)}) > \tag{8.5}$$

Die Abbildung

$$\varsigma(s_1, s_2, f) = \varphi(s_1, s_2 + 1, f) \circ \varphi^{-1}(s_1, s_2, f)$$

ist ebenfalls ein Gruppenelement und es gilt

$$\begin{aligned} \varphi(s_1, 0, f) &= \varsigma(s_1, 1, f) \circ \varphi(s_1, 1, f) \\ \varphi(s_1, 1, f) &= \varsigma(s_1, 0, f) \circ \varphi(s_1, 0, f) \end{aligned} \tag{8.6}$$

Wenn man im ES (8.5) für beliebiges $(s_1, s_2, f) \in \mathcal{B}^3$ das erzeugende Element $\varphi(s_1, s_2, f)$ belässt und gemäß (8.6) das erzeugende Element $\varphi(s_1, s_2 \oplus 1, f)$ durch $\varsigma(s_1, s_2, f)$ ersetzt, so erhält man

$$G(P, D) =< \varphi(s_1, s_2, f), \varsigma(s_1, s_2, f), \tau(V^{(1)}), \tau(V^{(9)}) > \quad (8.7)$$

■

Das ES $\varphi(0, 0, 0), \varphi(0, 0, 1), \ldots, \varphi(1, 1, 1)$ beschreibt direkt die Arbeit des CA T-310. Die ES des Lemmas 8.1 sind für die Untersuchung der Gruppe $G(P, D)$ von Bedeutung. Das ES (8.3) besteht aus zwei Abbildungen $\varphi(s_1, 0, f)$ und $\varphi(s_1, 1, f)$ und den zwei Vektoradditionen $\tau(V^{(1)})$ und $\tau(V^{(9)})$. Das ES (8.4) besteht ebenfalls aus vier Elementen, aus einer Abbildung $\varphi(s_1, s_2, f)$, den zwei Vektoradditionen $\tau(V^{(1)})$, $\tau(V^{(9)})$ und $\varsigma(s_1, s_2, f)$. Das vierte Element erhält man durch eine Vektoraddition $\varsigma(s_1, s_2, f)$, die von der Ableitung der BF Z nach s_2 und den inversen Abbildungen φ^{-1} für die fünf Komponenten $P1, \ldots, P5$ abhängt (7.19).

8.1.2 Transitivität

Der Orbit $\mathcal{O}(x)$ eines Elements x der Basismenge X einer Permutationsgruppe G, $G \leq \mathfrak{S}(X)$, ist die Menge aller Elemente x', die von x durch die Permutation aus G erreichbar sind, $\mathcal{O}(x) = \{x' \in X : \exists g \in G : g(x) = x'\}$. Der Orbit $\mathcal{O}(x)$ entspricht einer Zusammenhangskomponente des Graphen $\overrightarrow{G}(M, \varphi)$. Eine Permutationsgruppe A operiert *transitiv* auf der Menge X, wenn für beliebige zwei Elemente der Basismenge $x, y \in X$ ein Element a der Gruppe existiert, so dass $a(x) = y$. In diesem Fall ist der Orbit jedes Elements der Basismenge die Basismenge selbst. Eine Permutationsgruppe A operiert k-fach transitiv auf der Menge X, wenn für je zwei k-Tupel $(x_1, \ldots, x_k)$ und $(y_1, \ldots, y_k)$ ein Element a der Gruppe existiert, so dass für alle $i \in \overline{1, k}$ gilt $a(x_i) = y_i$, wobei für alle $i \neq j$ mit $x_i \neq x_j$ auch $y_i \neq y_j$ gilt.

Wenn für (P, D), wie im Abschn. 7.5 beschrieben, nachgewiesen werden kann, dass der Graph $\overrightarrow{G}(M, \varphi)$ stark zusammenhängend ist, so ist $G(P, D)$ transitiv. Angemerkt sei: Wenn der Graph $\overrightarrow{G}(M, \varphi)$ stark zusammenhängend ist, führt der Algorithmus zum Nachweis des starken Zusammenhangs des Graphen $\overrightarrow{G}(M, \varphi)$ stets zum Erfolg. Die Suche nach einem Weg zwischen zwei beliebigen Elementen der Basisgruppe wird durch die Suche nach Wegen zwischen den Komponenten des Graphen $\overrightarrow{G}(M, \varphi)$ ersetzt. Es ist bekannt, dass zwei zufällige Permutationen aus $\mathfrak{S}(\overline{1, n})$ mit Wahrscheinlichkeit $1 - 1/n + O(n^{-2})$ eine transitive Gruppe erzeugen [27, Lemma 1]. In dem Modell zweier zufälliger Erzeugenden ist folglich die Wahrscheinlichkeit sehr hoch, dass $G(P, D)$ transitiv ist und auch der Nachweis der Transitivität gelingt. Das entbindet aber nicht von der Notwendigkeit, die Transitivität für operative LZS tatsächlich nachzuweisen.

Ein direkter Nachweis der k-fach Transitivität für $k \geq 2$ konnte nicht erbracht werden. Es gelang uns aber, für alle Gruppen $G(P, D)$ der freigegebenen LZS nachzuweisen, dass sie die $(2^{36} - 2)$-fach transitive Alternierende Gruppe enthalten bzw. mit der Alternierenden Gruppe übereinstimmen (Abschn. 8.5).

Uns waren Beispiele intransitiver Gruppen $G(P, D)$ bekannt. Das Beispiel des LZS-24 im Abschn. 7.5 mit einem nicht zusammenhängenden Graphen $\overrightarrow{G}(M, \phi)$ liefert eine intransitive Gruppe $G^*(P^*, R)$ des CA SKS. LZS mit intransitiven Gruppen wurden nur für das Testen der Programme zum Nachweis der Transitivität konstruiert und verwendet. Intransitive Gruppen des CA T-310 sind auch Gegenstand aktueller Untersuchungen (Abschn. 7.6.3).

8.2 Homomorphismen der Permutationsgruppen

Wir erinnern an folgende Definitionen:

▶ **Definition 8.1** Für die Gruppen $(G, *_1)$ und $(H, *_2)$ ist eine Funktion $\Theta : G \to H$ ein *Homomorphismus,* wenn für alle $(a, b) \in G$ gilt $\Theta(a *_1 b) = \Theta(a) *_2 \Theta(b)$. Für die Permutationsgruppen $G \leq \mathfrak{S}(X)$ und $G' \leq \mathfrak{S}(X')$ ist (Θ, θ), $\Theta : G \to G'$ und $\theta : X \to X'$ ein *Permutationshomomorphismus,* wenn Θ ein *Gruppenhomomorphismus* ist und für alle $x \in X$ zusätzlich $\Theta(g)(\theta(x)) = \theta(g(x))$ gilt.

Für ein beliebiges x aus X und eine beliebige Zerlegung $\bar{X}$ bezeichnet $[x]_{\bar{X}}$ diejenige Menge X', in der x liegt, $x \in X' \in \bar{X}$. Wenn die Zerlegung $\bar{X}$ aus dem Kontext klar hervor geht, kann der Index $\bar{X}$ in der Darstellung $[x]_{\bar{X}}$ entfallen und wir schreiben einfach $[x]$.

▶ **Definition 8.2** Eine Untermenge B der Basismenge X einer Permutationsgruppe $G \leq \mathfrak{S}(X)$ heißt *Block* von G, wenn für alle g aus G entweder $g(B) = B$ oder $g(B) \cap B = \emptyset$. Die Basismenge X, die Mengen mit genau einem Element der Basismenge B und die leere Menge heißen *triviale Blöcke.*

Die nichttrivialen Blöcke (d. h. die von X, einelementigen Mengen und der leeren Menge verschiedenen Blöcke) transitiver Permutationsgruppen sind von besonderer Bedeutung.

▶ **Definition 8.3** Eine transitive Permutationsgruppe mit mindestens einem nichttrivialem Block heißt *imprimitiv.* Eine transitive Permutationsgruppe, die keine nichttrivialen Blöcke besitzt, heißt *primitiv.*

Sei B ein Block der imprimitiven Permutationsgruppe G. Dann bilden alle Bilder $g(B)$ für $g \in G$ eine Zerlegung der Basismenge X.

▶ **Definition 8.4** Seien G eine imprimitive Permutationsgruppe über der endlichen Basismenge X und X_0 ein Block von G. Die Zerlegung

$$\bar{X} = \left\{ X' \subseteq X \, : \, \exists g \in G : \, g(X_0) = X' \right\} \tag{8.8}$$

heißt ein *Imprimitivitätssystem* (I-System) der Gruppe G. Die X aus $\bar{X}$ heißen *Imprimitivitätsgebiete* I-Gebiete.

Die Primitivität einer transitiven Permutationsgruppe steht zwischen der Transitivität und der zweifachen Transitivität, da zweifach transitive Permutationsgruppen stets primitiv sind.

Wir untersuchen im Folgenden I-Systeme beliebiger transitiver Permutationsgruppen. Der Zusammenhang zwischen I-Systemen und Permutationshomomorphismen ist bekannt.

Satz 8.1 *[76, Proposition 7.2] Sei* $\bar{X} = \{X_i\}_{i \in \overline{1,n}}$ *ein vollständiges I-System der Permutationsgruppe* $G \leq \mathfrak{S}(X)$ *und bezeichne* $\theta(x)$ *das I-Gebiet, in dem das Element* x *der Basismenge liegt. Jedes* $g \in G$ *induziert eine Permutation* $\Theta(g)$ *der I-Gebiete, wenn für alle* x *aus* X *gilt*

$$\Theta(g)(\theta(x)) := \theta(g(x)) \tag{8.9}$$

Die induzierten Permutationen der I-Gebiete bilden eine Gruppe. Die Abbildung $\Theta : G \to \bar{G}$ *ist ein Homomorphismus von der Gruppe* G *auf die Gruppe* $\bar{G}$ *und* (Θ, θ) *ein Permutationshomomorphismus. Der Kern* ker Θ *besteht aus denjenigen* $g \in G$*, die die I-Gebiete auf sich selbst abbilden. Wenn* G *transitiv über* X *ist, so ist auch* $\bar{G}$ *transitiv über* $\bar{X}$.

8.2.1 Effektivitätsgebiete

Die Abbildungen P und D bestimmen, welche Variablen u_i, $i = 1, 2, \ldots, 36$, zusammen mit den Parametern s_1, s_2 und f an welchen Stellen in die Funktionen $\varphi_i(s_1, s_2, f, u_{P1}, \ldots, u_{P36})$ eingehen. Die sowjetischen Kryptologen wiesen uns daraufhin, dass für den SKS-Algorithmus spezielle Homomorphismen der Gruppe $G^*(P^*, D)$ auftreten können, die durch Projektionen der U-Vektoren auf weniger als 27 Koordinaten charakterisiert sind. Dies führte zu einer Untersuchung echter Effektivitätsgebiete (eEG), die im Folgenden für den CA T-310 beschrieben werden.

Zur Veranschaulichung des Problems beginnen wir mit konstruierten Beispielen:

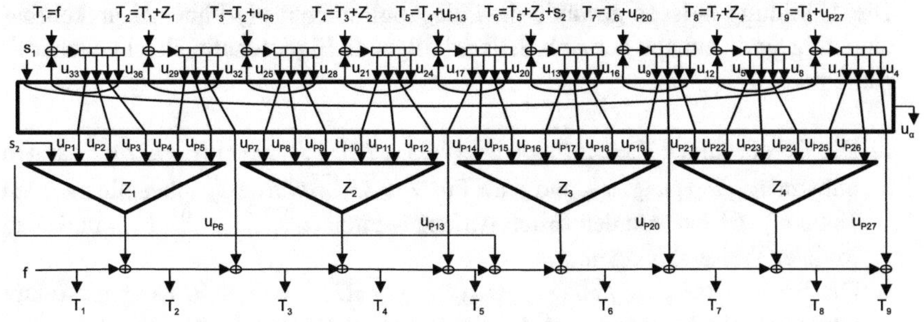

Abb. 8.1 Beispiel einer Abbildung φ mit echten Effektivitätsgebieten

Beispiel: einfaches eEG

Für $D9 = 0$ gilt

$$\begin{aligned}
\varphi_{33}(s_1, s_2, f)U &= s_1 \oplus f \\
\varphi_{34}(s_1, s_2, f)U &= u_{33} \\
\varphi_{35}(s_1, s_2, f)U &= u_{34} \\
\varphi_{36}(s_1, s_2, f)U &= u_{35}
\end{aligned}$$

Wählt man $\alpha \in \overline{33,36}$, dann würde $u_\alpha^{(t)}$ über alle internen Takte $t \geq 4$ nur von $S1$ und F in trivialer Weise abhängen. ◀

Zur besseren Lesbarkeit der Permutation P sind die Werte $P6$, $P13$, $P20$ und $P27$ im nachfolgenden Beispiel unterstrichen.

Beispiel: eEG

Für Abbildungen P und D seien

$$\begin{aligned}
P &= (33, 34, 35, 29, 30, \underline{31}, 25, 26, 27, 21, 22, 23, \underline{17}, 18, 19, 13, 14, 15, 9, \underline{10}, \\
&\quad 11, 5, 6, 7, 1, 2, \underline{4}) \\
D &= (0, 8, 12, 16, 20, 24, 28, 32, 36)
\end{aligned}$$

Für die Veranschaulichung der Eigenschaften der Abbildung φ gruppieren wir die Vierergruppen des U-Vektors in der Abb. 8.1, anders als in der bisherigen Darstellung der Abbildung φ üblich, von links nach rechts so, dass an deren Eingängen die Rückkopplungen T_i mit anwachsender Komplexität eingehen.
Die Abbildung P ist so gewählt, dass

- die Komponenten u_{4i-3}, u_{4i-2} und u_{4i-1}, $i = 9, \ldots, 1$, (mit nur einer Ausnahme) die Variablen der BF Z_1, Z_2, Z_3 und Z_4 in fallender Reihenfolge nacheinander auffüllen.
- die Komponenten u_4, u_{10}, u_{17} und u_{30} außerhalb der Z-Funktionen linear in die Rückkopplung eingehen, um umkehrbar eindeutige Projektionen der Abbildungen $\varphi(p)$ auf die Vierergruppen $\Delta_i(U)$ des U-Vektors zu erreichen.

Die Abbildung D ist so gewählt, dass die Abbildungen $\varphi(p)$ über M umkehrbar eindeutig sind. Anhand der Abb. 8.1 sind folgende Eigenschaften leicht nachvollziehbar:

1. Die BF der linken Vierergruppe $\varphi_{33}(s_1, s_2, f)U, \ldots, \varphi_{36}(s_1, s_2, f)U$ hängen nur von $u_{33}, u_{34}, u_{35}, u_{36}$ und f ab. Für $\alpha \in \overline{33,36}$ würde $u_\alpha^{(t)}$ über alle internen Takte $t \geq 61$ nur von den festen Anfangswerten $(u_{33}^0, u_{34}^0, u_{35}^0, u_{36}^0)$ und F in trivialer Weise abhängen.
2. Die BF $\varphi_{4i-3}(s_1, s_2, f)U, \ldots, \varphi_{4i}(s_1, s_2, f)U$, $i = 3, 4, 7$, hängen effektiv höchstens von Komponenten der eigenen Vierergruppe $\Delta_i(U)$ oder den Komponenten weiter links stehender Vierergruppen $\Delta_j(U)$, $j \geq i$, und den Parametern (s_2, f) ab (Bsp. 8.2.1). In diesen Fällen würde $u_\alpha^{(t)}$ über alle internen Takte $t \geq 120$ nur von $S2$ und F sowie von reduzierten internen Zuständen abhängen, die aus der Vierergruppe mit u_α und den Komponenten weiter links stehender Vierergruppen bestehen.
3. Die BF der Vierergruppe $\varphi_5(s_1, s_2, f)U, \ldots, \varphi_9(s_1, s_2, f)U$ hängen nur von $u_{P1}, \ldots, u_{P26}, s_2$ und f ab. Die BF $\varphi_1(s_1, s_2, f)U, \ldots, \varphi_4(s_1, s_2, f)U$ der rechten Vierergruppe hängen aber von allen $u_{P1}, \ldots, u_{P27}, s_1, s_2$ und f ab. Für $\alpha \in \overline{1,8}$ würde $u_\alpha^{(t)}$ über alle internen Takte $t \geq 120$ von allen festen Anfangswerten $(u_1^0, \ldots, u_{36}^0)$, $S1$, $S2$ und F abhängen.

Für die Untersuchung derartiger kryptologisch negativer Effekte wurde der Begriff *Effektivitätsgebiet* (EG) eingeführt und die Bedingungen für deren Auftreten untersucht. ◄

▶ **Definition 8.5** Sei die Abbildung $f : \mathcal{B}^n \to \mathcal{B}^n$ durch die Komponentenfunktionen $f_i : \mathcal{B}^n \to \mathcal{B}, i = 1, \ldots, n$ gegeben und bezeichne $E(f_i)$ die Menge der Indizes der effektiven Variablen der Funktion f_i. Eine Menge $E(f)$ heißt *EG der Abbildung* f, $E(f) \subseteq \overline{1,n}$, wenn für alle $i \in E(f)$ gilt $E(f_i) \subseteq E(f)$. Ein EG heißt *echt*, wenn $\emptyset \neq E(f) \subset \overline{1,n}$.

Der Algorithmus 8.1 erlaubt eine manuelle Bestimmung der Menge $E(\varphi(p))$ aller eEG von $\varphi(p)$ für vorgegebenes P, D und p.

Algorithm 8.1 *Bestimmung einer Liste aller echten Effektivitätsgebiete der Abbildung* $\varphi(p)$

Eingabe: P, D und p
Berechnungsschritte:
1. Setze $i = 1$ und erzeuge E als leere Liste
2. Setze $A := E(\varphi_i(p))$
3. Berechne $B := A \cup (\cup_{j \in A} E(\varphi_j(p))$
4. Wenn $A = B$, gehe zu Schritt 5. Wenn $A \neq B$, setze $A := B$ und gehe zu Schritt 3.
5. Wenn $B \subset \overline{1,36}$, so setze B auf die Liste E.
6. Wenn $i < 36$, so setze $i := i + 1$ und gehe zu Schritt 2. Wenn $i = 36$, so beende die Berechnung.

Ausgabe: E als Liste aller eEG der Abbildung $\varphi(p)$ für (P, D)

Die Schritte können abgekürzt werden, wenn man die $i = 4j - k$ mit $j \in \overline{1{,}9}$ und $k \in \overline{0{,}2}$ gleich $E(\varphi_i(p))$ durch $\{4j-3, \ldots, 4j-k-1\}$ ersetzt. Wenn der Algorithmus eine leere Liste zurückgibt, existieren keine eEG der Abbildung $\varphi(p)$ für (P, D) und den gewählten Parameter p.

Es sei hier angemerkt, dass die technischen Einschränkungen der LZS, die in Abschn. 4.4 beschrieben wurden, das Auftreten eEG einschränken. Wegen $P3 = 33$ hängt Z_1 und damit auch T_2 bis T_9 von u_{33} ab. Ebenso hängt wegen $P7 = 5$ die BF Z_2 und damit auch T_4 bis T_9 von u_5 ab. Folglich gehen mit u_5 auch Δ_2 und mit u_{33} auch Δ_9 sehr schnell in die Mengen B im Algorithmus 8.1 ein.

Wir erweitern die Definition 8.5 auf eEG als Eigenschaft des Paares (P, D), wenn sie eEG aller Abbildungen $\varphi(p)$ für alle $p \in \mathcal{B}^3$ sind.

▶ **Definition 8.6** Eine Menge $E(P, D)$, $E(P, D) \subset \overline{1{,}36}$, heißt echtes (P, D)-EG, wenn $E(P, D)$ eEG einer jeden durch (P, D) bestimmten Abbildung $\varphi(p)$ für alle $p \in \mathcal{B}^3$ ist.

Nach dieser Definition ist im Beispiel „einfaches eEG“ $E(P, D) = \overline{33{,}36}$ ein echtes (P, D)-EG.

Beispiel: verschachtelte eEG

In diesem Beispiel sind die echten (P, D)-EG $E_i(P, D), i = 1, \ldots, 8$, ineinander hierarchisch verschachtelt:
$E_1(P, D) = \overline{33{,}36}$, $E_2(P, D) = \overline{29{,}32} \cup E_1(P, D)$, $E_3(P, D) = \overline{25{,}28} \cup E_2(P, D)$, $E_4(P, D) = \overline{21{,}24} \cup E_3(P, D)$.
Dagegen sind $E_5(P, D) = \overline{17{,}20} \cup E_4(P, D)$ und $E_6(P, D) = \overline{13{,}26} \cup E_5(P, D)$ keine echten (P, D)-EG, da in $Z_3(u_{p14}, \ldots, u_{P19}) = Z_3(u_{18}, \ldots, u_9)$ die Variable u_9 aus $E_7(P, D) = \overline{9{,}12} \cup E_5(P, D)$ eingeht.
$E_7(P, D) = \overline{9{,}12} \cup E_6(P, D)$ selbst ist wieder (P, D)-EG.
$E_8(P, D) = \overline{5{,}8} \cup E_7(P, D)$ ist kein (P, D)-EG, da u_1 und u_2 in Z_4 eingehen.
$E_9(P, D) = \overline{1{,}4} \cup E_8(P, D) = \overline{1{,}36}$ ist ein EG, aber kein echtes. ◀

Wir konnten folgenden Satz beweisen:

Satz 8.2 *Für (P, D) in der LZS-Klasse KT1 sind echte (P, D)-EG ausgeschlossen.*

Für jedes $i \in \overline{1{,}9}$ und jedes $j \in \overline{0{,}2}$ ist $E(\varphi_{4i-j}) = \{4i-3, \ldots, 4i-j-1\}$. Wir konzentrieren uns auf die $E(\varphi_{4i-3})$ der BF (5.11).

Wenn eine Variable e_j als *XOR*-Summand und als effektive Variable der *Z*-Funktion eingeht, so bleibt sie effektive Variable der BF φ_{4i-3}, da

$$\frac{d(e_j \oplus Z(e_1, \ldots, e_6))}{d(e_j)} = 1 \oplus \frac{d(Z(e_1, \ldots, e_6)}{d(e_j)} \neq const$$

Beweis Aus $4j_8 \notin \{D(j_1), \ldots, D(j_8)\}$ folgt $4j_8 \in E(\varphi_k)$ für $k = 1, 5, 9$. Aus $P(27) \notin 4 \cdot \overline{1{,}9}$ folgt $P(27) \in E(\varphi_1)$. In (5.11) ist jede dargestellte Variable einer BF auch effektive Variable dieser BF. Die Kette der $D(j_1), \ldots, D(j_8), (j_1, j_2, \ldots, j_8) \in \mathfrak{S}(\overline{2,9})$, beginnt mit $D(j_1) = 4$, setzt mit $D(j_{k+1}) = 4j_k, k = 1, \ldots, 7$ fort und endet mit $4j_8 = P(20)$. Man beachte, dass die Vierergruppen der Speicherelemente in der Reihenfolge des Zyklus in D angeordnet sind. Für jede $E(\varphi_i)$, $i = 2, \ldots, 36$, wächst die Menge durch schrittweises Ersetzen der Variablenindizes durch die Menge der Indizes ihrer effektiven Variablen, bis $E(\varphi_i) = \overline{1,36} \cup \{s_1 s_2, f\}$ erreicht ist. ∎

In der Analyse [111] wird ausgeführt, dass auch für die LZS-Klasse KT2 eEG ausgeschlossen sind. Aus den in [111] angegebenen Bedingungen $D9 \setminus (\overline{33,36} \cup \{0\}) \neq \emptyset$ und $\{D8, D9\} \subset \{4i : i = 1, 2, \ldots 9\}$ würde $D9 = 36$ folgen (s. Anmerkung zur Definition der LZS-Klasse KT2 im Abschn. 5.2). Dann wäre aber $\varphi_{33}(s_1, s_2, f)U = f \oplus u_{36}$ und 33, 34, 35, 36 würden ein eEG bilden. In Abschn. 5.3 schließt die Bedingung (5.11) dieses eEG aus. Die Korrektur der Klasse KT2 ist in den veröffentlichten Quellen [30] nicht dokumentiert. Leider wurde dieser Schreibfehler auch in [15] übernommen. Allerdings verwendet [15] für die Konstruktion von LZS nicht KT2, sondern die vom Autor selbst definierte Klasse KT2b, die die Bedingung $D9 \in (\overline{33,36} \cup \{0\})$ nicht enthält.

8.2.2 Reduktionshomomorphismen

Reduktionshomomorphismen sind spezifische Permutationshomomorphismen der CA-Klasse ALPHA. Sie entstehen durch die Einschränkung der Abbildungen $\varphi(p)$ auf echte (P, D)-EG. Da die Einschränkungen der Abbildungen $\varphi(p)$ auf echte (P, D)-EG sowohl nur eindeutig als auch umkehrbar eindeutig sein können, wird die Reduktion für Halbgruppen definiert.

▶ **Definition 8.7** Sei $H(\mathcal{F}, \circ_1)$ eine Halbgruppe von Abbildungen $f \in \mathcal{F}$ von $\mathcal{B}^n$ in $\mathcal{B}^n$ mit der Operation $\circ_1$ der Nacheinanderausführung der Abbildungen. Sei $\tilde{H}(\tilde{\mathcal{F}}, \circ_2)$ eine Halbgruppe von Abbildungen $\tilde{f} \in \tilde{\mathcal{F}}$ von $\mathcal{B}^m$ in $\mathcal{B}^m$, $m < n$, mit der Operation $\circ_2$ der Nacheinanderausführung der Abbildungen. Die Abbildung $\rho : H \to \tilde{H}$ heißt *Reduktion* von H auf $\tilde{H}$, wenn eine Projektion $\pi : \mathcal{B}^n \to \mathcal{B}^m$, $\pi(x_1, \ldots, x_n) = (x_{i_1}, x_{i_2}, \ldots, x_{i_m})$, existiert mit der Indexmenge $I_\pi = \{i_1, \ldots, i_m\} \subset \overline{1, n}$, $1 \leq i_1 < i_2 < \ldots < i_m \leq n$, so dass für alle x aus $\mathcal{B}^n$ gilt

$$\pi(f(x)) = (\rho(f))(\pi(x)) \tag{8.10}$$

Die Reduktion ρ von H auf $\tilde{H}$ ist ein Homomorphismus und ρ wird auch Reduktionshomomorphismus genannt. Wenn alle $f \in \mathcal{F}$ umkehrbar eindeutig sind, nicht aber die Abbildungen $\pi(f(x))$, so ist die Reduktion ρ ein Homomorphismus der Gruppe $H(\mathcal{F}, \circ_1)$ in die Halbgruppe $\tilde{H}(\tilde{\mathcal{F}}, \circ_2)$. Wenn $H(\mathcal{F}, \circ_1)$ und $\tilde{H}(\tilde{\mathcal{F}}, \circ_2)$ Gruppen sind, ist die Reduktion (ρ, π) ein Permutationshomomorphismus. Der Zusammenhang von Reduktionen und EG wird für den allgemeinen Fall durch Satz 8.3 beschrieben.

Satz 8.3 *Für eine Halbgruppe H mit den erzeugenden Abbildungen*

$$h^{(j)} : \mathcal{B}^n \to \mathcal{B}^n, \, j \in \overline{1, s},$$

existiert genau dann ein Reduktionshomomorphismus $\rho(\pi)$, wenn eine Indexmenge I_π, $I_\pi \subset \overline{1, n}$, existiert, die ein eEG jeder erzeugenden Abbildung $h^{(j)}$, $j \in \overline{1, s}$, ist.

Beweis Angenommen, für die Halbgruppe H mit den erzeugenden Abbildungen $h^{(j)} : \mathcal{B}^n \to \mathcal{B}^n$, $h^{(j)}(x) = (h_1^{(j)}(x), \dots, h_n^{(j)}(x))$, $j \in \overline{1, s}$, existiert ein Reduktionshomomorphismus $\rho(\pi)$ mit der Indexmenge $I_\pi = \{i_1, \dots, i_m\} \subset \overline{1, n}$. Aus $\pi(f(x)) = \tilde{f}(\pi(x))$ für alle $f \in H$ folgt, dass auch für alle Erzeugenden gilt $\pi(h^{(j)}(x)) = \tilde{h}^{(j)}(\pi(x))$, $j \in \overline{1, s}$. Dann können die Funktionen $h_i^{(j)}$, $i \in I_\pi$, nur von $x_{i_i}, x_{i_2}, \dots, x_{i_m}$ effektiv abhängen und es gilt $E(h_i^{(j)}) \subseteq I_\pi$. Folglich ist I_π ein eEG jeder erzeugenden Abbildungen $h^{(j)}$.

Angenommen, die Indexmenge $I = \{i_1, \dots, i_m\} \subset \overline{1, n}$ ist eEG einer jeden erzeugenden Abbildung $h^{(j)}$, $j \in \overline{1, s}$, der Halbgruppe H. Dann ist I auch EG aller Funktionen $h_i^{(j)}$, $i \in I$, $j \in \overline{1, s}$, und in diesen können die fiktiven Variablen x_i, $i \notin \{i_1, \dots, i_m\}$ entfernt werden. Die so entstehenden Funktionen $\tilde{h}_i^{(j)}$

$$\forall j \in \overline{1, s} \forall i \in I \forall (x_1, \dots, x_n) \in \mathcal{B}^n : \tilde{h}_i^{(j)}(x_{i_1}, \dots, x_{i_m}) := h_i(x_1, \dots, x_n)$$

definieren die Abbildungen $\tilde{h}^{(j)} : \mathcal{B}^m \to \mathcal{B}^m$ mit

$$\forall j \in \overline{1, s} \forall y \in \mathcal{B}^m : \tilde{h}^{(j)}(y) = (\tilde{h}_1^{(j)}(y_1, \dots, y_m), \dots, (\tilde{h}_m^{(j)}(y_1, \dots, y_m))$$

Folglich gilt für die Projektion $\pi : \mathcal{B}^n \to \mathcal{B}^m$, $\pi(x_1, \dots, x_n) = (x_{i_1}, x_{i_2}, \dots, x_{i_m})$, und alle Erzeugenden $g^{(j)}$

$$\forall j \in \overline{1, l} \forall x \in \mathcal{B}^n : \pi(h^{(j)}(x)) = \tilde{h}^{(j)}(\pi(x)) \tag{8.11}$$

Da jedes f aus H o. B. d. A. als Produkt $f = (h^{(j_1)})^{k_1} (h^{(j_2)})^{k_2} \cdot \ldots \cdot (h^{(j_t)})^{k_t}$ der Erzeugenden darstellbar ist, nutzen wir eine vollständige Induktion nach der Länge der Produkte aus Erzeugenden. Der Induktionsanfang ist mit (8.11) bereits gegeben. Dann folgt der Induktionsschritt für alle $x \in \mathcal{B}^n$

$$\begin{aligned}
\pi(f(x)) &= \pi(((h^{(j_1)})^{k_1} \cdot (h^{(j_2)})^{k_2} \cdot \ldots \cdot (h^{(j_t)})^{k_t})(x)) \\
&= \pi(h^{(j_1)}((h^{(j_1)})^{k_1-1} \cdot (h^{(j_2)})^{k_2} \cdot \ldots \cdot (h^{(j_t)})^{k_t})(x)) \\
&= \tilde{h}^{(j_1)}(\pi((h^{(j_1)})^{k_1-1} \cdot (h^{(j_2)})^{k_2} \cdot \ldots \cdot h^{(j_t)})^{k_t}(x))) \\
&= \tilde{h}^{k_1}(\pi(f'(x))) \\
&= \tilde{f}(\pi(x))
\end{aligned}$$

wobei $f' = (h^{(j_1)})^{k_1-1} \cdot (h^{(j_2)})^{k_2} \cdot \ldots \cdot (h^{(j_t)})^{k_t}$. $\rho(\pi)f := \tilde{f}$ dann die Reduktion von H auf $\tilde{H}$ durch π, $\tilde{H} = \rho(\pi)H$ ist. ■

Korollar 8.1 *Eine Menge E ist ein echtes (P, D)-EG, wenn E ein eEG einer jeden Erzeugenden eines ES der Gruppe $G(P, D)$ ist.*

Für die (P, D) aus der LZS-Klasse KT1 folgt aus den Sätzen 8.2 und 8.3 sofort auch der folgende Satz 8.4.

Satz 8.4 *Für (P, D) in der LZS-Klasse KT1 existieren keine Reduktionshomomorphismen.*

(P, D)-EG erzeugen Blöcke der Gruppe $G(P, D)$.

Lemma 8.2 *Jedes echte (P, D)-EG $I = \{i_1, i_2, \ldots, i_m\}$ einer transitiven Permutationsgruppe $G(P, D)$ erzeugt ein I-System*

$$\bar{U}_a = \{U \in M \mid (u_{i_1}, u_{i_2}, \ldots, u_{i_m}) = (a_1, a_2, \ldots, a_m),\ a \in \mathcal{B}^m\}$$

Beweis Seien $I = \{i_1, i_2, \ldots, i_m\}$ ein echtes (P, D)-EG und $G(P, D)$ die durch die Abbildungen $\varphi(p)$ erzeugte transitive Permutationsgruppe. Aus der Definition echter (P, D)-EG folgt, dass für alle $p \in \mathcal{B}^3$ und alle $i \in I$ die Beziehung $E(\varphi_i) \subseteq I$ gilt. Damit können die BF $\varphi_i(s_1 s_2, f, u_1, \ldots, u_{36})$ auf BF ihrer effektiven Variablen reduziert, also mindestens als $\hat{\varphi}_i(s_1 s_2, f, u_{i_1}, u_{i_2}, \ldots, u_{i_m})$ geschrieben werden.

$$\forall i \in I \forall a \in \mathcal{B}^m \forall p \in \mathcal{B}^3 \forall U \in \bar{U}_a :$$
$$\varphi_i(s_1 s_2, f, u_1, \ldots, u_{36}) = \hat{\varphi}_i(s_1 s_2, f, a_1, a_2, \ldots, a_m)$$

Wir bezeichnen für beliebige $a \in \mathcal{B}^n$ und $p \in \mathcal{B}^3$

$$\begin{aligned} b(p,a) &:= (b_1(p,a), \ldots, b_m(p,a)) \\ &:= \left(\hat{\varphi}_1(s_1s_2, f, a_1, a_2, \ldots, a_m), .., \hat{\varphi}_m(s_1s_2, f, a_1, a_2, \ldots, a_m)\right) \end{aligned}$$

und erhalten

$$\forall a \in \mathcal{B}^m \forall p \in \mathcal{B}^3 : \varphi(p)\bar{X}_a = \bar{X}_{b(p,a)}$$

Damit gilt (8.8) zunächst für alle Abbildungen $\varphi(p)$ mit $p \in \mathcal{B}^3$. Da die Abbildungen $\varphi(p)$, $p \in \mathcal{B}^3$, ein ES der Gruppe $G(P, D)$ bilden, gilt (8.8) für alle $g \in G(P, D)$. ■

8.3 Untersuchung der Imprimitivitätssysteme

Die Untersuchung der Reduktionshomomorphismen der Gruppen $G^*(P^*, R)$ und $G(P, D)$ wird jetzt auf Imprimitivitätssysteme beliebiger Permutationsgruppen G über der Menge X, $G \leq \mathfrak{S}(X)$, und deren Homomorphismen erweitert. Im Fall transitiver Gruppen $G(P, D)$ sind die (P, D)-EG Beispiele für I-Gebiete.

Aus der Definition des Orbits und der Transitivität imprimitiver Gruppen folgt sofort Lemma 8.3.

Lemma 8.3 *Alle Blöcke eines Orbits sind gleich mächtig. Alle I-Gebiete eines I-Systems einer imprimitiven Gruppe sind gleich mächtig.*

Wir nennen [2] folgend eine Permutation $g \in \mathfrak{S}(X)$ imprimitiv, wenn eine imprimitive Gruppe G existiert, die g enthält, anderenfalls heißt sie primitiv. Aus dieser Definition folgt sofort Lemma 8.4.

Lemma 8.4 *Eine Permutation $g \in \mathfrak{S}(X)$ ist genau dann primitiv, wenn jede transitive Gruppe $G \leq \mathfrak{S}(X)$, die g enthält, primitiv ist.*

Satz 8.5 stellt einen Zusammenhang zwischen der Primitivität einer Gruppe und der Primitivität ihrer Erzeugenden her.

Satz 8.5 *Sei $g_1, \ldots, g_s$ ein ES der transitiven Permutationsgruppe G, $G = \langle g_1, \ldots, g_s \rangle \leq \mathfrak{S}(X)$. Wenn eine Zerlegung $\bar{X}$ der Basismenge X mit $2 \leq |\bar{X}| < |X|$ existiert, für die gilt*

$$\forall i \in \overline{1,s} \forall X' \in \bar{X} : g_i(X') \in \bar{X} \tag{8.12}$$

dann ist G imprimitiv. Wenn wenigstens ein g_i, $i \in \overline{1,s}$, eine primitive Permutation ist, so ist auch G primitiv.

Beweis Aus (8.12) für die Erzeugenden der transitiven Permutationsgruppe G folgt (8.8) für beliebige $g \in G$. Dann ist $\bar{X}$ ein I-System von G. Der zweite Teil der Behauptung folgt aus der Definition der primitiven Permutationen. ■

Offensichtlich sind alle Erzeugenden imprimitiver Gruppen imprimitive Permutationen. Die Umkehrung gilt nicht. Selbst wenn alle Erzeugenden einer transitiven Gruppe imprimitiv sind, kann die Gruppe primitiv sein, wie das Beispiel im Abschn. 8.3 unten zeigt.

Wir untersuchen nun Eigenschaften imprimitiver Permutationen im Zusammenhang mit ihrer Zyklenstruktur.

Seien G eine imprimitive Gruppe, g ein Element aus G, $g \in G \leq \mathfrak{S}(X)$, und $\Omega = (\Omega_1, \Omega_2, \ldots, \Omega_K)$ die Zyklen von g über X. Sei weiter $\bar{X} = \{X_i\}_{i \in \overline{1,n}}$ ein I-System von G. Wir bezeichnen das I-Gebiet, in dem das Element x der Basismenge liegt, kurz mit $[x]$. Dann ist (Θ, θ) ein Permutationshomomorphismus mit dem Gruppenhomomorphismus $\Theta : G \to \bar{G}$ der Gruppe G auf die Gruppe $\bar{G} \leq \mathfrak{S}(M(\bar{X})$ über den I-Gebieten und $\theta(x) := [x]$ für alle $x \in \Omega$. Dann ist $\bar{g}$, $\bar{g} = \Theta(g) \in \bar{G}$, das homomorphe Bild von g in $\bar{G}$ mit den Zyklen $\omega = (\omega_1, \omega_2, \ldots, \omega_k)$ über den I-Gebieten. Alle Zyklen, die durch θ auf ein und denselben Zyklus der I-Gebiete abgebildet werden, bilden einen Cluster

$$\Gamma(x) = \{\Omega_i \mid [x] \cap \Omega_i \neq \emptyset\}$$

Dies ist in Abb. 8.2 beispielhaft dargestellt. Die Zyklen Ω_2 und Ω_3 bilden einen Cluster und werden beide durch Θ auf den Zyklus ω_2 der I-Gebiete ihrer Elemente abgebildet. Die Zyklen Ω_1 und Ω_n bilden eigene Cluster.

Wir bezeichnen die Längen der Zyklen $\Omega = (\Omega_1, \Omega_2, \ldots, \Omega_K)$ mit $(L_1, \ldots L_K)$ und die Längen der Zyklen $\omega = (\omega_1, \omega_2, \ldots, \omega_k)$ mit Zyklenlängen $(l_1, \ldots l_k)$. Da θ für beliebige $x \in x$ mit $\Omega(x)$ auch alle anderen Zyklen des Clusters $\Gamma(x)$ auf den Zyklus $\omega([x])$ abbildet, können wir die Cluster $\Gamma = (\Gamma_1, \ldots, \Gamma_k)$ so nummerieren und Clusterindizes $\kappa_1, \ldots, \kappa_K$ so definieren, dass aus $x \in \Omega_i$ und $[x] \in \omega_j$ folgt $\kappa_i = j$ und $\Omega_i \in \Gamma_j$.

Satz 8.6 *Für die Zyklenstruktur eines imprimitiven Elements g in einer imprimitiven Gruppe G, $g \in G \leq \mathfrak{S}(X)$, gilt für alle i aus $\overline{1,k}$*

$$l_i \mid ggT\{L_j \mid \kappa_j = i\} \tag{8.13}$$

$$\frac{\sum_{j=1}^{K} L_j}{\sum_{j=1}^{k} l_j} = \frac{\sum_{\{j \mid \kappa_i = i\}} L_j}{l_i} = m \tag{8.14}$$

wobei m die Mächtigkeit der I-Gebiete ist.

Beweis Die Gl. (8.14) stellt die Mächtigkeit m der I-Gebiete, die nach Lemma 8.3 für alle I-Gebiete gleich ist, als zwei Quotienten dar. Links steht der Quotient der

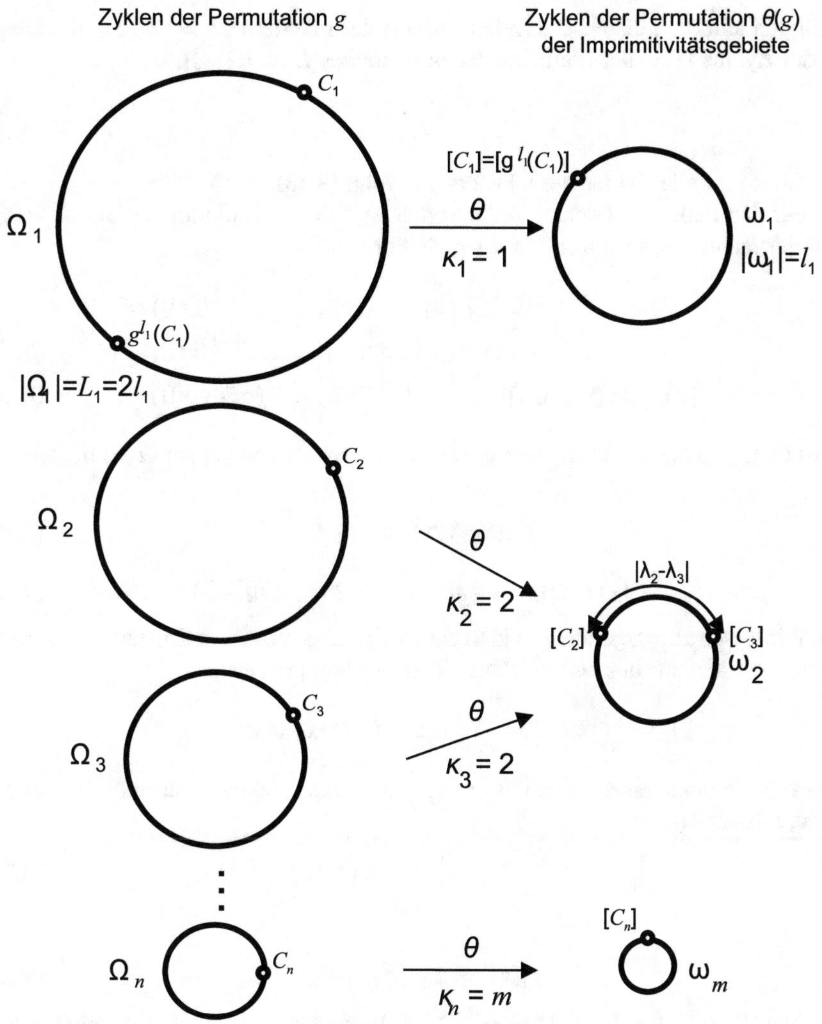

Abb. 8.2 Zyklenstrukturen einer Permutation g und ihres homomorphen Bildes $\theta(g)$

Mächtigkeit der Basismenge $\sum_{j=1}^{K} L_j$ und der Gesamtanzahl der I-Gebiete $\sum_{j=1}^{k} l_j$. Der mittlere Ausdruck ist der Quotient aus der Anzahl der Basiselemente eines Clusters $\sum_{\{j:|\kappa=i\}} L_j$ und der Anzahl der I-Gebiete l_i des Zyklus, auf den die Zyklen des Clusters abgebildet werden.

Sei x ein beliebiges Element der Basismenge X, $x \in X$, und $\Omega(x)$ der Zyklus von g, auf dem x liegt. Die Abbildung θ bildet den Zyklus $\Omega(x)$ von g auf einen Zyklus $\omega([x])$ von $\bar{g}$ ab, der das I-Gebiet $[x]$ enthält, $\theta(\Omega(x)) = \omega([x])$.

$$(x, g(x), g^2(x), \ldots, g^{L-1}(x)) \overset{\theta}{\to} ([x], \bar{g}([x]), \bar{g}^2([x]), \ldots, \bar{g}^{L-1}([x])) \quad (8.15)$$

Folglich teilt die Länge l des Zyklus $\omega([x])$ der I-Systeme, $l := |\omega(x)|$, die Länge L des Zyklus $\Omega(x)$ der Elemente der Basismenge, $L := |\Omega(x)|$,

$$l \mid L \tag{8.16}$$

Da (8.16) für alle Zyklen des Clusters gilt, folgt (8.13).

Für den Fall, dass l echter Teiler von L ist, $L = c \cdot l$, nimmt das Bild $\theta(\Omega(x))$ auf der rechten Seite von (8.15) folgende Form an

$$([x], \bar{g}([x]), \bar{g}^2([x]), \dots, \bar{g}^{L-1}([x])) =$$

$$([x], \bar{g}([x]), \bar{g}^2([x]), \dots, \bar{g}^{l-1}([x]), \tag{8.17}$$

$$[x], \bar{g}([x]), \bar{g}^2([x]), \dots, \bar{g}^{2l-1}([x]), \dots, \bar{g}^{cl-1}([x])) \tag{8.18}$$

Aus (8.15) und (8.17) folgt, dass genau L/l Elemente von $[x]$ auf $\Omega(x)$ liegen

$$|\Omega(x) \cap [x]| = L/l \tag{8.19}$$

$$[x] \cap \Omega(x) = \{g^j(x) \mid j \in l \cdot \overline{0, L/|l - 1}\} \tag{8.20}$$

Wir fassen alle diejenigen Zyklen der Basismenge zu einem Cluster $\Gamma(x)$ zusammen, die Elemente aus ein und demselben I-Gebiet $[x]$ besitzen,

$$\Gamma(x) := \left\{\Omega' \in \Omega \mid \Omega' \cap [x] \neq \emptyset\right\}$$

Da alle Elemente eines I-Gebiets $[x]$ auf den Zyklen Ω' des Clusters $\Gamma(x)$ verteilt sind, folgt aus (8.20)

$$[x] = \bigcup_{\Omega' \in \Gamma(x)} ([x] \cap \Omega') \tag{8.21}$$

$$|[x]| = \Sigma_{\Omega' \in \Gamma(x)} |\Omega'|/l \tag{8.22}$$

Aus $|X| = \sum_{j=1}^{K} L_j$ und $|\bar{X}| = \sum_{i=1}^{k} l_j$ sowie Satz 8.14 folgt, dass der Quotient auf der linken Seite von (8.14) die Mächtigkeit der I-Gebiete ist. Aus (8.22) folgt, dass auch die rechte Seite gleich der Mächtigkeit der I-Gebiete ist. ■

Korollar 8.2 formuliert die Kontraposition des Satzes 8.6 für den Nachweis der Primitivität einer Permutation.

Korollar 8.2 *Sei G transitiv. Wenn für eine Permutation $g \in G$ mit den Zyklenlängen $L_1, \dots L_K$ keine Tupel natürlicher Zahlen $(l_1, \dots l_k)$ mit $k \leq K$ und $(\kappa_1, \dots, \kappa_K)$ existieren, für die folgende Bedingungen erfüllt sind*

$$\forall i \in \overline{1, k} : l_i \mid \gcd\{L_j \mid \kappa_j = i\} \tag{8.23}$$

$$\forall i \in \overline{1,k} : \frac{\sum_{j=1}^{K} L_j}{\sum_{j=1}^{k} l_j} = \frac{\sum_{\{j|\kappa_i=j\}} L_j}{l_i} \tag{8.24}$$

dann ist g primitiv.

Wir veranschaulichen die Aussagen von Satz 8.6, Korollar 8.2 und Lemma 8.6 an einem einfachen Beispiel:

Beispiel: primitive Gruppe mit imprimitiven Erzeugenden

Es seien die drei Permutationen $g_1 = (1, 2, 3, 4, 5, 6)$, $g_2 = (1, 2)(3, 4)(5, 6)$ und $g_3 = (1, 2, 3)(4, 5, 6)$ gegeben. Die Gruppe $G_1 =< g_1 >$ ist imprimitiv. $I_1 = \{\{1, 3, 5\}, \{2, 4, 6\}\}$ und $I_2 = \{\{1, 4\}, \{2,5\}, \{3,6\}\}$ sind I-Systeme von G_1. Die Gruppe $G_2 =< g_1, g_2 >$ ist imprimitiv und I_1 ist I-System von G_2. I_2 ist kein I-System von G_2. Die Gruppe $G_3 =< g_1, g_3 >$ ist imprimitiv und I_2 ist I-System von G_3. I_1 ist I-System von G_3. Die Permutationen $g_{:1}$, g_2 und g_3 sind folglich imprimitiv. Die Gruppe $< g_1, g_2, g_3 >$ ist die Symmetrische Gruppe $\mathfrak{S}_6$ und primitiv. ◀

Die bisherigen Ergebnisse beschreiben die quantitativen Beziehungen zwischen den Zyklenlängen der Elemente der Basismenge und der Zyklenlängen der I-Gebiete. Daraus ergeben sich notwendige Bedingungen für die Imprimitivität bzw. hinreichende Bedingungen für die Primitivität der Gruppe. Bezüglich der hinreichenden Bedingungen für die Imprimitivität der Gruppe untersuchen wir die Lage der Elemente der Basismenge auf den Zyklen $\Omega_1, \Omega_2, \ldots, \Omega_K$ und deren I-Gebiete auf den Zyklen $\omega_1, \omega_2, \ldots, \omega_k$.

Wir wählen o. B. d. A. die $(C_1, \ldots, C_K)$ als Repräsentanten der Zyklen $(\Omega_1, \ldots, \Omega_K)$ über der Basismenge, $C_i \in \Omega_i$, $i \in \overline{1, K}$. Weiterhin wählen wir für jeden Cluster Γ_j, $j \in \overline{1, k}$, einen Zyklus $\Omega_{i_j} \in \Gamma_j$ aus. So erhalten wir durch $D_j = [C_{i_j}]$ Repräsentanten $(D_1, \ldots, D_k)$ der Zyklen der I-System $\omega_1, \omega_2, \ldots, \omega_k$. Der Vektor $\bar{\lambda} = (\lambda_1, \ldots, \lambda_n)$ beschreibt die relative Lage des I-Gebiets $[C_i]$ zu dem Repräsentanten D_{κ_i} seines Clusters Γ_{κ_i}

$$\lambda_i := \min\{l \mid \bar{g}^l([C_i]) = D_{\kappa_i}\} \tag{8.25}$$

Außerdem setzen wir für die ausgewählten Repräsentanten der Cluster $[C_{i_j}] = D_{\kappa_i}$ den Abstand $\lambda_{i_j} = 0$.

Zur Veranschaulichung dieser Konstruktion zeigt Abb. 8.3 beispielhaft drei Zyklen $\Omega_1, \Omega_2, \Omega_3$ eines Clusters Γ_1 und ihr θ-Abbild ω_1. $[C_2]$ (im Bild als rote Kreisfläche auf ω_1 dargestellt) ist das I-Gebiet des Repräsentanten C_2 des Zyklus Ω_2 und als Repräsentant D_1 des Clusters ausgewählt, $[C_2] = D_1$. Das I-Gebiet $[C_1]$ (blaue Kreisfläche) des Repräsentanten C_1 des Zyklus Ω_1 liegt im Abstand λ_1 und das I-Gebiet $[C_3]$ (grüne Kreisfläche) des Repräsentanten C_3 des Zyklus Ω_3 liegt im Abstand λ_3 von D_1 entfernt. In Abb. 8.3 ist $\lambda_1 < \lambda_3$. Die Reihenfolge und die

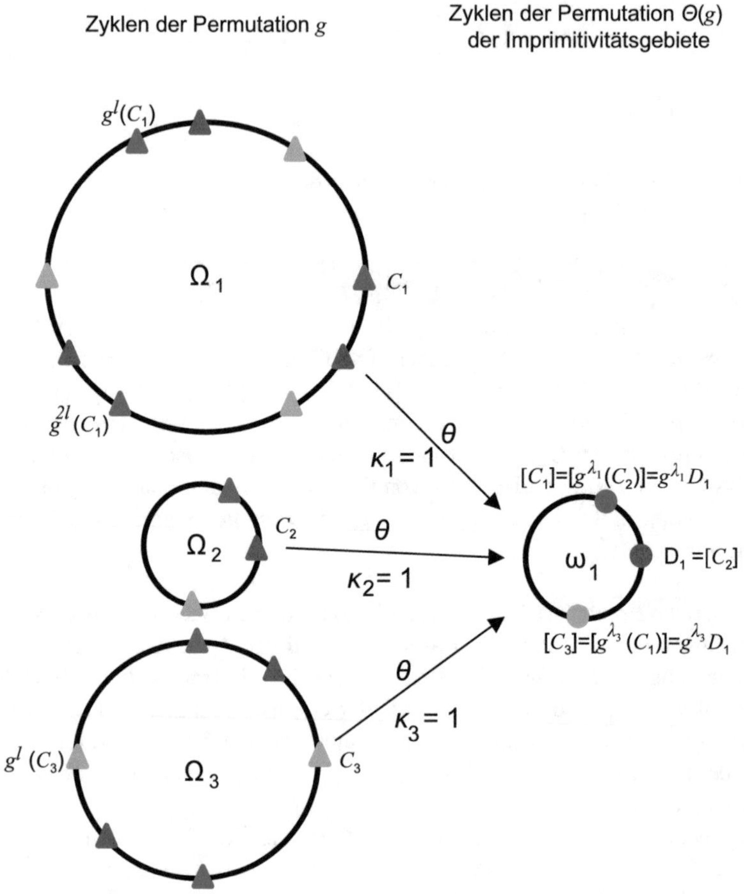

Abb. 8.3 Lage der I-Gebiete – Repräsentanten auf den Zyklen eines Clusters

Abstände der I-Gebiete auf dem Zyklus ω_1 wiederholen sich für deren Elemente auf den Zyklen $[C_i] \cap \Omega_i$, $i = 1, 2, 3$, in der Abbildung als Dreiecke in den Farben ihrer I-Gebiete dargestellt.

Lemma 8.5 beschreibt die Verteilung der I-Gebiete über den Zyklen eines Clusters.

Lemma 8.5 *Für beliebige $x \in X$ sei i durch $[x] \in \Omega_i$ und $a(x)$ durch $x = g^{a(x)}(C_i)$, $0 \leq a(x) \leq l_{\kappa_i} - 1$, definiert. So gilt*

$$[x] = \bigcup_{i:\Omega_i \in \Gamma_{\kappa_i}} \left\{ g^j(C_i) \mid j \in l_i \cdot \overline{0, L_i/l_{\kappa_i} - 1} + \lambda_i + a(x) \right\} \tag{8.26}$$

Beweis Aus (8.20) folgt, dass L_i/l_{κ_i} Elemente des I-Gebiets $[C_i]$ auf jedem Zyklus Ω_i des Clusters Γ_{κ_i} im Abstand l_{κ_i} liegen. Aus (8.25) folgt weiterhin, dass die Elemente des I-Gebiets $[C_i]$ im Abstand λ_i (in Richtung des Zyklus) von den Elementen des I-Gebiets D_{κ_i} liegen. Da man die Lage von Elementen auf einem Zyklus Ω_i im Abstand von C_i misst, schreiben wir für $[C_i]$

$$[C_i] = \bigcup_{i:\Omega_i \in \Gamma_{\kappa_i}} \left\{ g^j(C_i) \mid j \in l_{\kappa_i} \cdot \overline{0, L_i/l_{\kappa_i} - 1} + \lambda_i \right\} \tag{8.27}$$

Allgemeiner gilt für das I-System $[x]$ eines beliebigen Elements x auf einem Zyklus Ω_i des Clusters Γ_{κ_i} mit dem Abstand $a(x)$ vom Repräsentanten C_i, $x = g^{a(x)}(C_i)$, $a_i \in \overline{0, l_{\kappa_i} - 1}$,

$$[x] = \bigcup_{i:\Omega_i \in \Gamma_{\kappa_i}} \left\{ g^j(C_i) \mid j \in l_{\kappa_i} \cdot \overline{0, L_i/l_{\kappa_i} - 1} + \lambda_i + a(x) \right\} \tag{8.28}$$

■

Kommen wir nun zur Formulierung notwendiger und hinreichender Bedingungen für die Primitivität einer Gruppe und die Bestimmung der I-Gebiete imprimitiver Gruppen auf der Grundlage der Zyklenstruktur ihrer Erzeugenden.

Sei dazu G eine transitive Permutationsgruppe über X und $g^{(1)}, g^{(2)}, \dots, g^{(s)}$ ein ES von G. Für jedes $i = 1, \dots, s$ sei $(\Omega_1^{(i)}, \dots, \Omega_{K^{(i)}}^{(i)})$ die Zykluszerlegung von $g^{(i)}$. Seien weiter $L_1^{(i)}, \dots, L_{K^{(i)}}^{(i)}$ die Zyklenlängen $L_j^{(i)} = |\Omega_j^{(i)}|$ mit $j \in \overline{1, K^{(i)}}$ und $C^{(i)} = (C_1^{(i)}, \dots, C_{K^{(i)}}^{(i)})$ Repräsentanten der Zyklen $(\Omega_1^{(i)}, \dots, \Omega_{K^{(i)}}^{(i)})$, $C_j^{(i)} \in \Omega_j^{(i)}$. Schließlich seien für jedes $i \in \overline{1, s}$ Tupel natürlicher Zahlen $l^{(i)} = (l_1^{(i)}, \dots l_{k^{(i)}}^{(i)})$, $k^{(i)} \leq K^{(i)}$, und Tupel $\kappa^{(i)} = (\kappa_1^{(i)}, \dots, \kappa_{K^{(i)}}^{(i)})$ mit $\kappa_i^{(i)} \in \overline{1, k^{(i)}}$ gegeben, die die folgenden Bedingungen erfüllen

$$2 \leq \sum_{j=1}^{k^{(i)}} l_j^{(i)} \leq |X|/2 \tag{8.29}$$

$$\forall i \in \overline{1, s} \forall j \in \overline{1, k^{(i)}} : l_j^{(i)} | ggT\{L_t^{(i)} \mid \kappa_t^{(i)} = j\} \tag{8.30}$$

$$\forall i \in \overline{1, s} \forall j \in \overline{1, k^{(i)}} : \frac{\sum_{t=1}^{K^{(i)}} L_t^{(i)}}{\sum_{t=1}^{k^{(i)}} l_t^{(i)}} = \frac{\sum_{\{j | \kappa_i^{(i)} = j\}} L_j^{(i)}}{l_j^{(i)}}. \tag{8.31}$$

Zu beliebigen $\lambda^{(i)} = (\lambda_1^{(i)}, \dots, \lambda_{K^{(i)}}^{(i)}) \in \overline{0, l_{\kappa_1^{(i)}} - 1} \times \dots \times \overline{0, l_{\kappa_{K^{(i)}}^{(i)}} - 1}$, $j \in \overline{0, k^{(i)} - 1}$ und $m \in \overline{0, l_j^{(i)} - 1}$ bilde man die Mengen

$$\begin{aligned} H(g_i, l^{(i)}, \kappa^{(i)}, \lambda^{(i)}, j, m) := \{x \mid \exists r \in \overline{1, K^{(i)}} \exists t \in \overline{0, L_s^{(i)}/l_j^{(i)} - 1} : \\ \kappa_r = j \wedge x = g^b(C_r), b = l_j^{(i)} \cdot t + \lambda_s - \lambda_i + m\} \end{aligned} \tag{8.32}$$

und damit die Zerlegungen

$$H(g^{(i)}, l^{(i)}, \kappa^{(i)}, \lambda^{(i)}) := \left\{ \bar{X} \in \mathcal{Z} \mid \bar{X} = \bigcup_{j=1}^{k_i} \bigcup_{m=0}^{l_j^{(i)}-1} H(g_i, l^{(i)}, \kappa^{(i)}, \lambda^{(i)}, j, m) \right\} \tag{8.33}$$

Satz 8.7 *Sei G transitiv und $H(g^{(i)})$ die Menge aller Zerlegungen $H(g^{(i)}, l^{(i)}, \kappa^{(i)}, \lambda^{(i)})$ und insbesondere $H(g^{(i)}) = \emptyset$, wenn für $i \in \overline{1, s}$ keine Tupel $l^{(i)}$ und $\kappa^{(i)}$ obiger Art existieren. Es sei $\Delta = \cap_{i=1}^{s} H\left(g^{(i)}\right)$ gesetzt. Dann ist G genau dann primitiv, wenn*

$$\Delta = \emptyset \tag{8.34}$$

Wenn $\Delta \neq \emptyset$, sind die $\bar{X} \in \Delta$ die I-Systeme von G.

Vor dem Beweis des Satzes 8.7 erläutern wir kurz die darin enthaltenen Bedingungen. Die Bedingungen (8.29), (8.30) und (8.31) formulieren notwendige Bedingungen für die Existenz eines I-Systems, wie sie sich aus der Zyklenstruktur der Erzeugenden $g^{(i)}$ ergeben. Wenn die notwendigen Bedingungen erfüllt sind, so beschreiben die Mengen $H\left(g_i, l^{(i)}, \kappa^{(i)}, \lambda^{(i)}, j, m\right)$ mögliche I-Gebiete, wie sie sich in der Zyklenstruktur der Erzeugenden $g^{(i)}$ für ein mögliches Cluster $\Gamma_j^{(i)}$ ergeben könnten (vgl. (8.32) im Lemma 8.5). Die Bedingung (8.34) entspricht (8.12) im Satz 8.5.

Beweis Wir beweisen den Satz indirekt. Sei G imprimitiv und $\bar{X}$ ein I-System von G.

Aus Satz 8.5 folgt, dass für jedes $g^{(i)}$ mit $i \in \overline{1, s}$ die Längen $l^{(i)} = (l_1^{(i)}, \ldots l_{k^{(i)}}^{(i)})$, $k^{(i)} \leq K^{(i)}$, der durch $g^{(i)}$ induzierten Zyklen $(\omega_1^{(i)}, \ldots, \omega_{k^{(i)}}^{(i)})$ über den I-Gebieten und die Zuordnung $\kappa^{(i)} = (\kappa_1^{(i)}, \ldots, \kappa_{K^{(i)}}^{(i)})$ mit $\kappa_i^{(i)} \in \overline{1, k^{(i)}}$ der Zyklen $(\Omega_1^{(i)}, \ldots, \Omega_{K^{(i)}}^{(i)})$ zu den Zyklen $(\omega_1^{(i)}, \ldots, \omega_{k^{(i)}}^{(i)})$ die Bedingungen (8.30) und (8.31) erfüllen.

Aus Lemma 8.5 folgt, dass für jedes $i \in \overline{1, s}$ ein $\lambda^{(i)} = (\lambda_1^{(i)}, \ldots, \lambda_{K^{(i)}}^{(i)}) \in \overline{0, l_{\kappa_1^{(i)}} - 1} \times \ldots \times \overline{0, l_{\kappa_{K^{(i)}}^{(i)}} - 1}$ existiert, so dass die Zerlegungen $\bar{X} \in H(g^{(i)}, l^{(i)}, \kappa^{(i)}, \lambda^{(i)})$ ist.

Folglich gilt auch $\bar{X} \in H(g^{(i)})$ für alle $i \in \overline{1, s}$ und $\bar{X} \in \Delta$, also ist $\Delta \neq \emptyset$.

Damit ist die eine Beweisrichtung beendet.

Sei umgekehrt $G =< g^{(1)}, g^{(2)}, \ldots, g^{(s)} >$ eine transitive Permutationsgruppe mit nichtleerem Δ und $\bar{X} \in \Delta$ ein beliebig gewähltes Element.

Dann existieren für alle $i \in \overline{1, s}$ die Tupel $l^{(i)} = (l_1^{(i)}, \ldots, l_{k^{(i)}}^{(i)})$, $k^{(i)} \leq K^{(i)}$, und

$$H(g^{(i)}, l^{(i)}, \kappa^{(i)}, \lambda^{(i)}, j, m) = \{x \mid \exists r \in \overline{1, K^{(i)}} \exists t \in \overline{0, L_s^{(i)}/l_j^{(i)} - 1} :$$
$$\kappa_r = j \wedge x = g^b(C_r), b = l_j^{(i)} \cdot t + \lambda_s - \lambda_i + m\}$$

$\kappa^{(i)} = (\kappa_1^{(i)}, \ldots, \kappa_{K^{(i)}}^{(i)})$ mit $\kappa_i^{(i)} \in \overline{1, k^{(i)}}$, die (8.29), (8.30) und (8.31) erfüllen, sowie $\lambda^{(i)} = (\lambda_1^{(i)}, \ldots, \lambda_{K^{(i)}}^{(i)}) \in \overline{0, l_{\kappa_1^{(i)}} - 1} \times \ldots \times \overline{0, l_{\kappa_{K^{(i)}}^{(i)}} - 1}$, so dass sich für $\overline{X}$ ergibt:

$$\bar{X} = H(g^{(i)}, l^{(i)}, \kappa^{(i)}, \lambda^{(i)}) = \bigcup_{j=1}^{k_i} \bigcup_{m=0}^{l_j^{(i)}-1} H\left(g^{(i)}, l^{(i)}, \kappa^{(i)}, \lambda^{(i)}, j, m\right)$$

Es folgt

$$g^{(i)}\left(H\left(g^{(i)}, l^{(i)}, \kappa^{(i)}, \lambda^{(i)}, j, m\right)\right) = H\left(\left(g^{(i)}, l^{(i)}, \kappa^{(i)}, \lambda^{(i)}, j, m+1 \mod l_j^{(i)}\right)\right)$$

$$g^{(i)}\left(H\left(g^{(i)}, l^{(i)}, \kappa^{(i)}, \lambda^{(i)}\right)\right) = H\left(g^{(i)}, l^{(i)}, \kappa^{(i)}, \lambda^{(i)}\right)$$

Aus der Invarianz gegenüber einer Multiplikation mit einem beliebigen erzeugenden Element folgt, dass $\bar{X}$ I-System ist. ■

Auf der Grundlage dieses Satzes entwickelten wir den im Abschn. 8.4 beschriebenen Algorithmus, mit dem die Primitivität der Gruppe $G(P, D)$ für LZS verifiziert werden konnte.

8.4 Prüfung auf Primitivität

Die Entscheidung, ob eine beliebige transitive Permutationsgruppe G imprimitiv oder primitiv ist, kann, wenn die Zyklenlängen für alle Erzeugenden eines ES bekannt sind, anhand der Sätze des Abschn. 8.3 getroffen werden. Der Nachweis der Primitivität nach Korollar 8.2 kann bereits bei Kenntnis aller Zyklenlängen eines Gruppenelements gelingen. Hulpke stellte eine Implementierung eines solchen Tests für das Programm GAP[1] bereit [2,39].

Für den Nachweis der Primitivität der Gruppe $G(P, D)$ mit Hilfe des Korollars 8.2 ist im allgemeinen Fall die vollständige Kenntnis der Zyklenstruktur der Permutationen eines ES erforderlich. Die vollständige Berechnung der Zyklenstruktur einer Abbildung $\varphi(p)$ war uns für die LZS-Kandidaten jedoch praktisch nicht möglich. Mit dem Algorithmus zur teilweisen Berechnung der Zyklenstrukturen im Abschn. 7.4.2 wurden die theoretischen Voraussetzungen für die Überprüfung der Primitivität der Gruppe $G(P, D)$ der LZS-Kandidaten geschaffen. Im folgenden Abschn. 8.4 zeigen

[1] Groups, Algorithms, Programming – a System for Computational Discrete Algebra https://www.math.colostate.edu/~hulpke/examples/primitivepermutation.

wir, dass bereits die teilweise Kenntnis der Zyklenstrukturen für den Nachweis ausreichen kann. Wir geben zunächst im Abschn. 8.4.1 ein notwendiges Kriterium für die Imprimitivität einer Gruppe bei teilweise bekannter Zyklenstruktur an, wie sie z. B. nach den Methoden im vorangegangenen Abschnitt berechnet wurden. Wir führen einen Algorithmus an, der nach Korollar 8.2 die Primitivität einer Gruppe nachweisen kann oder potentielle Zyklenstrukturen der I-Systeme ausgibt. Die potentiellen Zyklenstrukturen der I-Systeme können dann durch Nutzung der Lage der Kontrollwerte auf den Zyklen weiter untersucht werden. Im Abschn. 8.4.3 zeigen wir, wie der Nachweis der Primitivität bereits bei Kenntnis einer Zykluslänge einer großen Primzahl gelingen bzw. wie er die Anwendung des Algorithmus vereinfachen kann.

8.4.1 Kriterium bei unvollständig bekannter Zyklenstruktur

Für den Nachweis der Primitivität können grundsätzlich Zyklenstrukturen beliebiger Gruppenelemente verwendet werden. Wir geben nun einen Algorithmus an, mit dem der Nachweis der Primitivität einer transitiven Permutationsgruppe möglich ist, wenn die Zyklenstruktur nur einiger Gruppenelemente und nur teilweise mit Algorithmus 7.1 bestimmt wurde. Die Grundidee besteht darin, dass die Mächtigkeit der Basismenge die Summe aller Zyklenlängen ist und sowohl die Anzahl der I-Gebiete als auch die Mächtigkeit der I-Gebiete als Teiler enthält. Wir spalten die Anzahl der Elemente der Basismenge in zwei Teilsummen auf, wobei die linke Teilsumme die bekannten und die rechte Teilsumme die unbekannten Zyklenlängen zusammenfassen.

$$L = \sum_{i=1}^{R} l_{\kappa_i} \frac{L_i}{l_{\kappa_i}} + \sum_{i=R+1}^{K} L_i \tag{8.35}$$

Wenn ein I-System existiert, kann die erste Teilsumme der bekannten Zyklenlängen nach oben abgeschätzt werden. Sie entspricht einem Auffüllen der I-Gebiete der bekannten Zyklen mit Elementen der zweiten Teilsumme der unbekannten Zyklenlängen.

Satz 8.8 *Seien G eine imprimitive Permutationsgruppe $G \leq \mathfrak{S}(X)$, $\bar{X}$ ein I-System von G und g ein Element von G. Seien $L_1, \ldots, L_K$ alle Zyklenlängen des Elements $g, l_1, \ldots, l_k$, und alle Zyklenlängen der durch g induzierten Permutation über den I-Gebieten und $\kappa_1, \ldots, \kappa_K$ die Clusterindizes. Angenommen, es seien nur die Zyklenlängen $L_1, \ldots, L_R$ von g, $R \leq K$, die Zyklenlängen $l_1, \ldots, l_r$, $r \leq k$, der I-Gebiete und die zugehörigen Clusterindizes $\kappa_1, \ldots, \kappa_R$, $\{\kappa_1, \ldots, \kappa_R\} \subseteq \overline{1, r}$, bekannt. Sei d_1 der kleinste Teiler von L, der größer oder gleich $\sum_{j=1}^{r} l_j$ ist, und d_2 der kleinste Teiler von L, der größer oder gleich dem Maximum der $\left(\Sigma_{\{j|\kappa_j=t \wedge j \leq R\}} L_j\right) / l_t$ für alle $t \in \overline{1, r}$ ist. Dann gilt folgende Ungleichung*

$$d_1 \cdot d_2 \leq |X| \tag{8.36}$$

Beweis Nach Lemma 8.3 sind alle I-Gebiete des I-Systems $\bar{X}$ gleich mächtig. Sei m die Mächtigkeit der I-Gebiete und l die Anzahl der I-Gebiete. Dann gilt

$$l \cdot m = L \tag{8.37}$$

Wir bezeichnen wieder mit $(\Omega_1, \ldots, \Omega_R)$ die Zyklen von g, mit $C_1, \ldots, C_R$ Vertreter der Elemente der Zyklen $(\Omega_1, \ldots, \Omega_R)$ und mit $\omega_1, \ldots, \omega_k$ die Zyklen der durch g induzierten Permutation über den I-Gebieten. Für beliebige j mit $\kappa_j = t$ und $j \leq R$ ist der Quotient $L_j/l_t = |\Omega_j \cap [C_j]|$ gleich der Anzahl derjenigen Elemente eines jeden I-Gebiets von ω_t, die auf dem Zyklus Ω_j liegen. Der Quotient

$$m_t := \frac{\sum_{\{j|\kappa_j=t \wedge j \leq R\}} L_j}{l_t}$$

ergibt die Anzahl der Elemente jedes I-Gebiets von ω_j, die auf den bekannten Zyklen Ω_j des Cluster Γ_t liegen. Gleichzeitig sind die m_t untere Grenzen für die Mächtigkeit der I-Gebiete und m Teiler von L. Wir erhalten

$$m_t \leq \max \left\{ \frac{\Sigma_{\{j|\kappa_j=t \wedge j \leq R\}} L_j}{l_t} \mid t \in \overline{1, r_i} \right\} \leq m$$

$$d_2 \leq m \tag{8.38}$$

Wegen

$$\sum_{j=1}^{R} l_j = l$$

ist die Summe der bekannten Zyklenlängen der I-Gebiete eine untere Schranke des Teilers l von $|X|$

$$d_1 \leq l \tag{8.39}$$

Multipliziert man die linken und die rechten Seiten der Ungleichungen (8.38) und (8.39), so erhält man gemäß (8.37) die Behauptung der Ungleichung (8.43). ■

Verschiedene Zyklen der Basismenge können einen Cluster bilden, wenn deren Längen einen gemeinsamen Teiler besitzen. Folgendes Korollar 8.3 schwächt die Bedingung (8.36) ohne Berücksichtigung von Clustern ab.

Korollar 8.3 *Sei G eine imprimitive Permutationsgruppe und mit den Bezeichnungen des Satzes 8.8* $l^* = \{l_1^*, \ldots, l_t^* \mid \forall (i,j) \in \overline{1, s}^2 : i \neq j \Rightarrow l_i^* \neq l^*\}$ *die Menge* *aller verschiedenen* $l_1, \ldots, l_r$, $s \leq r$. *Sei* d_1^* *der kleinste Teiler von L, der größer oder gleich* $\sum_{j=1}^{r} l_j^*$ *ist und* d_2^* *der kleinste Teiler von L, der größer oder gleich dem Maximum der* L_i / l_{κ_i} *für alle* $t \in \overline{1, r}$ *ist. Dann gilt die Ungleichung*

$$d_1^* \cdot d_2^* \leq |X| \tag{8.40}$$

Beweis Offensichtlich ist

$$\max\left\{\frac{L_j}{l_t} \mid t \in \overline{1, r}\right\} \leq \max\left\{\frac{\Sigma_{\{j|\kappa_j=t \wedge j \leq R\}} L_j}{l_t} \mid t \in \overline{1, r}\right\}$$

und folglich

$$d_2^* \leq d_2 \tag{8.41}$$

Die minimale Anzahl von I-Gebieten entsteht, wenn alle Zyklen, deren I-Gebiete auf einem Zyklus der Länge l_i^* liegen, zu ein und demselben Cluster gehören.

$$d_1^* \leq d_1 \tag{8.42}$$

Setzt man (8.41) und (8.42) in (8.40) ein, so erhält man die Behauptung. ■

Satz 8.8 beschreibt ein notwendiges Kriterium, um mögliche I-Systeme zu bilden, wie sie bereits im Satz 8.7 konstruiert wurden. Ein mögliches I-System kann dann widerlegt werden, wenn

$$d_1 \cdot d_2 > |X| \tag{8.43}$$

Diese Ungleichung gilt, wenn die Elemente in den unbekannten Zyklen nicht ausreichen, um die Lücken zwischen den Teilen der I-Gebiete der bekannten Zyklen zu der nächst möglichen Mächtigkeit der I-Gebiete zu füllen. Die Ungleichung (8.40) in Korollar 8.6 ist eine grobe Abschwächung der Ungleichung (8.43). Wenn c Zyklen den gleichen Teiler besitzen, so ist die Anzahl der möglichen Cluster dieser Zyklen gleich der Bell'schen Zahl B_c aller Partitionen einer Menge aus c Elementen[2]. Für einen schnelleren, aber unschärferen Primitivitätstest wäre dann zu prüfen, ob

$$d_1^* \cdot d_2^* > |X| \tag{8.44}$$

[2] Z. B. gilt $B_2 = 2, B_3 = 5$, $B_4 = 15$, $B_5 = 52$, $B_6 = 203$, s. https://dlmf.nist.gov/26.7.

8.4.2 Algorithmus zur Prüfung der Primitivität

Wir stellen im Folgenden einen Algorithmus 8.2 zur Prüfung auf Primitivität nach Satz 8.7 vor. Wir setzen voraus, dass die Zyklenlängen $L_j^{(i)}$ der Zyklen $\Omega_j^{(i)}$, $j = 1, \ldots, R^{(i)}$, $R^{(i)} \leq K^{(i)}$ für g_i, $i = 1, \ldots, s$, mit $g_i \in G(P, D)$ mit dem im Abschn. 7.4.1 beschriebenen Algorithmus teilweise berechnet wurden. Wir definieren für eine kurze Schreibweise im Algorithmus-Schritt 1.4.2.2.2 die Funktion ganzer Zahlen

$$d(n, m) := \min\{d \mid d|n \wedge m \leq d\}$$

die den kleinsten Teiler von n liefert, der nicht kleiner als m ist.

Sei G eine beliebige transitive Permutationsgruppe, $G \leq \mathfrak{S}(\overline{1, L})$, für deren Gruppenelemente g_i, $g_i \in G$, $i = 1, \ldots, s'$, die Zyklenlängen $L_j^{(i)}$, $j = 1, \ldots, R^{(i)}$, bekannt sind. Der folgende Algorithmus beschreibt, wie die Primitivität der Permutationsgruppe G nachgewiesen werden kann. Falls der Nachweis nicht gelingt, werden Parameter verbleibender Hypothesen zu I-Systemen bestimmt.
Zur Erläuterung des Algorithmus 8.2 sei Folgendes angemerkt: Dieser Algorithmus prüft für jede teilweise bekannte Zyklenstruktur der untersuchten Gruppenelemente alle Hypothesen potentieller I-Systeme und vergleicht sie untereinander. Er benutzt die für Satz 8.7 eingeführten Bezeichnungen. Wenn der Nachweis der Primitivität bereits mit der Zyklenstruktur eines oder einiger Gruppenelemente im Schritt 1.4 erbracht werden kann, so ist die Auswertung von Zyklenlängen weiterer Gruppenelemente nicht erforderlich. Deshalb wurden Zyklenstrukturen der Abbildung $\varphi(p)$ schrittweise nach Bedarf berechnet. Die Berechnung aller echten Teiler der Mächtigkeit der Basismenge im Schritt 1.1 und der Zyklenlängen im Schritt 1.3 erleichtert die Berechnungen.

Es genügt, die Mengen $H^{(i,t)}$ des Schritts 1.2 nur bei Bedarf, d. h. bei Auftreten möglicher I-Gebiete mit den Parametern $(m, \bar{t}, \bar{\kappa}, \bar{l})$, anzulegen, wobei m die Mächtigkeit der I-Gebiete, $\bar{t} := (t_1, \ldots, t_R)$ die Abstände der I-Gebiete auf den Zyklen $\Omega_1, \ldots, \Omega_R$, $\bar{\kappa} = (\kappa_1, \ldots, \kappa_R)$ die Zuordnung der Zyklen $\Omega_1, \ldots, \Omega_R$ auf die Zyklen $\omega_1, \ldots, \omega_r$ der Längen $\bar{l} := (l_1, \ldots, l_r)$ bezeichnen. Der Vektor $\bar{t} = (t_1, \ldots, t_R) \in T_1 \times \ldots \times T_R$ beschreibt eine Hypothese der Zyklenlängen $t_1, \ldots, t_R$ über den I-Gebieten mit Elementen der Zyklen $\Omega_1^{(i)}, \ldots, \Omega_{R_i}^{(i)}$. Der Algorithmus überprüft in der Schleife 1.4 alle Hypothesen in der oben beschriebenen Form $|T_1| \cdot |T_2| \cdot \ldots \cdot |T_R|$. In der Schleife 1.4.2 für alle $\bar{t} \in T_1 \times \ldots \times T_R$ kann bei Zyklen mit vielen Teilern und in der Schleife 1.4.2.2 mit vielen Hypothesen zu Clustern $\bar{\kappa} = (\kappa_1, \ldots, \kappa_R)$ die Berechnung sehr aufwendig sein. Die Berechnungen können durch eine schrittweise Anwendung des Korollars 8.6 beginnend mit großen teilerfremden Zyklen vereinfacht und mit dem Test im Schritt 1.4.2.2.3 abgebrochen werden. Für einen schnelleren, aber schwächeren Test kann man in der Schleife 1.4.2.2 anstelle der Ungleichung (8.43) die Abschwächung (8.44) testen, ohne die Clusterindizes $(\kappa_1, \ldots, \kappa_R)$ bestimmen zu müssen.

Das Parametertupel $(m, \bar{t}, \bar{\kappa}, \bar{l}) \in H^{(i)}$ entspricht einem möglichen I-Gebiet der Erzeugenden $g^{(i)}$. Widerspricht $(m, \bar{t}, \bar{\kappa}, \bar{l})$ im Schritt 1.4.2.2.3 nicht der Bedingung (8.36), so wird das Tupel in die Mengen der Hypothesen $H^{(i)}$ für Schritt 1.5 und

Algorithm 8.2 Prüfung der Primitivität der Gruppe G

Eingabe:
E1. L Mächtigkeit der Basismenge
E2. Zyklenlängen $L_j^{(i)}$, $j = 1, \ldots, R^{(i)}$ der g_i, mit $g_i \in G$, $i = 1, \ldots, s'$,
Berechnungsschritte:
Berechne die Menge $T(L)$ aller echten Teiler von L.
1 Schleife für jedes verwendete Gruppenelement $g_1, g_2, \ldots, g_{s'}$
1.1 Setze $i := 0$
1.2 Wenn $i < s'$, so setze $i = i + 1$, $H^{(i)} = \emptyset$, $H^{(i,t)} = \emptyset$ für alle $t \in T(L)$, $L_j = L_j^{(i)}$ für $j \in \overline{1, R^{(i)}}$, $R = R^{(i)}$, und gehe zu Schritt 1.3. Wenn $i = s'$, so gehe zu Schritt 2.
1.3 Berechne die Menge T aller Vektoren $\bar{t}$ aus Teilern der $L_1, \ldots, L_R$, $T = T_1 \times \ldots \times T_R$, $T_j := \{t \mid t \mid L_j\}$, $j = 1, \ldots, R$.
1.4 Schleife für alle $\bar{t} \in T_1 \times \ldots \times T_R$.
1.4.1 Wenn $T \neq \emptyset$, so wähle $\bar{t} := (t_1, \ldots, t_R)$ und setze $T := T \setminus \{\bar{t}\}$. Wenn $T = \emptyset$, so gehe zu 1.5
1.4.2 Schleife der Zerlegungen von $\bar{t}$
1.4.2.1 Berechne die Menge $\mathcal{Z}(\bar{t})$ aller Zerlegungen $\overline{1, R}$, so dass die Clusterhypothese $(\mathcal{Z}_1, \ldots, \mathcal{Z}_r) \in \mathcal{Z}(\bar{t})$ für alle $\mathcal{Z}_t$, $t \in \overline{1, r}$, nur gleiche t_k enthält.
1.4.2.2 Schleife der Cluster
1.4.2.2.1 Wenn $\mathcal{Z}(\bar{t}) \neq \emptyset$, so wähle $(\mathcal{Z}_1, \ldots, \mathcal{Z}_r) \in \mathcal{Z}(\bar{t})$ und setze $\mathcal{Z}(\bar{t}) := \mathcal{Z}(\bar{t}) \setminus \{(\mathcal{Z}_1, \ldots, \mathcal{Z}_r)\}$. Wenn $\mathcal{Z}(\bar{t}) = \emptyset$, so gehe zu Schritt 1.4.1.
1.4.2.2.2 Berechne die Clusterindizes $\bar{\kappa} = (\kappa_1, \ldots, \kappa_R)$, so dass $t_k \in \mathcal{Z}_{k_j}$, und setze $\bar{l} := (l_1, \ldots, l_r)$ mit $l_{k_j} = t_j$. Berechne

$$m := d\left(|X|, \max\left\{\frac{\Sigma_{\{j \mid \kappa_j = t \wedge j \leq R\}} L_j}{l_t^{(i)}} \mid t \in \overline{1, r_i}\right\}\right)$$

$$l := d\left(L, \sum_{j=1}^{r_i} l_j\right)$$

1.4.2.2.3 Wenn $m > 1$ und $l \cdot m \leq L$, so setze $H^{(i)} := H^{(i)} \cup \left\{\left(m, \bar{t}, \bar{\kappa}, \bar{l}\right)\right\}$ und $H^{(i,m)} := H^{(i,m)} \cup \left\{\left(m, \bar{t}, \bar{\kappa}, \bar{l}\right)\right\}$. Gehe zu Schritt 1.4.2.2.1.
1.5 Wenn $H^{(i)} = \emptyset$, so gib aus: „Die Gruppe G ist primitiv.“ Beende den Algorithmus. Wenn $H^{(i)} \neq \emptyset$, so setze mit Schritt 1.6 fort.
1.6 Wenn $\bigcup_{m \in T(L)} \bigcap_{j=1}^{i} H^{(j,m)} = \emptyset$ für die bisher bearbeiteten Erzeugenden g_1 bis g_i, so gib aus: „Die Gruppe G ist primitiv.“ und beende den Algorithmus. Wenn $\bigcup_{m \in T(L)} \bigcap_{j=1}^{i} H^{(i,m)} \neq \emptyset$, so setze mit Schritt 1.2 fort.
2. Setze $H := \bigcup_{m \in T(L)} \bigcap_{i=1}^{s} H^{(i,m)}$ und gib die verbleibenden Hypothesen H zusammen mit der Aussage aus: „Die Primitivität der Gruppe G kann auf der Grundlage der Zyklenlängen nicht nachgewiesen werden.“ Beende den Algorithmus.
Ausgabe:
Der Algorithmus gibt eins von zwei alternativen Ergebnissen aus:
(1) „Die Gruppe ist primitiv.“
oder
(2) „Die Primitivität der Gruppe G kann nicht nachgewiesen werden und H beschreibt die potentiellen I-Systeme.“

$H^{(i,m)}$ für Schritt 1.6 aufgenommen. Wenn für ein Gruppenelement g_i kein mögliches I-System existiert und somit g_i primitiv ist, so ist auch die Gruppe G primitiv und der Algorithmus kann abgebrochen werden.

Schritt 1.6 prüft, ob die Mächtigkeiten der möglichen I-Gebiete mit den Parametern $(m, \bar{t}, \bar{\kappa}, \bar{l})$ für alle bisher bearbeiteten Permutationen mit (teilweise) bekannten Zyklenstrukturen verträglich sind. Wenn die möglichen I-Gebiete mit allen bekannten Zyklenlängen verträglich sind, so kann mit Algorithmus 8.2 keine Primitivität der Gruppe G bewiesen werden und Schritt 2 gibt die verbleibenden möglichen I-Gebiete aus.

Wenn der Algorithmus auf alleiniger Grundlage der berechneten Zyklenlängen keinen Nachweis der Primitivität liefert, so kann man Satz 8.6 folgend die durch den Algorithmus 7.1 bestimmte Lage der Kontrollwerte auf den Zyklen hinzuziehen. Wir betrachten zwei mögliche I-Systeme $(m, \bar{t}, \bar{\kappa}, \bar{l}) \in H^{(a,m)} \in H$ des Gruppenelements g_a und $(m, \bar{t'}, \bar{\kappa'}, \bar{l'}) \in H^{(b,m)} \in H$ des Gruppenelements g_b mit gleicher Mächtigkeit der I-Gebiete m. Seien die $d_k^{(i,j)}$ die Abstände der Kontrollwerte w_k, $k \in \overline{1, |\mathcal{W}|}$, die relativ zu dem Repräsentanten $C_j^{(i)}$ auf dem Zyklus $\Omega_j^{(i)}$ definiert sind, wobei $i \in \overline{1, s}$ und $j \in \overline{1, R^i}$ mit $w_k \in \Omega_j^{(i)}$. Wenn zwei Kontrollwerte w_x und w_y auf einem Zyklus $\Omega_b^{(a)}$ mit $|d_x^{(b,d)} - d_y^{(b,d)}| \equiv 0 \mod l_{\kappa_c}^{(a)}$ liegen, gehören sie einem gemeinsamen I-Gebiet an. Die zwei mögliche I-Systeme sind unverträglich, wenn

1. die zwei Kontrollwerte w_x und w_y auf zwei teilerfremden Zyklen $\Omega_d^{(b)}$ und $\Omega_e^{(b)}$ der Erzeugenden g_b liegen und $|\Omega_d^{(b)}| + |\Omega_e^{(b)}| > m$ (Korollar 8.7) oder
2. die zwei Kontrollwerte w_x und w_y auf einem Zyklus $\Omega_d^{(b)}$ der Erzeugenden g_b mit $|d_x^{(b,d)} - d_y^{(b,d)}| \not\equiv 0 \mod l_{\kappa_d}^{(c)}$ liegen, d. h. für $(m, \bar{t'}, \bar{\kappa'}, \bar{l'})$ in zwei verschiedenen hypothetischen I-Gebieten (Satz 8.7).

Diese Betrachtungen können, wie im Satz 8.5 beschrieben, auch für Cluster und die relative Lage der I-Gebiete auf den Zyklen – wenn auch komplizierter – fortgeführt werden.

8.4.3 Teilerfremde Zyklenlängen und Primzahlen

Wie bereits aus dem Satz 8.6 ersichtlich, bestimmen die Teiler der Zyklenlängen die potentiellen Zyklenlängen der zugehörigen I-Gebiete. Wir leiten aus Satz 8.6 weitere eher technische, aber für den Nachweis der Primitivität nützliche Folgerungen ab.

Lemma 8.6 *Zwei Zyklen einer Permutation g der imprimitiven Gruppe G mit teilerfremden Längen besitzen entweder keine Elemente aus ein und demselben I-Gebiet* *oder ein I-Gebiet schließt beide Zyklen ein,*

$$\forall(x, y) \in \Omega(x) \times \Omega(y) : \tag{8.45}$$
$$\gcd(|\Omega(x)|, |\Omega(y)|) = 1 \Rightarrow ([x] \cap \Omega(y) = \emptyset \vee (\Omega(x) \cup \Omega[y]) \subseteq [x])$$

Beweis Sei g ein imprimitives Element, $\bar{X}$ ein I-System der imprimitiven Gruppe G, $g \in G \leq \mathfrak{S}(X)$, sowie $\Omega(x)$ und $\Omega(y)$ zwei Zyklen von g mit teilerfremden Längen $|\Omega(x)|$ und $|\Omega(y)|$, $\gcd(|\Omega(x)|, |\Omega(y)|) = 1$. Wenn ein I-Gebiet Elemente aus beiden Zyklen enthält, so kann o. B. d. A. angenommen werden, dass $[x] \cap \Omega(y) \neq \emptyset$. Es folgt $[x] \cap [y] \neq \emptyset$ und $[x] = [y]$. Die Zyklen $\Omega(x)$ und $\Omega(y)$ gehören ein und demselben Cluster an. Nach (8.23) ist die Länge des Zyklus von H gleich 1, $|\theta(g)([x])| \mid \gcd(|\Omega(x)|, |\Omega(y)|) = 1$ und $|\theta(g)([x])| = |\theta(g)([y])| = 1$. Dann folgt aber nach (8.20), dass

$$[x] \cap \Omega(x) = \{g^j(x) \mid j \in \overline{0, |\Omega(x)| - 1}\} = \Omega(x), \ \Omega(x) \subset [x]$$
$$[x] \cap \Omega(y) = \{g^j(y) \mid j \in \overline{0, |\Omega(y)| - 1}\} = \Omega(y), \ \Omega(y) \subset [x]$$

■

Lemma 8.7 *Wenn in einer imprimitiven Gruppe G die Zykluslänge $|\Omega_g(x)|$ des Elements x für $g \in G$ eine Primzahl q ist, so ist*

(a) die Mächtigkeit des I-Gebiets $[x]$ größer-gleich q oder
(b) die Anzahl der I-Gebiete größer oder gleich q.

Beweis Seien G eine imprimitive Gruppe, $G \leq \mathfrak{S}(X)$, $\bar{X}$ ein I-System von G und die Zykluslänge $|\Omega(x)|$ des Elements x eine Primzahl q. Aus Lemma 8.6 folgt, dass $|\omega(x)| = 1$ oder $|\omega(x)| = q$. Wenn $|\omega(x)| = 1$, so liegen alle q Elemente aus $\Omega(x)$ in dem I-Gebiet $[x]$. Wenn $|\omega(x)| = q$, so ist die Anzahl der I-Gebiete größer oder gleich q. ■

Satz 8.9 *Wenn in einer transitiven Gruppe G, $G \leq \mathfrak{S}(X)$, die Zykluslänge $|\Omega_g(x)|$ eines Elements x, $x \in X$, für $g \in G$ eine Primzahl q größer $|X|/2$ ist, so ist G primitiv.*

Beweis Angenommen die transitive Gruppe G, $G \leq \mathfrak{S}(X)$, sei imprimitiv und $\bar{X}$ ein I-System von G. Wenn ein Element x, $x \in X$, existiert, dessen Zykluslänge $|\Omega(x)|$ des Elements x für $g \in G$ eine Primzahl q größer $|X|/2$ ist, so folgt aus Lemma 8.7 entweder $|[x]| > |X|/2$ oder $|\bar{X}| > |X|/2$. Beides steht im Widerspruch zu Lemma 8.3 gemäß dem alle I-Gebiete die gleiche Mächtigkeit besitzen. ■

Wenn alle Zykluslängen eines Elements einer transitiven Gruppe bekannt sind, so kann ein weiteres notwendiges Kriterium der Primitivität angewandt werden.

Satz 8.10 *Seien* $\bar{L}(g) = (L_1 \ldots, L_R)$ *alle Zykluslängen eines Elements* g *einer transitiven Gruppe* G, $G \leq \mathfrak{S}(X)$, *und*

$$|X|/2 < L_1 < |X| \tag{8.46}$$

$$ggT(L_1, |X|) = 1 \tag{8.47}$$

$$\forall i \in \overline{2, R} : ggT(L_1, L_i) = 1 \tag{8.48}$$

so ist G *primitiv.*

Beweis Angenommen die transitive Gruppe G, $G \leq \mathfrak{S}(X)$, sei imprimitiv mit dem I-System $\bar{X}$. Sei Ω_1 ein Zyklus mit der Länge L_1 und x ein Element dieses Zyklus. Aus (8.46) folgt, dass g mindestens zwei Zyklen besitzt, $R \geq 2$ und Ω_1 aus Elementen aus mindestens zwei verschiedenen I-Gebieten besteht. Aus (8.47) und Lemma 8.3 folgt, dass nicht alle Elemente des I-Gebiets $[x]$ auf Ω_1 liegen und $[x]$ Elemente anderer Zyklen enthalten muss. Aus (8.48) und Lemma 8.6 folgt aber, dass der Zyklus Ω_1 und jeder andere Zyklus Ω_i, $i \in \overline{2, R}$, entweder keine Elemente aus ein und demselben I-Gebiet besitzt oder ein I-Gebiet beide Zyklen einschließt. Aus dem Widerspruch folgt, dass G primitiv ist. ■

Da Satz 8.10 die vollständige Kenntnis der Zyklenlängen oder einen anderen Nachweis der Bedingung (8.48) erfordert, kann er erst unter heutigen Bedingungen voll wirksam verwendet werden (Abschn. 8.7.1).

8.4.4 Primitivitätsnachweis für $G(P, D)$

Wir wenden den Algorithmus zum Nachweis der Primitivität auf $G(P, D)$ für konkrete LZS-Kandidaten an.

Die Wahrscheinlichkeit für die Imprimitivität der Gruppe $G(P, D)$ kann wiederum mit derjenigen für zufällig generierte Permutationsgruppen verglichen werden. Ein Ergebnis besagt [27, Lemma 2], dass zwei zufällig gewählte Permutationen aus $\mathfrak{S}(\overline{1, n})$ mit der Wahrscheinlichkeit kleiner $n2^{-n/4}$ eine imprimitive Permutationsgruppe erzeugen.

Der Test der Primitivität der Gruppe $G(P, D)$ für die LZS-Kandidaten erfolgte nach dem Algorithmus 8.2 mit einem Computerprogramm. Die ggf. notwendigen ergänzenden Untersuchungen zur Auswertung der Lage der Kontrollwerte wurden manuell durchgeführt. Die Wahrscheinlichkeit eines Nachweises mit dem Algorithmus 8.2 hing von den gewählten Gruppenelementen, der Menge und der Auswahl der Kontrollwerte für die teilweise Berechnung der Zyklen nach dem Algorithmus 7.1 und dem Aufwand für die Auswertung der Lage der Kontrollwerte ab.

Wir verwendeten das ES $\varphi(0, 0, 0), \varphi(0, 0, 1), \ldots, \varphi(1, 1, 1)$ der Gruppe $G(P, D)$. Betrachtet man die einfacheren ES (8.3) und (8.4), so wird klar, dass die

Vektoradditionen $\tau(V^{(1)})$, $\tau(V^{(9)})$ sehr viele I-Systeme zulassen und der Nachweis der Primitivität dann wesentlich auf der Kenntnis der vollständigen Zyklenstruktur von $\varphi(s_1, 0, f)$, $\varphi(s_1, 1, f)$ bzw. $\varphi(s_1, s_2, f)$, $\varsigma(s_1, s_2, f)$ basiert. Die Wahrscheinlichkeit, dass wenigstens zwei Kontrollwerte in einem I-Gebiet liegen, kann für zufällig gewählte Permutationen bestimmt werden. Für die Mächtigkeit der Basismenge $|M| = 2^{36}$ und eine Mächtigkeit der I-Gebiete 2^m, $m \in \overline{1,35}$, ergeben sich 2^{36-m} I-Gebiete. Auf diese I-Gebiete verteilen sich 2^w Kontrollwerte. Für $2^w = O(2^{36-m})$ erhält man nach [54, Abschn. 2.1.5]

$$P_2(2^{36-m}, 2^w) = 1 - exp(-2^{2w+m-37})$$

Bei 2^{14} Kontrollwerten ist die Wahrscheinlichkeit größer als 0,63, dass wenigstens zwei Kontrollwerte in einem I-Gebiet mit 512 Basiselementen liegen. Bei 2^{18} Kontrollwerten ist auch für I-Gebiete mit zwei Basiselementen die Wahrscheinlichkeit größer als 0,63.

Der Nachweis der Primitivität der damals untersuchten Gruppen auf einem PC erfordert heute eine Rechenzeit (unter Verwendung der obigen Vereinfachungen) von ca. 10 min bis wenige Stunden. Für $G(P, D)$ über $M = \mathcal{B}^{36}$ ist $T(L) = \{2, 2^2, \ldots, 2^{35}\}$. Die Rechenzeit mit dem schnelleren Test der Primitivität nach Korollar 8.3 kann gut durch das Produkt der Anzahl der Teiler $|T_1| \cdot |T_2| \cdot \ldots \cdot |T_R|$ abgeschätzt und mit der Analyse der Lage der Kontrollwerte verbunden werden.

Wir geben das folgende Beispiel für einen Nachweis der Primitivität an:

Beispiel: Primitivitätsnachweis für die Gruppe des LZS-21

Wir nutzen den Algorithmus 8.2 für die im Abschn. 7.4.3 angegebenen Zyklenlängen des Gruppenelements $\varphi(1, 1, 1)$ des LZS-21. Dabei beschränken wir die Prüfung auf einen Schnelltest mit der Abschwächung (8.44) mit den acht größten Zyklenlängen. Aus dieser Beschränkung ergeben sich maximal 75 497 472 zu überprüfende Hypothesen für I-Systeme. Wenn man mit den zwei größten Zyklen beginnt, vereinfacht sich die Prüfung. Die zwei längsten Zyklen besitzen nur jeweils zwei Teiler, $53\,625\,149\,638 = 26\,812\,574\,819 \cdot 2$ und $12\,100\,866\,433 = 636\,887\,707 \cdot 19$. Der Algorithmus weist die Primitivität des Gruppenelements $\varphi(1, 1, 1)$ und damit der Gruppe $G(P, D)$ für den LZS-21 nach. ◄

Die beschriebenen Methoden erlauben ggf. einen Nachweis der Primitivität primitiver Gruppen. Wenn die Gruppe für einen konkreten LZS imprimitiv ist, so lassen diese Methoden die Entscheidung offen und können nur potentielle I-Systeme eingrenzen. Auch dazu bringen wir ein Beispiel:

Beispiel: Imprimitivitätsnachweis für die Gruppe des LZS-20

1980 wurde für den CA SKS der LZS-20 [82] mit den Permutationen (P^*_{20}, R_{20}) konstruiert

$$P^*_{20} = (18, 20, 15, 21, 22, \underline{6}, 17, 11, 19, 2, 23, 26, \underline{13}, 1, 10, 9, 12, 16, 7, \underline{27}, \\ 24, 25, 14, 5, 3, 8, \underline{4})$$

$$R_{20} = (4, 3, 7, 5, 9, 6, 8, 2, 1)$$

Er diente zum Testen der beschriebenen Programme und Algorithmen (Abschn. 8.4). Der LZS-20 war für den Einsatz verboten. Der LZS-20 gehört zu der Klasse K2, deren Abbildungen $\phi(p)$ für alle $p \in \mathcal{B}^3$ eineindeutig sind. Die Gruppe $G^*(P^*, R)$ ist transitiv.

Wir zeigen zunächst, wie eine Untersuchung der Primitivität mit den oben beschriebenen Algorithmen verläuft. Angenommen, für den LZS-20 seinen die Zyklenlängen der Abbildungen $\phi(p)$ für $p \in \mathcal{B}^3$ bekannt. Die Primitivität der Gruppe $G^*(P^*, R)$ wird mit den Mitteln des Algorithmus (8.2) untersucht. Für $p = (0, 0, 1)$ tritt ein Zyklus der Länge $L = 56994083$ mit dem Element $U_1 = (040000000)_8$ auf. L ist eine Primzahl und $2^{25} < L_1 < 2^{26}$. Wenn G imprimitiv mit dem I-System I ist, so folgt aus Lemma 8.7, dass entweder (a) $\|[U]\| \geq 2^{26} > L_1$ und damit $\|[U]\| = 2^{26}$ oder (b) $|I| \geq 2^{26} > L_1$ und somit $\|[U]\| = 2$. Für $p = (0, 0, 1)$ tritt ebenfalls ein Zyklus der Länge $L_2 = 36967433$ mit dem Element $U_2 = (000000000)_8$ auf. L ist ebenfalls eine Primzahl und $2^{25} < L_2 < 2^{26}$. Da $2^{26} < 93961516 = L_1 + L_2$ können weder beide Zyklen im selben I-Gebiet liegen noch beide aus I-Gebieten mit Zyklen der Länge zwei bestehen (Lemma 8.6). Sie können nur in zwei verschiedenen I-Gebieten mit je 2^{26} Elementen liegen. Da es genau 2^{27} U-Vektoren gibt, können nur genau zwei I-Gebiete $[U_1]$ und $[U_2]$ existieren. Zyklen ungerader Länge, die für $s_1 = 0$ auftreten, können nur als Ganzes in einem I-Gebiet liegen (8.52). Alle Zyklen für $s_1 = 1$ besitzen eine gerade Länge (8.53) und bestehen aus Elementen beider (sich in der Reihenfolge des Zyklus abwechselnder) I-Gebiete. Der Algorithmus 8.2 würde für diese Zyklen Hypothesen der Art $(2^{26}, (|\Omega_1|/2, \ldots, |\Omega_R|/2), (1, 1, \ldots, 1), (2, \ldots, 2))$ ausgeben. Über Bestandteile der beiden I-Gebiete aus diesen Zyklen, die durch die Vektoren der Lageparameter $(\lambda_1, \ldots, \lambda_R)$ in Gl. (8.32) beschrieben werden, kann der Algorithmus allein aus den Zyklenlängen keine Aussage treffen. Einem Vektoren der Lageparameter $(\lambda_1, \ldots, \lambda_R) \in \{0, 1\}^R$ entsprechen 2^R mögliche Zuordnungen. Für $\phi(1, 0, 0)$ sind dies immerhin 2^{28} Möglichkeiten. Die Lageparameter und Zuordnungen zwischen Zyklen verschiedener $\phi(p)$ können nur mit Hilfe der Lage von Kontrollvektoren auf den Zyklen, z. B. aus der Berechnung der Zyklen mit dem Algorithmus 7.1 eingeschränkt werden.

Es liegt die Vermutung nahe, dass $G^*(P^*, R)$ imprimitiv ist. Die I-Gebiete der Gruppe $G^*(P^*, R)$ können analytisch beschrieben werden. Aus $P^*27 = 4$ und $R8 = 2$ folgt für die Abbildung $\phi(P^*, R) : \mathcal{B}^3 \times \mathcal{B}^{27} \to \mathcal{B}^{27}$

$$
\begin{aligned}
\phi_1(s_1, s_2, f, U) &= s_1 \oplus f \oplus Z_1 \oplus u_6 \oplus Z_2 \oplus u_{13} \oplus Z_3 \oplus s_2 \oplus u_{27} \oplus Z_4 \oplus u_4 \\
\phi_2(s_1, s_2, f, U) &= u_1 \qquad (8.49)\\
\phi_3(s_1, s_2, f, U) &= u_2 \\
\phi_4(s_1, s_2, f, U) &= u_3 \oplus f \oplus Z_1 \oplus u_6 \oplus Z_2 \oplus u_{13} \oplus Z_3 \oplus s_2 \oplus u_{27} \oplus Z_4
\end{aligned}
$$

Folglich gilt für alle $U \in \mathcal{B}^{27}$ und alle $(s_2, f) \in \mathcal{B}^2$

$$
\bigoplus_{i=1}^{4} \phi_i(s_1, s_2, f, U) = s_1 \oplus \bigoplus_{i=1}^{4} u_i \qquad (8.50)
$$

Betrachtet man die Abbildung ϕ über den nicht-leeren Mengen $M(\mathcal{P}_{20}, c)$

$$
M(\mathcal{P}_{20}, 0) = \left\{ U : \bigoplus_{i=1}^{4} u_i = 0 \right\}, M(\mathcal{P}_{20}, 1) = \left\{ U : \bigoplus_{i=1}^{4} u_i = 1 \right\} \qquad (8.51)
$$

so gilt

$$
\phi(0, s_2, f)M(0) = M(0), \phi(0, s_2, f)M(1) = M(1) \qquad (8.52)
$$

$$
\phi(1, s_2, f)M(0) = M(1), \phi(1, s_2, f)M(1) = M(0) \qquad (8.53)
$$

Die Mengen $M(\mathcal{P}_{20}, 0)$ und $M(\mathcal{P}_{20}, 1)$ bilden ein I-System. ◄

Die Beispiele der LZS-20 und LZS-21 zeigen, dass der Algorithmus 8.2 versucht, Imprimitivitätssystseme zu konstruieren, um aus den Widersprüchen, die Primitivität einer Gruppe nachzuweisen.
Die Primitivität der Gruppen $G^*(P^*, R)$ und $G(P, D)$ wird im nächsten Abschnitt für den Nachweis genutzt, dass diese Gruppen die Alternierende Gruppe enthalten.

8.5 Die Gruppen $G(P, D)$ und die Alternierende Gruppe $\mathfrak{A}(M)$

Die Alternierende Gruppe ist einfach und besitzt deshalb keinen Gruppenhomomorphismus in eine kleinere Gruppe. Die Symmetrische Gruppe $\mathfrak{S}(\overline{1, n})$ besitzt nur die Alternierende Gruppe als Normalteiler und besitzt deshalb nur einen Gruppenhomomorphismus $sgn : \mathfrak{S}(\overline{1, n}) \to S(\{1, -1\}, \cdot)$. Die Funktion sgn ist das Signum einer Permutation. Für den Fall, dass $G(P, D)$ die Symmetrische Gruppe ist, hielten wir diesen Gruppenhomomorphismus für kryptologisch unbedenklich.

In einem der Standardwerke für endliche Permutationsgruppen fanden wir Aussagen, anhand derer wir für primitive Gruppen $G(P, D)$ nachweisen konnten, dass sie entweder die Alternierende oder die Symmetrische Gruppe über M sind. Den Hinweis auf [76] erhielten wir 1979 von sowjetischen Kryptologen.

Satz 8.11 *[76, Theorem 13.3] Wenn eine primitive Gruppe eine Transposition enthält, so ist sie die Symmetrische Gruppe. Wenn eine primitive Gruppe einen Zyklus der Länge drei enthält, so ist sie entweder die Alternierende oder die Symmetrische Gruppe.*

Der Grad einer Permutation g ist die Anzahl derjenigen Elemente x der Basismenge, die keine Fixpunkte sind, d. h. $g(x) \neq x$. Der Grad einer Permutationsgruppe G ist die Anzahl derjenigen Elemente x der Basismenge, die nicht für alle g aus G Fixpunkte sind.

Satz 8.12 *[76, Theorem 13.10] Sei p eine Primzahl und G eine primitive Gruppe vom Grad $n = qp + k$, die ein Element der Ordnung p und vom Grad qp besitzt, aber weder die Alternierende noch die Symmetrische Gruppe ist. Dann gilt*

aus $q =$	1	2	3	4	4	5	6	7	≥ 8
und $p \geq$	2	5	5	7	5	7	11	11	$2q - 1$
folgt $k \leq$	2	2	3	4	5	6	6	8	$4q - 4$

Satz 8.13 *[76, Theorem 13.9] Sei p eine Primzahl und G eine primitive Gruppe mit dem Grad $n = p + k$, mit $k \geq 3$. Wenn G ein Element vom Grad und der Ordnung p besitzt, so ist G entweder die Alternierende oder die Symmetrische Gruppe.*

Mit Hilfe dieser Sätze konnten wir für jeden operativen LZS beweisen, dass die Gruppe $G(P, D)$ die Alternierende Gruppe $\mathfrak{A}(M)$ enthält. Wir nutzten z. B. das folgende Korollar aus Satz 8.13.

Korollar 8.4 *Sei G eine primitive Gruppe $G \leq \mathfrak{S}(\overline{1, n})$, g ein Element von G mit den Zyklenlängen $L_1, \ldots, L_K$, p der größte Primfaktor der $L_1, \ldots, L_K$ und alle anderen Primfaktoren der $L_1, \ldots, L_K$ streng kleiner p. Wenn $n - p \geq 3$, so ist G entweder die Alternierende oder die Symmetrische Gruppe über $\overline{1, n}$.*

Tab. 8.1 Prüfung der Primitivität nach Satz 8.9 und der Alternierenden Gruppe nach Korollar 8.4

Nr. des LZS	p	prime Zyklenlänge L	Log(L,2)	Altern. Gruppe?
19	0x100	18770711	24,1619799620493	
21	0x110	1325760757	30,3041733082975	
22	0x011	40944367	25,2871616481862	
23	0x110	93405397	26,4770025760328	*ja*
26	0x111	5590259449	32,3802680953910	
30	0x101	38566068901	35,1666130461997	*ja*
31	0x100	66649299533	35,9558706619136	*ja*
32	0x000	64375382131	35,9057900398916	*ja*
33	0x111	131207933	26,9672797088854	

Beweis Die Ordnung $ord(g)$ der Permutation $g \in G \leq \mathfrak{S}(\overline{1, n})$ ist das kgV aller seiner Zyklenlängen $L_1, \ldots, L_K$, $ord(g) = kgV(L_1, \ldots, L_K)$. Wenn p der größte aller Primfaktoren von $L_1, \ldots, L_K$ ist und alle anderen Primfaktoren der Zyklenlängen streng kleiner p sind, so besteht $g' := g^{ord(g)/p}$ aus einem Zyklus der Länge p und $n - p$ Fixpunkten. Das Element g' ist vom Grad und der Ordnung p und erfüllt dann die Bedingungen des Satzes 8.13. ■

Die Überprüfung, ob die Gruppe $G(P, D)$ der LZS-Kandidaten die Alternierende Gruppe $\mathfrak{A}(M)$ enthält, erfolgte manuell. Die manuellen Berechnungen wurden ggf. durch Computer unterstützt.

Beispiel: Nachweis $\mathfrak{A}(M) \leq G(P, D)$ für LZS-21

Das Beispiel im Abschn. 7.4.3 gibt für die Permutation $\varphi(1, 1, 1)$ des LZS-21 die berechneten Zyklenlängen an. Der größte Primfaktor aller berechneten Zyklenlängen ist $p_{max} = 26\,812\,574\,819$. Alle anderen berechneten Zyklenlängen sind kleiner, $L_i \leq 12\,100\,866\,433$, $i \in \overline{2, 18}$. Die nicht berechneten Zyklenlängen enthalten 989 910 Elemente. Deshalb können alle anderen Zyklenlängen nur Primfaktoren kleiner p_{max} enthalten. Die Ordnung von $\varphi(1, 1, 1)$ ist das kgV aller Zyklenlängen von $\varphi(1, 1, 1)$, $ord(\varphi(1, 1, 1)) = kgV(L, \ldots, L_K)$. Die Permutation $(\varphi(1, 1, 1))^{kgV(L,\ldots,L_K)/p_{max}}$ besteht aus einem Zyklus der Länge p_{max} und $2^{36} - p_{max}$ Fixpunkten. Aus Korollar 8.4 folgt, dass $G(P, D)$ die Alternierende oder Symmetrische Gruppe über M ist. ◄

Wenn $G(P, D)$ die erhofften Eigenschaften besitzt, so sollte deren Nachweis mit praktikablen 2^{14} Kontrollwerten und Berechnungen der teilweisen Zyklenstruktur von wenigen Abbildungen $\varphi(p)$ gelingen. Tatsächlich lieferte PROGRESS-2 für fast alle LZS-Kandidaten der CA T-310 und SKS ausreichend viele Daten für den Nachweis, dass die Gruppe $G(P, D)$ die Alternierende Gruppe enthält. Wenn der Nachweis mit den beschriebenen Mitteln nicht gelang, so wurde der LZS-Kandidat verworfen. Im Ergebnis der bis hierhin durchgeführten Untersuchungen stellten wir die Forderung auf, dass die Gruppe $G(P, D)$ für den Einsatz freizugebender LZS die Alternierende Gruppe enthalten muss.

1988 gelang der Nachweis, dass für viele reguläre SKS-LZS und alle reguläre T-310-LZS die Gruppen $G^*(P^*, R)$ bzw. $G(P, D)$ nicht die Symmetrischen Gruppen sein können [102]. Zum Beweis nutzen wir das bekannte Lemma:

Lemma 8.8 *Eine Permutation über $\overline{1, 2k}$, $k \in N$, ist genau dann gerade, wenn in ihrer Darstellung als disjunkte Zyklen die Anzahl der Zyklen gerader Länge eine gerade Zahl ist.*

Der Nachweis von $G^*(P^*, R) = \mathfrak{A}(M)$ für den CA SKS bzw. $G(P, D) = \mathfrak{A}(M)$ für den CA T-310 kann für konkrete LZS bei vollständiger Kenntnis aller Zyklenlängen direkt mit Lemma 8.8 erfolgen. Es gelangen auch allgemein gültige Aussagen für viele SKS-LZS und alle T-310-LZS.

Satz 8.14 *Wenn für reguläre SKS-LZS* (P^*, R) *ein* k *aus* $\{P6, P13, P20, P27\}$ *mit* $3 \nmid k$ *existiert, so gilt* $G^*(P^*, R) \leq \mathcal{A}(\mathcal{B}^{27})$.

Beweis Sei (P^*, R) regulär und für ein gegebenes k aus $\{P6, P13, P20, P27\}$ gelte $3 \nmid k$. Wir bezeichnen

$$I_k := \begin{cases} \{3R3, 3R4, 3R5, 3R6, 3R7, 3R8, 3R9\} & \text{für } k = P6 \\ \{3R5, 3R6, 3R7, 3R8, 3R9\} & \text{für } k = P13 \\ \{3R7, 3R8, 3R9\} & \text{für } k = P20 \\ \{3R9\} & \text{für } k = P27 \end{cases} \tag{8.54}$$

Für alle $U \in \mathcal{B}^{27}$, $U = (u_1, u_2, \ldots, u_{27})$, definieren wir drei Abbildungen $\hat{\phi}$, ν und $\bar{\nu}$ über die BF ihrer Koordinaten

$$\hat{\phi}_i(p, U) := \begin{cases} \phi_{3i-2}(p, U) & \text{für } i = 3j,\ j \in \overline{1,9} \\ u_i & \text{sonst} \end{cases} \tag{8.55}$$

$$\nu_i(U) := \begin{cases} u_{i+2} & \text{für } i = 3j - 2,\ j \in \overline{1,9} \\ u_{i+1} & \text{sonst} \end{cases} \tag{8.56}$$

$$\bar{\nu}_i(U) := \begin{cases} u_i \oplus u_k & \text{für } i \in I_k \\ u_i & \text{für } i \notin I_k \end{cases} \tag{8.57}$$

Diese BF definieren Permutationen $\hat{\phi}, \nu$ und $\bar{\nu}$ über $\mathcal{B}^{27}$. Es sei weiter für alle $U \in \mathcal{B}^{27}$ die Abbildung $\bar{\phi}$ durch

$$\bar{\phi}(p)U := \bar{\nu}(\hat{\phi}(p)U) \tag{8.58}$$

definiert. Wegen $k \notin I_k$ gilt $\bar{\nu} = \bar{\nu}^2$ und folglich

$$\phi(p) = \nu \circ \bar{\nu} \circ \bar{\phi}(p) \tag{8.59}$$

Die Permutation ν besitzt $(2^{27} - 2^9)/3$ Zyklen der Länge 3 und 2^9 Fixpunkte. Die Permutation $\bar{\nu}$ besitzt 2^{25} Zyklen der Länge 2 und 2^{26} Fixpunkte. Gemäß Lemma 8.8 sind ν und $\bar{\nu}$ gerade Permutationen.

Wegen $3 \nmid k$ und $k \notin I_k$ ist u_k auf allen Elementen des Zyklus von $\bar{\phi}(p)$ konstant, d. h. für alle $m \in n$ und alle $U \in \mathcal{B}^{27}$ gilt

$$\left[\left(\bar{\phi}(p)\right)^m U\right]_k = u_k \tag{8.60}$$

wobei für alle $V = (v_1, \ldots, v_{27}) \in \mathcal{B}^{27}$ die Schreibweise $[V]_i$ die i-te Koordinate von V bezeichnet. Für alle $U \in \mathcal{B}^{27}$, $p \in \mathcal{B}^3$ und $i \neq k$, hängen die $\left[\bar{\phi}(p)U\right]_i$ nicht von u_k ab, d. h. für alle $m \in n$, $U \in \mathcal{B}^{27}$, $p \in \mathcal{B}^3$ und $i \in \overline{1,27} \setminus \{k\}$ gilt

$$\left[\left(\bar{\phi}(p)\right)^m U\right]_i = \left[\left(\bar{\phi}(p)\right)^m (U \oplus e^{(k)})\right]_i \tag{8.61}$$

wobei $e^{(k)} = (e_1^{(k)}, \ldots, e_{27}^{(k)})$ der k-te Einheitsvektor ist

$$e_i^{(k)} := \begin{cases} 1 & \text{für } i = k \\ 0 & \text{für } i \neq k \end{cases}$$

Aus (8.60) folgt, dass alle U-Vektoren jedes Zyklus der Permutation $\bar{\nu}$ in der k-ten Koordinate übereinstimmen. Aus (8.60) und (8.61) folgt, dass für alle U die Zyklenlängen von U und $U \oplus e_k$ übereinstimmen, $|\Omega(U)| = |\Omega(U \oplus e_k)|$. Dann tritt aber jede Zyklenlänge in einer geraden Anzahl auf. Folglich ist wegen Lemma 8.8 auch die Permutationen $\bar{\phi}(p)$ für alle $p \in \mathcal{B}^3$ gerade. $G^*(P^*, R)$ ist das Produkt gerader Permutationen und folglich eine Untergruppe der Alternierenden Gruppe.■

Es sei angemerkt, dass alle für den operativen Einsatz mit dem CA SKS zugelassenen LZS die Bedingung des Satzes 8.14 erfüllt ist (Anl. C).

Satz 8.15 *Für alle regulären T-310-LZS* (P, D) *gilt* $G(P, D) \leq \mathcal{A}(M)$.

Beweis Wir definieren die beiden Abbildungen $h : M \to M$ und $g : M \to M$. Für alle $U \in M$ seien

$$\forall i \in \overline{1,9}\ \forall j \in \overline{0,2} \forall X \in M : h_{4i-j}(X) = x_{4i-j-1}$$
$$\forall i \in \overline{1,9} \forall X \in M : h_{4i-3}(X) = x_{4i}.$$

und

$$\forall i \in \overline{1,9}\ \forall j \in \overline{0,2 \forall X \in M} : g_{4i-j}(X) = x_{4i-j}$$
$$\forall i \in \overline{1,9} \forall X \in M : g_{4i}(X) = \varphi_{4i-3}(s_1, s_2, f, h^{-1}(X))$$

Dann gilt $\varphi = h \circ g$.
Die Permutation g ist gerade. Aus (4.1) und (4.2) folgt:

$$\exists j^* \in \overline{1,36} : (\forall i \in \overline{1,27} : Pi \neq j^* \wedge \forall i \in \overline{1,9} : Di \neq j^*)$$

Wir fixieren ein solches j^*. Dieses j^* ist nicht durch 4 teilbar, denn dann wäre φ nicht bijektiv und $\varphi(s_1, s_2, f, U)$ würde bei sonst gleichen Urbildkomponenten für $u_{j^*} = 0$ und für $u_{j^*} = 1$ das gleiche Ergebnis liefern. Es gilt, da u_{j^*} eine fiktive Variable ist: Zu jedem Zyklus, auf dem stets $u_{j^*} = 0$ ist, gehört ein gleichlanger Zyklus mit $u_{j^*} = 1$ und umgekehrt. Demnach kommen alle Zyklenlängen doppelt vor.

Folglich ist die Anzahl der Zyklen gerader Länge eine gerade Zahl und somit ist g eine gerade Permutation (Lemma 8.8).

Die Permutation h ist gerade, denn sie hat genau 2^9 Fixpunkte, nämlich

$$F_1 = \left\{ U \in M \mid \forall i \in \overline{1{,}9} : u_{4i} = u_{4i-1} = u_{4i-2} = u_{4i-3} \right\}.$$

Die Permutation h hat genau $(2^{18} - 2^9)/2 = 2^{17} - 2^8$ Zyklen der Länge 2, denn es gehören genau die folgenden Elemente von M dazu:

$$F_2 = \left\{ U \in M \mid \forall i \in \overline{1{,}9} : (u_{4i} = u_{4i-2} \land u_{4i-1} = u_{4i-3}) \right\} F_1.$$

Die restlichen Elemente von M gehören sämtlich zu Zyklen der Länge 4. Somit gibt es genau $(2^{36} - 2^{18})/4 = 2^{34} - 2^{16}$ Zyklen der Länge 4. Insgesamt ist die Anzahl der Zyklen gerader Länge gleich $(2^{17} - 2^8) + (2^{34} - 2^{16})$ und somit eine gerade Zahl. Laut Lemma 8.8 folgt daraus, dass auch h eine gerade Permutation ist.

Das Produkt zweier gerader Permutationen ist wieder eine gerade Permutation. Folglich ist für alle $p \in \mathcal{B}^3$ $\varphi(p)$ eine gerade Permutation über M und $G(P, D) \leq \mathcal{A}(M)$. ■

8.6 Auswahl der LZS

Die Schritte bei der Auswahl der LZS können wir wie folgt zusammenfassen:

1. Zufällige Auswahl eines LZS aus KT1 gemäß der LZS-Technologie [80]. Damit ist gewährleistet, dass der LZS technisch im Gerät T-310 realisierbar ist und die Abbildung φ folgende Eigenschaften besitzt:

   a) $\varphi(p)$ sind für alle $p \in \mathcal{B}^3$ bijektiv. Das erleichtert die Analysierbarkeit der Abbildungen φ^i und ist Voraussetzung für die Anwendung der Gruppentheorie und der Theorie endlicher Permutationsautomaten.
   b) φ besitzt reduzierte Mengen mit maximal 2^{16} Elementen. Damit ist die Voraussetzung geschaffen, experimentell zu überprüfen, ob der zugehörige Graph $\overrightarrow{G}(M, \varphi)$ stark zusammenhängend ist.
   c) φ besitzt keine eEG. Dadurch wird im Vorfeld der weiteren experimentellen Untersuchungen eine Klasse von Homomorphismen für die Gruppe $G(P, D)$ ausgeschlossen. Damit wird die Chance für den experimentellen Nachweis erhöht, dass die Gruppe $G(P, D)$ mit der Alternierenden oder Symmetrischen Gruppe identisch ist.

2. Experimenteller Nachweis, dass

   a) für wenigstens ein p^* wenigstens ein Fixpunkt U^* der Abbildung $\varphi(p^*)$ existiert, $U^* = \varphi(p^*)U^*$
   b) der zugehörige Graph $\overrightarrow{G}(M, \varphi)$ stark zusammenhängend ist. Die Gruppe $G(P, D)$ ist somit transitiv.

3. Nachweis, dass die Gruppe $G(P, D)$ die Alternierende Gruppe enthält. Dies erfolgte in drei Teilschritten:

   a) experimentelle Berechnung der Zyklenstrukturen der Abbildungen φ
   b) Nachweis der Trivialität der Automorphismengruppe von $G(P, D)$ [3]
   c) Nachweis der Primitivität der Gruppe $G(P, D)$
   d) Nachweis, dass die primitive Gruppe $G(P, D)$ die Alternierende Gruppe oder die Symmetrische Gruppe über M ist.

Für die Analysearbeiten nach 1980 setzten wir immer voraus, dass die LZS die oben aufgestellen Forderungen erfüllen. Durch die Forderung, dass die Gruppe $G(P, D)$ für operative LZS die Alternierende Gruppe über M enthalten muss, wurden wichtige kryptologische Eigenschaften des CA T-310 gewährleistet.

Auch weitergehende Untersuchungen (Kap. 9 und 10) in den Jahren der analytischen Betreuung des CA lieferten keine Argumente, zusätzliche Forderungen an die LZS aufzustellen.

▶ **Definition 8.8** Die *Langzeitschlüsselklasse LZS+* umfasst alle regulären LZS, deren Gruppe die Alternierende Gruppe ist und mindestens eine Erzeugende einen Fixpunkt besitzt.

Von 1980 bis 1989 haben alle zum operativen Einsatz freigegebenen LZS diesen Auswahlprozess durchlaufen und bestanden.
Im Gruppenmodell ist die maximal mögliche Struktur des CA T-310 erreicht. Die Möglichkeiten der technischen Realisierung der KE werden dadurch voll ausgenutzt. Die Alternierende Gruppe ist einfach und besitzt deshalb keinen Gruppenhomomorphismus in eine kleinere Gruppe. Die Symmetrische Gruppe besitzt nur einen kryptoanalytisch unbedenklichen Gruppenhomomorphismus. Damit sind kryptologisch relevante, vereinfachende gruppen- und automatentheoretische Modelle über einen internen Takt ausgeschlossen. Die Gruppe $G(P, D)$ ist mindestens $(2^{36} - 2)$-fach transitiv. Durch die Mehrfachtransitivität ist eine notwendige Voraussetzung dafür geschaffen, dass sich selbst aus bekannten, aber zeitlich hinreichend voneinander entfernten U-Registerinhalten[4] keine Rückschlüsse auf die Parameterfolge $(p_i)_{i \in \overline{1,127}}$ und damit den ZS ziehen lassen. Die Frage, wie viele LZS es gibt, deren Gruppe $G(P, D)$ die Alternierende Gruppe enthält, blieb offen.

Der Anhang C listet alle für den operativen Einsatz mit den Algorithmen SKS und T-310 bestätigten LZS auf. Dazu werden Fixpunkte und die Beweise für die Primitivität der Gruppen und die Alternierende Gruppe angegeben.

[3] In der Originaldokumentation zu den LZS wurde die Forderung als Anforderung an Automatenhomomorphismen formuliert.

[4] Zum Beispiel im Abstand der 127 Takte der Erzeugung der a-Folge (Abschn. 8.1.2).

8.7 Ergänzende Ergebnisse zu den Gruppen

Dieser Abschnitt enthält Ergebnisse zu den Gruppen $G^*(P^*, R)$ und $G(P, D)$, die von uns erst nach 1990 erarbeitet wurden.

8.7.1 Vollständige Berechnung der Zyklenlängen

Wie im Abschn. 7.4.3 beschrieben, war die Berechnung der Zyklenlängen mit dem Prozessrechnersystem PRS4000 und dem Spezialgerät T-032 auf Kontrollwertmengen $\mathcal{W}$ mit bis zu 2^{16} Elementen beschränkt und damit unvollständig. Heute können die Berechnungen der Zyklenstruktur für den CA T-310 auf einem PC durchgeführt werden. Es bietet sich dafür an, die Aufgaben des Prozessrechnersystems PRS4000 in einer Skriptsprache (z. B. Python[5] oder R[6]) und die Berechnungen des Spezialgeräts T-032 in C zu programmieren. Selbst auf einem einfachen PC benötigt man heute nur wenige Stunden, um die Zyklenstruktur einer Abbildung $\varphi(p)$ mit 2^{18} Kontrollwerten teilweise zu berechnen (z. B. für den LZS-21 auf einem PC mit Intel®Core^{TM}i7 CPU 860 2,93 MHz nur 1:40 Stunde). Auf einem PC mit ausreichend RAM (ca. 12 GB) kann auch die Länge aller Zyklen der Erzeugenden $\varphi(s_1, s_2, f)$ berechnet werden. Die hierfür verwendete Kontrollwertmenge des Algorithmus 7.1 ist M selbst. In der Anlage C zeigen wir, wie die berechneten Zyklenlängen der Abbildungen $\varphi(p)$ der freigegebenen LZS für die Nachweise der Primitivität und der Alternierende Gruppe genutzt werden.

8.7.2 Alternierende Gruppe

Wir konnten 1980 nicht einschätzen, wie groß die Erfolgsaussichten sind, dass die $G(P, D)$ die Alternierende Gruppe $\mathfrak{A}(M)$ enthält. Die Veröffentlichungen [27] und [7, Theorem 1.4] zeigten, dass schon zwei zufällig gewählte Permutationen mit hoher Wahrscheinlichkeit eine Gruppe mit dieser Eigenschaft erzeugen. Folglich würde das auch mit sehr hoher Wahrscheinlichkeit für zwei zufällig erzeugte Permutationen des ES der Gruppe $G(P, D)$ gelten. Das ist auch die Erklärung dafür, dass damals fast alle experimentellen Prüfungen der LZS-Kandidaten positiv verliefen. In den 80er Jahren gelang dann der Nachweis, dass in diesen Fällen $G(P, D) = \mathfrak{A}(M)$ (Abschn. 8.5) gilt. Die vollständige Berechnung der Zyklenlängen aller für den operativen Einsatz freigegeben LZS ermöglicht es, die Nachweise für die Primitivität und die Identifizierung mit der Alternierenden Gruppe nachzuvollziehen. Tab. 8.1 gibt für alle LZS, die für den operativen Einsatz LZS (Anl. C) zugelassenen wurden, an, ob ein Nach-

[5] frei verfügbar unter https://www.python.org.
[6] frei verfügbar unter https://www.r-project.org.

weis der Primitivität nach Satz 8.9 und der Alternierenden Gruppe als Untergruppe der Gruppen $G^*(P^*, R)$ bzw. $G(P, D)$ nach Korollar 8.4 möglich ist. Man beachte, dass die LZS19, 22 und 23 für den CA SKS mit $2^{27} = 134217728$ U-Vektoren und die LZS21, 26, 30, 31, 32 und 33 für den CA T-310 mit $2^{36} = 68719476736$ U-Vektoren definiert sind.

8.7.3 Invariante der Abbildung φ über mehrere Schritte

In einer Reihe von Veröffentlichungen [14,16–18,21] wurden im Kontext der linearen Kryptoanalyse lineare Polynome $\mathcal{L}_1^i(U)$ und $\mathcal{L}_2^i(p)$ untersucht, die probabilistische Näherungen der Abbildung φ des CA T-310, $i \in \overline{1,m}$, die bei einer gleichmäßigen Verteilung der Zustände U über M mit den Wahrscheinlicheiten

$$P\left(\mathcal{L}^{(i+1)}(\varphi(p)U) = \mathcal{L}_1^{(i)}(U) \oplus \mathcal{L}_2^{(i)}(p)\right) = w_i \tag{8.62}$$

ergeben. Diese Näherungen sind untereinander verkettet und bilden über eine feste Anzahl m von Iterationen der Abbildung φ einen Zyklus

$$\mathcal{L}^{(1)}(\varphi(p)U) = \mathcal{L}_1^{(m)}(U) \oplus \mathcal{L}_2^{(m)}(p) \tag{8.63}$$

Durch (8.63) werden lineare probabilistische Näherungen der Abbildungen φ^n für beliebige natürliche Zahlen n beschrieben. Für $n = l \cdot m + r$, $r \in \overline{1,m}$, erhält man

$$P\left(\mathcal{L}^{(n+1)}(\varphi(p)U) = \mathcal{L}_1^{(1)}(U) \oplus \bigoplus_{i=1}^{n} \mathcal{L}_2^{(r)}(p)\right) = \left(\prod_{j=1}^{m} w_i\right)^l \cdot \left(\prod_{j=1}^{r} w_i\right) \tag{8.64}$$

Sei $w_{min} = min\left\{w_i : i \in \overline{1,m}\right\}$. Für $w_{min} < 1$ nimmt die Wahrscheinlichkeit mit wachsendem l exponentiell ab. Wenn die Näherungen mit Wahrscheinlichkeit eins gelten, $w_{min} = 1$, so gelten sie auch für beliebige viele Iterationen der Abbildung φ und könnten auch für Näherungen der a-Folge genutzt werden. LZS, die Näherungen mit Wahrscheinlichkeit eins zulassen, werden in den o. g. Veröffentlichungen als LC-schwache LZS (LC-weak long-term keys) bezeichnet. Näherungen mit Wahrscheinlichkeit eins sind aber auch deterministischer Natur und stellen eine Erweiterung der Invarianten der Zustandsfunktion dar, die im Abschn. 7.6.3 untersucht wurden.

Wir zeigen in diesem Abschnitt den Zusammenhang zwischen den Invarianten über mehrere Schritte, den Blöcken der Gruppe der Zustandsfunktion eines MEDVEDEV-Permutationsautomaten $\mathcal{M} = (X, Y, Z, \delta, z^0)$ mit einer endlichen Zustandsmenge und der Alternierenden Gruppe auf [45]. Wir lassen für die Invarianten auch nichtlineare Funktionen zu.

▶ **Definition 8.9** Ein Gleichungszyklus (GZ) $\bar{\mathcal{E}}$ mit m Gleichungen besteht aus m Paaren $(\mathcal{E}_1^{(j)}, \mathcal{E}_2^{(j)})$ der nicht-konstanten Funktionen $\mathcal{E}_1^{(j)} : Z \to C$ und der beliebigen Funktionen $\mathcal{E}_2^{(j)} : X \to C$, wobei $\mathcal{C} = (C, +)$ eine Abelsche Gruppe ist, so dass im Fall $m = 1$ für alle $x \in X$ und alle $z \in Z$

$$\mathcal{E}_1^{(1)}(\delta(x, z)) = \mathcal{E}_1^{(1)}(z) + \mathcal{E}_2^{(1)}(x) \tag{8.65}$$

und im Fall $2 < m < |Z|$ für alle $i \in \overline{1, m-1}$, alle $x \in X$ und alle $z \in Z$

$$\mathcal{E}_1^{(i+1)}(\delta(x, z)) = \mathcal{E}_1^{(i)}(z) + \mathcal{E}_2^{(i)}(x) \tag{8.66}$$

$$\mathcal{E}_1^{(1)}(\delta(x, z)) = \mathcal{E}_1^{(m)}(z) + \mathcal{E}_2^{(m)}(x) \tag{8.67}$$

gilt.

In den o. g. Veröffentlichungen ist $C = GF(2)$. Die Definition 8.9 schließt mit dem Fall $m = 1$, $\mathcal{P}(z) = \mathcal{E}_1^{(1)}(z)$ und der konstanten Funktion $\mathcal{E}_2^{(1)}$, $\mathcal{E}_2^{(1)}(x) = 0$ für alle $x \in X$, auch die IZ im Abschn. 7.6.3 ein. Wir beweisen einen Zusammenhang der GZ $\bar{\mathcal{E}}$ mit den Blöcken der Gruppe des Automaten $\mathcal{A}$. Wir bezeichnen für beliebige Gleichungszyklen $\bar{\mathcal{E}}$ mit den Konstanten $\bar{c} = (c_1, \ldots, c_m) \in C^m$

$$M(\bar{\mathcal{E}}, \bar{c}) = \left\{z \in Z : \forall j \in \overline{1, m} : \mathcal{E}_1^{(j)}(z) = c_j\right\} \tag{8.68}$$

und mit $\bar{M}(\bar{\mathcal{E}})$ die Menge aller nichtleeren $M(\bar{\mathcal{E}}, \bar{c})$.

Lemma 8.9 *$\bar{M}(\bar{\mathcal{E}})$ ist eine Zerlegung von Z mit mindestens zwei Mengen.*

Beweis Weil für jedes $z \in Z$ der Vektor $\bar{c}$ definiert ist, gilt

$$Z = \bigcup_{\bar{c} \in C^m} M(\bar{\mathcal{E}}, \bar{c})$$

Wegen der Eindeutigkeit der $\mathcal{E}_1^{(j)}$ sind alle $M(\bar{\mathcal{E}}, \bar{c})$ und $M(\bar{\mathcal{E}}, \bar{c}')$ verschieden, d. h.

$$\forall (c, c') \in \left(C^m\right)^2 : \bar{c} \neq \bar{c}' \Rightarrow M(\bar{\mathcal{E}}, \bar{c}) \cap M(\bar{\mathcal{E}}, \bar{c}') = \emptyset \tag{8.69}$$

Damit ist $\bar{M}(\bar{\mathcal{E}})$ eine Zerlegung von Z. Da die $\mathcal{E}_1^{(j)}$ nicht konstante Funktionen sind, existieren mindestens zwei verschiedene $M(\bar{\mathcal{E}}, \bar{c})$ und $M(\bar{\mathcal{E}}, \bar{c}')$, $\bar{c} \neq \bar{c}'$, und $M(\bar{\mathcal{E}}, \bar{c}) \neq M(\bar{\mathcal{E}}, \bar{c}')$. ■

Sei $G =< \delta(x, .), x \in X > \leq \mathfrak{S}(Z)$, die Gruppe $\mathcal{M}$.

Satz 8.16 *Wenn für die Zustandsfunktionen von $\mathcal{M}$ ein GZ $\bar{\mathcal{E}}$ mit m Gleichungen existiert, so bilden die Mengen von $\bar{M}(\bar{\mathcal{E}})$ Blöcke der Gruppe G des* MEDVEDEV-*Permutationsautomaten $\mathcal{M}$.*

Beweis Sei $\bar{\mathcal{E}}$ ein GZ der Gruppe G mit m Gleichungen. Aus (8.66) und (8.68) folgt für alle $z \in M(\bar{\mathcal{E}}, \bar{c})$, für alle $(x_1, \ldots, x_m) \in X^m$, $j \in \overline{1, m-1}$ und alle $\bar{c} \in \mathcal{B}^m$

$$\begin{aligned}\mathcal{E}_1^{(1)}(\delta(x_m, z)) &= \mathcal{E}_1^{(m)}(z) + \mathcal{E}_2^{(m)}(x_m)\\ &= c_m + \mathcal{E}_2^{(m)}(x_m)\\ \mathcal{E}_1^{(j+1)}(\delta(x_j, z)) &= \mathcal{E}_1^{(j)}(z) + \mathcal{E}_2^{(j)}(x_j)\\ &= c_j + \mathcal{E}_2^{(j)}(x_j)\end{aligned}$$

$$\begin{aligned}\delta\left(x, M(\bar{\mathcal{E}}, c_1, \ldots, c_m)\right) = M(\bar{\mathcal{E}}, (c_m + \mathcal{E}_2^{(m)}(x_m), c_1 + \mathcal{E}_2^{(1)}(x_1), \ldots,\\ c_{m-1} + \mathcal{E}_2^{(m-1)}(x_{m-1})))\end{aligned} \tag{8.70}$$

Mit der Schreibweise $\bar{c} = (c, \ldots, c_m)$

$$\bar{c}' = \left(c_m + \mathcal{E}_2^{(m)}(x_m), c_1 + \mathcal{E}_2^{(1)}(x_1), \ldots, c_{m-1} + \mathcal{E}_2^{(m-1)}(x_{m-1})\right)$$

geht (8.70) über in

$$\delta\left(x, M(\bar{\mathcal{E}}, \bar{c})\right) = M(\bar{\mathcal{E}}, \bar{c}') \tag{8.71}$$

Aus (8.69) und (8.71) folgt, dass die $M(\bar{\mathcal{E}}, \bar{c})$ aus $\bar{M}(\bar{\mathcal{E}})$ Blöcke der Gruppe G sind. ■

▶ **Definition 8.10** Ein GZ $\bar{\mathcal{E}}$ mit m Gleichungen heißt *trivial,* wenn die Blöcke von $M(\bar{\mathcal{E}}, \bar{c})$ trivial sind.

Triviale Blöcke, die aus der gesamten Zustandsmenge oder aus einelementigen Mengen bestehen, bringen keinen kryptologischen Vorteil für die Analyse. Da für die LZS aus LZS+ die Primitivität ihrer Gruppen $G^*(P^*, R)$ bzw. $G(P, D)$ gefordert wurde, existieren keine nichttrivialen Blöcke.

Satz 8.17 *Für die für den operativen Einsatz freigegebenen LZS existieren keine nichttrivialen GZ mit m Gleichungen.*

Damit sind auch lineare probabilistische Näherungen der Abbildungen ϕ und φ mit der Wahrscheinlichkeit eins und die in den o. g. Veröffentlichungen definierten LC-schwachen LZS für den operativen Einsatz ausgeschlossen.

Wir erweitern die Betrachtung der Invarianten der Abbildungen ϕ und φ im Abschn. 7.6.3 auf Invarianten der Abbildungen ϕ^m und φ^m über m Iterationen.

Auch hier formulieren wir den Ausgangspunkt allgemein für die Zustandsfunktionen eines MEDVEDEV-Permutationsautomaten $\mathcal{M} = (X, Y, Z, \delta, z^0)$. Die Ergebnisse können aber für die Überführungsfunktionen spezieller Automaten erweitert werden. Sei $\mathcal{M}^{(n)} = (X^n, Y, Z, \Delta, z_0)$ der MEDVEDEV-Permutationsautomat mit Eingabewörtern, deren Längen Vielfache einer festen Länge n sind, d. h. für alle $w = (x_1, \ldots, x_m) \in X^n$ und alle $z \in Z$ gilt $z_1 = \delta(x_1, z), \ldots, z_i = \delta(x_i, z_{i-1}), \ldots, \Delta(w, z) = \delta(x_n, z_{n-1})$. Wir nennen $\mathcal{M}^{(n)}$ den *Automat über n Runden* des Automat $\mathcal{M}$ und einen GZ mit m Gleichungen der Überführungsfunktion Δ *GZ über n Runden.* $G^{(n)} =< \Delta(w, .), w \in X^n >$ ist die Gruppe von $\mathcal{M}^{(n)}$. In dem Fall, dass die Gruppe $G =< \delta(x, .), x \in X >$ der Zustandsfunktionen des Automaten $\mathcal{M}$ die Alternierende Gruppe $\mathfrak{A}(Z)$ über den Zuständen Z ist, ergibt sich die interessante Folgerung im Korollar 8.5. Wir nutzen das folgende Lemma:

Lemma 8.10 *[5] Seien Γ eine endliche Gruppe, die durch die Elemente g_i mit einer gegebenen Indexmenge I erzeugt wird, n eine positive ganze Zahl und Γ' die Untergruppe von Γ, die durch alle Produkte $g_{i_1} g_{i_2} \ldots g_{i_n}$ erzeugt wird. Dann ist Γ' ein Normalteiler von Γ.*

Korollar 8.5 *Wenn $|Z| > 4$, $\mathfrak{A}(Z) \leq G$ und $|G^{(n)}| > 1$ für natürliches n, so ist $\mathfrak{A}(Z) = G^{(n)}$.*

Beweis Aus $\mathcal{A}(Z) \leq G$ folgt $\mathcal{A}(Z) \leq G \leq \mathcal{S}(Z)$. Die Alternierende Gruppe $\mathcal{A}(Z)$ besitzt keine echten Normalteiler. Wenn $\mathcal{A}(Z) = G$ und $|G^{(n)}| > 1$, so folgt aus Lemma 8.10 auch $\mathcal{A}(Z) = G^{(n)}$. Die Alternierende Gruppe $\mathcal{A}(Z)$ ist der einzige Normalteiler von $\mathcal{S}(Z)$. Wenn $G = \mathcal{S}(Z)$, so folgt aus Lemma 8.10 ebenfalls $\mathcal{A}(Z) = G^{(n)}$. ∎

Da die Alternierende Gruppe primitiv ist, folgt aus Satz 8.16 der Satz 8.18.

Satz 8.18 *Wenn die Gruppe G des* MEALY*-Automaten $\mathcal{A}$ die Alternierende Gruppe $\mathfrak{A}(Z)$ enthält, $\mathfrak{A}(Z) \leq G$ und $|Z| > 4$, so existieren für beliebige natürliche Zahlen m und n keine nicht-trivialen GZ über m Runden der Zustandsfunktion des erweiterten Automaten $\mathcal{M}^{(n)} = (X^n, Y, Z, \Delta, z_0)$.*

Beweis Sei die Voraussetzung des Satzes erfüllt, d. h. für die Gruppe G des MEALY-Automaten $\mathcal{A}$ gelten $\mathfrak{A}(Z) \leq G$ und $|Z| > 4$. Sei n eine natürliche Zahl. Wenn $|G^{(n)}| = 1$, so kann ein GZ nur einelementige Blöcke besitzen und der GZ selbst ist trivial. Wenn $|G^{(n)}| > 1$, so folgt aus Korollar 8.5 $\mathfrak{A}(Z) = G^{(n)}$. ∎

Für die operativen LZS folgt:

Korollar 8.6 *Für die freigegebenen LZS existieren für beliebige natürliche Zahlen m und n keine nicht-trivialen GZ über m Runden.*

Das Korollar 8.6 gilt insbesondere mit $n = 104$ für den CA SKS und $n = 127$ für den CA T-310 und beliebige natürliche Zahlen m. Die Forderung, dass die Gruppen $G^*(P^*, R)$ bzw. $G(P, D)$ gleich der Alternierenden Gruppe sind, hat sich aus heutiger Sicht als richtig und wesentlich für die Sicherheit der Algorithmen erwiesen.

Für die operativen LZS wurde gefordert, dass die Gruppe $G(P, D)$ gleich der Alternierenden Gruppe über den U-Registerzuständen ist. Diese Eigenschaft gewährleistet, dass Vereinfachungen der KE, die auf der Existenz von Homomorphismen beruhen, nicht möglich sind.

Stochastische Modelle 9

Inhaltsverzeichnis

Zur Untersuchung des CA T-310 wurden verschiedene stochastische Modelle entwickelt, die wir im ersten Abschnitt dieses Kapitels vorstellen. Im einfachsten Modell wurde die pseudozufällige f-Folge durch eine 0,1-Folge ersetzt, deren Glieder eine Bernoulli-Verteilung $Be(0{,}5)$ besitzen. Wir wiesen nach, dass dann die u_α-Folge und die a-Folge ebenfalls die $Be(0{,}5)$ besitzen.

Wir erläutern im Abschn. 9.2, wie die in diesem Modell vorhergesagten Eigenschaften durch statistische Tests überprüft wurden. Die zentrale Hypothese für diese Tests lautete: Die statistischen Eigenschaften der a-Folgen unterscheiden sich nicht von Folgen, die durch einen echten Zufallsgenerator mit $Be(0{,}5)$ erzeugt werden.

Im dritten Abschnitt werden Ansätze für die experimentelle Bestimmung des Linearanteils der im CA T-310 wirkenden BF vorgestellt. Im Abschn. 9.4 nutzen wir das Modell der Markov-Ketten (MK) um nachzuweisen, dass in diesem Modell die Zustände $U \in M$ asymptotisch gleichverteilt sind. Das Ergebnis ist ein Indiz dafür, dass es bei der Erzeugung langer Abschnitte der U-Vektorfolge keine Vorzugslagen gibt. Das Konzept der Markov-Chiffren (MCh) ist in der Literatur als Modell für die Differentialkryptoanalyse von Blockchiffren eingeführt. Wir benutzen es für den Nachweis, dass die Folge der Differenzen zweier U-Vektoren unter bestimmten Annahmen ebenfalls asymptotisch gleichverteilt ist. Im letzten Abschnitt wird die Frage untersucht, ob die durch die Abbildungen $\varphi(p)$ generierten Zyklenstruk-

W. Killmann und W. Stephan, *Das DDR-Chiffriergerät T-310*,
https://doi.org/10.1007/978-3-662-67584-7_9

turen sich von denen unterscheiden, die durch zufällig erzeugte Funktionen bzw. Permutationen entstehen. Es wird sich zeigen, dass dies nicht der Fall ist.

9.1 Die f-Folge als zufällige Binärfolge

Im einfachsten stochastischen Modell nehmen wir an, dass man die deterministisch erzeugte f-Folge durch eine echte Zufallsfolge mit einer Bernoulli-Verteilung $Be(0{,}5)$ ersetzt. Die Wirkungsweise der f-Folge in der Abbildung φ wurde von uns zielgerichtet so gewählt, dass sich ihre statistischen Eigenschaften nachweisbar auf die Steuerfolgen übertragen. Denn generell gilt: Addiert man eine beliebige Binärfolge mit einer davon unabhängigen Bernoulli-Folge $Be(0{,}5)$, so erhält man wieder eine Bernoulli-Folge mit $Be(0{,}5)$.

Für die Bits f^j, $j = 1, 2, \ldots$, als Bestandteile der f-Folge setzen wir also voraus, dass $P(f^j = 1) = P(f^j = 0) = 0{,}5$ ist. Ausgangspunkt für unser Analysemodell war die Gl. 4.18. Ersetzt man dort

$$T_{10-i}(f, s_2, u_{P1}, \ldots, u_{P27}) = \widehat{T}_{10-i}(s_2, U) \oplus f,$$

so erhält man für alle $i \in \overline{1{,}9}$

$$y_{4i-3} = u_{Di} \oplus \widehat{T}_{10-i}(s_2, U) \oplus f \tag{9.1}$$

Wesentlich ist, dass die Summe $u_{Di} \oplus \widehat{T}(s_2, u_{P1}, \ldots, u_{P27})$ nicht von f abhängig ist. Es folgt

$$\begin{aligned}
&P(y_{4i-3} = 1)\\
&= P\left((u_{Di} \oplus \widehat{T}_{10-i}(s_2, U) = 1\right) \cdot P(f = 0) \oplus P\left(u_{Di} \oplus \widehat{T}_{10-i}(s_2, U) = 0\right) \cdot P(f = 1)\\
&= P\left(u_{Di} \oplus \widehat{T}_{10-i}(s_2, U) = 1\right) \cdot \frac{1}{2} + P\left(u_{Di} \oplus \widehat{T}_{10-i}(s_2, U) = 0\right) \cdot \frac{1}{2}
\end{aligned}$$

und wegen $P\left(u_{Di} \oplus \widehat{T}_{10-i}(s_2, U) = 1\right) + P\left(u_{Di} \oplus \widehat{T}_{10-i}(s_2, U) = 0\right) = 1$

$$P(y_{4i-3} = 1) = \frac{1}{2}$$

Wegen der im Bernoulli-Modell vorausgesetzten statistischen Unabhängigkeit der Elemente der f-Folge ist das Ergebnis auf die gesamte Folge übertragbar. Es gilt also sogar für alle $j \geqq 4$ und alle $i \in \overline{1{,}36}$

$$P(u_i^j = 1) = P(u_i^j = 0) = \frac{1}{2}$$

Insbesondere erhalten wir

$$P(u_\alpha^j = 1) = P(u_\alpha^j = 0) = \frac{1}{2}$$

Das Ergebnis gilt natürlich auch für jedes 127-te Element der u_α-Folge. Also erhalten wir für die a-Folge und die $\overline{a}$-Folge für alle j

$$\begin{array}{rcl} P(a^j = 1) = P(a^j = 0) & = & \frac{1}{2} \\ P\left(\bar{a}^j\right) & = & \frac{1}{1024} \end{array}$$

Dieses sehr einfache, aber aussagekräftige Modell stützte die These, dass sich die Zwischenfolgen bis zur a-Folge wie unabhängige gleichmäßig verteilte Bernoulli-Folgen $Be(0{,}5)$ verhalten. Schließlich erhalten wir für die (r, B)-Folge eine unabhängige, aber nicht gleichmäßige Verteilung über $\overline{0{,}30} \times \mathcal{B}^5$

$$P\left(r^j, B^j\right) = \begin{cases} 1/1024 & \text{wenn } r \neq 0 \\ 1/512 & \text{wenn } r = 0 \end{cases}$$

Es bleibt die Frage, inwiefern das Modell dem CA T-310 entspricht, dessen f-Folge durch ein SRF rekursiv gebildet wird. Die Rekursion wird durch ein primitives Polynom berechnet. Die Folge ist für $F^0 \in \mathcal{F}$ periodisch mit der Periodenlänge $\mathcal{M}_{61}$. Diese Periodenlänge ist eine Primzahl. Innerhalb einer Periode treten alle Vektoren aus $\mathcal{F}$ genau ein Mal auf. In vielen statistischen Tests ist eine derartige Folge nicht von einer Bernoulli-Folge unterscheidbar. Primitive Polynome werden deshalb auch als Pseudozufallsgeneratoren in Monte-Carlo-Simulationen eingesetzt. Statistische Linear-Complexity-Tests NIST SP 800-22 [62] decken aber lineare Strukturen auf. Der Berlekamp-Algorithmus [70] erlaubt sogar die Rekonstruktion des Rückkopplungspolynoms im CA T-310 aus der f-Folge, wenn nur 162 Bit der Folge bekannt sind.

Tests, vergleichbar mit den beiden letztgenannten, wurden nicht durchgeführt. Die angesprochenen Linear-Complexity-Tests und der Berlekamp-Algorithmus sollten an der u_α-Folge und der a-Folge wegen der zusätzlichen nicht linearen *XOR*-Summanden scheitern. Wir suchten zielgerichtet nach Tests, um vermutete analytische Zusammenhänge der a-Folgen bzw. der u_α-Folgen prüfen zu können, konnten jedoch keine solchen Tests finden.

9.2 Statistische Tests

Die eben für das stochastische Modell getroffenen Aussagen wurden mit umfangreichen statistischen Tests überprüft. Wir konnten dabei auf Testsysteme zurückgreifen, die im ZCO auch in der Schlüsselmittelproduktion für physikalische Zufallsgeneratoren zur Herstellung von Wurmfolgen[1] genutzt wurden.

Es war also naheliegend, diese Tests auch für unsere von der T-310 erzeugten Folgen zu verwenden. Wenn die Tests keine signifikanten Unterschiede zu den

[1] One-Time-Pads.

Zufallsgeneratoren der Schlüsselmittelproduktion zeigten, sollte auch der T-310-Pseudozufallsgenerator als gut gelten.

Eine ausführliche Dokumentation der für die Produktion von echten Zufallsfolgen genutzten Tests befindet sich in [118]. Die ersten Tests wurden etwa 1976 mit dem LZS-7 durchgeführt [116]:

In dieser ersten Testphase wurden fünf ZS S und dazu jeweils 50 verschiedene Steuerfolgen F zufällig ausgewählt. Für jedes Paar (S, F) wurden a-Folgen der Länge 10^4 berechnet. Wir untersuchten folgende Testgrößen:

1. relative Häufigkeit des Auftretens der Eins
2. Häufigkeit der 32-Polygramme der Länge 5 $\left(a_{5j-4}, a_{5j-3}, \ldots, a_{5j}\right)$
3. Häufigkeit der 256-Polygramme der Länge 8[2]
4. Häufigkeit der Serien gleicher Binärzeichen der Längen $1, 2, \ldots, 10$ und > 10
5. Anzahl der Serien.

Da dies alles in der Statistik übliche Testgrößen sind, verzichten wir hier auf deren Beschreibung [58][3]. Die erhaltenen Testergebnisse wurden mit der 3σ-Regel und mit dem χ^2-Test auf Übereinstimmung mit den für Bernoulli-Folgen zu erwartenden Werten verglichen. Abweichungen wurden nicht festgestellt. Die Tests sind noch auf einer SIEMENS 4004 Anlage gelaufen [116]. Damals benötigten wir dafür ca. 300 h Rechenzeit. In einer zweiten Testphase bis 1980 und auch danach wurden für ausgewählte LZS ähnliche statistische Tests durchgeführt. Die Testergebnisse waren die gleichen: In keinem Fall wurden Abweichungen zu den für Bernoulli-Folgen $Be(0{,}5)$ zu erwartenden Werten festgestellt.

Erwähnenswert ist der Testaufbau, der ab Mitte der 70er Jahre genutzt wurde. Wir verwendeten dafür das Zählgerät T-027, das für die Produktionskontrolle entwickelt worden war. Dieses Gerät koppelten wir mit dem Spezialgerät T-031, das die Schlüssel $S1$, $S2$ und den IV F zufällig erzeugte und mit dem der CA T-310 die Folgen berechnete. Das Gesamtsystem nannten wir PROGRESS. Das Zählgerät berechnete die

1. relative Häufigkeit des Auftretens der Eins
2. Häufigkeit der 32-Polygramme der Länge 5 $\left(a_{5j-4}, a_{5j-3}, \ldots, a_{5j}\right)$
3. Anzahl der Serien.

Laut Analyse [111] wurden für einen festen LZS-1 [82] a-Folgen unterschiedlicher Längen von 2000 bis 80 000 000 Zeichen ausgewertet, insgesamt 132 400

[2] Die Untersuchung der Polygramme der Länge 5 und 8 bot sich an, weil in der Schlüsselmittelproduktion hauptsächlich 5- und 8-Kanal-Lochstreifen produziert wurden. Auf sie waren die Tests zugeschnitten.

[3] Den ersten Test (monobit test), einen Test der Häufigkeiten der 16-Polygramme der Länge 4 (poker test) und die Serien-Tests der Längen $1, \ldots, 5$ (run test) und > 6 (long run test) verwendeten FIPS 140-1 [54] als Start-up-Test und AIS 20 [59] als Evaluationstest für Zufallsgeneratoren.

000 Zeichen. Hinzu kam noch die statistische Analyse von Zwischenfolgen. Diesen Testumfang hätten wir mit der zunächst verwendeten Softwarerealisierung auf einem Rechner nicht erreicht. Die berechneten Häufigkeiten wurden in ein Auswertungsprogramm in den Großrechner ES 1040 eingegeben und folgenden Tests unterworfen:

1. 3σ-Regel
2. χ^2-Anpassungstest
3. Kolmogorov-Smirnov-Test
4. Methoden der statistischen Qualitätskontrolle[4].

Die Untersuchungen ergaben wie erwartet keine signifikanten Abweichungen von der oben formulierten Hypothese. Die Ergebnisse dieser statistischen Tests sind in einer eigenen Dokumentation festgeschrieben (laut Analyse [111] in der VVS 100/79). Auch spätere Untersuchungen zu anderen LZS+ ergaben keinen Hinweis auf Abweichungen.

Als wichtiges Teilergebnis kann festgestellt werden, dass sich die a-Folgen statistisch gesehen wie eine diskrete Zufallsgröße mit einer Verteilung $Be(0{,}5)$ verhalten oder mit anderen Worten: Die a-Steuerfolgen des T-310-CA verhalten sich wie ein guter PZG. Wir suchten auch nach algorithmusspezifischen Eigenschaften, insbesondere nach vermuteten Schwachstellen, für die man Tests entwickeln könnte. Die Suche war erfolglos. Wir haben keinen plausiblen Test gefunden.

9.3 Tests auf Linearität

Im Abschn. 7.1.3 wird mit Hilfe der Statistische Struktur für die Z-Funktion geprüft, ob eine lineare Approximation dieser Funktion möglich ist. Für BF mit sehr vielen Argumenten war dieser Weg nicht praktikabel. Deshalb installierten wir ein Projekt, um den tatsächlichen Linearanteil für die Folge der BF $(a_i)_{i\in N}$ zu bestimmen. Die BF$(a_i)_{i\in N}$ schreiben wir in der Form:

$$\forall i \in N : a_i = g^i\,(x_1, \ldots, x_{301}) = L^i_{\emptyset} \oplus \bigoplus_{j=1}^{n} \alpha^i_j x_j \oplus R^i\,(x_1, \ldots, x_n)$$

wobei $(x_1, \ldots, x_{301}) = (S1, S2, F)$ und alle R^i nichtlineare BF sind.

Wir nutzten folgendes Verfahren zur Bestimmung der Linearanteile: Für eine BF $f\,(x_1, \ldots, x_n)$, die durch ihre Werte gegeben, aber deren Darstellung als Polynom unbekannt ist, ist es möglich, die linearen Summanden zu berechnen. Man bestimmt schrittweise die Funktionswerte und damit die Koeffizienten für die BF.

[4]Leider sind diese konkreten Methoden aufgrund der fehlenden Unterlagen nicht mehr rekonstruierbar.

$$
\begin{aligned}
L_\emptyset &:= f(0,\ldots,0)\\
\alpha_1 &:= f(1,0,\ldots,0) \oplus L_\emptyset\\
\alpha_2 &:= f(0,1,0,\ldots,0) \oplus L_\emptyset\\
&\vdots\\
\alpha_n &:= f(0,\ldots,0,1) \oplus L_\emptyset
\end{aligned}
$$

Die entsprechenden Koeffizienten nehmen genau dann den Wert Eins an, wenn die Variable in der BF linear wirkt.

Von der gegebenen Funktion f lässt sich auf diese Weise der Linearanteil abteilen. Die Funktion R der Restglieder enthält nur Produkte mit mindestens zwei Variablen

$$f(x_1,\ldots,x_n) = L_\emptyset \oplus \bigoplus_{j=1}^{n} \alpha_j x_j \oplus R(x_1,\ldots,x_n)$$

Für wenige $i \in N$ wurden diese Berechnungen für einen konkreten LZS durchgeführt. Lineare Approximationen wurden nicht gefunden. Wir führten noch eine weitere Versuchsserie durch, bei der wir vorhandene Testprogramme nutzten. In der Analyse [111] ist die Idee skizziert. Für die Folge der Konstanten der BF $a_i = g^i(0,\ldots,0) = L^i_\emptyset$ wurde festgestellt, dass es für diesen Schlüssel keine statistischen Auffälligkeiten gab. Die a-Folge verhielt sich auch in diesem Fall wie eine bernoulliverteilte Zufallsgröße. Damit war z. B. für etwa die Hälfte der Konstanten in der a-Folge $L^i_\emptyset = 1$. Auch die anderen statistischen Werte, d. h. die Häufigkeit des 0/1-Wechsels und die Polygrammverteilung, zeigten keine Auffälligkeiten.

Mit dieser Methode berechneten wir in analoger Weise auch ausgewählte Folgen mit Funktionen, deren Argumente nur eine Eins und sonst alles Nullen enthielten:

$$a_i \oplus L^i_\emptyset = f \oplus g^i\left(0,\ldots,0,x_j,0,\ldots,0\right) \oplus L^i_\emptyset = \alpha^i_j x_j$$

Wir erhielten vergleichbare Ergebnisse. Es gab also im Linearanteil der Folge der BF weder für festes i noch über die Folgen betrachtet, statistisch gesehen erkennbare Gesetzmäßigkeiten. Das statistische Verhalten der Linearanteile der Folge g^i der BF war damit bestimmt. Der nächste Schritt wäre gewesen, den abgespalteten Linearanteil analytisch zu beschreiben und dann die so erzeugten Folgen mit den Folgen des CA T-310 zu vergleichen, um eventuelle lineare Approximationen zu finden.

Es war nach unserer Einschätzung höchst unwahrscheinlich, dass wir damit lineare Näherungen für die im CA T-310 wirkenden BF hätten bestimmen können. Wir entschieden uns für den Abbruch dieses Projekts, weil es für unsere Möglichkeiten zu aufwendig wurde. Von für kryptologische Angriffe brauchbaren analysierbaren linearen Approximationen der a-Folge, falls sie überhaupt existieren, waren wir weit entfernt.

9.4 Markov-Ketten

Als nächstes befassen wir uns mit dem Verhalten der U-Vektorfolge. Ideal wäre der Nachweis, dass sich für eine unbekannte p-Folge keine Vorhersage für das Verhalten der U-Vektorfolge treffen lässt. Das wäre auch wichtig, um analytische Angriffe abzuwehren, die von einer Vorzugslage eines U-Vektors zu einem Zeitpunkt j ausgehen. Für die Untersuchung der U-Vektorfolge legten wir ein Modell der Markov-Ketten (MK) zugrunde und wiesen nach, dass die Zustände U unter bestimmten Voraussetzungen asymptotisch gleichverteilt sind.

Dazu rufen wir einige Definitionen in Erinnerung [33].

▶ **Definition 9.1** Eine Folge von diskreten Zufallsvariablen $v_0, v_1, \ldots, v_r$ ist eine MK mit endlich vielen Zuständen Z, wenn für $0 \leq i < r$ (wobei $r = \infty$ erlaubt ist) und $\beta_i \in Z$. Für die Übergangswahrscheinlichkeiten gilt:

$$P\left(v_{i+1}=\beta_{i+1} \mid v_i = \beta_i, v_{i-1} = \beta_{i-1}, \ldots, v_0 = \beta_0\right) = P\left(v_{i+1}=\beta_{i+1} \mid v_i = \beta_i\right).$$

Die Übergangswahrscheinlichkeiten hängen also nur von dem aktuellen Zustand ab und nicht von der gesamten Vergangenheit. Eine endliche MK heißt *homogen,* wenn unabhängig von i für alle Paare $(\alpha, \beta) \in Z^2$ gilt $P\left(v_{i+1} = \beta \mid v_i = \alpha\right)$. Ein Zustand i der MK heißt *wesentlich,* wenn für alle von i erreichbaren Zustände j umgekehrt ebenfalls auch i wieder erreichbar ist. Die Klassen wesentlicher Zustände bilden Äquivalenzklassen über Z.

Mit $\Pi = \left\| p_{ij} \right\|$ wird die Matrix der Übergangswahrscheinlichkeiten für eine endliche, homogene MK bezeichnet. Sie besitzt Z Zustände und p_{ij} beschreibt die Übergangswahrscheinlichkeiten. Für alle $(i, j) \in Z^2$ gilt $p_{ij} \geq 0$ und $\sum\limits_j p_{ij} = 1$, d. h. die Zeilensumme ist Eins. Eine Matrix mit diesen beiden Eigenschaften heißt *stochastische Matrix*. Besitzen auch die Spaltensummen diese Eigenschaften, dann heißt die Matrix Π *doppelt-stochastisch.* Eine endliche MK mit der Matrix Π heißt *irreduzibel,* wenn ein r existiert, so dass für Π^r und für beliebige $(i, j) \in Z^2$ gilt $p_{ij}^{(r)} \geq 0$. Der größte gemeinsame Teiler d_i aller $n \in N$ mit $p_{ii}^{(n)} > 0$ heißt Periode von i. Gilt für alle Zustände i die Beziehung $d_i = 1$, so ist die MK *aperiodisch.*

Es gilt folgender Satz von *Feller* [33]:

Satz 9.1 *Wenn eine endliche, homogene, irreduzible, aperiodische MK eine doppelt-stochastische Übergangsmatrix Π besitzt, dann sind alle Zustände der Kette asymptotisch gleichverteilt, d. h.* $\lim\limits_{n\to\infty} p_j^n = \frac{1}{|Z|}$.

Bereits in der Analyse [111] wurde folgende MK definiert (vgl. Abschn. 4.2):

▶ **Definition 9.2** Endliche MK für CA T-310: Sei $M = \mathcal{B}^{36}$ die Menge aller Zustände der Kette. Der Anfangszustand ist ein beliebiges $U \in M$, wobei alle

Anfangszustände gleichwahrscheinlich sind. Der Übergang von einem zu einem anderen Zustand wird durch die Abbildungen $\varphi(p)$ realisiert, wobei $p \in \mathcal{B}^3$ ein zufälliger Vektor ist, der alle acht Werte gleichwahrscheinlich annimmt.

Wenn für einen LZS die Gruppe $G(P, D)$ transitiv ist und ein Fixpunkt[5] existiert, dann hat diese Kette folgende Eigenschaften:

1. Die MK ist homogen, denn die definierten Übergangswahrscheinlichkeiten sind unabhängig vom Takt der Chiffrierabbildung.
2. Alle Zustände sind wesentlich und es existiert nur eine Klasse wesentlicher Zustände, die mit M zusammenfällt. Das folgt unmittelbar aus der Transitivität der Gruppe.
3. Die Klasse wesentlicher Zustände ist nichtperiodisch. Das folgt aus der Existenz eines Fixpunktes, weil dann kein Zustand periodisch sein kann.
4. Die MK ist irreduzibel. Das folgt ebenfalls aus der Transitivität.
5. Die Übergangsmatrix ist doppelt-stochastisch. Das folgt aus der Bijektivität der Abbildungen φ.

Damit sind alle Voraussetzungen für die Anwendung des Satzes von *Feller* erfüllt und wir erhalten:

Lemma 9.1 *Wenn für einen LZS die Gruppe $G(P, D)$ transitiv ist und ein Fixpunkt existiert, so sind die Zustände der zugehörigen MK asymptotisch gleichmäßig verteilt.*

Mit nur wenigen Anforderungen an die Abbildung φ kann hier eine Aussage über das (asymptotische) Verhalten der Folge der Zustände $(U^i)_{i \in N_0}$ getroffen werden. Für alle LZS+ sind die Voraussetzungen des Lemmas erfüllt und die zugehörige MK ist asymptotisch gleichverteilt. Das gilt sogar für beliebige Anfangsverteilungen, also auch für ein fixiertes U_0. Es ist nicht zu erwarten, dass sich über lange Spruchlängen eine Vorzugslage für diese Zustände $U \in M$ herausbildet.

9.5 Ergänzende Ergebnisse: Das Modell der Markov-Chiffren von Lai/Massey

In diesem Abschnitt beschreiben wir Resultate, die erst während der Arbeit an diesem Buch entstanden. Die Grundlagen dafür waren jedoch schon während der Analyse von 1980 gelegt worden. Wir untersuchten die Eigenschaften der Differenzenfolge der U-Vektoren unter den verschiedensten Annahmen, kamen jedoch zu keinen greifbaren Ergebnissen. Nach 1990, als unsere Gruppe von Kryptologen bereits bei der

[5] Definition: $U \in M$ ist ein Fixpunkt, wenn ein p mit $U = \varphi(p)U$ existiert.

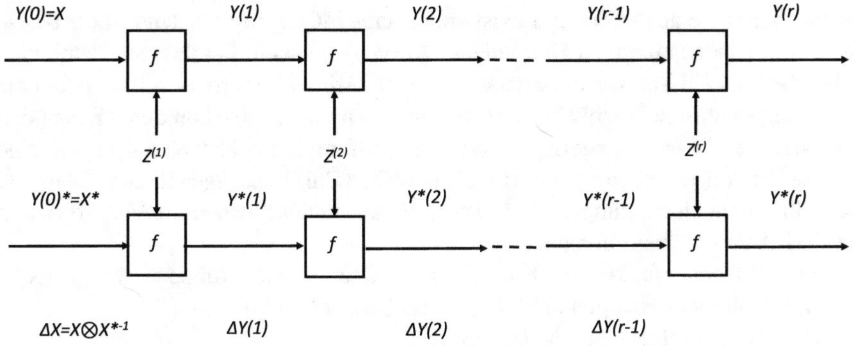

Abb. 9.1 Markov-Chiffre

SIT arbeitete, stießen wir auf die Dissertation von *Lai* [51]. Darin wird das asymptotische Verhalten von Differenzen von Zuständen in Blockchiffrieralgorithmen anhand von MK untersucht. Aufbauend auf dem Aufsatz von Wernsdorf [74] stellten wir eine Verbindung zwischen unseren früheren algebraischen Untersuchungen und Aspekten der Differentialkryptoanalyse her. Unser Aufsatz *Markov Ciphers and Alternating Groups* beschrieb den Zusammenhang zwischen Symmetrischen oder Alternierenden Gruppen und Markov-Chiffren (MCh) [38].

Die Verschlüsselung eines Paars von Klartexten durch eine r-Runden iterierte Blockchiffre beschreibt *Lai* im Schema, das Abb. 9.1 wiedergibt [51]:

Sei $\mathcal{X}$ die Menge aller Blöcke und $\mathcal{Z}$ die Menge der Rundenschlüssel. Die Einrundenfunktion $Y = f_Z(X)$ der Chiffre generiert für jeden Rundenschlüssel $Z \in \mathcal{Z}$ eine umkehrbar eindeutige Abbildung von $\mathcal{X}$ auf $\mathcal{X}$. Sei $G(\mathcal{X}, \otimes)$ eine Gruppe über den Zuständen der Chiffre mit der Gruppenoperation $\otimes$ und dem Einselement e. Wir definieren die Differenz ΔX zwischen zwei Zuständen X und X^*durch

$$\Delta(X, X^*) = X \otimes X^{*-1}$$

wobei X^{*-1} das inverse Element von X^* in der Gruppe bezeichnet[6]. Wenn der Rundenschlüssel Z eine Zufallsvariable mit den Werten aus $\mathcal{Z}$ ist, so bilden die Blöcke der Chiffre $\mathcal{X}$ und die Einrundenfunktionen f_Z, $Z \in \mathcal{Z}$, eine MK. Wir definieren die MCh gemäß [51]:

▶ **Definition 9.3** Wenn der Rundenschlüssel Z eine Zufallsvariable mit gleichmäßiger Verteilung ist und für alle Werte α ($\alpha \neq e$) und β ($\beta \neq e$) die bedingte Wahrscheinlichkeit $P\,(\Delta(Y, Y^*) = \beta \mid \Delta(X, X^*) = \alpha, X = \gamma)$ unabhängig von γ ist, so heißt die iterierte Chiffre mit der Rundenfunktion $Y = f_z(X)$ eine MCh in Relation zu Δ.

[6]Es gibt mehrere Möglichkeiten, eine Differenz einzuführen. Anschaulicher wird die Darstellung, wenn wir uns hier die binäre Vektoraddition $\oplus$ vorstellen. Sie wurde nach [70] auch für die Differentialkryptoanalyse des DES verwendet.

Wenn mehr als eine Differenz Δ existiert, die eine MCh generiert, dann werden diese MCh korrespondierend zur Einrundenfunktion f_z genannt. Lai definiert damit eine MK über den Differenzen der Zustände zweier MK der iterierten Chiffre, wobei die Übergangswahrscheinlichkeiten der Differenzen nicht von den konkreten Zuständen der MK der Chiffren, sondern nur von deren Differenzen abhängen dürfen. Ob eine solche Differenz Δ existiert, muss für die jeweilige Chiffre nachgewiesen werden. Lai setzt in seinen Überlegungen die Existenz voraus und wir haben die Voraussetzung in [38] ebenfalls übernommen.

Für die Rundenfunktionen $Y = f_z(X)$, $z \in Z$, ist die Gruppe $G = \langle\{f_z(X) \mid z \in Z\}\rangle$ definiert, dabei generiert $f_z(X)$ das ES der Gruppe.

Wir konnten folgenden Satz beweisen:

Satz 9.2 *[38, Corollary 2]: Wenn G die Symmetrische oder Alternierende Gruppe über χ ist und $|\chi| \geq 5$, dann sind für alle korrespondierenden MCh die MK der Differenzen irreduzibel und aperiodisch.*

Mit diesem Ergebnis ist es möglich, das Verhalten der Differenzen der U-Vektorfolgen im CA T-310 unter bestimmten Voraussetzungen einzuschätzen. Es sei jetzt $\varphi(p)$ die Einrundenfunktion und p der Rundenschlüssel. Aus dem Abschn. 8.1 nutzen wir die Eigenschaft, dass $G(P, D)$ die Permutationsgruppe mit dem ES $G(P, D) =< \varphi(0, 0, 0), \varphi(0, 0, 1), \ldots, \varphi(1, 1, 1) >$ ist und dass für die LZS aus LZS+ gilt $G(P, D) \geq \mathfrak{A}(M)$. Damit erhalten wir folgenden Satz:

Satz 9.3 *Für alle LZS aus LZS+ sind alle korrespondierenden MCh der MK des CA T-310 irreduzibel und aperiodisch, d. h. nach hinreichend vielen Runden treten alle Differenzen annähernd gleichwahrscheinlich auf.*

Ob für die Abbildung $\varphi(p)$ eine MCh existiert, ist nicht geklärt. In [25, Abschn. 8.7.2] kritisieren *Daemen* und *Rijmen,* die Entwickler des AES, den generellen Ansatz von *Lai.* Sie bezweifeln die in seinem Modell vorausgesetzte Gültigkeit der Hypothese über die stochastische Äquivalenz. Diese besagt, dass für praktisch alle $(r-1)$-Runden-Differentiale $(\alpha, \beta) \in B^2$ für einen substanziellen Teil der Teilschlüsselwerte $(z_1, \cdots, = z_{r-1})$ gilt

$$\begin{aligned} &P\left(\Delta Y(r-1) = \beta \mid \Delta X = \alpha\right) \\ \approx &P\left(\Delta Y(r-1) = \beta \mid \Delta X = \alpha, Z^{(1)} = z_1, \cdots, Z^{(r-1)} = z_{r-1}\right) \end{aligned}$$

Die Kritik belegen sie mit Gegenbeispielen, z. B. mit dem Verhalten des IDEA-Blockchiffrieralgorithmus. Im Kern geht es auch hier um die Frage, inwiefern das Markov-Modell die Realität angemessen widerspiegelt. Für den CA T-310 ist das ebenfalls offen, aber wir können festhalten: Falls sich das Modell der MCh als tragfähig und anwendbar erweist, können damit voraussichtlich keine Schwachstellen gefunden werden.

9.6 Zufällige Abbildungen und Permutationen

In den vorangegangenen Abschnitten wurde untersucht, ob die Graphen der Abbildung ϕ bzw. φ zusammenhängend (Abschn. 7.5), die Permutationsgruppen $G^*(P^*, R)$ bzw. $G(P, D)$ transitiv (Abschn. 8.1.2), primitiv (Abschn. 8.4) oder die Alternierende Gruppe (Abschn. 8.5) sind. Es entsteht die Frage nach der Wahrscheinlichkeit, dass die Gruppe $G(P, D)$ die gewünschte Eigenschaft besitzt. Für einen Algorithmus entsteht die Frage, wie effektiv er arbeitet, z. B. wie viel Zyklenlängen mit einer Kontrollwertmenge erwartungsgemäß berechnet werden (Abschn. 7.4). Im Abschn. 7.6.2 nutzten wir ein Urnenmodell zur Abschätzung des Durchmesser des Graphen der Abbildung φ. Für die Vergleiche bzw. die Modelle wurden die durch die Abbildungen $\varphi(p)$ erzeugten Permutationen mit zufällig erzeugten Permutationen als zufällige Permutationen angenommen. In diesem Abschnitt diskutieren wir, wie zutreffend diese Annahme ist.

Wir vergleichen zunächst die Erzeugenden der Gruppe $G(P, D)$ mit zufälligen Permutationen. Dazu beschreiben wir, wie zufällige Permutationen mit gleichmäßiger Verteilung über $\mathfrak{S}(\overline{1,n})$ mit einem Zufallsprozess aus n Schritten erzeugt werden. Im k-ten Schritt, $k \in \overline{1,n}$, wird $g(k)$ mit gleichmäßiger Verteilung über den noch nicht ausgewählten $g(1), g(2), ..., g(k-1)$ konstruiert. Da jedes Element aus $\overline{1,n} \setminus \{g(1), ..., g(k-1\}$ mit der Wahrscheinlichkeit $1/(n-k+1)$ ausgewählt wird, besitzt jede der so konstruierten Permutationen die Wahrscheinlichkeit $1/n!$. Die Erzeugenden $\varphi(p)$ der Gruppe $G(P, D)$ werden ebenfalls schrittweise berechnet, aber nur das Viertel Υ_3' des neuen Vektors $U' = \varphi(p)U$ wird pseudozufällig und die anderen drei Viertel $\Upsilon_0', \Upsilon_1', \Upsilon_2'$ des neuen Vektors U' werden aus dem alten Vektor U durch Verschiebung erzeugt (Abschn. 4.2.2, (4.27)). Pseudozufälliges Verhalten bedeutet in diesem Zusammenhang, dass die Funktionswerte der BF deterministisch aus den Variablen berechnet werden, aber die Funktionswerte statistische Eigenschaften besitzen, die vergleichbar mit denen einer Bernoulli-Folge sind. Für die BF Z_1, Z_2, Z_3 und Z_4 wird diese Eigenschaft bereits durch das zweite Designkriterium (7.2) im Abschn. (7.1.1) gefordert. Jedes der drei ES (8.1), (8.3) und (8.4) enthält mindestens zwei Erzeugende, die durch die pseudozufälligen BF charakterisiert sind:

$$Z_1(s_2, u_{P1}, ..., u_{P5}),\ Z_2(u_{P7}, ..., u_{12}),\ Z_3(u_{p14}, ..., u_{P19}),\ Z_4(u_{P21}, ..., u_{P26}) \tag{9.2}$$

$$\frac{dZ(s_2, \varphi_{P1}^{-1}(s_1, s_2, f)U, ..., \varphi_{P5}^{-1}(s_1, s_2, f)U)}{ds_2} \tag{9.3}$$

Die Wirkung der pseudozufälligen BF (9.2) und (9.3) ist aber sehr unterschiedlich. Die BF $\varphi_{4i-3}(s_1, s_2, f, \mathrm{U})$ beschreiben die Bildung von Υ_3'

$$v_1(s_1, s_2, f, U) := (\varphi_1(s_1, s_2, f, U), \varphi_5(s_1, s_2, f, U), ..., \varphi_{33}(s_1, s_2, f, U))$$

$$\varphi_{4i-3}(s_1, s_2, f, U) = u_{Di} \oplus T_{10-i}\,(f, s_2, u_{P1}, ..., u_{P27})$$

Die BF in (9.3) ist die Ableitung der BF $Z_1(s_2, u_{P1}, ..., u_{P5})$ nach s_2 und ebenfalls pseudozufällig. Sie wirkt aber in acht der neun BF, die Υ'_3 des Vektors $U' = \varsigma(s_1, s_2, f)U$ beschreiben, identisch und deshalb in sehr geringem Maß pseudozufällig. Sie wirkt erst recht nicht wie eine zufällige, mit annähernd gleichmäßiger Verteilung über $\mathfrak{S}(\mathcal{B}^{36})$ gewählte Permutation. Erst für $U'' = \varphi^4(p_4, p_3, p_2, p_1)U$ werden alle Υ''_0, Υ''_1, Υ''_2, Υ''_3 und damit der gesamte Vektor U'' pseudozufällig gebildet. Unter Beachtung dieser Einschränkungen können wir einschätzen, dass die Permutationen $\varphi(p)$ der ES (8.1) und (8.3) mindestens zwei pseudozufällige Permutationen besitzen.

Bereits die Untersuchungen des Zusammenhangs des Graphen der Abbildung φ führten zu der generellen Frage, ob sich die durch $\varphi\,(p)$ erzeugten Graphen von denen unterscheiden, die durch zufällig erzeugte Funktionen bzw. Permutationen entstehen. Die Anregung zu einem derartigen Vergleich kam von *Stepanov* in einer seiner Lektionen. Der Inhalt dieser Lektion ist in [72] nachzulesen[7]. Die Graphen $\vec{G}\,(M^{RED}\varphi^{RED})$, die durch die Konstruktion der reduzierten Mengen entstehen (Abschn. 7.5.3), verglichen wir mit den Eigenschaften von Graphen zufällig erzeugter Abbildungen. Es zeigten sich keine signifikanten Unterschiede (z. B. [34,48]).

Wir verglichen dazu die bereits für die LZS berechneten Zyklen der Abbildungen $\varphi(p)$ (Abschn. 7.4.1) mit den Zyklenstrukturen zufällig erzeugter Permutationen. Geprüft wurden von uns u. a. die zu erwartende Anzahl der Zyklen und der Fixpunkte sowie die maximalen Zyklenlängen.Wir konnten für die untersuchten LZS+ keine signifikanten Unterschiede feststellen.

Wir stellten die Hypothese auf, dass sich von den acht Erzeugenden wenigstens zwei so wie zufällige Permutationen verhalten. Unter dieser Hypothese konnte die Frage, wie wahrscheinlich es ist, dass diese Erzeugenden $\mathfrak{S}(M)$ oder $\mathfrak{A}(M)$ erzeugen, durch Arbeiten von *Dixon* [27] und *Babai* [7] beantwortet werden. Das Theorem von Dixon besagt:

Satz 9.4 *Die Wahrscheinlichkeit dafür, dass zwei zufällig gewählte Permutationen über der Menge M die Gruppen $\mathfrak{S}(M)$ oder $\mathfrak{A}(M)$ erzeugen, strebt für $n \longrightarrow \infty$ gegen eins.*

Genauer besagt [7, Theorem 1.4], dass schon zwei zufällig gewählte Permutationen mit Wahrscheinlichkeit $n^{\sqrt{n}}/n!$ eine Gruppe erzeugen, die die Alternierende Gruppe $\mathfrak{A}(\overline{1, n})$ enthält. Die Frage, ob die durch $\varphi\,(p)$ erzeugten Permutationen bzgl. dieser Eigenschaft repräsentativ für zufällige Permutationen sind, kann also zumindest nicht verneint werden. Insgesamt können wir einschätzen, dass sich mittels $\varphi\,(p)$ erzeugte Abbildungen in Bezug auf die untersuchten Eigenschaften nicht von zufällig erzeugten Abbildungen und Permutationen unterscheiden. Das entsprach unseren Vorstellungen über die Arbeitsweise des CA T-310.

---

[7] Dass dieses Thema auch später in der Kryptologie eine Rolle spielte, belegt der Aufsatz *Random Mapping Statistics* [34].

Die untersuchten stochastischen Modelle und die durchgeführten statistischen Tests erbrachten keine Hinweise auf Schwachstellen des CA T-310.

Perioden 10

Inhaltsverzeichnis

Wir beschreiben unsere Untersuchungsergebnisse zur Periodizität des CA T-310. Im Sachstandsbericht [92] von 1986 wurden die Ergebnisse zur Klasse ALPHA zusammengefasst. Perioden der Substitutionsreihe, die kürzer als der Geheimtext sind, führen zu phasengleichen Geheimtextabschnitten. Sie erleichtern die Dekryptierung ohne Schlüsselbestimmung und schaffen Voraussetzungen für die Bestimmung des ZS. In Abschn. 10.2 untersuchen wir die Längen der Minimalperioden der U-Folge, von Zwischenfolgen bis zu denen der Substitutionsfolge. In den Abschn. 10.3 und 10.4 sind Wahrscheinlichkeitsaussagen bzw. Existenzbeweise enthalten. Wir stellen damit Argumente vor, die zeigen, dass kryptologisch verwertbare Periodenlängen für den CA T-310 praktisch ausgeschlossen sind.

Die kryptologische Beschreibung und die Begründung der Untersuchungen erläutern wir an einem automatentheoretischen Modell. Die Terminologie und grundlegende Aussagen zur algebraischen Automatentheorie, wie wir sie verwendeten, findet man in [4], [9] und [71].

10.1 Automatenmodelle

Wir nutzten Automatenmodelle zur Beschreibung und Einordnung der mathematisch-kryptologischen Untersuchungen des CA T-310. Für die Definition der Automaten nutzten wir unterschiedliche Ansätze, die sich unterschieden in

W. Killmann und W. Stephan, *Das DDR-Chiffriergerät T-310*,
https://doi.org/10.1007/978-3-662-67584-7_10

- den akzeptierten Eingaben, wie z. B. frei wählbare (s_1, s_2, f)-Folge, aus $S1$ und $S2$ gebildete (s_1, s_2)-Folgen mit frei wählbarer f-Folge oder triviale Eingabe für den Takt autonomer Automaten
- der Größe der Zustandsmenge, wie z. B. die U-Vektoren, die $(S1, S2, U)$-Vektoren oder die $(S1, S2, F, U)$-Vektoren
- der Ausgabe der U-Folge, der u_α-Folge, der a-Folge, der $\bar{a}$-Folge und der (r, B)-Folge
- den Zustands- und Ausgabefunktionen, die an die Eingaben, die inneren Zustände und die Ausgaben angepasst sind.

Die Beschreibung der Automaten war unterschiedlich aufwendig und unterschiedlich formal.

Die Gruppe $G(\mathcal{A})$ eines Automaten $\mathcal{A} = (X, Y, Z, \delta, \lambda, z_0)$ ist die durch die Zustandsfunktionen mit den Eingabesymbolen als Parameter erzeugte Gruppe

$$G(\mathcal{A}) :=< \{\delta(x, .) \in \mathfrak{S}(M) \mid x \in X\} > \tag{10.1}$$

Der MEDVEDJEV-Automat $\mathcal{P}_U = \left(\mathcal{B}^3, M, \varphi, U^0\right)$ beschreibt die Erzeugung der U-Folge für beliebige Eingaben des Parameters p. Für den CA T-310 ist die Zustandsmenge des Automaten $\mathcal{P}_U$ die Menge M aller U-Vektoren und die Gruppe des Automaten $G(\mathcal{P}_U)$ ist die Gruppe $G(P, D)$. Für LZS aus T-310-LZS+ ist sie die Alternierende Gruppe über den Zuständen $\mathfrak{A}(M)$. Die freie Wählbarkeit der Eingabefolge hat z. B. den Vorteil, die Eigenschaften des Automaten mit Methoden der Gruppentheorie untersuchen zu können. $\mathcal{P}_U$ ist aber für die Untersuchung der Periodizität (und der Schlüsseläquivalenzen im Abschn. 11) ungeeignet. Die U-Folge, die u_α-Folge, die a-Folge und die (r, B)-Folge werden mit der p-Folge erzeugt, die aus dem ZS $(S1, S2)$ und dem IV F abgeleitet wird. Diese Ableitung der p-Folge muss für eine Beschreibung der Perioden im Automatenmodell Teil des Automatenmodells sein. Im Abschn. 4.5 sind der ZS $(S1, S2)$, der IV F und der U-Vektor Bestandteile der Zustände der Automaten $\mathcal{K}, \mathcal{C}$ und $\mathcal{D}$. Die Zustände $(S1, S2, F, U)$ dieser Automaten sind aus $S_\rho \times \mathcal{F} \times M$ und die Zustandsfunktion ist

$$\delta_{\mathcal{K}}(S_1, S_2, F, U) := (\rho^{91}(S_1), \rho^{91}(S_2), \tau^{1651}(F), \varphi^{1651}(p_{1651}, p_{1650}, \ldots, p_1)U) \tag{10.2}$$

wobei ρ die zyklische Verschiebung des ZS und τ die Rekursion des IV beschreibt (Abschn. 4.3). Die p-Folge wird durch die jeweils ersten Koordinaten der Komponenten $S1$, $S2$ und F gebildet. Die Gruppen $G(K)$, $G(\mathcal{C})$, $G(\mathcal{D})$ der autonomen Automaten $\mathcal{K}$, $\mathcal{C}$ und $\mathcal{D}$ sind $< \delta_{\mathcal{K}} >$ und folglich zyklisch. Die Folge der internen Zustände $\underline{Z} = \left(Z^i\right)_{i \in N}$ ist reinperiodisch

$$\bar{Z} = \left(\delta^i_{\mathcal{K}}(S1^0, S2^0, F^0, U^0) \mid i \in \overline{0, \wp\left(\left(Z^i\right)_{i \in N}\right)}\right)$$

wobei $\wp(Z)$ die Länge der Minimalperiode der Folge Z bezeichnet. Die U-Vektoren sind Teile des Zustands und deren Folge kann als Ausgangspunkt für die Untersuchung der Perioden dienen. Die u_α-Folge und die a-Folge sind Koordinatenfolgen der U-Folge und die $\bar{a}$-Folge eine Vektorfolge aus der a-Folge. Die (r, B)-Folge wird durch die Abbildung σ (Abschn. 4.2.4) aus der $\bar{a}$-Folge gebildet und ist die Ausgabefolge von $\mathcal{K}$.

10.2 Elementare Periodizitätseigenschaften

Wir untersuchen in diesem Abschnitt die Längen der Minimalperioden der Substitutionsfolge und der Zwischenfolgen des CA T-310. Die Periodizitätseigenschaften sind im Wesentlichen durch die Erzeugung der p-Folge aus dem ZS und dem IV bestimmt. Den Ausgangspunkt der Untersuchungen bildet die U-Folge als Ausgabefolge des Automaten $\mathcal{K}$. Die u_α-Folge, a-Folge, die $\bar{a}$-Folge und die (r, B)-Folge werden aus ihr abgeleitet. Nachfolgend führen wir einige grundlegende Bezeichnungen und Definitionen ein.

Eine unendliche Folge von Zeichen $\underline{X} = (x_i)_{i \in N_0}$, $N_0 = \{0\} \cup N$, über dem Alphabet $S = \left(s_1, s_2, ..., s_{|S|}\right)$ heißt *periodisch*, wenn eine nichtnegative ganze Zahl l und eine natürliche Zahl p existieren, so dass gilt

$$\forall i \in N_0 : i \geq l \Rightarrow x_i = x_{i+p} \tag{10.3}$$

Wenn für ein p und ein l die Bedingung (10.3) erfüllt ist, so sind $(x_0, ..., x_{l-1})$ eine Vorperiode und $(x_l, ..., x_{l+p-1})$ eine Periode von $\underline{X}$. Die kleinsten Zahlen, für die (10.3) erfüllt wird,

$$\wp\left(\underline{X}\right) = min\left\{p \in N \mid \exists l \in N_0 \forall i \in N_0 : i \geq l \Rightarrow x_i = x_{i+p}\right\} \tag{10.4}$$

$$\mathfrak{v}\left(\underline{X}\right) = min\left\{l \in N_0 \mid \forall i \in N_0 : i \geq l \Rightarrow x_i = x_{i+\wp(\underline{X})}\right\} \tag{10.5}$$

bestimmen die *Vorperiode* $\mathfrak{V}\left(\underline{X}\right)$ und die *Minimalperiode* $\mathfrak{M}\left(\underline{X}\right)$

$$\mathfrak{V}\left(\underline{X}\right) = \left(x_0, ..., x_{\mathfrak{v}(\underline{X})-1}\right) \tag{10.6}$$

$$\mathfrak{M}\left(\underline{X}\right) = (x_{\mathfrak{v}(\underline{X})}, ..., x_{\mathfrak{v}(\underline{X})+\wp(\underline{X})-1}) \tag{10.7}$$

Wenn $\mathfrak{v}\left(\underline{X}\right) \geq 1$, so ist die Vorperiode dem *reinperiodischen* Teil vorangestellt

$$\underline{X} = \mathfrak{V}\left(\underline{X}\right) || \mathfrak{M}\left(\underline{X}\right) || \mathfrak{M}\left(\underline{X}\right) \text{---} ... \tag{10.8}$$

und

$$\mathfrak{v}\left(\underline{X}\right) = max\left\{l \in N_0 \mid x_l \neq x_{l+\wp(\underline{X})}\right\} + 1 \tag{10.9}$$

Wenn $\mathfrak{v}\left(\underline{X}\right) = 0$ ist, so heißt $\underline{X}$ reinperiodisch. Eine reinperiodische Folge $\underline{X}$ besteht aus fortlaufend verketteten Minimalperioden

$$\underline{X} = \mathfrak{M}\left(\underline{X}\right) || \mathfrak{M}\left(\underline{X}\right) \text{---} ... \tag{10.10}$$

Wir betrachten im Folgenden nur reinperiodische Folgen.

Lemma 10.1 *Seien die Folge* $\underline{X} = (x_i)_{i \in N_0}$ *periodisch und* $\bar{X} = (x_l, ..., x_{l+p-1})$ *eine Periode von* $\underline{X}$*. Es gilt die folgende Beziehung*

$$\wp\left(\underline{X}\right) \mid p \tag{10.11}$$

Beweis Sei $\bar{X} = (x_l, ..., x_{l+p-1})$ eine Periode der Folge $\underline{X} = (x_i)_{i \in N_0}$ mit der Periodenlänge p. Angenommen $\wp\left(\underline{X}\right) \nmid \wp\left(\bar{X}\right)$. Nach der Definition ist $\wp\left(\underline{X}\right)$ die kleinste Periode und aus der Annahme folgt $\wp\left(\underline{X}\right) < \wp\left(\bar{X}\right)$. Sei $c := ggT(\wp(\underline{X}), \wp\left(\bar{X}\right))$. Gemäß Annahme ist dann auch $c < \wp(\underline{X})$. Die Kongruenz

$$\wp(\underline{X})a \equiv c\ (mod\ p) \tag{10.12}$$

besitzt die Lösungen der Form $d + i \cdot p/c$, wobei d durch $d \equiv a\ (mod\ p/c)$, $0 \leq d < p/c$ bestimmt ist, $i \in \overline{0, c-1}$ und $p = \wp(\bar{X})$. Aus (10.12) folgt für $i = 0$ die Existenz eines b, so dass $\wp(\underline{X})d = bp + c$. Für alle $i \geq l$ folgt dann

$$x_{c+l} = x_{c+bp+k} = x_{\wp(\underline{X}) \cdot d+k} = x_k \tag{10.13}$$

Damit ist c eine kleinere Periode als $\wp\left(\underline{X}\right)$. Aus dem Widerspruch folgt die Behauptung (10.11). ■

Lemma 10.2 *Die reinperiodische Folge* $\underline{X} = (x_i)_{i \in N_0}$ *zerfällt für beliebiges* $k \in N$ *in* k *Teilfolgen* $\underline{X^{(k,j)}} = \left(x_{ki+j}\right)_{i \in N_0}$, $j \in \overline{0, k-1}$, *und*

$$\wp\left(\underline{X^{(k,j)}}\right) \mid \frac{\wp\left(\underline{X}\right)}{ggT\left(k, \wp\left(\underline{X}\right)\right)} \tag{10.14}$$

Beweis Der Abschnitt

$$\bar{A} = (x_0, x_1, ..., x_{kgV(k, \wp(\underline{X}))})$$

von $\underline{X}$ enthält $kgV(k, \wp(\underline{X}))/\wp(\underline{X}) = k/ggT(k, \wp(\underline{X}))$ Wiederholungen von $\mathfrak{M}(\underline{X})$ und k Abschnitte $\bar{A}^{(k,j)}$, $j \in \overline{0, k-1}$,

$$\bar{A}^{(k,j)} = (x_j, x_{j+k}, ..., x_{j+(l-1)k}) \tag{10.15}$$

der Länge $l = kgV(k, \wp(\underline{X}))/k = \wp(\underline{X})/ggT(k, \wp(\underline{X}))$. Wir beweisen die Behauptungen (10.14) zunächst für $j = 0$. Wegen

$$\begin{aligned} x_{i+l}^{(k,0)} &= x_{(i+l)k} = x_i^{(k,0)} \\ &= x_{ik+lk} \\ &= x_{ik+kgV(k, \wp(\underline{X}))} \\ &= x_{ik} \\ &= x_i^{(k,0)} \end{aligned}$$

ist $\bar{A}^{(k,0)}$ eine Periode von $\underline{X^{(k,0)}}$. Nach (10.11) folgt die Behauptung (10.14) für $j = 0$

$$\wp\left(\underline{X^{(k,0)}}\right) \mid \frac{\wp\left(\underline{X}\right)}{ggT\left(k, \wp\left(\underline{X}\right)\right)} \tag{10.16}$$

Wendet man (10.16) auf $\underline{X'} = (x'_i)_{i \in N_0}, x'_i = x_{i+j}$ an, so ist $\bar{A}^{(k,j)}$ eine Periode von $\underline{X'^{(k,j)}}$ und man erhält (10.14) auch für $j \in \overline{1, k-1}$. ■

Lemma 10.3 *Seien die Folgen* $\underline{X} = (x_i)_{i \in N}$ *und die Folgen* $\underline{X^{(i)}}$, $i \in \overline{1, n}$, *reinperiodisch.*

1. Für die Funktion $f : E \to E'$ *der Variablen* $\underline{X}$ *gilt*

$$\wp\left(\underline{f(X)}\right) \mid \wp\left(\underline{X}\right) \tag{10.17}$$

2. Für die Tupelfolge $\underline{\bar{X}} = (\underline{X^{(1)}}, ..., \underline{X^{(n)}})$ *gilt*

$$\wp\left(\underline{\bar{X}}\right) = kgV\left(\wp\left(\underline{X^{(1)}}\right), ..., \wp\left(\underline{X^{(n)}}\right)\right) \tag{10.18}$$

Beweis

1. Aus $x_i = x_{i+\wp(\underline{X})}$ folgt $f(x_i) = f\left(x_{i+\wp(\underline{X})}\right)$ und in Verbindung mit Lemma 10.1, (10.11) folgen auch die Behauptungen $\wp\left(\underline{f(X)}\right) \mid \wp\left(\underline{X}\right)$.
2. Sei p eine Periode von $\underline{\bar{X}} = (\bar{X}_i)_{i \in N}, \bar{X}_i = (X_i^{(1)}, ..., X_i^{(n)})$. Für alle $i \geq l$ gilt

$$\left(X_i^{(1)}, ..., X_i^{(n)}\right) = \bar{X}_i = \bar{X}_{i+p} = \left(X_{i+p}^{(1)}, ..., X_{i+p}^{(n)}\right) \tag{10.19}$$

Aus $X_{i+p}^{(j)} = X_i^{(j)}$ folgt für jedes $j \in \overline{1, n}$

$$\wp(\underline{X}) \mid p \tag{10.20}$$

Nun ist aber $kgV\left(\wp\left(\underline{X^{(1)}}\right), ..., \wp\left(\underline{X^{(n)}}\right)\right)$ die kleinste Zahl, für die (10.20) alle $j \in \overline{1, n}$ gilt. Folglich gilt (10.18).

■

Aus Lemma 10.3 folgt sofort Korollar 10.1.

Korollar 10.1 *Für eine beliebige Funktion* $f(x_1, ..., x_n)$ *der reinperiodischen Variablen* $\underline{X^{(j)}} = \left(x_i^{(j)}\right)_{i \in N}$, $j \in \overline{1, n}$, *gilt*

$$\wp\left(f\left(\underline{X^{(1)}}, ..., \underline{X^{(n)}}\right)\right) \mid kgV\left(\wp\left(\underline{X^{(1)}}\right), ..., \wp\left(\underline{X^{(n)}}\right)\right) \tag{10.21}$$

Die Aussagen zur Periodizität des CA T-310 in der Analyse [111] sind im Satz 10.1 zusammengefasst. Sie basieren auf allgemeinen Eigenschaften der Periodizität von Folgen, wie sie bereits zur Analyse des CA SKS Mitte der 70er Jahre verwendet wurden. Sie zeigten bereits die positive Wirkung der primen Zykluslänge $\mathcal{M}_{61} = 2^{61} - 1$ der f-Folge und der primen Anzahl interner Takte pro a-Bit.

Im Folgenden nehmen wir das LZS-Parameterpaar (P, D) als regulär an. Wir schreiben für $(S1, S2)$ auch kurz S und betrachten sowohl $S \in \bar{\mathcal{S}}$, $\bar{\mathcal{S}} = \left(\mathcal{B}^{120}\right)^2$ als auch $S \in \mathcal{S}$. Der IV F unterliegt den technischen Einschränkungen des Abschn. 4.3, $F \in \mathcal{F}$. Durch Anwendung obiger Lemmata auf die Folgen des Automaten $\mathcal{K}$ erhält man die folgenden Aussagen zum CA T-310 aus der Analyse [111]. Obwohl der Parameter ν auch von (P, D) abhängt, schreiben wir $\nu(S1, S2, F)$, $\nu(S, F)$ oder auch kurz ν. Für

$$k = kgV\left(\wp\left(\underline{s_1}\right), \wp\left(\underline{s_2}\right)\right) \tag{10.22}$$

schreiben wir auch kurz k oder $k(S)$, wenn die Abhängigkeit vom ZS hervorgehoben werden soll. Da die Rekursion (4.38) die Maximalperiode $\wp\left(\underline{f}\right) = 2^{61} - 1 = \mathcal{M}_{61}$ erzeugt. Wir definieren

$$\begin{aligned}\Phi(S, F, U) &:= (\rho(S_1), \rho(S_2), \tau(F), \varphi(p)U)\\ \Phi_U(S, F)U &:= \Phi^{k\cdot\mathcal{M}_{61}}(S, F, U)\end{aligned}$$

d. h. $\Phi(S, F, U) \in \mathfrak{S}(\mathcal{S}_\rho \times \mathcal{F} \times M)$ und $\Phi_U(S, F) \in \mathfrak{S}(M)$. Wir bezeichnen mit $\nu(S1, S2, F, U)$ die Länge der Periode von $\Phi_U(S, F)$, in der U liegt. Obwohl der Parameter ν auch von (P, D) abhängt, schreiben wir kurz ν.

Satz 10.1 *[111, Abschn. 2.1] Seien die u_α-Folge, die a-Folge, die $\bar{a}$-Folge und die (r, B)-Folge aus ein und derselben U-Folge gebildet. Es gelten dann folgende Aussagen*

1. *Die Länge der Minimalperiode $\wp\left(\underline{p}\right)$ der p-Folge ist*

$$\wp\left(\underline{p}\right) = k \cdot \mathcal{M}_{61} \tag{10.23}$$

2. *Die Länge der Minimalperiode $\wp\left(\underline{U}\right)$ der U-Folge beträgt*

$$\wp\left(\underline{U}\right) = \nu \cdot k \cdot \mathcal{M}_{61}, \; \nu \in \overline{1,2^{36}} \tag{10.24}$$

3. *Die Länge der Minimalperiode $\wp\left(\underline{u_\alpha}\right)$ der u_α-Folge teilt die Länge der Minimalperiode $\wp\left(\underline{U}\right)$ der U-Folge*

$$\wp\left(\underline{u_\alpha}\right) \mid \nu \cdot k \cdot \mathcal{M}_{61} \tag{10.25}$$

4. *Die Länge der Minimalperiode $\wp\left(\underline{a}\right)$ der a-Folge teilt die Länge der Minimalperiode $\wp\left(\underline{U}\right)$ der U-Folge*

$$\wp\left(\underline{a}\right) \mid \frac{\nu \cdot k \cdot \mathcal{M}_{61}}{ggT(127, \nu)} \tag{10.26}$$

5. *Die Länge der Minimalperiode $\wp\left(\bar{\underline{a}}\right)$ der $\bar{a}$-Folge teilt die Länge der Minimalperiode $\wp\left(\underline{U}\right)$ der U-Folge*

$$\wp\left(\bar{\underline{a}}\right) \mid \frac{\nu \cdot k \cdot \mathcal{M}_{61}}{ggT(13 \cdot 127, \nu)} \tag{10.27}$$

6. *Die Länge der Minimalperiode $\wp\left((r_i, B_i)_{i\in N}\right)$ der Substitutionsfolge teilt die Länge der Minimalperiode $\wp\left(\underline{U}\right)$ der U-Folge*

$$\wp\left((r_i, B_i)_{i\in N}\right) \mid \frac{\nu \cdot k \cdot \mathcal{M}_{61}}{ggT(13 \cdot 127, \nu)} \tag{10.28}$$

Beweis

1. Die Länge der Minimalperiode $\wp\left(\underline{p}\right)$ folgt direkt aus Lemma 10.3 (10.18) und $\wp\left(\underline{f}\right) = \mathcal{M}_{61}$

$$\wp\left(\underline{p}\right) = kgV\left(\wp\left(\underline{s_1}\right), \wp\left(\underline{s_2}\right), \wp\left(\underline{f}\right)\right)$$

$$\wp\left(\underline{p}\right) = k{\cdot}\mathcal{M}_{61}$$

2. Für die Länge der Minimalperiode $\wp\left(\underline{U}\right)$ der U-Folge gilt $U^i = U^{i+\wp(\underline{U})}$. Für beliebige $i \in N$ gilt

$$\varphi(p_i)U^i = U^{i+1} = U^{\wp(\underline{U})+i+1} = \varphi(p_{\wp(\underline{U})+i+1})U^{\wp(\underline{U})+i} = \varphi(p_{\wp(\underline{U})+i+1})U^i$$

Aus (7.18) des Lemmas 7.1 in Abschn. 7.2 folgt $p^i = p^{\wp(\underline{U})+i}$. Folglich teilt die Minimalperiodenlänge der p-Folge die Minimalperiodenlänge der U-Folge, $\wp\left(\underline{p}\right) \mid \wp\left(\underline{U}\right)$. Wir definieren ν durch $\nu := \wp\left(\underline{U}\right) / \wp\left(\underline{p}\right)$ und schreiben

$$\wp\left(\underline{U}\right) = \nu \cdot k \cdot \mathcal{M}_{61} \tag{10.29}$$

Somit ist (10.24) bewiesen.
3. Die Behauptung (10.25) folgt aus (10.18) für die Projektion des U-Vektors auf die Koordinate α.

4. Die a-Folge ist eine Koordinatenfolge der Vektorfolge $\left(U^{127i}\right)_{i\in N}$ und folglich

$$\wp(a) \mid \wp\left(\left(U^{127i}\right)_{i\in N}\right)$$

Aus (10.14) folgt

$$\wp\left(\left(U^{127i}\right)_{i\in N}\right) \mid \frac{\nu\cdot k\cdot \mathcal{M}_{61}}{ggT(127, \nu\cdot k\cdot \mathcal{M}_{61})}$$

Da $ggT(127, k) = 1$ und $ggT(127, \mathcal{M}_{61}) = 1$ ist, folgt $ggT(127, \nu\cdot k\cdot \mathcal{M}_{61}) = ggT(127, \nu)$ und $ggT(127, \nu\cdot k\cdot \mathcal{M}_{61}) = ggT(127, \nu)$ und schließlich

$$\wp(a) \mid \frac{\nu\cdot k\cdot \mathcal{M}_{61}}{ggT(127, \nu)}$$

5. Die $\bar{a}$-Folge

$$\bar{a}^i = (a_{13(i-1)+1}, a_{13(i-1)+2}, \ldots, a_{13(i-1)+5}, a_{13(i-1)+7}, \ldots, a_{13(i-1)+11})$$

wird aus phasenverschobenen reinperiodischen a-Folgen gebildet und es gilt

$$\wp(\bar{a}) = kgV\left(\wp\left(a_{13(i-1)+j}\right)_{i\in n}, j \in \overline{1,5}\cup\overline{7,11}\right) = \wp\left(a_{13(i-1)+1}\right)_{i\in N}$$

Die Folge $\left(a_{13(i-1)+1}\right)_{i\in N}$ ist eine Koordinatenfolge der Vektorfolge $\left(U^{13\cdot 127i}\right)_{i\in N}$ und folglich

$$\wp\left(\left(a_{13(i-1)+1}\right)_{i\in N}\right) \mid \wp\left(\left(U^{13\cdot 127i}\right)_{i\in N}\right)$$

Aus (10.14) folgt

$$\wp\left(\left(a_{13(i-1)+1}\right)_{i\in N}\right) \mid \frac{\nu\cdot k\cdot \mathcal{M}_{61}}{ggT(13\cdot 127, \nu\cdot k\cdot \mathcal{M}_{61})}$$

Da $ggT(13\cdot 127, k) = 1$ und $ggT(13\cdot 127, \mathcal{M}_{61}) = 1$ ist, folgt $ggT(13\cdot 127, \nu\cdot k\cdot \mathcal{M}_{61}) = ggT(13\cdot 127, \nu)$,

$$\wp\left(a_{13(i-1)}\right)_{i\in N} \mid \frac{\nu\cdot k\cdot \mathcal{M}_{61}}{ggT(13\cdot 127, \nu)}$$

und schließlich

$$\wp(\bar{a}) \mid \frac{\nu\cdot k\cdot \mathcal{M}_{61}}{ggT(13\cdot 127, \nu)}$$

6. Nach Definition wird das Paar (r_i, B_i) gemäß (4.35) und (4.36) gebildet. Sei $\underline{c} = \left(a_{13(i-1)+1}, a_{13(i-1)+2}, ..., a_{13(i-1)+5}\right)_{i\in N}$, so folgt gemäß Lemma 10.17

$$\wp(\underline{r}) \mid \wp(\underline{c})$$

und aus (10.18)

$$\wp(\underline{c}) = kgV\left\{\wp\left(\left(a_{13(i-1)+j}\right)_{i\in n}\right) \mid j \in \overline{1,5}\right\}$$

$$\wp(\underline{B}) = kgV\left\{\wp\left(\left(a_{13(i-1)+j}\right)_{i\in n}\right) \mid j \in \overline{7,11}\right\}$$

$$\wp\left(\underline{(r,B)}\right) \mid kgV\left(\wp(\underline{c}), \wp(\underline{B})\right) = \wp(\underline{\bar{a}})$$

$$\wp\left(\underline{(r,B)}\right) \mid \frac{\nu \cdot k \cdot \mathcal{M}_{61}}{ggT(13\cdot 127, \nu)}$$

und es gilt die Behauptung (10.28). ■

Für die Anwendung des Satzes 10.1 untersuchen wir die dort enthaltenen Parameter $\nu(S1, S2, F, U)$ und $k(S1, S2)$. Der Zyklus von $\Phi_U(S1, S2, F)$ und damit auch $\nu(S1, S2, F, U)$ waren für uns praktisch nicht berechenbar.

Für den Parameter k geben wir eine Wahrscheinlichkeit dafür an, dass $k = 120$. Wegen der Paritätsbedingung (4.41) kann Si, $i = 1,2$, nur die Minimalperioden der Längen 8, 24 oder 120 besitzen. Es gibt 2^7 Folgen mit der Länge der Minimalperiode 8, $2^{23} - 2^7$ Folgen mit der Länge der Minimalperiode 24 und $2^{115} - 2^{23} - 2^7$ Folgen mit der Länge der Minimalperiode 120. Die Wahrscheinlichkeit dafür, dass ein ZS aus dem ZS-Vorrat, der aus einer Bernoulli-Folge mit $p = 0{,}5$ erzeugt wurde (Abschn. 4.4.2 und 14.3), eine Minimalperiode der Länge 120 besitzt, beträgt

$$\begin{aligned} P\left\{kgV\left(\wp(S1), \wp(S2)\right) = 120\right\} &= \frac{(2^{115} - 2^{23} - 2^7)^2}{2^{230}} \\ &\approx 1 - 2\cdot 10^{-28} \end{aligned} \tag{10.30}$$

Der Satz 10.1 zeigt die fundamentale Bedeutung der Länge $\wp\left(\underline{u_\alpha}\right)$ der Minimalperiode der u_α-Folge für alle anderen Aussagen zu Aussagen über die Längen der Minimalperioden der a-Folge, der $\bar{a}$-Folge bis zur (r, B)-Folge. Der Übergang von Aussagen über die Länge der Minimalperiode $\wp\left(\underline{U}\right)$ der U-Folge zu Aussagen über die Länge der Minimalperiode Π_α der u_α-Folge ist schwierig. Der Primfaktor $\mathcal{M}_{61}$ würde eine hinreichend große Länge aller darauf aufbauenden Minimalperioden gewährleisten. Die f-Folge mit der Periodenlänge $\mathcal{M}_{61}$ geht als XOR-Summand in jedes $u_{4i-3}, i \in \overline{1,9}$, ein. Aus der Minimalperiode der U-Vektorfolge in (10.24) und (10.18) des Lemmas 10.3 lässt sich nur schließen, dass wenigstens für ein β aus $\overline{1,36}$ die Länge der Minimalperiode der Koordinatenfolge $\wp\left(\underline{u_\beta}\right)$ den Faktor $\mathcal{M}_{61}$

enthält. Dieser Faktor kann in einer Minimalperiode der Koordinatenfolgen vorkommen, aber muss eben nicht in allen Längen solcher Folgen enthalten sein. Die elementaren Eigenschaften obiger Lemmata sind nicht ausreichend. Die Vermutung

$$\mathcal{M}_{61} \mid \wp\left(\underline{u_\alpha}\right) \tag{10.31}$$

war plausibel, in den 70er Jahren fehlte aber der Beweis für eine allgemeine Gültigkeit [111].

10.3 Nachweis sehr langer Perioden

Nach der Analyse [111] konnten 1986 weitere Ergebnisse zur Periodizität des CA T-310 erzielt werden[1]. Wir führen für die Folgen über mehrere Takte neue Bezeichnungen ein, um die Abhängigkeit der Folgen von (S, F, U) im allgemeinen Fall hervorzuheben. Für beliebige $U \in M$, $S1 \in \mathcal{B}^{120}$, $S2 \in \mathcal{B}^{120}$, $S := (S1, S2)$, $\bar{S} = \left(\mathcal{B}^{120}\right)^2$, $F \in \mathcal{F}, \beta \in \overline{1,36}$ und $t \in \overline{1, 2^{61}-2}$ bezeichnen wir in Erweiterung der Notation in den Abschn. 4.2.3 und 4.2.4:

$$U^0(S, F, U) := U \tag{10.32}$$

$$U^i(S, F, U) := \varphi(s_1^i, s_2^i, f^i)U^{i-1}(S, F, U) \tag{10.33}$$

$$\underline{U^t}(S, F, U) := \left(U^{it}(S, F, U)\right)_{i \in N} \tag{10.34}$$

$$u_\beta^i(S, F, U) := \varphi_\beta(s_1^i, s_2^i, f^i)U^{i-1}(S, F, U) \tag{10.35}$$

$$\underline{u_\beta^t}(S, F, U) := \left(u_\beta^{ti}(S, F, U)\right)_{i \in N} \tag{10.36}$$

$$\underline{a}(S, F, U, \beta) := \left(u_{\boldsymbol{\beta}}^{127i}(S, F, U)\right)_{i \in N} \tag{10.37}$$

$$\underline{a}(S, F, U, \beta) := \underline{u_\beta^{127}}(S, F, U) \tag{10.38}$$

$$\bar{\underline{a}}(S, F, U, \beta) := (u_\beta^{127i}(S, F, U^0), ..., u_\beta^{127i}(S, F, U^{4\cdot 127}), \tag{10.39}$$

$$u_\beta^{127i}(S, F, U^{6\cdot 127}), ..., u_\beta^{127i}(S, F, U^{10\cdot 127})) \tag{10.40}$$

$$\underline{(r, B)}(S, F, U, \beta) := \sigma\left(\bar{\underline{a}}(S, F, U, \beta)\right) \tag{10.41}$$

Die Bedeutung der folgenden Ergebnisse besteht darin, dass Längen einer Minimalperiode, die nicht durch $\mathcal{M}_{61}$ teilbar sind, das Produkt $\nu \cdot k$ teilen. Für u_α würde dies dazu führen, dass nach $\nu \cdot k$ internen Takten der interne Zustand $(S, F^{\nu\cdot k}, U^{\nu\cdot k})$ des Automaten $\mathcal{K}$ in den $S1$-, $S2$- und U- Komponenten mit dem Ausgangszustand übereinstimmt und sich beide Zustände nur in der F-Komponente unterscheiden

[1] Die Beweise für Satz 10.2, 10.3 und 10.5 stammen von Ralph Wernsdorf.

können,

$$U^i(S, F^{\nu\cdot k}, U^{\nu\cdot k}) = U^i(S, F, U)$$
$$u^i_\alpha(S, F^{\nu\cdot k}, U^{\nu\cdot k}) = u^i_\alpha(S, F, U)$$

Da $\nu \cdot k$ und $\mathcal{M}_{61}$ teilerfremd sind, wäre die u_α-Folge von F unabhängig. Hier der ausführliche Beweis:

Satz 10.2 *Sei* (P, D) *regulär. Seien* $(S, F) \in \bar{\mathcal{S}} \times \mathcal{F}, U \in M$ *und* $\alpha \in \overline{1,36}$ *beliebig gewählt. Die Länge der Minimalperiode* $\wp\left(\underline{u_\alpha}(S, F, U)\right)$ *der zugehörigen* u_α*-Folge ist dann ein Vielfaches von* $\mathcal{M}_{61}$

$$\wp\left(\underline{u_\alpha}(S, F, U)\right) = \mu \cdot \mathcal{M}_{61} \tag{10.42}$$

Beweis Die u_α-Folge ist eine Koordinatenfolge der U-Folge. Da die Perioden $\wp\left(\underline{u_\alpha}\right)$ für alle $\alpha \in \overline{4i-3, 4i}$ und festes i gleich sind, genügt es (10.42) für den Fall $\alpha \equiv 1\,(mod\,4)$ zu zeigen. Nach (10.24) existiert ein $\nu(S, F, U^0) \in \overline{1, 2^{36}}$, so dass $\wp\left(\underline{U}\right) = \nu(S1, S2, F, U^0) \cdot ggT\left(\wp\left(\underline{S1}, \underline{S2}\right)\right) \cdot \mathcal{M}_{61}$ und

$$\wp\left(\underline{u_\alpha}\right) \mid \nu(S1, S2, F, U^0) \cdot kgV\left(\wp\left(\underline{S1}, \underline{S2}\right)\right) \cdot \mathcal{M}_{61}$$

Wir führen den Beweis für $\mathcal{M}_{61} \mid \wp\left(\underline{u_\alpha}\right)$ indirekt und nehmen an, dass

$$\mathcal{M}_{61} \nmid \wp\left(\underline{u_\alpha}\right) \tag{10.43}$$

Wir bezeichnen kurz

$$t = \nu(S1, S2, F, U^0) \cdot kgV\left(\wp\left(\underline{S1}, \underline{S2}\right)\right) \tag{10.44}$$

für fixiertes $(S1, S2, F, U^0)$. Gemäß der Annahme (10.43) folgt $\wp\left(\underline{u_\alpha}\right) \mid t$. Somit ist t eine Periodenlänge von $\underline{u_\alpha}$ und

$$t < 2^{36} \cdot 120 < 2^{43} \tag{10.45}$$

Unter den $2^{61} - 1$ Vektoren der Folge $\left(U^{it}\right)_{i=0,1,2,\ldots 2^{61}-2}$ aus M, $|M| = 2^{36}$, gibt es mindestens zwei gleiche Vektoren $U^{at} = U^{bt}$ mit o.B.d.A.

$$0 \leq a < b < 2^{61} - 2 \tag{10.46}$$

Für alle i gilt gemäß (10.44)

$$s_1^{at+i} = s_1^{bt+i} = s_1^i, s_2^{at+i} = s_2^{bt+i} = s_2^i$$

$$u_\alpha^{at+i} = u_\alpha^{bt+i}$$

Wir bezeichnen $\varphi_\alpha^*(s_1, s_2) = \varphi_\alpha(s_1, s_2, f) + f$ und erhalten $f^i = u_\alpha^{i+1} + \varphi_\alpha^*(s_1^i, s_2^i)U^i$

$$\begin{aligned} f^{at} &= u_\alpha^{at+1} + \varphi_\alpha^*(s_1^{at}, s_2^{at})U^{at} \\ &= u_\alpha^{bt+1} + \varphi_\alpha^*(s_1^{bt}, s_2^{bt})U^{bt} \\ &= f^{bt} \end{aligned}$$

$$U^{at+1} = \varphi(s_1^{at}, s_2^{at}, f^{at})U^{at} = \varphi(s_1^{bt}, s_2^{bt}, f^{bt})U^{bt} = U^{bt+1}$$

Wendet man die gleichen Überlegungen auf $U^{at+1} = U^{bt+1}$ und schrittweise bis $U^{at+60} = U^{bt+60}$ an, so erhält man $f^{at+i} = f^{bt+i}$ für $i \in \overline{1,61}$. Folglich ist $(b-a)t$ eine Periodenlänge der f-Folge und ein Vielfaches der Primzahl $2^{61} - 1$, obwohl beide kleiner als $2^{61} - 1$ sind. Aus dem Widerspruch folgt die Behauptung (10.42). ■

Der folgende Satz 10.3 folgt dem gleichen Grundgedanken für die U-Folge über mehrere Takte.

Satz 10.3 *Es seien (P, D) regulär, $U^0 \in M$, $S \in$ und $t \in \overline{1, 2^{61} - 2}$ frei gewählt. Wenn ein $F \in \mathcal{F}$ existiert, für das $\mathcal{M}_{61} \nmid \wp\left(\underline{U^t}(S, F, U)\right)$, so sind für beliebige Paare $(F', F'') \in \mathcal{F}^2$ die U-Folgen über t Schritte gleich*

$$\underline{U^t}(S, F', U) = \underline{U^t}(S, F'', U)$$

Beweis Nach Satz 10.1, (10.24), existiert ein $\nu(S1, S2, F) \in \overline{1, 2^{36}}$, so dass

$$\wp\left(\underline{U}\right) = \nu \cdot k \cdot \mathcal{M}_{61} \tag{10.47}$$

mit $k = kgV\left(\wp\left(\underline{s_1}\right), \wp\left(\underline{s_2}\right)\right)$ und es gilt nach Lemma 10.1, (10.14)

$$\wp\left(\underline{U^{ti}}\right) \mid \nu \cdot k \cdot \mathcal{M}_{61}$$

Da $\mathcal{M}_{61}$ eine Primzahl ist und

$$\nu \cdot k < 2^{36+7} < 2^{61} - 1 = \mathcal{M}_{61} \tag{10.48}$$

gilt, folgt aus $\mathcal{M}_{61} \nmid \wp\left(\underline{U^{ti}}\right)$, dass $\wp\left(\underline{U^{ti}}\right) \mid \nu \cdot k$ bzw. für alle $(i, j) \in N^2$

$$U^{t\nu ki+j} = U^j \tag{10.49}$$

Wir betrachten die Folge

$$\left(U^{ti}\right)_{i \in N} = \left(\left(\rho^{ti}(S1), \rho^{ti}(S2), \tau^{ti}(F), U^{ti}\right)\right)_{i \in N}$$

mit

$$S1^{ti} = \rho^{ti}(S1), s_1^i = \pi_1\left(S1^{ti}\right)$$
$$S2^{ti} = \rho^{ti}(S2), s_2^i = \pi_1\left(S2^{ti}\right)$$
$$F^{ti} = \tau^{ti}(F), f^i = \pi_1\left(F^{ti}\right)$$

Sei o.B.d.A. $F' = (f^{1+a}, f^{2+a}, ..., f^{61+a})$. Wegen $ggT(\mathcal{M}_{61}, t) = 1$ und (10.48) ist auch

$$ggT(\mathcal{M}_{61}, t\nu k) = 1 \tag{10.50}$$

und die Gleichung

$$t\nu k \cdot x \equiv a \, (mod\, \mathcal{M}_{61}) \tag{10.51}$$

besitzt eine Lösung $x(F') \in \overline{0, \mathcal{M}_{61} - 1}$. Wir bezeichnen kurz $y = \nu k x(F')$ und folgern aus (10.51)

$$yt \equiv 1\, (mod\, \nu) \Rightarrow S1^{yt} = S1,\ S2^{yt} = S2$$

$$yt \equiv 1\, (mod\, \mathcal{M}_{61}) \Rightarrow F^{yt} = F^a = F'$$

$$yt \equiv 1\, (mod\, \nu k) \Rightarrow U^{yt} = U^0$$

Für die Folge $\left(U^{ti}\right)_{i\in N}$ und beliebige $i \in N$ erhalten wir

$$\left((S1^{yt}, S2^{yt}, F^{yt}, U^{yt})\right)_{i\in N} = \left((S1, S2, F', U^0)\right)_{i\in N} \tag{10.52}$$

$$\left(\left(S1^{(y+i)t}, S2^{(y+i)t}, F'^{it}, U'^{it}\right)\right)_{i\in N} = \left(\left(S1^{it}, S2^{it}, F^{it}, U'^{it}\right)\right)_{i\in N} \tag{10.53}$$

und damit die Behauptung $\left(U'^{ti}\right)_{i\in N} = \left(U''^{ti}\right)_{i\in N}$. ■

Die praktische Bedeutung des Satzes 10.3 liegt in seiner Kontraposition, die der Satz 10.4 formuliert.

Satz 10.4 *Seien das reguläre (P, D), $U \in M$, $S \in \bar{\mathcal{S}}$ und $t \in \overline{1, 2^{61} - 2}$ frei gewählt. Wenn ein Paar $(F', F'') \in \mathcal{F}^2$ und ein $j \in N$ mit*

$$U^{tj}(S, F', U) \neq U^{tj}(S, F'', U) \tag{10.54}$$

existiert, so gilt für alle $F \in \mathcal{F}$

$$\mathcal{M}_{61} | \wp\left(\underline{U^t}(S, F, U)\right) \tag{10.55}$$

Für kleine $t \in \overline{1{,}116}$ konnte bewiesen werden, dass die Voraussetzung des satzes 10.4 immer erfüllt ist und somit stets $\mathcal{M}_{61} \mid \wp\left(\underline{U^{ti}}\right)$ gilt.

Satz 10.5 *Für beliebige reguläre* (P, D), $U \in M$, $S \in \left(\mathcal{B}^{120}\right)^2$, $F \in \mathcal{F}$ *und* $t \in \overline{1{,}116}$ *gilt*

$$\mathcal{M}_{61} \mid \wp\left(\underline{U^t}(S, F, U)\right) \tag{10.56}$$

Beweis Seien (P, D) regulär, $U \in M$, $S \in \left(\mathcal{B}^{120}\right)^2$, $F \in \mathcal{F}$ frei gewählt. Für $t \in \overline{1{,}61}$ erfüllen beliebige $F' \in \mathcal{F}$ mit $F'' = F' \oplus e^{(t)}$, wobei $e^{(t)} = (e_1^{(t)}, ..., e_{61}^{(t)})$

$$e_i^{(t)} = \begin{cases} 0 & \text{für } i \neq t \\ 1 & \text{für } i = t \end{cases}$$

die Bedingung des Satzes 10.4 und es folgt die Behauptung 10.56. Für $t \in \overline{62{,}116}$ wählt man $F'' = F' \oplus e^{(61)}$. Dann ist $U^{61} \neq U'^{61}$. Weiterhin gilt für $i \in \overline{1{,}55}$

$$f^{61+i} = f^{5+i} \oplus f^{2+i} \oplus f^{1+i} \oplus f^i = f'^{5+i} \oplus f'^{2+i} \oplus f'^{1+i} \oplus f'^i = f'^{61+i}$$

Wegen der Bijektivität der Abbildung φ folgt dann $U^{62} \neq U'^{62}$ bis $U^{116} \neq U'^{116}$. Damit ist die Voraussetzung des Satzes 10.4 erfüllt und es gilt die Behauptung. ■

In den 80er Jahren wurde ebenfalls der Einfluss eines frei wählbaren Startvektors U^0 auf die Periodizitätseigenschaften untersucht. Die folgenden Ergebnisse sind im Sachstandsbericht zu den Untersuchungsergebnissen von 1986 [92] ohne Beweis angegeben.

Satz 10.6 *Sei* (P, D) *regulär.*

1. *Für alle* $(S, F) \in \bar{S} \times \mathcal{F}$ *gilt*

$$\mid \left\{U \in M : \mathcal{M}_{61} \mid \wp(\underline{U^{127}}(S, F, U))\right\} \mid > 0{,}991 \cdot 2^{36} \tag{10.57}$$

2. *Für alle* $(S, F) \in \bar{S} \times \mathcal{F}$ *existiert ein* $U \in M$, *so dass für alle* $\alpha \in \overline{1{,}36}$ *gilt*

$$\mathcal{M}_{61} \mid \wp(\underline{a}(S, F, U, \alpha) \tag{10.58}$$

3. *Für alle* $(S, F) \in \bar{S} \times \mathcal{F}$ *und alle* $j \in \overline{0{,}3}$ *gilt*

$$\mid \left\{U \in M : \left(\forall \alpha \in \left\{4k - j : k \in \overline{1{,}9}\right\} : \mathcal{M}_{61} | \wp(\underline{a}(S, F, U, \alpha)\right)\right\} \mid > 0{,}44 \cdot 2^{36} \tag{10.59}$$

4. *Für alle* $(S, F) \in \bar{S} \times \mathcal{F}$ *gilt*

$$\mid \left\{U \in M : \exists \alpha \in \overline{1{,}36} : \mathcal{M}_{61} | \wp(\underline{a}(S, F, U, \alpha)\right\} \mid > 0{,}991 \cdot 2^{36} \tag{10.60}$$

5. *Für alle* $(S, F) \in \bar{S} \times \mathcal{F}$ *gilt*

$$|\{U \in M : \exists\alpha \in \overline{1,36} : \mathcal{M}_{61}|\wp(\underline{(r, B)}(S, F, U, \alpha)\}| > 0{,}991 \cdot 2^{36} \quad (10.61)$$

6. *Für alle* $(S, F) \in \bar{S} \times \mathcal{F}$ *und alle* $j \in \overline{0,3}$ *gilt*

$$|\{U \in M : (\forall\alpha \in \{4k - j : k \in \overline{1,9}\} : \mathcal{M}_{61}|\wp(\underline{(r, B)}(S, F, U, \alpha))\}| > 0{,}44 \cdot 2^{36} \quad (10.62)$$

Ergänzend zu den allgemeinen Ergebnissen wurden für die im operativen Einsatz befindlichen LZS-21, LZS-26 und LZS-31 sowie LZS-30 weitere Aussagen erzielt [92]

Satz 10.7 *Es gelten folgende LZS-spezifische Aussagen für alle* $S \in \bar{\mathcal{S}}$, *alle* $F \in F$ *und alle* $U \in M$ *:*

1. *Für die LZS-21 und LZS-26 und alle* $m \in \overline{1, 123}$

$$\mathcal{M}_{61} \mid \wp(\underline{U^{mi}}(S, F, U)) \quad (10.63)$$

2. *Für LZS-30 und alle* $m \in \overline{1, 122}$

$$\mathcal{M}_{61} \mid \wp(\underline{U^{mi}}(S, F, U)) \quad (10.64)$$

3. *Für die Paare* (P, D) *der LZS-21, LZS-26 und LZS-31 und alle* $U \in M$

$$|\{S \in \bar{\mathcal{S}} : \forall F \in \mathcal{F} : \mathcal{M}_{61} \mid \wp(\underline{U^{127}}(S, F, U))\}| \geq 2^{240} \cdot \left(1 - \frac{1}{2^{110}}\right) \quad (10.65)$$

4. *Für die Paare* (P, D) *der LZS-21, LZS-26 und LZS-31*

$$|\{S \in \bar{\mathcal{S}} : \forall U \in M \forall F \in \mathcal{F} \exists\beta \in \overline{1,36} : \mathcal{M}_{61} \mid \wp(\underline{a}(S, F, U, \beta))\}| \geq 2^{240} \cdot \left(1 - \frac{1}{2^{74}}\right) \quad (10.66)$$

5. *Für die Paare* (P, D) *der LZS-21, LZS-26 und LZS-30*

$$|\{S \in \bar{\mathcal{S}} : \forall U \in M \forall F \in \mathcal{F} \exists\beta \in \overline{1,36} : \mathcal{M}_{61} \mid \wp(\underline{(r, B)}(S, F, U, \beta))\}| \geq 2^{240} \cdot \left(1 - \frac{1}{2^{74}}\right) \quad (10.67)$$

10.4 Ergänzende Ergebnisse zu Periodenlängen

Dieser Abschnitt enthält Ergebnisse zu Periodenlängen, die erst nach 1990 erarbeitet wurden.

Die Beweisidee der Sätze 10.2 und 10.3 kann für weitere Aussagen zur Periodizität der (r, B)-Folge und den Berechnungen für LZS genutzt werden. Der Satz 10.8 gibt im Unterschied zu den Sätzen 10.6, Punkte 5 und 6, und 10.7, Punkt 7, nicht die Anzahl der U bzw. S an, für die $\wp(\underline{(r, B)}(S, F, U, \beta))$ den Faktor $\mathcal{M}_{61}$ enthält, sondern gilt unter der Zusatzbedingung (10.68) für alle S und U.

Satz 10.8 *Seien der reguläre (P, D), $S \in \bar{\mathcal{S}}$ und $U \in M$ frei gewählt. Wenn ein Paar $(F', F'') \in \mathcal{F}^2$, ein $i \in N$ und ein $j \in \overline{7, 11}$ existieren für die*

$$U^{1651i+127\cdot j}(S, F', U) \neq U^{1651i+127\cdot j}(S, F'', U) \tag{10.68}$$

dann existiert für alle $F \in \mathcal{F}$ ein $\beta \in \overline{1{,}36}$, so dass

$$\mathcal{M}_{61} | \wp\left(\underline{(r, B)}(S, F, U, \beta)\right) \tag{10.69}$$

Beweis Seien der T-310-LZS (P, D) regulär, $S \in \bar{\mathcal{S}}$ und $F \in \mathcal{F}$ frei gewählt, und für das Paar $(F', F'') \in \mathcal{F}^2$ die Bedingung (10.68) erfüllt. Dann folgt aus (10.68) mit der Bezeichnung $\left(U^k\right)_{k \in N} := \underline{U}(S, F, U)$

$$U^{1651i}(S, F', U^{127\cdot j}) \neq U^{1651i}(S, F'', U^{127\cdot j})$$

und nach Satz 10.3

$$\mathcal{M}_{61} | \wp\left(\underline{U^{1651}}(S, F, U^{127\cdot j})\right)$$

Nach Lemma 10.3 (10.18) ist

$$\wp\left(\underline{U^{1651}}(S, F, U)\right) = kgV\left(\wp(\underline{u_1^{1651}}(S, F, U^{127\cdot j})), ..., \wp(\underline{u_{36}^{1651}}(S, F, U^{127\cdot j}))\right)$$

Da $\mathcal{M}_{61}$ eine Primzahl ist, gibt es folglich mindestens ein $\beta \in \overline{1{,}36}$ mit

$$\mathcal{M}_{61} | \wp\left(\wp(\underline{u_\beta^{1651}}(S, F, U^{127\cdot j}))\right)$$

Die Folge $\underline{u_\beta^{1651}}(S, F, U^{127\cdot j})$ ist die Folge der Koordinaten $j - 6$ in der Folge

$$\underline{B}(S, F, U, \beta) = \left(\left(a_{7+13(i-1)}(S, F, U, \beta), \ldots, a_{11+13(i-1)}(S, F, U, \beta)\right)\right)_{i \in N}$$

Nach Lemma 10.3 (10.18) folgt $\mathcal{M}_{61} | \wp(\underline{B}(S, F, U, \beta))$ und die Behauptung (10.69). ∎

Der Satz 10.7 formulierte für die Paare (P, D) der LZS-21, LZS-26 und LZS-30 die Periodenaussagen $\mathcal{M}_{61} \mid \wp(\underline{(r, B)}(S, F, U, \beta))$, wobei $\beta \in \overline{1{,}36}$ aber nicht notwendig das α dieser LZS ist. Die Voraussetzungen für die Periodenaussagen der (r, B)-Folge des Satzes 10.8 konnten nicht allgemein gezeigt werden.

Lemma 10.4 *Seien der reguläre T-310-LZS (P, D, α), der ZS $S \in \bar{\mathcal{S}}$ und der IV $F \in \mathcal{F}$ frei gewählt. Sei $\nu(S, F, U^0)$ und $k(S) := \wp(S)$ durch $\wp(\underline{U}(S, F, U^0)) = \nu(S, F, U^0) \cdot k(S) \cdot \mathcal{M}_{61}$ gegeben. Wenn*

$$\mathcal{M}_{61} \nmid \wp(\underline{(r, B)}(S, F, U^0, \alpha)) \tag{10.70}$$

so gilt

$$\wp\left(\underline{(r, B)}(S, F, U^0, \alpha)\right) \mid \frac{\nu(S, F, U^0) \cdot k(S)}{ggT(13 \cdot 127, \nu(S, F, U^0))} \tag{10.71}$$

Beweis Seien der reguläre T-310-LZS (P, D, α), der ZS $S \in \bar{\mathcal{S}}$ und der IV $F \in \mathcal{F}$ frei gewählt sowie $\nu(S, F, U^0)$ und $k(S)$ durch $\wp(\underline{U}) = \nu(S, F, U^0) \cdot k(S) \cdot \mathcal{M}_{61}$ gegeben. Nach Satz 10.1 (10.28)

$$\wp\left(\underline{(r, B)}(S, F, U^0, \alpha)\right) \mid \frac{\nu(S, F, U^0) \cdot k(S) \cdot \mathcal{M}_{61}}{ggT(13 \cdot 127, \nu(S, F, U^0))} \tag{10.72}$$

Da

$$ggT\left(\frac{\nu(S, F, U^0) \cdot k(S)}{ggT(13 \cdot 127, \nu(S, F, U^0))}, \mathcal{M}_{61}\right) = 1$$

folgt die Behauptung (10.71). ∎

Das Lemma 10.4 erlaubt für reguläre T-310-LZS (P, D, α), ZS $S \in \bar{\mathcal{S}}$ und IV $F \in \mathcal{F}$ eine Überprüfung von

$$\mathcal{M}_{61} \mid \wp(\underline{(r, B)}(S, F, U^0, \alpha)) \tag{10.73}$$

indem man für alle $\nu \in \overline{1, 2^{36}}$ und alle $k \in \{1, 8, 24, 120\}$ alle Teiler von $\nu \cdot k / ggT(13 \cdot 127, \nu)$ als potentielle Perioden der Folge $\underline{(r, B)}(S, F, U^0, \alpha)$ testet. Das ist mit der uns zur Verfügung stehenden Technik derzeit nicht realisierbar. Aus theoretischer Sicht fehlt der Schritt von: „Es existiert ein β mit $\mathcal{M}_{61} \mid \wp(\underline{(r, B)}$“ zu „$\forall \beta : \mathcal{M}_{61} \mid \wp(\underline{(r, B)}$“. Trotzdem zeigt die Summe der Argumente:

> Die Nutzung kurzer Perioden der Substitutionsfolge für kryptographische Angriffe auf den CA-T-310 ist praktisch ausgeschlossen.

10.5 Periodizität und Überdeckung

Wenn sich der Zustand des Automaten $\mathcal{K}^*$ wiederholt, so können phasengleiche Textteile entstehen. Phasengleiche Texte können in ein und demselben oder in verschiedenen Chiffriergeräten im gleichen ZS-Bereich auftreten. Sie können auch für verschiedene Chiffriergeräte in verschiedenen Bereichen mit äquivalenten ZS vorkommen (Kap. 11). Die Wahrscheinlichkeit für das Auftreten von Zuständen mit gleichem F kann nach Satz 10.9 aus [9, Kap. 7.7] berechnet werden.

Satz 10.9 *Angenommen, der Chiffrator entspricht einem vollständig autonomen Automaten, dessen interner Anfangszustand den zufällig mit gleicher Wahrscheinlichkeit gebildeten ZS bildet und dessen Zustandsfunktion einen Zyklus der Länge T erzeugt. Es werden r Geheimtexte der Längen* $L_1, \ldots, L_r$, $L = \sum_{j=j}^{r} L_j$, *mit dem gleichen ZS übertragen. Die Wahrscheinlichkeit w dafür, dass die Zustandsfolgen, mit denen die Texte verschlüsselt werden, keinen gemeinsamen Zustand besitzen, ist*

$$w = \frac{(r-1)!}{T^{r-1}} \binom{T-L+r-1}{r-1} \tag{10.74}$$

Auf das CV ARGON bezogen entspricht der im Satz definierte Chiffrator dem Chiffrierautomaten $\mathcal{C}^*$. Der ZS ist fest und der IV wird als Spruchschlüssel aufgefasst. In einem ZS-Bereich werden alle Texte mit gleichem ZS S, $S \in \mathcal{S}$, und ausgehend von dem gleichen U-Vektor U^0, aber mit zufällig, mit gleichmäßiger Verteilung über $\mathcal{F}$ gewählten IV verschlüsselt. Wir betrachten eine Überdeckung der f-Folge für chiffrierte Zeichen. Überdeckung heißt, dass bei der Verschlüsselung zweier Texte innerhalb des ZS-Bereichs und der ZS-Gültigkeitsdauer der gleiche Zustand der Synchronisationseinheit F für Verschlüsselung eines Fernschreibzeichens auftritt, wobei die Zustände des ZS-Registers und des U-Registers verschieden sein können. Teile dieser Texte werden folglich mit gleichen f-Folgesegmenten verschlüsselt. Die Länge aller Geheimtexte L kann für einen ZS-Bereich mit maximal 150 Teilnehmern, einer ZS-Gültigkeit von einer Woche (ca. 600 000 s) und einer maximalen Übertragungsgeschwindigkeit von 100 Bd mit ca. 11 Mio. übermittelbaren Zeichen nach oben abgeschätzt werden. Die Anzahl r der Geheimtexte kann dann mit 265 000 nach oben abgeschätzt werden, da jeder Text aus mindestens 41 Zeichen besteht [99]. Die Zykluslänge T ist $\mathcal{M}_{61}$. Daraus ergibt sich als Abschätzung für die Wahrscheinlichkeit, dass keine Überdeckung auftritt:

$$w = \prod_{i=1}^{r-1} \frac{T-L+i}{T} \geq 1 - 3{,}6 \cdot 10^{-8}$$

Die Suche nach Geheimtexten, die innerhalb des Gültigkeitsbereichs und des Gültigkeitszeitraum eines ZS wenigstens teilweise mit gleichen f-Folgesegmenten verschlüsselt wurden, ist deshalb kaum erfolgreich.

Äquivalente Schlüssel 11

Inhaltsverzeichnis

„Das Problem der äquivalenten Schlüssel sehen wir als das Wichtigste an, gleichzeitig jedoch auch als das Schwierigste, wie mehrere erfolglose Versuche …gezeigt haben." Diese Einschätzung aus [111] belegt, dass wir die Suche nach äquivalenten Schlüsseln, nach ZS bzw. IV, die gleiche Substitutionsfolgen erzeugen, als eine zentrale Aufgabe der Kryptoanalyse des CA T-310 ansahen. Die wichtigsten Ergebnisse zu Schlüsseläquivalenzen erzielten wir in der zweiten Hälfte der 80er Jahre (Abschn. 11.1). Wir ordnen die Äquivalenzuntersuchungen den eingeführten Automatenmodellen mit den verschiedenen Ausgabefolgen zu (Abschn. 11.2). Die Untersuchung der Äquivalenzen der ZS, der IV, der U-Vektoren, beginnend mit der u_α-Folge bis hin zur (r, B)-Folge, sind Schritte auf dem Weg zu Aussagen über äquivalente ZS. Die Ergebnisse können heute insbesondere unter Verwendung der Ergebnisse zur Periodizität aus Kap. 10 weiterentwickelt werden. Im Abschnitt 11.3 stellen wir unsere Ergebnisse zu diesen Äquivalenzen für den CA T-310 dar. Wir können beweisen, dass der Chiffrieralgorithmus T-310 mindestens $0{,}8 \cdot 2^{115}$ nicht äquivalente Zeitschlüssel in Bezug auf die Substitutionsfolge besitzt. Damit ist die Anwendung der Totalen Probier-Methode ausgeschlossen.

W. Killmann und W. Stephan, *Das DDR-Chiffriergerät T-310*,
https://doi.org/10.1007/978-3-662-67584-7_11

11.1 Ergebnisse zu Schlüsseläquivalenzen aus den 80er Jahre

Die Existenz äquivalenter ZS und IV (Synonym zu Spruchschlüssel) kann zu phasengleichen Geheimtexten führen, die die Rekonstruktion von Klartexten ermöglichen könnte. Sie könnten auch den Aufwand für die ZS-Bestimmung reduzieren. Die kryptographische Anwendung von Schlüsseläquivalenzen kann an folgendem Beispiel veranschaulicht werden:

Beispiel: Dekryptierung mit Schlüsseläquivalenzen

Angenommen, für einen CA existieren Äquivalenzen über den Schlüsseln als interne Zustände, den Klartexten und den Geheimtexten derart, dass zwei beliebige äquivalente Schlüssel S und S' alle äquivalente Klartexte in entsprechende äquivalente Geheimtexte verschlüsseln. Für einen Angriff mit bekannten Klartext-Geheimtext-Paaren könnte ein Angreifer zunächst aus nichttrivialen Äquivalenzklassen der Klartext-Geheimtext-Paare die Äquivalenzklasse $[S]$ des Schlüssels bestimmen. Erst danach würde er mit Klartext-Geheimtext-Paaren den verwendeten Schlüssels S innerhalb der Äquivalenzklasse $[S]$ bestimmen. Wenn der Schlüsselvorrat 2^n Schlüssel enthält und alle Äquivalenzklassen über den Schlüsseln die gleiche Mächtigkeit $\|[S]\| = 2^m$, $1 < m < n$, besitzen, so würde der Angreifer mit der TPM nur $2^{n-m} + 2^m$ an Stelle von 2^n Versuchen benötigen. Der Vorteil des Angreifers wäre für $m = n/2$ mit $2^{n/2+1}$ am größten. ◄

Das Beispiel zeigt, wie wichtig die Suche nach diesen Äquivalenzen für die Einschätzung der Sicherheit von CA ist.

Äquivalente ZS, IV und ZS/IV-Kombinationen wurden von 1984 bis 1987 intensiv untersucht. Die hier angegebenen Ergebnisse wurden in [90,91] bewiesen und in dem Sachstandsbericht zur Klasse ALPHA 1986 [92] ohne Beweise zusammengefasst. Für beliebige $(S, S') \in \bar{S}^2$ seien

$$\delta_1(S, S') := min\left\{i \in \overline{1,120} : s_{1i} \neq s'_{1i}\right\} \tag{11.1}$$

$$\delta_2(S, S') := min\left\{i \in \overline{1,120} : s_{2i} \neq s'_{2i}\right\} \tag{11.2}$$

$$\lambda_1(S, S') := max\left\{i \in \overline{1,120} : s_{1i} \neq s'_{1i}\right\} \tag{11.3}$$

$$\lambda_2(S, S') := max\left\{i \in \overline{1,120} : s_{2i} \neq s'_{2i}\right\} \tag{11.4}$$

wobei für $S1 = S1'$ die Gleichungen $\delta_1(S, S') = \infty$ und $\lambda_1(S, S') = -\infty$ gelten sollen (analog auch für $S2 = S2'$). Für vorgegebene Teilmengen I_1 und I_2 mit $I_1 \times I_2 \subseteq \overline{1,120}^2$ bezeichnen wir für beliebige $S \in \bar{S}$

$$H(S) := \left\{S' \in \bar{S} : \left(\forall i \in I_1 : s_{1i} = s'_{1i}\right) \wedge \left(\forall i \in I_2 : s_{2i} = s'_{2i}\right)\right\} \tag{11.5}$$

Aus dieser Definition folgen sofort

$$\bigcup_{s \in \bar{S}} H(S) = \bar{S} \tag{11.6}$$

$$|\left\{H(S) : S \in \bar{\mathcal{S}}\right\}| = 2^{|I_1|+|I_2|} \tag{11.7}$$

Lemma 11.1 *Es seien* $\sim$ *eine beliebige Äquivalenzrelation über* $\left(\mathcal{B}^{120}\right)^2$ *und* $I_1 \times I_2 \subseteq \overline{1,120}^2$ *sei beliebig gewählt. Wenn für* $\sim$ *und* $H(S)$ *gilt*

$$\forall S \in \bar{\mathcal{S}} \forall S' \in \bar{\mathcal{S}} : \left(S \neq S' \wedge S' \in H(S)\right) \Rightarrow S \nsim S' \tag{11.8}$$

so folgt

$$\forall S \in \bar{\mathcal{S}} : |\left\{S' \in \bar{\mathcal{S}} : S \sim S'\right\}| \leq 2^{|I_1|+|I_2|} \tag{11.9}$$

Beweis Für $\sim$, I_1 und I_2 sei (11.8) erfüllt. Angenommen

$$\exists S^* \in \bar{\mathcal{S}}^2 : |\left\{S' \in \bar{\mathcal{S}}^2 : S^* \sim S'\right\}| > 2^{|I_1|+|I_2|} \tag{11.10}$$

Aus (11.6), (11.7) und der Annahme (11.10) folgt

$$\exists (\tilde{S}, \bar{S}) \in \bar{\mathcal{S}}^2 : \tilde{S} \neq S \wedge \tilde{S} \sim \bar{S} \sim S^* \wedge \tilde{S} \in H(\bar{S})$$

Dies steht aber im Widerspruch zur Voraussetzung (11.8). Aus dem Widerspruch folgt die Behauptung. ■

▶ **Definition 11.1** Zwei S und S' aus $\bar{\mathcal{S}}$ sind äquivalent $\overset{F,U}{\underset{\alpha}{\sim}}$, wenn sie für die fixierten $F \in \mathcal{F}$ und $U \in M$ die von (S, F, U) erzeugte u_α-Folge und die von (S', F, U) erzeugte u'_α-Folge gleich sind.

Wenn S und S' bei gleichem F unterschiedliche u_α- bzw. u'_α-Folgen erzeugen, die für $i \leq k$ gleich $u_{\alpha^i} = u'_{\alpha^i}$, aber für k ungleich $u_{\alpha^k} \neq u'_{\alpha^k}$ sind, so müssen sich S und S' ab der k-ten Stelle unterscheiden. Die folgenden Aussagen setzen stets reguläre (P, D) mit $D1 = 0$ voraus, wie das für die LZS-Klasse KT1 zutrifft.

Lemma 11.2 *Sei* (P, D) *mit* $D1 = 0$ *regulär. Für alle* $(S, S') \in \bar{\mathcal{S}}^2$*, alle* $F \in \mathcal{F}$ *und alle* $\alpha \in \overline{1,4}$ *gilt*

$$\delta_1(S, S') < \delta_2(S, S') \Rightarrow S \overset{F,U^0}{\underset{\alpha}{\nsim}} S' \tag{11.11}$$

Beweis Es seien $(S, S') \in \bar{\mathcal{S}}^2$ und $F \in \mathcal{F}$ gegeben. Es gelte

$$\delta_1 = \delta_1(S, S') < \delta_2(S, S') \tag{11.12}$$

Wir bezeichnen $\underline{U} = \left(U^i\right)_{i \in N} = U(S, F, U^0)$ und $\underline{U'} = \left(U'^i\right)_{i \in N} = U(S', F, U^0)$. Dann folgt aus (11.12) $U^{\delta_1 - 1} = U'^{\delta_1 - 1}$. Wegen $D1 = 0$ folgt aus (4.19)

$$\begin{aligned} u_{1^{\delta_1}} &= s_{1^{\delta_1}} + T_9(f^{\delta_1}, s_{2^{\delta_1}}, u_{P1^{\delta_1 - 1}}, ..., u_{P5^{\delta_1 - 1}}) \\ &= 1 + s'_{1^{\delta_1}} + T_9(f^{\delta_1}, s_{2^{\delta_1}}, u_{P1}^{\delta_1 - 1}, ..., u_{P5}^{\delta_1 - 1}) \\ &= 1 + u'_{1^{\delta_1}} \end{aligned} \tag{11.13}$$

und mit (11.13) auch

$$u_{1^{\delta_1}} \neq u'_{1^{\delta_1}},\ u_{2^{\delta_1+1}} \neq u'_{2^{\delta_1+1}},\ u_{3^{\delta_1+2}} \neq u'_{3^{\delta_1+2}}, u_{4^{\delta_1+3}} \neq u'_{4^{\delta_1+3}}$$

■

Satz 11.1 *Sei der LZS regulär mit* $D1 = 0$. *Für alle* $S \in \bar{\mathcal{S}}$, *alle* $F \in \mathcal{F}$, *alle* $U \in M$ *und alle* $\alpha \in \overline{1{,}4}$ *gilt*

$$\left| \left\{ S' \in \bar{\mathcal{S}} : S \overset{F,U}{\underset{\alpha}{\sim}} S' \right\} \right| \leq 2^{120} \tag{11.14}$$

Beweis Es seien $F \in \mathcal{F}$ und $\alpha \in \overline{1{,}4}$ gegeben. Aus Lemma 11.2 folgt

$$\forall (\tilde{S}, \bar{S}) \in \bar{\mathcal{S}}^2 : \left(\tilde{S} \neq \bar{S} \wedge \forall i \in \overline{1{,}120} : \tilde{s}_2^i = \bar{s}_2^i \right) \Rightarrow \tilde{S} \overset{F,U^0}{\underset{\alpha}{\not\sim}} \bar{S}$$

Hieraus folgt wegen Lemma 11.1 für $I_1 = \emptyset$ und $I_2 = \overline{1{,}120}$ die Behauptung. ■

Es sei angemerkt, dass für alle freigegebenen LZS $\alpha \in \overline{1{,}4}$ gilt und somit Satz 11.1 anwendbar ist. In [109] ist ohne Beweis eine Erweiterung des Satzes 11.1 für weitere $\alpha \in \overline{13{,}16} \cup \overline{21{,}24}$ angegeben.

Satz 11.2 *Sei* (P, D) *mit* $D1 = 0$ *regulär. Seien* $U \in M$, $F \in \mathcal{F}$ *und* $\beta \in \overline{1{,}4} \cup \overline{13{,}16} \cup \overline{21{,}24}$ *beliebig gewählt. Dann gibt es zu jedem* $S \in \bar{\mathcal{S}}$ *höchstens* 2^{120} *äquivalente* $S' \in \bar{\mathcal{S}}$, *die bezüglich der* u_β*-Folge äquivalent sind, d. h.* $\underline{u_\beta}(S, F, U) = \underline{u_\beta}(S', F, U)$.

Der Sachstandsbericht [92] gibt weitere Sätze (ohne Beweise) für andere ZS-Äquivalenzen bzgl. der u_α-Folge und und der a-Folge an.

Satz 11.3 *Sei* (P, D) *mit* $D1 = 0$ *regulär. Seien das* U^0 *gemäß (4.42) gewählt und* $\beta \in \overline{1{,}4}$ *beliebig. Dann gibt es zu jedem* $S \in \bar{\mathcal{S}}$ *höchstens* 2^{61} *äquivalente* $S' \in \bar{\mathcal{S}}$, *die für alle* $F \in \mathcal{F}$ *die gleichen* u_β *-Folgen erzeugen, d. h.* $\underline{u_\beta}(S, F, U^0) = \underline{u_\beta}(S', F, U^0)$.

Die nächsten zwei Sätze beziehen sich auf die starke Einschränkung, dass äquivalente ZS für alle Startvektoren U gleiche a-Folgen erzeugen.

Satz 11.4 *Sei (P, D) mit $D1 = 0$ regulär. Seien $F \in \mathcal{F}$ und $\beta \in \overline{1,4}$ beliebig gewählt. Dann gibt es zu jedem $S \in \bar{S}$ höchstens 2^{61} äquivalente $S' \in \bar{S}$, die für alle $U \in M$ jeweils gleiche a-Folgen erzeugen, d. h. $\underline{a}(S, F, U, \beta) = \underline{a}(S', F, U, \beta)$.*

Es wurden auch äquivalente F untersucht.

Satz 11.5 *Seien (P, D) mit $D1 = 0$ regulär. Seien $S \in \bar{S}$ und $\beta \in \overline{1{,}36}$ beliebig gewählt. Für jedes $F \in \mathcal{F}$ gibt es höchstens 2^{35} äquivalente $F'' \in \mathcal{F}$, die für alle $U \in M$ gleiche a-Folgen erzeugen, d. h. $\underline{a}(S, F, U, \beta) = \underline{a}(S, F'', U, \beta)$.*

11.2 Automaten und Äquivalenzen

Nichttriviale Homomorphismen der Automaten eines Chiffrators können, ähnlich wie im Abschn. 8.2 für Gruppenhomomorphismen gezeigt, eine direkte kryptographische Anwendung finden. Theoretischer Ausgangspunkt für die Suche nach Schlüsseläquivalenzen kann die Suche nach Automatenäquivalenzen sein. Das Problem der Schlüsseläquivalenzen wird zunächst auf die Suche geeigneter Automaten und ihrer Homomorphismen zurückgeführt. Wir definieren in diesem Abschnitt die Homomorphismen der Automaten und Faktorautomaten. Faktorautomaten und ihre Automatenäquivalenzen stehen im Zusammenhang mit Schlüsseläquivalenzen. Äquivalente Schlüssel besitzen das gleiche Eingabe-Ausgabe-Verhalten in Bezug auf äquivalente Eingaben und äquivalente Ausgaben einer fixierten Länge oder beliebiger Längen. Sie entsprechen äquivalenten Zuständen in Bezug auf die Eingabe- und Ausgabeäquivalenzen. Im Unterschied zu Automatenäquivalenzen gehen aber äquivalente Zustände in Bezug auf äquivalente Eingaben und äquivalente Ausgaben einer begrenzten Länge nicht in ebenso äquivalente Zustände über. Der vorliegende Abschnitt gibt eine theoretische Einordnung und Begründung für die Untersuchungsmethodik der folgenden Abschnitte. Leser, die nur an den konkreten Ergebnissen zu dem CA T-310 interessiert sind, können direkt zum Abschn. 11.3 übergehen.

Wir beginnen mit der Definition der Automatenhomomorphismen und Faktorautomaten.

Definition 11.2 Ein Abbildungstripel $\Theta = (\theta_X, \theta_Y, \theta_Z)$ mit den eindeutigen Abbildungen $\theta_X : X \to X'$, $\theta_Y : Y \to Y'$ und $\theta_Z : Z \to Z'$ heißt *Homomorphismus des Automaten* $\mathcal{A} = (X, Y, Z, \delta, \lambda, z^0)$ auf den Automaten $\mathcal{A}' = (X', Y', Z', \delta', \lambda', z'^0)$, wenn für alle Paare $(x, z) \in X \times Z$ gilt

$$\delta'\,(\theta_X(x), \theta_Z(z)) = \theta_Z(\delta(x, z)) \tag{11.15}$$

$$\lambda'\,(\theta_X(x), \theta_Z(z)) = \theta_Y(\lambda(x, z)) \tag{11.16}$$

Der Automat $\Theta(\mathcal{A}) = (\theta_X(X), \theta_Y(Y), \theta_Z(Z), \delta_\Theta, \lambda_\Theta, \theta_Z(z^0))$, wobei δ_Θ und λ_Θ die Einschränkungen von δ' auf $\theta_X(X)$ und λ_Θ die Einschränkungen von λ' auf $\theta_Z(Z)$ sind, heißt *homomorphes Bild* von $\mathcal{A}$. Das Abbildungstripel $\Theta = (\theta_X, \theta_Y, \theta_Z)$ erzeugt ein Tripel von Äquivalenzrelationen $\epsilon = \left(\underset{X}{\sim}, \underset{Y}{\sim}, \underset{Z}{\sim}\right)$ auf X, Y und Z, wobei zwei Elemente genau dann äquivalent sind, wenn ihre θ-Bilder gleich sind, d.h. $x \underset{X}{\sim} x^* \iff \theta_X(x) = \theta_X(x^*)$. Analoges gilt für $\underset{Y}{\sim}$ und $\underset{Z}{\sim}$. Jeder Automat hat die trivialen Äquivalenzrelationen $\left(IdX, \underset{Y}{\sim}, IdZ\right)$ und $\left(\underset{X}{\sim}, Y^2, Z^2\right)$. Der Term $Id(M)$ bezeichnet die Äquivalenzrelation einer beliebigen Menge M, die nur aus genau einer Äquivalenzklasse (die Menge M selbst) besteht. M^2 bezeichnet die Äquivalenzrelation, deren Äquivalenzklassen nur aus genau einem Element bestehen. Und $\underset{X}{\sim}$ bzw. $\underset{Y}{\sim}$ bezeichnen beliebige Äquivalenzen über der Eingabemenge X bzw. der Ausgabemenge Y. Besitzt ein Automat nur die trivialen Äquivalenzklassen und keine weiteren Äquivalenzklassen, so heißt er *einfach.*

▶ **Definition 11.3** Der Automat $\mathcal{A}/\epsilon = (X/\underset{X}{\sim}, Y/\underset{Y}{\sim}, Z/\underset{Z}{\sim}, \delta_\epsilon, \lambda_\epsilon, [z^0])$ heißt *Faktorautomat* von $\mathcal{A}$ nach der Kongruenz ϵ, wenn für alle $(x, z) \in X \times Z$ gilt $\delta_\epsilon([x], [z]) = [\delta(x, z)]$ und $\lambda_\epsilon([x], [z]) = [\lambda(x, z)]$. Dabei bezeichnen die eckigen Klammern [.] die Äquivalenzklasse des innen stehenden Elements und M/r die Menge der Äquivalenzklassen der Menge M in Bezug auf die Relation r.

Satz 11.6 *Homomorphiehauptsatz*
Jedes homomorphe Bild $\Theta(\mathcal{A})$ des Automaten A ist isomorph dem Faktorautomaten $\mathcal{A}/\epsilon$, wobei
$x \underset{X}{\sim} x'$ *genau dann, wenn* $\theta_X(x) = \theta_X(x')$,
$y \underset{Y}{\sim} y'$ *genau dann, wenn* $\theta_Y(y) = \theta_Y(y')$ *und*
$z \underset{Z}{\sim} z'$ *genau dann, wenn* $\theta_Z(z) = \theta_Z(z')$.

Beispiel: einfacher Automatenhomomorphismus

Der MEALY-Automat $\mathcal{P}_\alpha(P, D, \alpha) = (\mathcal{B}^3, \mathcal{B}, M, \varphi, \varphi_\alpha, U^0)$ beschreibt die Arbeit des CA T-310 über einen Schritt. Wir führen das Beispiel des einfachen eEG im Abschn 8.2.1 weiter. Für $D9 = 0$ und $\alpha = 33$ gilt

$$\begin{aligned}
\varphi_{33}(s_1, s_2, f)U &= s_1 \oplus f \\
\varphi_{34}(s_1, s_2, f)U &= u_{33} \\
\varphi_{35}(s_1, s_2, f)U &= u_{34} \\
\varphi_{36}(s_1, s_2, f)U &= u_{35} \\
\varphi_\alpha(s_1, s_2, f)U &= s_1 \oplus f
\end{aligned}$$

Für die Zustandsfunktion existiert ein Automatenhomomorphismus, der dem Reduktionshomomorphismus entspricht: $\Theta = (\theta_X, \theta_Y, \theta_Z)$ mit $\theta_X(s_1, s_2, f) = s_1 \oplus f, \theta_Y(y) = Id_Y$ und $\theta_Z(U) = \pi(\overline{33{,}36})U$. ◀

Beispiel: einfacher Automat

Der MEDVEDEV-Automat $\mathcal{P}_U(P, D, \alpha) = (\mathcal{B}^3, M, \varphi, U^0)$ beschreibt den Zustandsübergang des CA T-310 über einen Schritt. Für LZS aus LZS+ ist die Gruppe $G(P, D)$ des Automaten $\mathcal{P}_U(P, D, \alpha)$ primitiv und $\mathcal{P}_U(P, D, \alpha)$ kann keine nichttrivialen Äquivalenzklassen der Zustände besitzen. Da $\mathcal{P}_U(P, D, \alpha)$ die Zustände ausgibt, besitzt dieser Automat auch keine nichttrivialen Äquivalenzklassen der Ausgaben. Folglich besitzt der Automat $\mathcal{P}_U(P, D, \alpha)$ für die LZS aus LZS+ keine nichttrivialen Faktorautomaten. ◀

Homomorphismen des Nachrichtenchiffrierautomaten $\mathcal{C}^*$ und des Nachrichtendechiffrierautomaten $\mathcal{D}^*$ können grundsätzlich Äquivalenzen über den Eingaben, d. h. den Klar- bzw. den Geheimtexten, über den Synchronisationsfolgen und den Zuständen mit den ZS induzieren. Die Analyse der Homomorphismen des Nachrichtenchiffrierautomaten $\mathcal{C}^*$ und des Nachrichtendechiffrierautomaten $\mathcal{D}^*$ kann aber auf die Analyse der Homomorphismen von $\mathcal{K}^*$ zurückgeführt werden.

11.3 Ergänzende Ergebnisse zu Schlüsseläquivalenzen

Dieser Abschnitt enthält Ergebnisse zu Schlüsseläquivalenzen, die erst nach 1990 erarbeitet wurden. Der Abschn. 11.3.2 beschreibt den Zusammenhang zwischen Äquivalenzen in Bezug auf verschiedene Folgen. Der Abschn. 11.3.3 führt Äquivalenzrelationen für Folgen ein, die in Abschnitten einer bestimmten Länge und nicht über die gesamte Länge der Folgen übereinstimmen.

11.3.1 Automaten der Zwischenfolgen

Wir erweitern den für die Faktorautomaten eingeführten Äquivalenzbegriff auf l-Äquivalenzen.

▶ **Definition 11.4** Zwei Zustände z und z' eines endlichen MEALY-Automaten $\mathcal{A}$ heißen *l-äquivalent*, $z \underset{Z,l}{\sim} z'$, in Bezug auf die l-Äquivalenzen der Eingabe $\underset{X,l}{\sim}$ und der Ausgabe $\underset{Y,l}{\sim}$, wenn sie für äquivalente Eingaben äquivalente Ausgaben erzeugen. Die Zustände z und z' heißen *äquivalent* $z \underset{Z}{\sim} z'$ in Bezug auf die Äquivalenzen der Eingabe $\underset{X^*}{\sim}$ und der Ausgabe $\underset{Y^*}{\sim}$ des erweiterten Automaten $\mathcal{A}^*$, wenn sie für äquivalente Eingaben beliebiger Länge l äquivalente Ausgaben gleicher Länge l erzeugen.

Die l-Äquivalenz und die Äquivalenz in Bezug auf die Äquivalenzen der Eingabe und der Ausgabe nach Definition 11.4 unterscheiden sich von den Äquivalenzen der Faktorautomaten nach Definition 11.3 darin, dass sie keine Forderungen an die

Zustandsfunktion stellen. Die Folgezustände zweier l-äquivalenter Zustände sind nicht notwendigerweise l-äquivalent.

Der Zusammenhang zwischen äquivalenten Zuständen der Faktorautomaten und l-äquivalenten Zuständen erläutern wir an endlichen MEALY-Automaten, die durch Iteration der Überführungs- und Ausgabefunktionen bei gleicher Zustandsmenge definiert sind.

Definition 11.5 Für eine beliebige natürliche Zahl l ist die *l-te Iteration* des endlichen MEALY-Automaten $\mathcal{A}_1 = (X, Y, Z, \delta_1, \lambda_1, z_0)$ ein endlicher MEALY-Automat $\mathcal{A}_l = (X^l, Y^l, Z, \delta_l, \lambda_l, z_0)$, dessen Überführungsfunktion $\delta_l((x_1, \ldots, x_l), z)$ durch Iteration von $\delta_1(x, z)$ mit

$$\delta_l((x_1, \ldots, x_l), z) = \delta_1(x_l.\delta_{l-1}((x_1, \ldots, x_{l-1}), z)$$

und dessen Ausgabefunktion $\lambda_l((x_1, \ldots, x_l), z)$ durch Iteration von $\lambda_1(x, z)$ mit

$$\lambda_l((x_1, \ldots, x_l), z) = \lambda_{l-1}((x_1, \ldots, x_{l-1}), z)||\lambda_1(x_l, \delta_{l-1}(x_1, \ldots, x_{l-1}), z)$$

definiert sind.

Der erweiterte Automat $\mathcal{A}_1^*$ des Automaten $\mathcal{A}_1$ erzeugt für eine Eingabe der beliebigen Länge l eine Ausgabe der Länge l. Gleiche Eingaben in $\mathcal{A}_l$ und $\mathcal{A}_1^*$ erzeugen gleiche Zustände in $\mathcal{A}_l$ und $\mathcal{A}_1^*$ und gleiche Ausgaben von $\mathcal{A}_l$ und $\mathcal{A}_1^*$. Es gilt

$$\begin{aligned} &\forall (x, x') \in X^* \forall (z, z') \in Z : \\ &\left(|x| = |x'| = l \wedge x \underset{X^*}{\sim} x' \wedge z \underset{Z}{\sim} z'\right) \\ \Rightarrow &\left(\Lambda(x, z) \underset{Y^*}{\sim} \Lambda(x', z') \wedge |\Lambda(x, z)| = |\Lambda(x', z')| = l\right) \end{aligned}$$

Sei $\mathcal{A}_1 = (X, Y, Z, \delta_1, \lambda_1, z_0)$ ein endlicher MEALY-Automat und $\mathcal{A}_1/\epsilon$ ein nichttrivialer Faktorautomat von $\mathcal{A}_1$

$$\mathcal{A}_1/\epsilon = (X/\underset{X}{\sim}, Y/\underset{Y}{\sim}, Z/\underset{Z}{\sim}, \delta_{1,\epsilon}, \lambda_{1,\epsilon}, [z^0])$$

Dann induziert $\mathcal{A}_1/\epsilon$ für beliebige l spezielle nichttriviale Faktorautomaten $\mathcal{A}_l/\epsilon$ der l-ten Iteration $\mathcal{A}_l$ von $\mathcal{A}_1$

$$\mathcal{A}_l/\epsilon = (X/\underset{X^l}{\sim}, Y/\underset{Y^l}{\sim}, Z/\underset{Z}{\sim}, \delta_{l,\epsilon}, \lambda_{l,\epsilon}, [z^0])$$

$$\forall (\bar{x}, \bar{x}') \in X^l \times X^l : \bar{x} \underset{X^l}{\sim} \bar{x}' \Leftrightarrow \forall i \in \overline{1, l} : x_i \underset{X}{\sim} x_i'$$

$$\forall(\bar{y}, \bar{y}') \in Y^l \times Y^l : \bar{y} \underset{Y^l}{\sim} \bar{y}' \Leftrightarrow \forall i \in \overline{1, l} : y_i \underset{Y}{\sim} y_i'$$

und einen speziellen nichttrivialen Faktorautomaten $\mathcal{A}_1^*/\epsilon$ von $\mathcal{A}_1^*$

$$\mathcal{A}_1^*/\epsilon = (X/\underset{X^*}{\sim}, Y/\underset{Y^*}{\sim}, Z/\underset{Z}{\sim}, \Delta_{1,\epsilon}, \Lambda_{1,\epsilon}, [z^0])$$

$$\forall(\bar{x}, \bar{x}') \in X^* \times X^* : \bar{x} \underset{X^*}{\sim} \bar{x}' \Leftrightarrow \left((|\bar{x}| = |\bar{x}'|) \wedge \forall i \in \overline{1, |\bar{x}|} : x_i \underset{X}{\sim} x_i'\right)$$

$$\forall(\bar{y}, \bar{y}') \in Y^* \times Y^* : \bar{y} \underset{Y^*}{\sim} \bar{y}' \Leftrightarrow \left((|\bar{y}| = |\bar{y}'|) \wedge \forall i \in \overline{1, |\bar{y}|} : y_i \underset{Y}{\sim} y_i'\right)$$

mit jeweils gleicher Äquivalenzrelation $\underset{Z}{\sim}$ über den Zuständen. Beliebige äquivalente Zustände z und z', $z \underset{Z}{\sim} z'$, des Automaten $\mathcal{A}_1$ sind l-äquivalent in Bezug auf die Äquivalenzen der Eingabe $\underset{X^l}{\sim}$ und der Ausgabe $\underset{Y^l}{\sim}$ der l-ten Iteration $\mathcal{A}_l$. Außerdem sind sie äquivalent in Bezug auf die Äquivalenzen der Eingabe $\underset{X^*}{\sim}$ und der Ausgabe $\underset{Y^*}{\sim}$ des erweiterten Automaten.

Umgekehrt induziert ein Homomorphismus $\Theta : \mathcal{A}_1^* \to \mathcal{A}_1^*/\epsilon$, für den nur gleich lange Eingaben und gleich lange Ausgaben äquivalent sein können, für beliebige l einen Faktorautomaten $\mathcal{A}_l/\epsilon$ durch

$$\forall(x, x') \in X^l \forall(z, z') \in Z : \left(|x| = |x'| = l \wedge x \underset{X^*}{\sim} x' \wedge z \underset{Z}{\sim} z'\right) \Rightarrow$$
$$x \underset{X^l}{\sim} x' \wedge \left(\Lambda(x, z) \underset{Y^l}{\sim} \Lambda(x', z')\right) \wedge \left(\Delta(x, z) \underset{Z,l}{\sim} \Delta(x', z')\right)$$

Wenn eine Äquivalenz $\underset{Z}{\sim}$ über den Zuständen existiert, die für alle $l \in N$ eine l-Äquivalenz in Bezug auf die Eingabe $\underset{X,l}{\sim}$ und die Ausgabe $\underset{Y,l}{\sim}$ ist, so ist sie eine Äquivalenz in Bezug auf die induzierten Äquivalenzen der Eingabe $\underset{X^*}{\sim}$ und der Ausgabe $\underset{Y^*}{\sim}$ des erweiterten Automaten $\mathcal{A}_1^*/\epsilon$,

$$\forall(x, x') \in X^* \forall(z, z') \in Z :$$
$$\left(|x| = |x'| = l \wedge x \underset{X^l}{\sim} x' \wedge z \underset{Z}{\sim} z'\right) \Rightarrow \left(x \underset{X^*}{\sim} x' \wedge \lambda_l(x, z) \underset{Y^*}{\sim} \lambda_l(x', z')\right)$$

Die Automaten $\mathcal{A}_l$ und $\mathcal{A}_1^*$ können selbstverständlich auch andere, nicht durch $\mathcal{A}_1/\epsilon$ induzierte Faktorautomaten besitzen. Wenn Faktorautomaten $\mathcal{A}_l/\epsilon$ nur für bestimmte l existieren, so folgt daraus i. A. nicht die Existenz von Faktorautomaten $\mathcal{A}_1/\epsilon$ und $\mathcal{A}_1^*/\epsilon$. Wenn keine l-äquivalenten Zustände existieren, dann existieren auch keine l'-äquivalenten Zustände für $l' > l$ und keine äquivalenten Zustände des erweiterten Automaten $\mathcal{A}_1^*/\epsilon$.

11.3.2 Schlüsseläquivalenzen verschiedener Ausgabefolgen

In diesem Abschnitt untersuchen wir einen vom Automaten $\mathcal{K}$ abgeleiteten Automaten und Äquivalenzen seiner Zustände in Bezug auf die Ausgabe der u_α-Folge und den daraus abgeleiteten Folgen, der a-Folge, der $\bar{a}$-Folge und der (r, B)-Folge. Die Äquivalenzen werden durch die Iteration der Abbildung ρ, τ und φ auf den Komponenten der Zustände $(S1, S2, F, U)$ und die Projektion auf u_α bestimmt. In den folgenden Abschnitten werden Äquivalenzen von Zwischenfolgen des Automaten $\mathcal{K}$ als Äquivalenzen von abgeleiteten Automaten untersucht.

▶ **Definition 11.6** Der Automat $\mathcal{K}_\alpha = \left(\{e\}, \mathcal{B}, Z, \Phi_U, \lambda_\alpha, z^0\right)$ erzeugt ein Bit der u_α-Folge und ist mit den Bezeichnungen des Abschn. 4.5 definiert durch

$$Z = (S, F, U) \in \mathcal{S}_\rho \times \mathcal{F} \times M$$

$$\Phi_U(S, F, U) := (\rho(S_1), \rho(S_2), \tau(F), \varphi(p)U) \tag{11.17}$$

$$\lambda_\alpha(S, F, U) := \varphi_\alpha(\pi(1)(S_1), \pi(1)(S_2), \pi(1)(F))U \tag{11.18}$$

$$z^0 = (S^0, F^0, U^0), z^0 \in \mathcal{S}_\rho \times \mathcal{F} \times M$$

wobei $S = (S_1, S_2)$ und $\pi(i)(x_1, \ldots, x_n) = x_i$ sind. $\mathcal{K}_\alpha^* = \left(I^*, \mathcal{B}^*, Z, \Delta, \Lambda_\alpha, z^0\right)$ ist der erweiterte Automat des Automaten $\mathcal{K}_\alpha$, der für beliebig lange Eingaben ebenso lange u_α-Folgen in Abhängigkeit von dem Anfangszustand (S^0, F^0, U^0) ausgibt.

Der Anfangszustand z^0 besteht wie die Anfangszustände des Automaten $\mathcal{K}^*$ aus dem ZS, dem IV und U^0. Da es nur auf die Länge des Eingabeworts ankommt, schreiben wir bei einer Eingabe der Länge l kurz $\Delta(l, (S, f, U))$ und $\Lambda(l, (S, f, U))$ anstelle von $\Delta(w, (S, f, U))$ und $\Lambda(w, (S, f, U))$ mit $w = (e, \ldots, e)$, $|w| = l$.

Wie in Abschn. 10.2 festgestellt, ist die u_α-Folge reinperiodisch mit den im Satz 10.1 angegebenen Längen der Minimalperioden. Wir bezeichnen mit $\mathfrak{F}_a$ die Funktion, die aus der u_α-Folge die a-Folge erzeugt, mit $\mathfrak{F}_{\bar{a}}$ die Funktion, die aus der u_α-Folge die $\bar{a}$-Folge erzeugt, und mit $\mathfrak{F}_{rB}$ die Funktion, die aus der u_α-Folge die (r, B)-Folge erzeugt. Diese Funktionen $\mathfrak{F}_a$, $\mathfrak{F}_{\bar{a}}$ und $\mathfrak{F}_{rB}$ erzeugen Äquivalenzrelationen $\underset{a}{\sim}$, $\underset{\bar{a}}{\sim}$ und $\underset{rB}{\sim}$ über den u_α-Folgen. Dabei sind zwei Folgen $\underline{u_\alpha}$ und $\underline{u'_\alpha}$ genau dann äquivalent, wenn ihre Bilder der entsprechenden Funktion gleich sind. Beispielsweise gilt:

$$\underline{u_\alpha} \underset{\alpha}{\sim} \underline{u'_\alpha} \Leftrightarrow \forall i \in N : u_\alpha^i = {u'}_\alpha^{i} \tag{11.19}$$

$$\underline{u_\alpha} \underset{a}{\sim} \underline{u'_\alpha} \Leftrightarrow \forall i \in N : u_\alpha^{127i} = {u'}_\alpha^{127i}$$

Wie im Abschn. 10.2 festgestellt, sind die u_α-Folge, die a-Folge, die $\bar{a}$-Folge und die (r, B)-Folge reinperiodisch.

Satz 11.7 *Für* (S, F) *sei* $\Pi_{U^0} = \nu \cdot k \cdot \mathcal{M}_{61}$ *und für* (S', F') *sei* $\Pi'_{U^0} = \nu' \cdot k' \cdot \mathcal{M}_{61}$. *Dann bestehen für die durch die Zustände erzeugten Folgen des Automaten* $\mathcal{K}_\alpha$ *in Bezug auf die Äquivalenzrelationen* $\underset{\alpha}{\sim}, \underset{a}{\sim}, \underset{\bar{a}}{\sim}$ *und* $\underset{rB}{\sim}$ *folgende Beziehungen:*

1. Für beliebige (S, F) *und* (S', F') *gilt*

$$(S, F) \underset{\alpha}{\sim} (S', F') \Rightarrow (S, F) \underset{a}{\sim} (S', F') \Rightarrow (S, F) \underset{\bar{a}}{\sim} (S', F') \Rightarrow (S, F) \underset{rB}{\sim} (S', F') \quad (11.20)$$

2. Wenn $ggT(127, \nu) = ggT(127, \nu') = 1$, *so gilt*

$$(S, F) \underset{\alpha}{\sim} (S', F') \Leftrightarrow (S, F) \underset{a}{\sim} (S', F') \quad (11.21)$$

3. Wenn $ggT(13 \cdot 127, \nu) = ggT(13 \cdot 127, \nu') = 1$, *so gilt*

$$(S, F) \underset{\alpha}{\sim} (S', F') \Leftrightarrow (S, F) \underset{a}{\sim} (S', F') \Leftrightarrow (S, F) \underset{\bar{a}}{\sim} (S', F') \Leftrightarrow (S, F) \underset{rB}{\sim} (S', F') \quad (11.22)$$

Beweis

1. Wenn $(S, F) \underset{\alpha}{\sim} (S', F')$, so sind die u_α-Folge und die u'_α-Folge gleich. Dann sind auch alle Bilder der Funktionen $\mathfrak{F}_a$, $\mathfrak{F}_{\bar{a}}$ und $\mathfrak{F}_{rB}$ von der u_α-Folge und der u'_α-Folge gleich. Aus der Gleichheit der Folgen folgt deren Äquivalenz, wie im Punkt 1 behauptet.
2. Für die Behauptung des Punktes 2 verbleibt zu zeigen, dass $(S, F) \underset{a}{\sim} (S', F') \Rightarrow (S, F) \underset{\alpha}{\sim} (S', F')$. Aus $(S, F) \underset{a}{\sim} (S', F')$ folgt $\underline{a} = \underline{a'}$. Gemäß (10.42) existiert ein μ, so dass $\wp\left(\underline{u_\alpha}\right) = \mu \cdot M_{61}$. Aus (10.25) folgt $\mu \mid \nu \cdot k$. Wegen $k < 127$ folgt aus der Voraussetzung $ggT(127, \nu) = 1$ auch $ggT(127, \mu) = 1$. Völlig analog existiert ein μ', für das $\wp\left(\underline{u'_\alpha}\right) = \mu' \cdot M_{61}$ und $ggT(127, \mu') = 1$ gilt. Aus $ggT(127, \mu) = ggT(127, \mu') = 1$ folgt $ggT(127, kgV(\mu, \mu')) = 1$ und für $kgV(\wp(\underline{u_\alpha}), \wp(\underline{u'_\alpha})) = kgV(\mu, \mu') \cdot M_{61}$

$$ggT(127, kgV(\wp(\underline{u_\alpha}), \wp(\underline{u'_\alpha})) = 1$$

Wir führen den Beweis indirekt und nehmen an, es existiere ein j mit $u_{\alpha^j} \neq u'_{\alpha^j}$. Die Kongruenz

$$127x \equiv j \; (mod\, kgV(\wp(\underline{u_\alpha}), \wp(\underline{u'_\alpha}))) \quad (11.23)$$

besitzt für beliebige j eine eindeutige Lösung der Kongruenzklasse mit x. Dann folgt aber

$$u_{\alpha^j} = u_{\alpha^{127x}} = a_x = u'_{\alpha^{127x}} = u'_{\alpha^j}$$

im Widerspruch zur Annahme. Aus dem Widerspruch folgt die Behauptung im Punkt 2.

3. Für Punkt 3 merken wir zunächst an, dass aus $ggT(13 \cdot 127, \nu) = ggT(13 \cdot 127, \nu') = 1$ auch $ggT(127, \nu) = ggT(127, \nu') = 1$ folgt. Wir beweisen, völlig analog zum Beweis des zweiten Teils des Satzes, dass $(S, F) \underset{\bar{a}}{\sim} (S', F') \Rightarrow (S, F) \underset{\alpha}{\sim} (S', F')$. Die $\bar{a}$-Folge

$$\begin{aligned}\bar{a}_i &= \left(a_{13(i-1)+1}, ..., a_{13(i-1)+5}, a_{13(i-1)+7}, ..., a_{13(i-1)+11}\right)\\ &=(u_\alpha^{13\cdot 127(i-1)+127}, ..., u^{13\cdot 127(i-1)+5\cdot 127},\\ &\quad u^{13\cdot 127(i-1)+7\cdot 127}, ..., u^{13\cdot 127(i-1)+11\cdot 127})\end{aligned} \tag{11.24}$$

besteht aus zehn Unterfolgen der a-Folge, die gleichzeitig Unterfolgen der u_α-Folge

$$\bar{a}^j = \left(\bar{a}_i^j\right)_{i\in N} = \left(a_{13(i-1)+j}\right)_{i\in N} = \left(u_\alpha^{13\cdot 127(i-1)+127j}\right)_{i\in N}$$

mit $j \in \overline{1,5} \cup \overline{7,11}$ sind.
Aus $(S, F) \underset{\bar{a}}{\sim} (S', F')$ folgt $\underline{\bar{a}} = \underline{\bar{a}'}$. Sei wie oben $\wp\left(\underline{u_\alpha}\right) = \mu \cdot M_{61}$ und $\wp\left(\underline{u'_\alpha}\right) = \mu' \cdot M_{61}$. Wegen $k < 127$ und $13 \nmid k$ folgt aus $ggT(13 \cdot 127, \nu) = 1$ auch $ggT(23 \cdot 127, \mu) = 1$ und $ggT(13 \cdot 127, \mu') = 1$. Aus $ggT(13 \cdot 127, \mu) = ggT(13 \cdot 127, \mu') = 1$ folgt $ggT(13 \cdot 127, kgV(\mu, \mu')) = 1$ und für $kgV(\wp(\underline{u_\alpha}), \wp(\underline{u'_\alpha})) = kgV(\mu, \mu') \cdot M_{61}$

$$ggT(13 \cdot 127, kgV(\wp(\underline{u_\alpha}), \wp(\underline{u'_\alpha})) = 1$$

Wir führen den Beweis indirekt und nehmen an, es existiere ein j mit $u_{\alpha^j} \neq u'_{\alpha^j}$. Die Kongruenz

$$13 \cdot 127 \cdot x \equiv y\,(mod\, kgV(\wp(\underline{u_\alpha}), \wp(\underline{u'_\alpha}))) \tag{11.25}$$

besitzt für beliebige y eine eindeutige Lösung x. Dann folgt aber für $y = j - 127$

$$u_{\alpha^j} = u_{\alpha^{13\cdot 127\cdot x+127}} = a_{13\cdot x+1} = u'_{\alpha^{13\cdot 127x+127}} = u'_{\alpha^j}$$

im Widerspruch zur Annahme. Aus dem Widerspruch folgt die Behauptung $(S, F) \underset{\bar{a}}{\sim} (S', F') \Rightarrow (S, F) \underset{\alpha}{\sim} (S', F')$ im Punkt 3.

4. Für den Beweis des letzten Teils der Behauptung des Punktes 3

$$(S, F) \underset{rB}{\sim} (S', F') \Rightarrow (S, F) \underset{\alpha}{\sim} (S', F')$$

nutzen wir, dass

$$B_i = \left(a_{7+13(i-1)}, \ldots, a_{11+13(i-1)}\right) = \left(u^{13\cdot 127(i-1)+7\cdot 127}, ..., u^{13\cdot 127(i-1)+11\cdot 127}\right)$$

$$r_i = \rho\left(a_{13(i-1)+1}, \ldots, a_{13(i-1)+5}\right) = \rho\left(u_\alpha^{13\cdot 127(i-1)+127}, \ldots, u^{13\cdot 127(i-1)+5\cdot 127}\right)$$

wobei $\rho : \mathcal{B}^5 \to \overline{0{,}30}$ die Abbildung gemäß (4.36) ist. Aus $(S, F) \underset{rB}{\sim} (S', F')$ folgt die Gleichheit der B-Folge für (S, F) und der B'-Folge für (S', F'). Da für alle $i \in N$ und $j \in \overline{7, 11}$ $B_i = \left(\bar{a}_i^7, \ldots, \bar{a}_i^{11}\right)$ folgt nach oben beschriebenen Beweisschritten $(S, F) \underset{rB}{\sim} (S', F') \Rightarrow (S, F) \underset{\alpha}{\sim} (S', F')$ und nach Punkt 1 auch $(S, F) \underset{rB}{\sim} (S', F') \Leftrightarrow (S, F) \underset{\alpha}{\sim} (S', F')$. ■

Es gibt $|\mathcal{S} \times \mathcal{F}| = 2^{230} \cdot \mathcal{M}_{61}$ Permutationen $\Phi(S, F) \in \mathfrak{S}(M)$. Wir ergänzen Satz 11.7 um Lemma 11.3 zu den Wahrscheinlichkeiten des Eintretens der Voraussetzungen in den Punkten 2 und 3:

Lemma 11.3 *Wenn sich die Permutationen $\Phi(S, F) \in \mathfrak{S}(M)$ für alle $(S, F) \in \mathcal{S} \times \mathcal{F}$ wie eine zufällige Permutation mit gleichmäßiger Verteilung über $\mathfrak{S}(M)$ verhalten, beträgt die Wahrscheinlichkeit dafür, dass*

1. *die Voraussetzung des Punktes 2 im Satz 11.7 erfüllt ist,* $(1-1/127)^2 = 0{,}984314$
2. *die Voraussetzung des Punktes 3 im Satz 11.7 erfüllt ist,* $(1 - 1/13)^2 \cdot (1 - 1/127)^2 = 0{,}8387054$

Beweis Der Parameter $\nu(S, F)$ ist die Länge desjenigen Zyklus von $\Phi(S, F)$, auf dem U^0 liegt. Wenn sich $\Phi(S, F)$ wie eine zufällige Permutation verhält, kann ν mit gleichmäßiger Verteilung über $\overline{1, 2^{36}}$ angenommen werden. Dann ist die Wahrscheinlichkeit dafür, dass die Voraussetzung $ggT(127, \nu(S, F)) = 1$ des Satzes 11.7 für die zwei Zyklen von $\Omega(S, F, U^0)$ von $\Phi(S, F)$ und $\Omega(S', F', U^0)$ von $\Phi(S', F')$ erfüllt ist, gleich $(1 - 1/127)^2$.

Bei dem Übergang von der a-Folge zur $\bar{a}$-Folge bzw. zur (r, B)-Folge kommt der Faktor 13 hinzu. Die Minimalperioden der a-Folge und der $\bar{a}$-Folge bleiben für

$$ggT(13 \cdot 127, \nu) = ggT(13 \cdot 127, \nu') = 1$$

erhalten. Für die Wahrscheinlichkeit, dass die Voraussetzung des Punktes 3 im Satz 11.7 erfüllt werden, erhalten wir $(1 - 1/13)^2 \cdot (1 - 1/127)^2$. ■

Wenn die Voraussetzung des zweiten Punktes des Satzes 11.7 nicht erfüllt ist, d. h. wenn $ggT(127, \nu(S, F)) = 127$ oder $ggT(127, \nu(S', F')) = 127$ gilt, so zerfällt der entsprechende Zyklus bei der Bildung der a-Folge in 127 kleinere Zyklen. Aus $(S, F) \underset{a}{\sim} (S', F')$ kann dann nur auf Teile der u_α-Folge bzw. der u'_α-Folge geschlossen werden. Aus $(S, F) \underset{\alpha}{\nsim} (S', F')$ kann ohne weitere Erkenntnisse nicht auf $(S, F) \underset{a}{\nsim} (S', F')$ geschlossen werden. Vergleichbares gilt für den Fall, dass die Voraussetzung des Punktes 3 nicht erfüllt ist, d. h. $ggT(13 \cdot 127, \nu(S, F)) \neq 1$

oder $ggT(13 \cdot 127, \nu(S', F')) \neq 1$. Aus $(S, F) \underset{\alpha}{\not\sim} (S', F')$ kann nicht ohne Weiteres $(S, F) \underset{\bar{a}}{\not\sim} (S', F')$ oder $(S, F) \underset{rB}{\not\sim} (S', F')$ geschlossen werden.

11.3.3 Abschätzung der Anzahl der Schlüsseläquivalenzklassen

Der Satz 11.7 führt die Äquivalenzrelationen der Zustände (S, F, U) des Automaten $\mathcal{K}_\alpha^*$ in Bezug auf die a-Folge, die $\bar{a}$-Folge und die (r, B)-Folge auf die $\underset{\alpha}{\sim}$-Äquivalenzrelation in Bezug auf die u_α-Folge zurück. Wir schätzen die Mächtigkeit der $\underset{\alpha}{\sim}$-Äquivalenzklassen für Paare (S, F) ab. Im Unterschied zu Abschn. 11.1 werden ZS mit Berücksichtigung der Paritätsbedingungen (4.41) untersucht. Man vergleiche z. B. die Sätze 11.2 und 11.9, die unterschiedliche Äquivalenzen mit vergleichbaren Mächtigkeiten enthalten. Dafür führen wir eine l-Äquivalenz $\underset{\alpha,l}{\sim}$ über den Zuständen des Automaten $\mathcal{K}_\alpha$ ein, die nur die Ausgabefunktion, aber im Gegensatz zu den Automatenäquivalenzen in Abschn. 11.2 nicht die Überführungsfunktion berücksichtigt

$$(S, F, U) \underset{\alpha,l}{\sim} (S', F', U') \Leftrightarrow \big(\Lambda_\alpha(l, (S, F, U)) = \Lambda_\alpha(l, (S', F', U'))\big) \tag{11.26}$$

Nach Definition (11.26) sind zwei beliebige Zustände $\underset{\alpha,l}{\sim}$-äquivalent, wenn sie die gleiche Ausgabe der Länge l liefern. Diese Zustände müssen keine Anfangszustände des Automaten $\mathcal{K}_\alpha^*$ sein.

Lemma 11.4 *Zwei Zustände* (S, F, U) *und* (S', F', U') *sind genau dann* $\underset{\alpha}{\sim}$*-äquivalent, wenn sie* $\underset{\alpha,l}{\sim}$*-äquivalent mit* $l = max\big(\Pi_\alpha(S, F, U), \Pi_\alpha(S', F', U')\big)$ *sind.*

Beweis Wie in Abschn. 10.2 festgestellt, sind die u_α-Folgen reinperiodisch mit einer Länge der Minimalperiode $\wp(\underline{u_\alpha}(S, F, U)$. Zwei Zustände (S, F, U) und (S', F', U') sind genau dann $\underset{\alpha}{\sim}$-äquivalent, wenn sie dieselbe Ausgabe erzeugen. Dann besitzen sie dieselbe Minimalperiode

$$\wp\left(\Lambda_\alpha(\wp\left(\underline{u_\alpha}\right)(S, F, U), (S, F, U)\right)_{i \in N} =$$
$$\wp\left(\Lambda_\alpha(\wp\left(\underline{u'_\alpha}\right)(S', F', U'), (S', F', U'))\right)_{i \in N}$$

$$l = \wp\left(\underline{u_\alpha}\right)(S, F, U) = \wp\left(\underline{u'_\alpha}\right)(S', F', U')$$

$$(S, F, U) \underset{\alpha,l}{\sim} (S', F', U')$$

Sei nun

$$(S, F, U) \underset{\alpha,l}{\sim} (S', F', U')$$

für $l = max\left(\wp\left(\underline{u_\alpha}\right)(S, F, U), \wp\left(\underline{u'_\alpha}\right)(S', F', U')\right)$, dann folgt

$$\Lambda_\alpha\left(\wp\left(\underline{u_\alpha}\right)(S, F, U), (S, F, U)\right) =$$
$$\Lambda_\alpha\left(\wp\left(\underline{u'_\alpha}\right)(S', F', U'), (S', F', U')\right)$$

$\Lambda_\alpha\left(\wp\left(\underline{u_\alpha}\right)(S, F, U), (S, F, U)\right)$ und $\Lambda_\alpha\left(\wp\left(\underline{u'_\alpha}\right)(S', F', U'), (S', F', U')\right)$ sind aber gerade die Minimalperioden der u_α-Folgen von (S, F, U) und (S', F', U'). Aus der Gleichheit der u_α-Folgen von (S, F, U) und (S', F', U') folgt $(S1, S2, F, U) \underset{\alpha}{\sim} (S1', S2', F', U')$. ■

Für die Untersuchung der $\underset{\alpha}{\sim}$-Äquivalenzklassen genügt es folglich, die $\underset{\alpha,l}{\sim}$-Äquivalenzklassen bis zur maximalen Länge der Minimalperioden der u_α-Folgen und höchstens bis $2^{36} \cdot 120 \cdot \mathcal{M}_{61}$ zu untersuchen. Wir bezeichnen mit $\Pi_{\alpha,max}$ die maximale Länge aller Minimalperioden $\wp(u_\alpha(S, F, U))$ der u_α-Folge, die ausgehend vom Zustand (S, F, U) erzeugt wird,

$$\Pi_{\alpha,max} = max\left\{\wp(u_\alpha(S, F, U)) \mid (S, F) \in \mathcal{S} \times \mathcal{F}\right\}$$

Korollar 11.1 *Zwei Zustände (S, F, U) und (S', F', U') sind $\underset{\alpha}{\sim}$-äquivalent, wenn sie $\underset{\alpha,l}{\sim}$-äquivalent mit $l = \Pi_{\alpha,max}$ sind.*

Beweis Das Korollar 11.1 folgt aus Lemma 11.4 und der Definition von $\Pi_{\alpha,max}$. ■

Wir identifizieren die $\underset{\alpha,l}{\sim}$-Äquivalenzklassen mit den zugehörigen Ausgaben $(b_1, \ldots, b_l) \in \mathcal{B}^l$

$$\mathfrak{E}_\alpha(b_1, \ldots, b_l) := \left\{(S, F) \in \mathcal{S} \times \mathcal{F} \mid \Lambda_\alpha(l, (S, F, U)) = (b_1, \ldots, b_l)\right\} \quad (11.27)$$

Wenn die Menge $\mathfrak{E}_\alpha(b_1, \ldots, b_l)$ leer ist, so existieren für die Ausgabe $(b_1, \ldots, b_l)$ keine Zustände, die $(b_1, \ldots, b_l)$ ausgeben. Wenn $|\mathfrak{E}_\alpha(b_1, \ldots, b_l)| = 1$, so existieren für $(b_1, \ldots, b_l)$ nur triviale $\underset{\alpha,l}{\sim}$-äquivalenten Zustände, denn es gilt immer $(S, F, U) \underset{\alpha,l}{\sim} (S, F, U)$. Wir untersuchen die nichttrivialen $\underset{\alpha,l}{\sim}$-Äquivalenzklassen $|\mathfrak{E}_\alpha(b_1, \ldots, b_l)| > 1$. Wir bezeichnen mit $\mathfrak{M}(l)$ die Anzahl nicht leerer $\underset{\alpha,l}{\sim}$-Äquivalenzklassen

$$\mathfrak{M}(l) :=\left| \left\{\mathfrak{E}_\alpha(b_1, \ldots, b_l) \mid \exists (b_1, \ldots, b_l) \in \mathcal{B}^l : \mathfrak{E}_\alpha(b_1, \ldots, b_l) \neq \emptyset\right\} \right| \quad (11.28)$$

Nach Korollar 11.1 ist $\mathfrak{M}(\Pi_{\alpha,max})$ die Mächtigkeit der $\underset{\alpha}{\sim}$-Äquivalenzklassen.

Lemma 11.5 *Für beliebige* $l \in N, k \in N, k < l < \Pi_{\alpha,max}$, *und* $(b_1, \ldots, b_l) \in \mathcal{B}^{\Pi_{\alpha,max}}$ *gilt*

$$\mathfrak{E}_\alpha(b_1, \ldots, b_{\Pi_{\alpha,max}}) \subseteq \mathfrak{E}_\alpha(b_1, \ldots, b_l) \subseteq \mathfrak{E}_\alpha(b_1, \ldots, b_k) \tag{11.29}$$

$$\mathfrak{M}(\Pi_{\alpha,max}) \geq \mathfrak{M}(l) \geq \mathfrak{M}(k) \tag{11.30}$$

Beweis Aus der Definition 11.31 und $k < l$ folgt sofort $\mathfrak{E}_\alpha(b_1, \ldots, b_l) \subseteq \mathfrak{E}_\alpha(b_1, \ldots, b_k)$. Aus Lemma 11.5 folgt

$$\mathfrak{E}_\alpha(b_1, \ldots, b_{\Pi_{\alpha,max}}) = \mathfrak{E}_\alpha(b_1, \ldots, b_l)$$

für $\Pi_{\alpha,max} < l$ und für $\Pi_{\alpha,max} \geq l$ folgt die Behauptung

$$\mathfrak{E}_\alpha(b_1, \ldots, b_{\Pi_{\alpha,max}}) \subseteq \mathfrak{E}_\alpha(b_1, \ldots, b_l)$$

Wenn $(S, F) \in \mathfrak{E}_\alpha(b_1, \ldots, b_k)$, so ist $\Lambda_\alpha(k, (S, F, U)) = (b_1, \ldots, b_k)$ und es existiert auch ein $(b'_{k+1}, \ldots, b'_l)$, für das $\Lambda_\alpha(l, (S, F, U)) = (b_1, \ldots, b_k, b'_{k+1}, \ldots, b'_l)$ gilt. Dann ist aber auch $(S, F) \in \mathfrak{E}_\alpha(b_1, \ldots, b_k, b'_{k+1}, \ldots, b'_l)$. Die Anzahl der nichtleeren $\mathfrak{E}_\alpha(b_1, \ldots, b_i)$ kann mit wachsendem i nicht fallen. Daraus folgt (11.30). ∎

Wir analysieren nun die $\underset{\alpha,l}{\sim}$-Äquivalenzklassen für LZS aus KT1. Wir betrachten nur $\underset{\alpha,l}{\sim}$-Äquivalenzklassen, die Zustände $(S, F, U) \in \mathcal{S} \times \mathcal{F} \times \{U^0\}$ enthalten und bezeichnen

$$\mathfrak{E}^0_\alpha(b_1, \ldots, b_l) := \mathfrak{E}_\alpha(b_1, \ldots, b_l) \cap \mathcal{S} \times \mathcal{F} \times \{U^0\} \tag{11.31}$$

$$\mathfrak{M}^0(l) := \left| \left\{ \mathfrak{E}_\alpha(b_1, \ldots, b_l) \mid \exists (b_1, \ldots, b_l) \in \mathcal{B}^l : \mathfrak{E}_\alpha(b_1, \ldots, b_l) \cap \mathcal{S} \times \mathcal{F} \times \{U^0\} \neq \emptyset \right\} \right| \tag{11.32}$$

$$\Pi^0_{\alpha,max} = max \left\{ \Pi_\alpha(S, F, U) \mid (S, F, U) \in \mathcal{S} \times \mathcal{F} \times \{U^0\} \right\}$$

Diese Definitionen sind nicht an das konkrete U^0 der Definition des CA T-310 in Abschn. 4.4.3 gebunden, sondern gelten für beliebige, aber fixierte U^0.

Analog zu Lemma 11.5 beweist man auch Lemma 11.6.

Lemma 11.6 *Für beliebige* $U^0 \in M, l \in N, k \in N, k < l < \Pi^0_{\alpha,max}$, *und* $(b_1, \ldots, b_l) \in \mathcal{B}^{\Pi^0_{\alpha,max}}$ *gilt*

$$\mathfrak{E}^0_\alpha(b_1, \ldots, b_{\Pi^0_{\alpha,max}}) \subseteq \mathfrak{E}^0_\alpha(b_1, \ldots, b_l) \subseteq \mathfrak{E}^0_\alpha(b_1, \ldots, b_k) \tag{11.33}$$

$$\mathfrak{M}^0(\Pi^0_{\alpha,max}) \geq \mathfrak{M}^0(l) \geq \mathfrak{M}^0(k) \tag{11.34}$$

Mit Lemma 11.7 können die Äquivalenzklassen $\mathfrak{E}^0_{4j-k}(b_1, \ldots, b_l)$, $l > k+3$, auf die Äquivalenzklassen $\mathfrak{E}^0_{4j-3}(b_{k+3}, \ldots, b_l)$ zurückgeführt werden.

Lemma 11.7 *Für beliebige* $U^0 \in M$, $\alpha = 4j-k, j \in \overline{1{,}9}, k \in \overline{0{,}2}$, *und* $l \geq 3-k$ *ist* $\mathfrak{E}^0_\alpha(b_1, \ldots, b_l) = \mathfrak{E}^0_\alpha(u^0_{4j-k}, \ldots, u^0_{4j-3}, b_{4-k}, \ldots, b_l)$, *wenn* $(b_1, \ldots, b_{3-k}) = (u^0_{4j-k}, \ldots, u^0_{4j-3})$, *und* $\mathfrak{E}^0_\alpha(b_1, \ldots, b_l) = \emptyset$, *wenn* $(b_1, \ldots, b_{3-k}) \neq (u^0_{4j-k}, \ldots, u^0_{4j-3})$.

Beweis Das Lemma 11.7 folgt unmittelbar aus den Gl. (4.24) für y_{4i-2} bis y_{4i}. ■

Zur Untersuchung von $\mathfrak{E}^0_\alpha$ mit $\alpha = 4j-3$, $j \in \overline{1{,}9}$, separieren wir in den Gleichungen (4.23) die Teile der BF, die nur von U abhängen, als $\mathscr{F}_{4i-k}(U)$ und die $\mathscr{Z}_1(s_2, U)$ und $\mathscr{Z}_2(s_2, U)$, die sowohl von s_2 und U abhängen.

$$\begin{aligned}
\varphi_{33}(s_1, s_2, f, U) &= \mathscr{F}_{33}(U) \oplus f \\
\mathscr{F}_{33}(U) &:= u_{D9} \\
\varphi_{29}(s_1, s_2, f, U) &= \mathscr{F}_{29}(U) \oplus f \oplus \mathscr{Z}_1(s_2, U) \\
\mathscr{F}_{29}(U) &:= u_{D8} \\
\mathscr{Z}_1(s_2, U) &:= Z(s_2, u_{p1}, \ldots, u_{P5}) \\
\varphi_{25}(s_1, s_2, f, U) &= \mathscr{F}_{25}(U) \oplus f \oplus \mathscr{Z}_1(s_2, U) \\
\mathscr{F}_{25}(U) &:= u_{D7} \oplus u_{D8} \\
\varphi_{21}(s_1, s_2, f, U) &= \mathscr{F}_{21}(U) \oplus f \oplus \mathscr{Z}_1(s_2, U) \\
\mathscr{F}_{21}(U) &:= u_{D6} \oplus u_{D8} \oplus Z_2 \\
\varphi_{17}(s_1, s_2, f, U) &= \mathscr{F}_{17}(U) \oplus f \oplus \mathscr{Z}_1(s_2, U) \\
\mathscr{F}_{17}(U) &:= u_{D5} \oplus u_{D8} \oplus Z_2 \oplus u_{D7} \\
\mathscr{Z}_2(s_2, U) &:= \mathscr{Z}_1(s_2, U) \oplus s_2 \\
\varphi_{13}(s_1, s_2, f, U) &= \mathscr{F}_{13}(U) \oplus f \oplus \mathscr{Z}_2(s_2, U) \\
\mathscr{F}_{13}(U) &:= u_{D4} \oplus u_{D8} \oplus \oplus Z_2 \oplus u_{D7} \oplus Z_3 \\
\varphi_9(s_1, s_2, f, U) &= \mathscr{F}_9(U) \oplus f \oplus \mathscr{Z}_2(s_2, U) \\
\mathscr{F}_9(U) &:= u_{D3} \oplus u_{D8} \oplus Z_2 \oplus u_{D7} \oplus Z_3 \oplus u_{4j_8} \\
\varphi_5(s_1, s_2, f, U) &= \mathscr{F}_5(U) \oplus f \oplus \mathscr{Z}_2(s_2, U) \\
\mathscr{F}_5(U) &:= u_{D2} \oplus u_{D8} \oplus Z_2 \oplus u_{D7} \oplus Z_3 \oplus u_{4j_8} \oplus Z_4 \\
\varphi_1(s_1, s_2, f, U) &= \mathscr{F}_1(U) \oplus f \oplus \mathscr{Z}_2(s_2, U) \oplus s_1 \\
\mathscr{F}_1(U) &:= u_{D8} \oplus Z_2 \oplus u_{D7} \oplus Z_3 \oplus u_{4j_8} \oplus Z_4 \oplus u_{P27}
\end{aligned}$$

Wir bezeichnen mit $\mathcal{S}_k$, $k = 1{,}2$, die k-te Komponenten der ZS aus dem ZS-Vorrat und deren Linksverschiebungen

$$\mathcal{S}_k^\rho = \left\{ S_k \in \mathcal{B}^{120} : \exists i \in \overline{0{,}119} : \rho^i(S_k) \in \mathcal{S}_k \right\}.$$

Mit $\mathcal{S}_l$, $l \in \overline{1,120}$, bezeichnen wir die ersten l Paare (s_1^i, s_2^i), $i \in \overline{1,l}$, der ZS S aus dem ZS-Vorrat $\mathcal{S}$ sowie mit $\mathcal{S}_l^{(k)}$ die Folgen der k-ten ZS-Komponente, $k = 1,2$, und mit

$$\mathcal{F}_l = \{(f_1, \ldots, f_l) \mid (f_1, \ldots, f_l) \in \mathcal{B}^l \wedge (\mathcal{F}_{61} \in \mathcal{F}) \wedge \\ \left(\forall j \in \overline{1, l-61} : f^{j+61} = f^{j+5} \oplus f^{j+2} \oplus f^{j+1} \oplus f^j\right)\}$$

die ersten l Bits der f-Folge.

Satz 11.8 *Für beliebige* $U^0 \in M$, $\alpha = 4j - 3$, $j \in \overline{1,9}$, $l \in \overline{1,60}$, *existieren mindestens* 2^l $\underset{\alpha,l}{\sim}$*-Äquivalenzklassen* $\mathfrak{C}_\alpha^0(\bar{b}_l)$, $\bar{b} \in \mathcal{B}^{60}$, *und* $|\mathfrak{C}_\alpha^0(\bar{b})| = 2^{116}$.

Beweis Wir bestimmen für beliebige $i \in \overline{1,l}$

$$\mathfrak{C}_\alpha^0(\bar{b}_l) = \mathcal{S}_l \times \left\{(\tilde{f}^1, \ldots, \tilde{f}^l)\right\} \tag{11.35}$$

$$\tilde{f}^i(\mathcal{S}_i, \bar{b}_i) := \begin{cases} \mathscr{F}_\alpha(U^{i-1}) \oplus b_i, & \text{falls}\, \alpha = 33 \\ \mathscr{F}_\alpha(U^{i-1}) \oplus \mathscr{L}_1(s_2^i, U^{i-1}) \oplus b_i & \text{falls}\, \alpha \in \{17, 21, 25, 29\} \\ \mathscr{F}_\alpha(U^{i-1}) \oplus \mathscr{L}_2(s_2^i, U^{i-1}) \oplus b_i & \text{falls}\, \alpha \in \{5, 9, 13\} \\ \mathscr{F}_\alpha(U^{i-1}) \oplus \mathscr{L}_2(s_2^i, U^{i-1}) \oplus s_1^i \oplus b_i & \text{falls}\, \alpha = 1 \end{cases} \tag{11.36}$$

$$U^i := \varphi(s_1^i, s_2^i, \tilde{f}^i(\mathcal{S}_i))U^{i-1}$$

Die Festlegung der $\tilde{f}^i(\mathcal{S}_i)$ in (11.36) stellt sicher, dass für beliebige $i \in \overline{1,61}$ und beliebige (s_1^i, s_2^i) die Bedingung $u_\alpha^i = b_i$ erfüllt ist. Die Anzahl der Äquivalenzklassen ergibt sich aus der Anzahl der Vektoren $(b_1, \ldots, b_l)$ und die Mächtigkeit der Äquivalenzklassen $\mathfrak{C}_\alpha^0(b_1, \ldots, b_l)$ ergibt sich aus der Paritätsbedingung (4.41) für die ZS-Bits $s_1^{24}, s_1^{48}, s_2^{24}, s_2^{48}$ in $\mathcal{S}_{60}$. ■

Die Äquivalenzklasse $\mathfrak{C}_\alpha(b_1, \ldots, b_{61})$ kann in Anlehnung an Lemma 11.7 ebenfalls bestimmt werden, wenn man die Bedingung $\tilde{F} \in \mathcal{F}$, d. h. $F \neq (0, \ldots, 0)$, beachtet. Wenn für ein $i \in \overline{1,60}$ bereits $\tilde{f}^i(\mathcal{S}_i)$=1 ist, so kann $\tilde{f}^{61}(\mathcal{S}_{61})$ nach (11.36) gewählt werden und $\tilde{F} \in \mathcal{F}$ ist erfüllt.

Satz 11.9 *Für beliebige* $U^0 \in M$ *und* $\alpha = 1$ *existieren in* $\mathcal{S} \times \mathcal{F} \times \{U^0\}$

1. *für beliebige* $F \in \mathcal{F}$ *und* $S2 \in \mathcal{S}_2$ *mindestens* 2^{115} $\underset{\alpha,119}{\sim}$*-Äquivalenzklassen und*
2. *für* 2^{59} *verschiedene* $F \in \mathcal{F}$ *und beliebige* $S2 \in \mathcal{S}_2$ *mindestens* 2^{117} $\underset{\alpha,119}{\sim}$*-Äquivalenzklassen.*

Beweis Um die Bedingung $u_\alpha^i = b_i$ zu erfüllen, werden die 2^{115} Parameter s_1^i, s_2^i, f^i für $i \in \overline{1,119}$ speziell gewählt.

Für die erste Behauptung sei für beliebiges $S2 \in \mathcal{S}_2$, $F \in \mathcal{F}$, $\bar{b} \in \mathcal{B}^{119}$ und $i \in \overline{1,119}$

$$\tilde{s}_1^i(\mathcal{S}_{i-1}^{(1)}, \mathcal{S}_i^{(2)}, \mathcal{F}_i, \bar{b}) := \begin{cases} \mathscr{F}_1(U^{i-1}) \oplus f^i \oplus \mathscr{Z}_2(s_2^i, U^{i-1}) \oplus b_i, \\ \quad \text{falls } i \notin \{24, 48, 72, 96\} \\ \bigoplus_{j=1}^{23} s_1^{i-j} \\ \quad \text{falls } i \in \{24, 48, 72, 96\} \end{cases} \tag{11.37}$$

$$U^i := \varphi(\tilde{s}_1^i(\mathcal{S}_{i-1}^{(1)}, \mathcal{S}_i^{(2)}, \mathcal{F}_i, \bar{b}), s_2^i, f^i)U^{i-1}$$

gewählt. Die Definition der $\tilde{s}_1^i(\mathcal{S}_{i-1}^{(1)}, \mathcal{S}_i^{(2)}, \mathcal{F}_i, \bar{b})$ stellt sicher, dass für $i \in \overline{1,119} \setminus \{24, 48, 73, 96\}$ die Bedingung $u_\alpha^i = b_i$ erfüllt ist. Die $u_\alpha^{24i}=\varphi(\tilde{s}_1^{24i}, s_2^{24i}, f^{24i})$, $i \in \{24, 48, 73, 96\}$, sind durch ihre vorhergehenden 23 Bits fixiert und für $i \in \{72, 96\}$ zusätzlich durch die f-Rekursion (4.38) festgelegt. Wir bezeichnen kurz $\tilde{s}_1^i = \tilde{s}_1^i(\mathcal{S}_{i-1}^{(1)}, \mathcal{S}_i^{(2)}, \mathcal{F}_i, \bar{b})$. Die u_α-Folge ist dann darstellbar als

$$\begin{aligned} &(b_1, \ldots, b_{23}, \varphi(\tilde{s}_1^{24}, s_2^{24}, f^{24}), b_{25}, \ldots, b_{47}, \varphi(\tilde{s}_1^{48}, s_2^{48}, f^{48}), b_{49}, \ldots \\ &b_{71}, \ldots, b_{71}, \varphi(\tilde{s}_1^{72}, s_2^{72}, f^{72}), b_{73}, \ldots, b_{95}, \varphi(\tilde{s}_1^{96}, s_2^{96}, f^{96}), b_{97}, \ldots, b_{119}) \end{aligned}$$

Sei

$$\tilde{\mathcal{S}}_1(S2, F, \bar{b}) = (\tilde{s}_1^1(\mathcal{S}_{i-1}^{(1)}, \mathcal{S}_i^{(2)}, \mathcal{F}_i, \bar{b}), \tilde{s}_1^i(\mathcal{S}_{i-1}^{(1)}, \mathcal{S}_i^{(2)}, \mathcal{F}_i, \bar{b}), \ldots, \tilde{s}_1^i(\mathcal{S}_{i-1}^{(1)}, \mathcal{S}_i^{(2)}, \mathcal{F}_i, \bar{b}))$$

dann ist

$$\mathfrak{C}_1(\bar{b}) = \begin{cases} \tilde{\mathcal{S}}_1(S2, F, \bar{b}) \times \mathcal{S}_2 \times \mathcal{F} & \text{falls } i \in \{24, 48, 72, 96\} : b_i = \varphi(\tilde{s}_1^{24i}, s_2^{24i}, f^{24i}) \\ 0 & \text{sonst} \end{cases} \tag{11.38}$$

$$|\mathfrak{C}_1(\bar{b})| = \begin{cases} 2^{176} & \text{falls } \forall i \in \{24, 48, 72, 96\} : b_i = \varphi(\tilde{s}_1^{24i}, s_2^{24i}, f^{24i}) \\ 0 & \text{sonst} \end{cases} \tag{11.39}$$

Die Anzahl $\mathfrak{M}_1(119)$ der Äquivalenzklassen $\mathfrak{C}_1(\bar{b})$ ergibt sich aus der Anzahl der Vektoren $\bar{b}$ der Länge 119, für die mit $i \in \{24, 48, 72, 96\}$ die Bedingung $b_i = \varphi(\tilde{s}_1^{24i}, s_2^{24i}, f^{24i})$ erfüllt ist. Diese Vektoren enthalten 115 frei wählbare Bits b_i. Für beliebige $F \in \mathcal{F}$ und $S2 \in \mathcal{S}_2$ gibt es folglich mindestens 2^{115} $\underset{\alpha,119}{\sim}$ - Äquivalenzklassen mit einer Mächtigkeit von 2^{176}. Damit ist die Behauptung im ersten Punkt bewiesen.

Für den Beweis der Behauptung im zweiten Punkt werden die Parameter f^i für $i \in \overline{1,61} \setminus \{24, 48\}$ frei aus $\mathcal{F}_{119}$ gewählt und die $\tilde{f}^i$ für $i \in \{24, 48\} \cup \overline{62,119}$ gemäß

$$\tilde{s}_1^i(\mathcal{S}_{i-1}^{(1)}, \mathcal{S}_i^{(2)}, \mathcal{F}_i, \bar{b}) := \begin{cases} \mathscr{F}_1(U^{i-1}) \oplus \tilde{f}^i(\mathcal{S}_{i-1}) \oplus \mathscr{Z}_2(s_2^i, U^{i-1}) \oplus b_i, \\ \quad \text{falls } i \notin \{24, 48, 72, 96\} \\ \bigoplus_{j=1}^{23} s_1^{i-j} \\ \quad \text{falls } i \in \{24, 48, 72, 96\} \end{cases} \tag{11.40}$$

$$\tilde{f}^i(\mathcal{S}_{i-1}, \bar{b}) := \begin{cases} f^i \\ \quad \text{falls } i \in \overline{1,61} \setminus \{24, 48\} \\ \mathscr{F}_1(U^{i-1}) \oplus \bigoplus_{k=1}^{23} s_1^{i-k} \oplus \mathscr{Z}_2(\bigoplus_{k=1}^{23} s_2^{i-k}, U^{i-1}) \oplus b_i, \\ \quad \text{falls } i \in \{24, 48\} \\ \tilde{f}^{i-56}(\mathcal{S}_i) \oplus \tilde{f}^{i-59}(\mathcal{S}_i) \oplus \tilde{f}^{i-60}(\mathcal{S}_i) \oplus \tilde{f}^{i-61}(\mathcal{S}_i) \\ \quad \text{falls } i \in \overline{62,119} \end{cases} \tag{11.41}$$

$$U^i := \varphi(\tilde{s}_1^i(\mathcal{S}_{i-1}^{(1)}, \mathcal{S}_i^{(2)}, \mathcal{F}_i, \bar{b}), s_2^i, \tilde{f}^i(\mathcal{S}_{i-1}, \bar{b}))U^{i-1}$$

berechnet. Für $i \in \{24, 48\}$ stellt $\tilde{f}^i(\mathcal{S}_{i-1}, \bar{b})$ sicher, dass die Bedingung $u_\alpha^i = b_i$ erfüllt ist. Die Definition der $\tilde{s}_1^i(\mathcal{S}_{i-1}^{(1)}, \mathcal{S}_i^{(2)}, \mathcal{F}_i, \bar{b})$ stellt sicher, dass für $i \in \overline{1,119} \setminus \{73, 96\}$ die Bedingung $u_\alpha^i = b_i$ erfüllt ist. Die u_α-Folge

$$(b_1, \ldots, b_{23}, b_{24}, b_{25}, \ldots, b_{47}, b_{48}, b_{49}, \ldots b_{71}, \ldots, b_{71},$$
$$\varphi(\tilde{s}_1^{72}, s_2^{72}, f^{72}), b_{73}, \ldots, b_{95}, \varphi(\tilde{s}_1^{96}, s_2^{96}, f^{96}), b_{97}, \ldots, b_{119})$$

enthält nun 117 frei wählbare Bits b_i. Seien

$$\tilde{\mathcal{S}}_1(S2, F, \bar{b}) = (\tilde{s}_1^i(\mathcal{S}_{i-1}^{(1)}, \mathcal{S}_i^{(2)}, \mathcal{F}_i, b_1), \ldots, \tilde{s}_1^i(\mathcal{S}_{118}^{(1)}, \mathcal{S}_{119}^{(2)}, \mathcal{F}_{119}, \bar{b})$$

$$\tilde{\mathcal{F}} = \left\{ f \in \mathcal{F} \mid f_{24} = \tilde{f}^{24}(\mathcal{S}_{i-1}, \bar{b}) \wedge f_{48} = \tilde{f}^{48}(\mathcal{S}_{i-1}, \bar{b}) \right\}$$

dann ist

$$\mathfrak{E}_2(\bar{b}) = \begin{cases} \tilde{\mathcal{S}}_1(S2, F, \bar{b}) \times \mathcal{S}_2 \times \tilde{\mathcal{F}} & \text{falls } \forall i \in \{72, 96\} : b_i = \varphi(\tilde{s}_1^{24i}, s_2^{24i}, \tilde{f}^{24i}) \\ 0 & \text{sonst} \end{cases} \tag{11.42}$$

$$|\mathfrak{E}_2(\bar{b})| = \begin{cases} 2^{174} & \text{falls } \forall i \in \{72, 96\} : b_i = \varphi(\tilde{s}_1^{24i}, s_2^{24i}, f^{24i}) \\ 0 & \text{sonst} \end{cases} \tag{11.43}$$

Die Anzahl $\mathfrak{M}_2(119)$ der Äquivalenzklassen $\mathfrak{E}_2(\bar{b})$ ergibt sich aus der Anzahl der frei wählbaren Bits b_i in den Vektoren $\bar{b}$ der Länge 119, für die die Bedingung $b_i = \varphi(\tilde{s}_1^{24i}, s_2^{24i}, \tilde{f}^{24i})$, $i \in \{72, 96\}$, erfüllt ist. Damit ist auch die Behauptung im zweiten Punkt bewiesen. ■

Aus Satz 11.9 und Lemma 11.3 folgen Korollar 11.2 und Korollar 11.3.

Korollar 11.2 *Für beliebige* $U^0 \in M$ *und* $\alpha \in \overline{1,4}$ *gibt es mindestens* 2^{115} *ZS, die in Bezug auf die* u_α*-Folge nicht äquivalent sind.*

Beweis Nach Satz 11.9, Punkt 1, gibt es für $\alpha = 1$ mindestens 2^{115} ZS, die in Bezug auf die u_α-Folge nicht $\underset{\alpha,119}{\sim}$ äquivalent sind. Nach Lemma 11.7 gilt diese Aussage auch für $\alpha \in \overline{1,4}$. Aus Lemma 11.5 ist die Anzahl der $\underset{\alpha,l}{\sim}$-Äquivalenzklassen eine untere Schranke der Anzahl der nicht äquivalenten ZS in Bezug auf die u_α-Folge. ■

Korollar 11.3 *Wenn sich die Permutation* $\Phi(S1, S2, F)$ *wie eine zufällige Permutation mit gleichmäßiger Verteilung über* $\mathfrak{S}(M)$ *verhält, ist*

1. *die Wahrscheinlichkeit dafür, dass zwei ZS, die nicht äquivalent in Bezug auf die* u_α*-Folge sind, auch nicht äquivalent in Bezug auf die Substitutionsfolge sind, ist mindestens* $(1 - 1/13)^2 \cdot (1 - 1/127)^2 = 0.8387054$ *und*
2. *der Erwartungswert für die Anzahl der ZS, die in Bezug auf die Substitutionsfolge nicht äquivalent sind, ist mindestens* $(1-1/13)^2 \cdot (1-1/127)^2 \cdot 2^{115} = 3{,}483846 \cdot 10^{34}$.

Beweis Unter der Annahme des Korollars folgt aus Lemma 11.3, dass

$$P\left(ggT(127, \nu(S, F)) = ggT(127, \nu(S', F')) = 1\right) \geq (1 - 1/13)^2 \cdot (1 - 1/127)^2$$

Wenn $ggT(127, \nu(S, F)) = ggT(127, \nu(S', F')) = 1$, so ist die Voraussetzung des Satzes 11.7 erfüllt und aus $(S, F) \underset{\alpha}{\not\sim} (S', F')$ folgt $(S, F) \underset{rB}{\not\sim} (S', F')$. Aus dieser Wahrscheinlichkeit und Korollar 11.2 folgt unmittelbar der Erwartungswert für die Anzahl der ZS, die in Bezug auf die Substitutionsfolge nicht äquivalent sind. ■

Die ZS-Komponente $S2$ wirkt nichtlinear in der Abbildung $\varphi_i(s_1, s_2, f), i = 4j-3$, und bildet deshalb kompliziertere Äquivalenzklassen. Zur Veranschaulichung zerlegen wir $Z(s_2, u_{P1}, \ldots, u_{P5})$ in der Form

$$Z(s_2, u_{P1}, \ldots, u_{P5}) = Z(0, u_{P1}, \ldots, u_{P5}) \oplus \frac{dZ(s_2, u_{P1}, \ldots, u_{P5})}{ds_2} \cdot s_2$$

Für $\alpha \in \{17, 21, 25, 29\}$ ist dann

$$\varphi_\alpha(s_1, s_2, f, U) = \mathscr{F}_\alpha(U) \oplus f \oplus Z(0, u_{P1}, \ldots, u_{P5}) \oplus \frac{dZ(s_2, u_{P1}, \ldots, u_{P5})}{ds_2} \cdot s_2$$

Die Ausgabe $\varphi_\alpha(s_1, s_2, f, U)$ wird durch s_2 nur dann verändert, wenn $\frac{dZ(s_2, u_{P1}, \ldots, u_{P5})}{ds_2} = 1$. Für $\alpha \in \{5, 9, 13\}$ ist

$$\varphi_\alpha(s_1, s_2, f, U) = \mathscr{F}_\alpha(U) \oplus f \oplus Z(0, u_{P1}, \ldots, u_{P5}) \oplus \left(\frac{dZ(s_2, u_{P1}, \ldots, u_{P5})}{ds_2} \oplus 1\right) \cdot s_2$$

und die Ausgabe $\varphi_\alpha(s_1, s_2, f, U)$ wird durch s_2 nur dann verändert, wenn

$$\frac{dZ(s_2, u_{P1}, \ldots, u_{P5})}{ds_2} = 0$$

Dem Konstruktionsprinzip des Satzes 11.9 folgend, kann $\tilde{s}_2^i(\mathcal{S}_{i-1}^{(1)}, \mathcal{S}_{i-1}^{(2)}, \mathcal{F}_i, \bar{b})$ definiert werden. Die zugehörigen Äquivalenzklassen $\mathfrak{E}_\alpha(\bar{b}_i)$ können leer sein, wenn

- die Wahl des $\tilde{s}_2^i$ die BF Z_1 für $u_{P1}^{i-1}, \ldots, u_{P5}^{i-1}$ nicht beeinflussen kann oder wegen der Paritätsbedingung durch die vorangegangenen 23 s_2^j festgelegt ist
- der Parameter s_1^i für $\alpha \in \overline{2,8}$ nur fiktive Variable ist
- für $i > 61$ der Parameter f^i bereits durch $(f^1, \ldots, f^{61})$ festgelegt ist und
- $\varphi_\alpha(s_1^i, s_2^i, f^i, U^{i-1}) \neq b_i$.

Wir verzichten deshalb hier auf eine geschlossene Darstellung der durch $S2$ gebildeten Äquivalenzklassen. Wir betrachteten bisher nur Äquivalenzklassen $\mathfrak{E}(\bar{b})$ für $\bar{b}$-Folgen bis zu einer Länge von 119 Bit. Es ist aber nach Lemma 11.5 zu erwarten, dass sich für längere Folgen $\bar{b}$ die Anzahl der Äquivalenzklassen und damit auch die Anzahl nicht äquivalenter ZS in Bezug auf die u_α-Folge und auch die (r, B)-Folge erhöht. Die Vermutung, dass sich in der Tendenz die Anzahl der Äquivalenzklassen in den folgenden Schritten um den Faktor nahe zwei erhöht bis sie idealerweise 2^{230} erreicht, konnten wir nicht beweisen. Man kann aber zu dieser Vermutung für wenige Schritte über 119 hinaus für konkrete LZS-Kandidaten statistische Tests durchführen, ab wann sich die u_α-Folge für ZS-Spruchschlüssel-Paare aus Äquivalenzklassen $\mathfrak{E}(\bar{b})$, $|\bar{b}| \geq 120$, unterscheiden.

Beispiel LZS-21: Statistische Tests zu Schlüsseläquivalenzen

Für den LZS-21 wurden 2^{18} $\bar{b}$-Folgen zufällig mit gleichmäßiger Verteilung über $\mathcal{B}^{119}$ gewählt und gemäß Satz 11.9 für jede $\bar{b}$-Folge 2^8 Paare $(S2, \tilde{F})$ zufällig über $\mathcal{S}_2 \times \tilde{\mathcal{F}}$ gewählt und $\tilde{S}1$ in $\tilde{\mathcal{S}}_1(S2, F, \bar{b})$ berechnet. Für jedes $(\tilde{S}1, S2, \tilde{F})$ aus $\mathfrak{E}_2(\bar{b})$ wurden 12 zusätzliche Bits (Bit 120 bis Bit 131) der u_α-Folge berechnet. Für die 12-Bit-Folgen wurde festgestellt, ab welchem Bit sie sich unterscheiden. Abb. 11.1 zeigt einen Boxplot (box-whisker-plot) der Verteilung. Die waagerechte Achse zeigt, für welches Bit sich die Ausgabefolgen zum ersten Mal unterscheiden. Die senkrechte Achse zeigt den Logarithmus der Häufigkeit bei ca. 2^{15} Vergleichen. Der Meridian wird als horizontale Linie innerhalb der Box gekennzeichnet, deren untere Grenze das untere Quartil und deren obere Grenze das obere Quartil zeigt. Die Enden der senkrechten gestrichelten Linien geben die extremen Werte an, die noch keine Ausreißer sind. Ausreißer (als kleine Kreise gezeichnet) sind Werte, die um mehr als das Anderthalbfache des Abstandes zwischen unterem und oberem Quartil unter oder oberhalb der Box liegen. Die Abbildung zeigt nicht alle Ausreißer. Die Boxen zeigen die vermutete Tendenz, dass sich bis zur Länge 131 die Anzahl der gleichen Ausgabefolgen

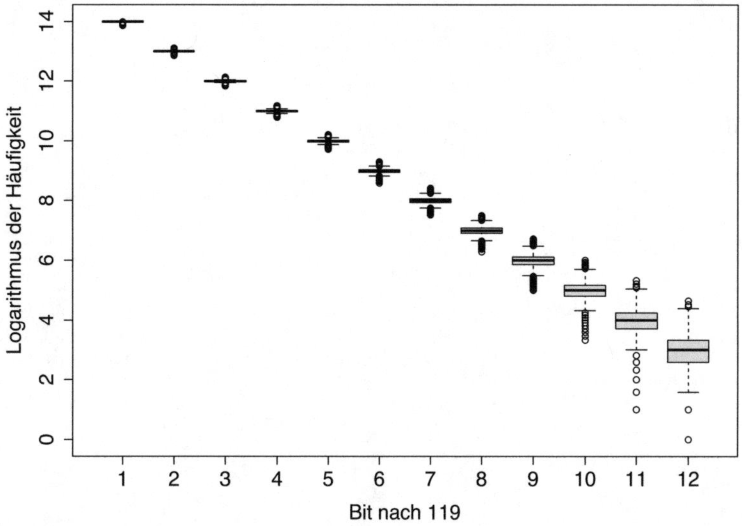

Abb. 11.1 Erste Unterscheidung der Ausgabefolgen für $\underset{\alpha,119}{\sim}$-äquivalente Schlüssel

mit jedem weiteren Bit annähernd halbiert. Sie zeigt auch, dass mit zunehmendem Abstand vom Bit 119 die Spannweite der Häufigkeiten erhöht und eine exponentiell anwachsende Anzahl von Folgen für klare Ergebnisse erforderlich sind. ◀

Das Beispiel zeigt eher das Prinzip und den hohen Aufwand für Tests zu äquivalenten ZS, als einen Beweis für die Mächtigkeit der $\underset{\alpha,l}{\sim}$-Äquivalenzklassen zu liefern. Diese statistischen Tests können nicht repräsentativ für eine Grundgesamtheit der Mächtigkeit von 2^{174} (Satz 11.9) sein. Sie stärken aber die Annahme, dass die Anzahl der nicht äquivalenten ZS in Bezug auf die Substitutionsfolge deutlich größer als 2^{115} ist.

Als Hauptergebnis der Untersuchungen zu Schlüsseläquivalenzen stellen wir fest:

> Der CA T-310 besitzt mindestens $0{,}8 \cdot 2^{115}$ nicht äquivalente Zeitschlüssel in Bezug auf die Substitutionsfolge. Ein Direktangriff mittels Totaler Probier-Methode ist deshalb derzeit praktisch nicht erfolgversprechend.

Chiffrieralgorithmus T-310 aus heutiger Sicht

12

Inhaltsverzeichnis

Seit der ersten Veröffentlichung zum Gerät T-310 [69] in der Fachliteratur 2006 gab es in unregelmäßigen Abständen Publikationen über die Eigenschaften des CA T-310. Sie weckten unser Interesse und waren für uns einer der Anlässe, dieses Buch zu schreiben. Wir beschäftigten uns insbesondere mit Veröffentlichungen einer internationalen Gruppe von Kryptologen um Nicolas T. Courtois.[1]

In fast all diesen Artikeln wird auf eine Ähnlichkeit des CA T-310 mit einer Feistelchiffre abgehoben. Deshalb scheint es uns sinnvoll, darauf im Abschn. 12.1 zuerst einzugehen und die Unterschiede herauszuarbeiten. Im Abschn. 12.2 erläutern wir, wie eine LZST heute aussehen könnte. Im den nächsten beiden Abschn. 12.3 und 12.4 schätzen wir die Sicherheit des CA T-310 aus heutiger Sicht ein. Dazu werden eigene neue Erkenntnisse von uns bewertet, die neuen Möglichkeiten einer leistungsfähigen Hardware und Software berücksichtigt und auch Analyseergebnisse aus den genannten Veröffentlichungen der Gruppe um Courtois herangezogen.

An mehreren Beispielen zeigen wir, dass zwischen den Anforderungen an die operativen LZS von 1980 und den Erfolgsaussichten für Dekryptieransätze Zusammenhänge bestehen. Wir ziehen den Schluss, dass für den CA T-310 auch heute noch keine erfolgreichen Dekryptieransätze bekannt sind, wenn die LZS den Kriterien für den operativen Einsatz genügen.

[1] Wir haben uns mit folgenden Veröffentlichungen auseinandergesetzt: [14–24].

W. Killmann und W. Stephan, *Das DDR-Chiffriergerät T-310*,
https://doi.org/10.1007/978-3-662-67584-7_12

12.1 Vergleich mit einer Feistelchiffre

Dazu rekapitulieren wir einige Fakten. Ein Blockchiffrierverfahren ist ein symmetrisches Chiffriersystem mit der Eigenschaft, dass der CA auf einen Block Klartext angewandt wird, um einen Block Geheimtext zu erhalten [42, clause 3.6]. Ein Blockchiffrierverfahren ist nichts anderes als ein modernes *einfaches monoalphabetisches Substitutionsverfahren* über Blöcken fester Länge eines gewählten Alphabets. Feistel-Chiffren sind Blockchiffren.

Die Stromchiffre CA T-310 ist im Gegensatz zu den Einschätzungen in den nachfolgend diskutierten Veröffentlichungen keine Blockchiffre und damit auch keine Feistelchiffre.
Ein Vergleich ist also nur sinnvoll, wenn eine Feistelchiffre und die Komplizierungseinheit des CA T-310 mit einander verglichen werden. Die Autoren um Courtois klassifizieren in ihrer Analyse [17, Kap. 3 und 4] nur die KE des T-310-Chiffrators als *Contracting Unbalanced Feistelchiffre*.

Auf den ersten Blick scheinen die Designansätze ähnlich zu sein. Geht man etwas tiefer, sind die Unterschiede gravierend:

Eine t-Runden-Feistel-Chiffre verschlüsselt die Klartextblöcke $U \in \mathcal{B}^n \times \mathcal{B}^n$ mittels eines festen Schlüssels K zu $U' \in \mathcal{B}^n \times \mathcal{B}^n$.

$$U' = \Phi(t) \circ \cdots \circ \Phi(1)U$$

Die Runden $\Phi(i)$ sind durch folgende Gleichungen für die linke Hälfte $L_i \in \mathcal{B}^n$ und für die rechte Hälfte $R_i \in \mathcal{B}^n$ eines Blocks charakterisiert

$$L_{i+1} = R_i,\ R_{i+1} = L_i \oplus F(R_i, K_i) \tag{12.1}$$

wobei $F(R_i, K_i)$ eine schlüsselabhängige Funktion ist. Die Rundenschlüssel K_i werden vom Schlüssel K abgeleitet. Der Schlüssel K bleibt während der Verschlüsselung eines Spruchs unverändert. Dieses 1973 von Feistel entwickelte Konstruktionsprinzip wurde 1995 von Schneier und Kelsey zum *Unbalanced Feistel Scheme with Contracting Functions* verallgemeinert. Für diese Blockchiffren mit m Blockteilen I_i gehen diese Gleichungen über in

$$I_{i+1}^{j+1} = I_i^j,\ j = 1, \ldots, m-1,\ I_{i+1}^1 = I_i^m \oplus F(I_i^2, \ldots, I_i^{m-1}, K_i) \tag{12.2}$$

Die *XOR*-Summe der unveränderten Blockhälfte L_i bzw. des unveränderten Blockteils I_i^m mit einer Funktion des Schlüssels und der anderen Blockhälfte $F(R_i, K_i)$ bzw. der anderen Blockteile $F(I_i^2, \ldots, I_i^{m-1}, K_i)$ ist für die Analyse der Feistelchiffre wesentlich. Die Feistelchiffre und deren Verallgemeinerung sind schon aufgrund dieser Konstruktion immer bijektiv. Nach unserer Auffassung ist das die entscheidende und faszinierende Design-Idee der IBM-Entwickler. So können z. B. die S-Boxen des DES beliebig gewählt werden, die Chiffre bleibt bijektiv.

Welche Unterschiede bestehen nun zwischen der KE T-310 und der Feistelchiffre?

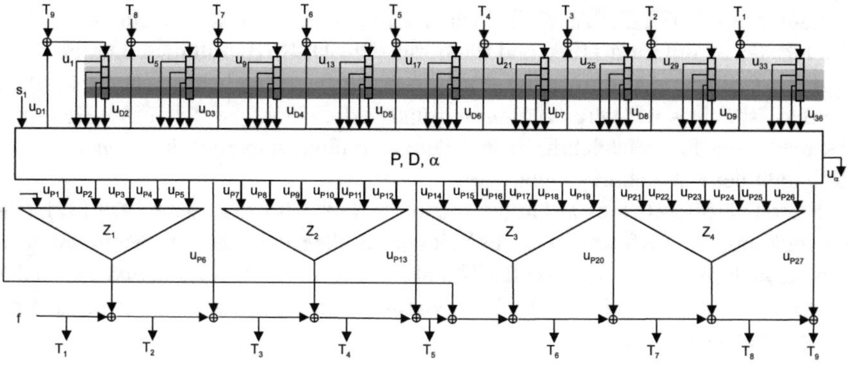

Abb. 12.1 Abbildung φ mit (P, D) als feistelähnliche Chiffre

Beginnen wir mit der Feststellung, dass die KE unabhängig von Klartexten und Geheimtexten die Steuerfolge a erzeugt. Die Umordnung der Schieberegister gab offenbar Courtois et al. den Anlass zum Vergleich mit der Feistelchiffre. Durch sie kann man die Bitspeicher anders zusammenfassen. Das zeigt der Vergleich der beiden Darstellungen (4.26) und (4.27). Fasst man die Bits $u_1, u_5, \ldots, u_{33}$ der in Schieberichtung ersten Speicherzellen der Bausteine, ebenso die der zweiten Speicherzellen $u_2, u_6, \ldots, u_{34}$, die der dritten $u_3, u_7, \ldots, u_{35}$ und die der vierten $u_4, u_8, \ldots, u_{36}$ zusammen, so entsteht ein Schieberegister aus vier 9-Bit-Segmenten $\Upsilon_0, \Upsilon_1, \Upsilon_2, \Upsilon_3$. In Abb. 12.1 sind diese Speicherzellen im gleichen Farbton hinterlegt. Bei jedem Schieben wird das neue Segment aus allen anderen Segmenten und den Parametern (s_1, s_2, f) berechnet und in Schieberichtung an den Anfang der Kette gestellt. Diese Sichtweise auf den U-Vektor und die Abbildung φ war uns zwar bekannt, versprach aber außer einer kompakten Speicherform der U-Vektorfolge für Software (man speichert nur die Folge der neu berechneten Bits Υ_1 anstelle des gesamten U-Vektors) keine Vorteile.

Unsere Abbildung φ kann allgemein in der Form

$$\Upsilon_1^{i+1} = \Psi(\Upsilon_0^i, P6, P13, P20, D) \oplus \Phi(\Upsilon_0^i, \Upsilon_1^i, \Upsilon_2^i, \Upsilon_3^i, S1, S2, F, P)$$

dargestellt werden, wobei Ψ eine lineare Funktion von Υ_0^i und Φ eine nichtlineare Funktion von $\Upsilon_1^i, \Upsilon_2^i, \Upsilon_3^i, S2$ ist, die nichtlinear von Υ_0^i abhängen kann. Das entspricht nicht den Feistelgleichungen (12.1) und (12.2). Die Bits $\Upsilon_0^i = (u_4, u_8, \ldots, u_{36})$ werden „herausgeschoben“ und die gewünschte Bijektivität der Abbildung φ wird, wie in Abschn. 7.3 beschrieben, erst durch die Wahl der Parameter P und D gewährleistet. Der Rundenschlüssel wird nicht wie bei einer entsprechenden Blockchiffre zyklisch nach 127 Runden wiederholt.

Bereits 1980 wurde von uns festgestellt, dass „das DES-Verfahren mit dem Chiffrierverfahren (der) Klasse ALPHA nichts gemein hat“ [30, T-310-Chronologie]. Die Erkenntnis, dass ein Teil unseres Algorithmus der Struktur einer Feistelchiffre ähnelt, kam uns erst später, etwa Mitte der 80er Jahre. Damals wurde uns von den sowjetischen Kryptologen unter der Bezeichnung Datenchiffrieralgorithmus (DCA) der

Vorläufer des GOST 28147-89 [28] vorgestellt (Anhang A). Wir verglichen damals die KE T-310 mit dem DCA und auch mit dem DES-Algorithmus. Die gesamte ALPHA-Chiffrieralgorithmenklasse mag zwar als feistelähnliches Schema gesehen werden, ist aber – wie bereits betont – grundsätzlich keine Feistelchiffre. Die Analysemethoden für Feistelchiffren und deren Verallgemeinerung kannten wir zum Zeitpunkt der Entwicklung nicht.

Feistel veröffentlichte das Grundprinzip für seine Chiffre im Jahr 1973 [32]. Die Entwicklung von SKS war zu dieser Zeit bereits abgeschlossen. Die Mutmaßungen von Schmeh [67], wir hätten die IBM-Entwicklung des DES gekannt und sie bei der Entwicklung der ALPHA-Klasse bzw. vom CA SKS und CA T-310 genutzt, sind völlig haltlos und irrelevant.

12.2 Eine Langzeitschlüsseltechnologie heute

In den Kapiteln sieben und acht beschreiben wir den Weg für die Bestimmung eines operativen LZS und begründen ihn sowohl mathematisch als auch kryptologisch. Es wird gezeigt, wie sich das Ziel, nachzuweisen, dass die Gruppe $G(P, D)$ gleich der Alternierenden Gruppe ist, herausbildete. Immer wenn wir die Erfahrung gemacht hatten, dass die dazu notwendigen Kriterien erfüllt werden konnten, haben wir die entsprechende Forderung in die Langzeitschlüsseltechnologie (LZST) aufgenommen. So hat sich schrittweise die LZST weiterentwickelt, immer in der Wechselwirkung zwischen der praktischen Überprüfung der ausgewählten LZS und dem Abgleich mit den aus der Theorie abgeleiteten und geforderten mathematisch-kryptologischen Eigenschaften.

Im vorliegenden Abschnitt legen wir dar, wie eine LZST heute geschrieben werden könnte, wobei der LZS wiederum die Eigenschaften aus LZS+ besitzen soll. In Abschn. 8.6 sind vier Forderungen aufgelistet.

Gehen wir davon aus, dass heute eine andere technische Realisierung des CA T-310 möglich ist, und berücksichtigen wir die Tatsache, dass einige Untersuchungen der LZS-Kandidaten mit den heutigen Möglichkeiten der Computertechnik deutlich effizienter durchführbar sind, könnte folgender Ablauf für die Auswahl der LZS festgelegt werden:

1. Zufällige Auswahl eines LZS: Es könnte eine neue LZS-Klasse konstruiert werden, die ausreichend viele reguläre LZS enthält. Man könnte auch die LZS-Klasse KT1 beibehalten. Aus der Klasse kann dann zufällig ein LZS gewählt werden.
2. Experimentelle Überprüfung, ob der zugehörige Graph $\overrightarrow{G}(M, \varphi)$ stark zusammenhängend ist. Wenn ja, dann ist die Gruppe $G(P, D)$ transitiv. Die Überprüfung kann auf direktem Weg über die Berechnung der maximalen Verzweigung erfolgen (Abschn. 7.6).
3. Berechnung der vollständigen Zyklenstruktur von einer oder, wenn notwendig, von mehreren Permutationen der Gruppe $G(P, D)$. Mit den heutigen Möglichkeiten kann die Zyklenstruktur für $\varphi(p)$ für alle $p \in \mathcal{B}^3$ vollständig berechnet werden.

a. Prüfung, ob wenigstens ein Fixpunkt U^* für die Abbildung φ existiert. Damit wird die asymptotische Gleichverteilung für das Markov-Modell sichergestellt (Kap. 9). Das Ergebnis fällt bei der vollständigen Berechnung der Zyklen mit ab.
b. Nachweis der Trivialität der Automorphismengruppe von $G(P, D)$. Dazu wird überprüft, ob die Zyklenstruktur der Erzeugenden der Gruppe paarweise verschieden sind.
c. Auf dieser Basis ist anhand der im Abschn. 8.4.4 beschriebenen Kriterien der Primitivitätsnachweis zu führen. Alternativ könnte die von Hulpke [39] für das Programm GAP bereitgestellte Implementierung genutzt werden.
d. Danach kann mit den in Abschn. 8.5 enthaltenen Kriterien die Alternierende Gruppe für $G(P, D)$ identifiziert werden.
e. Im unwahrscheinlichen Fall, dass kein Nachweis geführt werden kann, sollte man mit Punkt 1 neu beginnen.
   Für die Einschätzung der Erfolgsaussichten können wir einerseits mit dem Satz von Dixon 9.4 argumentieren, andererseits können wir auf die eigenen Erfahrungen verweisen. Die Auswahl der LZS bis 1990 zeigt, dass praktisch für jede Auswahl P, D der Nachweis gelungen ist.

Die Überlegungen zeigen, dass der große personelle und technische Aufwand, der in den 1980er Jahren getrieben werden musste, um die beschriebenen Ergebnisse zu erhalten, mit heutiger Technik (mehr Speicher, schnellere Chips) nicht mehr erforderlich ist. Natürlich müssen mögliche neue Analyseergebnisse mit kryptologischer Relevanz dann in die Prüfung einbezogen werden.

12.3 Einschätzung der Sicherheit des Chiffrieralgorithmus T-310 in Veröffentlichungen

Beginnen wir mit der Einschätzung der Veröffentlichungen zur Kryptanalyse des CA T-310. Die Autoren dieser Veröffentlichungen prüften die Anwendungsmöglichkeiten der heute üblichen Dekryptieransätze, z. B. Differential-, Correlations-, Slide-Attacks und von ihnen weiterentwickelte Varianten auf den CA T-310. Es war für uns interessant zu sehen, wie tief auf diese Weise in die inneren Strukturen der Abbildung φ eingedrungen werden kann.

Für ihre Untersuchungen wurden von dem Team um Courtois in aller Regel spezielle LZS konstruiert, auf die sie ihre Methoden erfolgreich anwenden konnten. Sie alle gehörten nicht zu LZS+ und nur teilweise zu KT1 oder KT2. Dazu führen wir einige Beispiele an:

So wurde in [15, Kap. 18] gezeigt, dass Paare (P, D), deren Abbildungen φ nicht bijektiv sind, kryptologische Schwächen aufweisen können.

In [15, Kap. 20.2] wird sogar ein Angriff mit alleiniger Kenntnis von Geheimtexten für LZS-17, LZS-27 und LZS-28 beschrieben [30, http://scz.bplaced.net/old.html]. Allerdings waren diese LZS speziell für die technische Prüfung von Geräten und

Programmen konstruiert und ihr operativer Einsatz war selbstverständlich verboten.[2] Diese LZS liegen nicht in KT1 oder KT2.

Im Zusammenhang mit Invarianten der Abbildungen φ für selbstgewählte LZS werden in [15,21,22,24] Angriffe der *Partitioning Cryptanalysis* beschrieben. Der Abschn. 8.7.3 zeigt auf, dass es sich dabei um LZS mit nicht zusammenhängenden Graphen der Abbildungen φ handelt.

In [14,16–18,21] werden lineare probabilistische Näherungen der Abbildung φ mit Wahrscheinlichkeit eins und sogenannte LC-schwache LZS untersucht. Im Abschn. 8.7.3 ist bewiesen, dass sogenannte LC-schwache LZS (LC-weak long-term keys) imprimitive Gruppen besitzen. Zu diesen Ergebnissen gibt es auch eine Veröffentlichung von einem Autor dieses Buches [45].

Das Team um Courtois analysierte auch die Anwendbarkeit der Methoden der linearen Kryptoanalyse. Sie kamen aber selbst zu dem Schluss, dass keiner der eingesetzten LZS damit angreifbar ist [17].

Alle in den Veröffentlichungen aufgeführten Angriffe sind nicht auf die für den Einsatz freigegebenen LZS anwendbar. Aus diesen Arbeiten geht auch hervor, dass das Team die Klassen KT1 und KT2 als die Menge der operativ zulässigen LZS auffasst und alle schwachen LZS aus diesen Klassen folglich Schwachstellen des CA T-310 darstellen. In den Klassen ist aber nur ein Teil der geforderten Bedingungen fixiert, denn die zugelassenen LZS müssen weitere Anforderungen für LZS+ erfüllen (Abschn. 8.6). Alle uns aus Veröffentlichungen bekannten Analyseergebnisse und die daraus resultierenden kryptologischen Angriffe sind für diese LZS nicht relevant.

Wir wussten schon 1980, dass es schwache LZS gibt. Wir verweisen z. B. auf die Ergebnisse zu den eEG im Abschn. 8.2.1. Im Dokument *T-310 Schlüsselunterlagen* [30] steht ausdrücklich: „Zur Bestimmung kryptologisch qualitätsgerechter LZS existiert im ZCO eine Vorschrift. Aus LZS-Klassen, deren Vertreter notwendige kryptologisch gute Eigenschaften besitzen, werden zufällig LZS ausgewählt und weiteren theoretischen Untersuchungen und experimentellen Tests unterzogen."

12.4 Ergänzende eigene Ergebnisse

Unsere neuerliche Beschäftigung mit den Ergebnissen der Analyse des ZCO führte in einigen Details zu einem besseren Verständnis der Eigenschaften des CA T-310 und auch zu neuen Erkenntnissen. Dabei halfen uns leistungsfähigere Computer:

- Die Frage nach der Größe des Durchmessers des Graphen $G(M, \varphi)$ konnte in der ZCO-Analyse nicht beantwortet werden. Mit den uns jetzt zur Verfügung stehenden Computern konnten wir nachweisen, dass für die zum Einsatz freigegebenen T-310-LZS die Durchmesser der Graphen $diam\,\overrightarrow{G}(M, \varphi) \leq 28$ sind. Dieses

[2] Die LZS zur technischen Prüfung waren bewusst so gewählt, dass sie nicht die Eigenschaften operativer LZS besitzen. Damit sollte bei Kompromittierung dieser LZS vermieden werden, dass Informationen über Konstruktionsprinzipien abfließen.

Ergebnis ist insofern wichtig, weil damit sichergestellt ist, dass es zwischen den jeweils 127 internen Berechnungsschritten der a-Folge potentiell möglich ist, jeden Zustand des U-Registers zu erreichen.

- Die jetzt mögliche vollständige Berechnung der Zyklenlängen aller für den operativen Einsatz freigegeben LZS vereinfachen die Nachweise für die Primitivität und die Identifizierung mit der Alternierenden Gruppe (Abschn. C). Die dort angewandte Methodik spiegelt beispielhaft die aktuell mögliche Vorgehensweise wider.
- 1990 entwickelten Lai und Massey ihr Modell der Markov-Chiffren [51]. Bei der Anwendung auf den T-310 Algorithmus wurden keine Schwachstellen gefunden. Das ist ein Argument, wenn auch ein schwaches, dafür, dass Angriffe auf der Basis der Differentialkryptoanalyse ebenfalls wenig erfolgversprechend sind.
- Die bis 1990 erzielten Ergebnisse zu Periodizitätseigenschaften waren, neben dem Nachweis von elementaren Eigenschaften, Wahrscheinlichkeitsaussagen bzgl. der (r, B)-Folge. Jetzt konnten wir unter sehr speziellen Bedingungen weitere Argumente dafür finden, dass $\mathcal{M}_{61}$ ein Teiler der (r, B)-Folge ist (Abschn. 10.4). Ein vollständiger Beweis hierfür ist nicht gelungen. Andererseits haben wir auch weiterhin keine Schwachstellen gefunden: Die Nutzung kurzer Perioden der Substitutionsfolge für kryptographische Angriffe auf den CA-T-310 ist praktisch ausgeschlossen.
- Ähnlich stellt sich die Situation zum Thema Schlüsseläquivalenzen dar. Wir fanden eine Abschätzung zur Mindestanzahl äquivalenter ZS. Für den CA T-310 gibt es mindestens $0{,}8 \cdot 2^{115}$ nicht äquivalente ZS in Bezug auf die Substitutionsfolge. Damit ist ein Direktangriff mittels Totaler Probier-Methode derzeit praktisch nicht erfolgversprechend.

Moderne Tools wie z. B. SAGEMath, GAP ([39]) und weitere haben wir ansatzweise verwendet, aber keine substantiellen Ergebnisse erzielt. Es wäre spannend zu erkunden, ob und wie sich diese Programme für die weitere Analyse einsetzen lassen.

12.5 Sicherheit des Chiffrieralgorithmus T-310

Im Abschn. 15.5 diskutieren wir Voraussetzungen für die Dekryptierung aus der Sicht der CV insgesamt. Hier konzentrieren wir uns auf den CA. Entsprechend der üblichen Klassifikation von Angriffsmöglichkeiten fassen wir für den CA T-310 zusammen:

1. Angriffe mit bekannten Geheimtexten (Ciphertext only attack): Bei Kenntnis einer beliebigen Anzahl von Geheimtexten ist es praktisch nicht möglich, die zugehörigen Klartexte oder den ZS zu rekonstruieren. Ein Sonderfall ist gegeben, wenn mindesten drei phasengleiche Geheimtexte vorliegen. Dann ist es möglich, die dazugehörigen Klartexte zu rekonstruieren. Eine Bestimmung des ZS ist auch dann nicht möglich (Abschn. 6.1).
2. Angriffe mit bekannten Klartext-Geheimtext-Paaren (Known plaintext attack): Für einen solchen Angriff ist die Kenntnis mindestens zweier phasengleicher

Geheimtext-Klartext-Paare Voraussetzung. Eine Bestimmung des ZS ist auch dann nicht möglich (Abschn. 6.1).

3. Angriffe mit gewählten Klartexten (Choosen plaintext attack): Für den CA T-310 ist das Ergebnis das Gleiche wie unter 1. und 2. Bestenfalls kann man hierdurch sinnvolle Klartexte erraten.
4. Angriffe mit gewählten Geheimtexten (Choosen ciphertext attack): Diese Angriffe ermöglichen die Vorgabe des IV und damit eine Einflussnahme auf die Wirkungsweise des ZS bei der Erzeugung der a-Folge.
5. Brute force attacks: Das Durchprobieren aller Schlüssel kann man als Spezialfall einer Ciphertext-Attacke auffassen. Es benötigt aber redundante Klartexte für eine Entscheidung zur Identifikation des Schlüssels. Selbst wenn man zufällig den Klartext identifiziert, ist es nicht möglich den ZS zu bestimmen.

In allen Fällen ist die Rekonstruktion von Teilen der a-Folge nur unter den genannten speziellen Voraussetzungen möglich. Die Rekonstruktion des ZS scheitert an der Komplexität der KE. Der gesamte in Kap. 8 beschriebene Aufwand zur Identifikation der Gruppe $G(P, D)$ wird betrieben, um zu verhindern, dass man bei Kenntnis beliebig vieler a-Folgen Rückschlüsse auf den ZS ziehen kann.

Für staatliche CV wird auch heute noch der gesamte CA geheimgehalten. Das wurde für den CA T-310 ebenso gehandhabt. Das gibt eine zusätzliche Sicherheit, die aber laut Kerckoffs' Prinzip bei der Bewertung der kryptologischen der Sicherheit nicht berücksichtigt wird. Im Zentrum der Analysen steht für den CA T-310 letztlich die Suche nach Dekryptieransätzen zur Bestimmung der ZS. Es gilt noch immer die grundsätzliche zusammenfassende Anmerkung aus der Analyse von 1980 [111]:

„Es ist zu beachten, dass die Einschätzung der kryptologischen Sicherheit nicht auf der Existenz hinreichend guter Eigenschaften beruht, sondern darauf, dass keine schlechten gefunden wurden."

Der Satz bezieht sich sowohl auf den CA T-310 als auch auf das CV ARGON. Mit unseren Möglichkeiten haben wir von den Anfängen 1974 bis zur Analyse 1980 und in den Folgejahren bis 1990 das Bestmögliche zur Einschätzung der Sicherheit des CA und des CV getan und keine auswertbaren kryptologischen Schwachstellen gefunden. Erfolgreiche Attacken sind auch bis in die Gegenwart weder von uns gefunden noch von anderen Analytikern für den T-310-CA mit LZS aus LZS+ veröffentlicht worden.

Es sind uns keine Methoden bekannt, die es einem Dekrypteur ermöglichen, den ZS des CA T-310 zu rekonstruieren, selbst wenn ihm gemäß Kerckhoffs' Prinzip alle Informationen über den CA bzw. das CV bekannt sind.

Teil III
Entwicklung und Analyse der Chiffrierverfahren

„Cryptography is where security engineering meets mathematics.“

Ross Anderson [3]

13 Chiffrierverfahren

Inhaltsverzeichnis

Der CA T-310 wurde in den Gerätesystemen T-310/50 und T-310/51 technisch umgesetzt, womit die Grundlagen für die CV ARGON, ADRIA und SAGA gelegt wurden. Wir beschreiben diese CV, wie es uns für das Verständnis der folgenden Kapitel dieses Teils zweckmäßig erscheint. Wir erläutern die Grundsätze der kryptologischen Analyse der CV an Hand des Bedrohungsmodells für das CV ARGON.

13.1 Chiffrierverfahren ARGON und ADRIA

Das CV ARGON wurde 1983 als maschinelles Fernschreibchiffrierverfahren mit internem Schlüssel[1] eingeführt. Es war für die Bearbeitung von nicht als geheim eingestuften Informationen bis einschließlich Geheimhaltungsgrad „Geheime Verschlusssache" zugelassen.

Das Chiffriergerät T-310/50 und somit das CV ARGON waren für die Vor-, Teildirekt- und Direktchiffrierung von Fernschreiben vorgesehen, ermöglichten aber auch den Klartextbetrieb ohne Verschlüsselung. Die Kommunikation erfolgte auf Fernschreibkanälen über Draht- und Funkverbindungen in Wahl- und handvermittelten Netzen oder über Standleitungen mit einer Übertragungsgeschwindigkeit von 50 oder 100 Baud. Ein optionaler Kodeumsetzer ermöglichte die Kodierung der

[1] Def. 2.2 im Abschn. 2.1

W. Killmann und W. Stephan, *Das DDR-Chiffriergerät T-310*,
https://doi.org/10.1007/978-3-662-67584-7_13

Geheimtexte in Zahlenfolgen für eine Übermittlung über Nachrichtenkanäle, die eine Übermittlung von beliebigen 5Bit-Kombinationen nicht zuließen, z. B. Tastfunk. Das CV ARGON war für den stationären und mobilen Einsatz vorgesehen. Mit einem zusätzlichen Bedienteil konnte ein weiterer Fernschreibplatz mit dem Grundgerät verbunden werden.

Das CV ARGON verwendete für den ZS die Schlüsselmittel 796 und 758, die in Abschn. 14.3 näher beschrieben sind. Die ZS waren auf Lochkarten gespeichert. Die Schlüsselmittel waren dem höchsten Geheimhaltungsgrad der bearbeiteten Informationen entsprechend als GVS eingestuft. Der LZS hatte die Aufgabe, Nachrichtennetze, die nicht zusammenarbeiten müssen, voneinander zu trennen und wesentliche Teile des CA im Produktionsprozess und in der Einsatzumgebung geheim zu halten. Er war auf kleinen Leiterkarten im Chiffriergerät implementiert und ebenfalls als GVS eingestuft. Näheres wird im Abschn. 14.2 erläutert.

Die Vorschriften des CV ARGON bestanden aus der Gebrauchsanweisung [99] und den Installationsvorschriften [103, 104]. Außerdem waren die allgemeinen Vorschriften des Chiffrierwesens der DDR verbindlich, die durch spezielle Vorschriften der Chiffrierdienste ergänzt wurden. In Abschn. 15.2 beschreiben wir diese Vorschriften und ihre Analyse.

Im Jahr 1986 wurde bereits für 1988 der Einsatz des CV ARGON in 31 ausgewählten Kombinaten und 18 Betrieben geplant und auch weitgehend umgesetzt, allerdings im Rahmen des staatlich organisierten Chiffrierwesens. Mitte 1990 wurde das CV ADRIA mit den Geräten T-310/50 für den Einsatz im nichtstaatlich organisierten Chiffrierwesen freigegeben [94]. Die Freigabe bezog sich ausschließlich auf den Einsatz in der Firma *Carl Zeiss Jena* für nicht als Verschlusssache eingestufte Informationen. Das Gerätesystem T-310/50 (mit Ausnahme der LZS) und die Vorschriften wurden bereits ab 1. September 1988 zur „Dienstsache – nachweispflichtig" herabgestuft [30, zco.html]. Die Vorschriften des CV ADRIA basierten auf denen des CV ARGON, trugen aber nur noch empfehlenden Charakter. Das Bedienteil des Geräts T-310/50 wurde für einen Anschluss eines Personalcomputers in drei Varianten mit einer V.24-Schnittstelle umgerüstet. Die Übertragung erfolgte weiterhin über Fernschreibleitungen.

Der zusätzliche kommerzielle Einsatz des Chiffriergeräts T-310/50 erforderte eine Neubewertung der Sicherheit für das Chiffrierwesen der DDR. Nun musste mit dem gleichen Chiffriergerät und nach den gleichen Prozeduren sowohl im kommerziellen als auch im staatlichen Chiffrierverkehr gearbeitet werden. Die Trennung der Nachrichtenverkehre erfolgte allein durch den Einsatz unterschiedlicher ZS und LZS. Das CV ADRIA eröffnete einem potentiellen Angreifer die Möglichkeit, praktische Erfahrungen mit funktionellen Schwächen des Gerätesystems T-310/50 zu erwerben und ggf. für Angriffe auf das CV ARGON im staatlichen Bereich zu nutzen.

Geheime geräteinterne Schlüssel, die nicht dem normalen regelmäßigen Schlüsselwechsel unterliegen, wurden und werden auch in CV anderer Staaten genutzt. Die Idee der LZS im Chiffriergerät T-310 hat sich gerade unter den 1990 geänderten Sicherheitserfordernissen bewährt.

13.2 Chiffrierverfahren SAGA

Das CV SAGA diente der Verschlüsselung der Kommunikation der elektronischen Fernüberwachungs- und Fernsteueranlage 445 und 450 basierend auf dem Gerätesystem T-310/51. Das Gerätesystem T-310/51 wurde für diesen speziellen Anwendungsbereich durch Umbau der Bedienteile aus den K-Mustern des Geräts T-310/50 abgeleitet (Abschn. 14.1). Es kamen Schlüsselmittel des Typs 758 zur Anwendung (Abschn. 14.3). Die Geräte verwendeten einen eigenen LZS, den LZS-31. Das CV SAGA war für Informationen bis zum Geheimhaltungsgrad GVS zugelassen.

Die Volksmarine der DDR setzte das CV SAGA im Führungssystem 80/70 für die technische Lage und im Führungssystem 35/65 für die operative Lage ein [30]. Das CV war von 1985 (Truppenerprobung, Gebrauchsanweisung) bis Februar 1989 im Einsatz [30]. Die Bedienhandlungen der Chiffreure beschränkten sich auf die Inbetriebnahme (Einschalten) des Gerätesystems, die Schlüsseleingabe und die prophylaktische Prüfung [101]. Die Chiffrierung erfolgte im Linienbetrieb mit 100 Bd über Standleitungen. Die Herstellung der Chiffrierverbindung, die Eingabe des zu verschlüsselnden Klartextes und der Empfang der entschlüsselten Klartexte erfolgten automatisch durch die peripheren Rechner. Bis auf die Herstellung der Chiffrierverbindung ist die komplette Kommunikation verschlüsselt.

13.3 Analyse der Chiffrierverfahren

Die kryptologische Analyse des CV untersucht und bewertet die Sicherheit der zu schützenden Informationen durch die Anwendung der Chiffriermittel und die Vorschriften unter den angenommenen und tatsächlichen Anwendungsbedingungen und den gegnerischen Angriffen. Die Analyse eines CV basiert auf der Analyse des CA, stellt aber darüber hinaus ein eigenes umfangreiches Untersuchungsgebiet dar. Sie untersucht die durch das CV bestimmte Sicherheit der Nachrichtenverbindungen bzw. des Nachrichtennetzes. Die Sicherheit der Nachrichtenverbindungen wird durch viele Faktoren bestimmt:

- die Schutzbedürftigkeit der Klartexte und der Kommunikationsbeziehungen (Verkehrsanalyse) mit den Aspekten Vertraulichkeit, Integrität und Verfügbarkeit
- die verwendeten CA und Chiffriergeräte
- die Verfahren zur Produktion und Verteilung der Schlüsselmittel, die Regeln zu ihrer Anwendung (Geheimhaltung, Aufbewahrung, Vernichtung, Nachweisführung) bzw. in modernen CV die Protokolle zur Verteilung und Vereinbarung der Schlüssel
- die Anzahl der Teilnehmer im Nachrichtennetz, ihre Kommunikationsbeziehungen und die daraus abgeleiteten Schlüsselbereiche
- die Herstellung der Chiffrierverbindungen, die Synchronisation der Chiffriergeräte und den Chiffrierbetrieb
- die Verfahren zur Wiederherstellung der Sicherheit nach einer Kompromittierung von Schlüsseln, Chiffriergeräten und/oder CA

- die Möglichkeiten der gegnerischen Informationsgewinnung und Einflussnahme auf die Nachrichtenverbindungen bzw. die Chiffrierung.

Das CV ARGON umfasst deshalb alle Mittel und Vorschriften, die die konkrete Art und Weise der Chiffrierung vollständig festlegen (Def. des CV im Abschn. 2.1). Ein Vergleich der verschiedenen CV ARGON und SAGA mit gleichem CA T-310 und weitestgehend gleichen Chiffriergeräten T-310/50 und T-310/51 zeigt den Einfluss der genannten Faktoren auf die Analyse und die erreichte Sicherheit insbesondere der Bediensicherheit (Abschn. 14.4 und 15.2).
Die eigene Entwicklung und Analyse maschineller CV mit internem Schlüssel begann Anfang der siebziger Jahre mit SKS V/1 (Abschn. 1.2). Wir sammelten also erst im Entwicklungsprozess von SKS und T-310 eigene Erfahrungen in der Verfahrensentwicklung und -analyse. Die Unterstützung der sowjetischen Kryptologen bezog sich ausschließlich auf die Algorithmusentwicklung und die mathematisch-kryptologische Analyse. Allerdings besaßen die Kryptologen des ZCO langjährige Erfahrungen in der Entwicklung und der Analyse manueller CV sowie in der Anwendung manueller und maschineller CV. Für unser Team waren Entwicklung und Analyse des CV ARGON deshalb in vieler Hinsicht Neuland. Wir mussten unsere eigene Methodik dafür entwickeln. Dem ZCO und damit uns Entwicklern und Analytikern waren alle im Chiffrierwesen der DDR eingesetzten Chiffriergeräte und CV bekannt. Wir konnten alle dem ZCO verfügbaren Informationen zu CV, gegnerischen Angriffen und Gegenmaßnahmen auswerten. Aus dem Archiv des ZCO nutzten wir Unterlagen zur Geschichte der Scheibenchiffratoren im Wechselspiel der Entwicklung von Kryptographie, Technik und Kryptoanalyse. Wertvoll waren auch die Erstveröffentlichungen zur erfolgreichen Dekryptierung der ENIGMA Mitte der siebziger Jahre. Besonders interessant waren Beiträge zum funkelektronischen Kampf, z. B. in der Zeitschrift *Militärwesen* des Ministeriums für Nationale Verteidigung der DDR. Wir nahmen an den Erprobungen und Einsatzvorbereitungen für Chiffriertechnik teil und nutzten die Ergebnisse für unsere Untersuchungen. Zu bearbeitende Problemfelder und potentielle Schwachstellen gab es genug.

Die CV des staatlichen Chiffrierwesens waren in die allgemeinen Vorschriften des ZCO und der Chiffrierdienste zur Gewährleistung der organisatorischen, personellen und materiellen Sicherheit eingebunden. So konnten wir uns auf die verfahrensspezifischen Aspekte konzentrieren:

1. die technisch-kryptologische Analyse des Chiffriergeräts bzw. der Chiffriergeräte und die sicherheitstechnische Untersuchung der anderen Chiffriermittel, die im CV zum Einsatz kamen
2. die Bedienanalyse der Chiffriermittel und der Gebrauchsanweisung
3. die Analyse der Sicherheit in der vorgesehenen bzw. vorgeschriebenen Einsatzumgebung
4. die Analyse des CV im Nachrichtennetz.

In den folgenden Kapiteln gehen wir auf einige Aspekte der Analyse der CV ein.

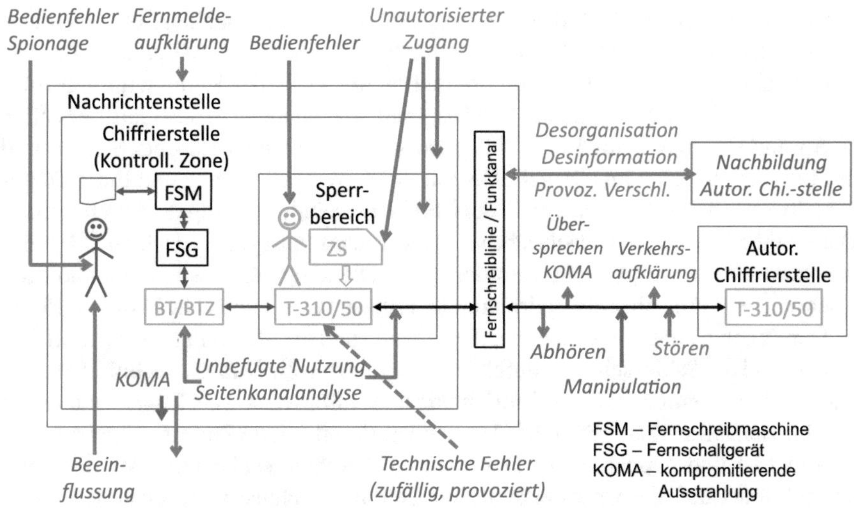

Abb. 13.1 Bedrohungsmodell für das Chiffrierverfahrenn ARGON

13.4 Bedrohungsmodell für das Chiffrierverfahren ARGON

1984 entstand ein *Arbeitsmaterial zu gegnerischen Angriffen,* was für unsere Analysen, aber auch für Schulungen verwendet wurde. Das Arbeitsmaterial versuchte alle Sicherheitsaspekte der CV abzudecken und zu systematisieren, von der klassischen Dekryptierung bis zur Verkehrsanalyse, von passiver Kanalbeobachtung bis zur aktiven Aufklärung, Täuschen und Stören, von zufälligen Bedienfehlern bis zum Innentäter. In diesem Abschnitt beschreiben wir dieses Bedrohungsmodell, die dadurch identifizierten potentiellen Schwachstellen und verweisen auf die Untersuchungen in den folgenden Abschnitten. Die Abb. 13.1 gibt einen Überblick über die betrachteten Bedrohungen.

Der erste Schritt der Bedrohungsanalyse ist die Bestimmung der zu schützenden Werte. Im Fall des CV ARGON ist dies die Vertraulichkeit der Information der übermittelten Fernschreiben. Das CV ARGON musste die Geheimhaltung übertragener Informationen nicht eingestufter Nachrichten bis zur Stufe Geheime Verschlusssache über ungeschützte Nachrichtenkanäle gewährleisten. Die Geheimhaltung betraf in erster Linie natürlich den Klartext der Fernschreiben und – wenn auch in geringerem Maße – die im Zusammenhang mit der Übermittlung stehenden Informationen wie Absender, Empfänger, Dringlichkeit usw. Die Vertraulichkeit des Klartextes geht auf die Vertraulichkeit des Dechiffrierschlüssels über. Die Authentizität des Klartextes geht auf die Vertraulichkeit des Chiffrierschlüssels und die Authentizität des Dechiffrierschlüssels über[2]. Bei symmetrischen CA wie dem CA T-310 sind alle

[2]Bei asymmetrischen CA geht die Authentizität auf die Vertraulichkeit des privaten Signierschlüssels und die Authentizität des öffentlichen Prüfschlüssels über.

Chiffrierschlüssel und Dechiffrierschlüssel innerhalb des Zeitschlüsselbereichs eines LZS-Schlüsselbereichs gleich. Die Vertraulichkeit der Schlüssel ist durch das Schlüsselmanagement der Schlüsselmittelproduktion des ZCO, der Schlüsselmittelverteilung der Chiffrierdienste und der Schlüsselmittelhandhabung in den Chiffrierstellen zu gewährleisten (Abschn. 14.3). Eine gegenseitige Authentisierung des Senders und des Empfängers kann im CV ARGON nur durch Verschlüsselung und Entschlüsselung überprüfbarer Daten innerhalb der Chiffrierverbindung erfolgen (Abschn. 15.2). Die Authentisierung der Nachricht wäre zwar auch mit symmetrischem CA möglich gewesen, war aber nicht gefordert [88]. Die zielgerichtete Manipulation der Nachrichten wurde aber als Bedrohung identifiziert und untersucht (Abschn. 15.4).

Der Zugang, die Kenntnisnahme, die Nutzung und die Manipulation der Chiffriertechnik und der Schlüsselmittel durch Unbefugte sowie die Nutzung technischer Aufklärungsmittel wurde durch die Einrichtung und Durchsetzung der Zugangskontrolle zu Chiffrierstellen grundsätzlich [6] verhindert (kontrollierte Zone und Sperrbereich in Abb. 13.1 und Abschn. 15.1). Der Schutz vor Kenntnisnahme und Manipulation der Schlüssel und der Chiffriergeräte wurde durch technische Maßnahmen unterstützt (Abschn. 14.3 und 14.5.1).

Die Verschlüsselung erfolgte in der Darstellungsschicht des OSI Standards ISO/IEC 7498-1:1984 (vgl. [43]) und bezog sich folglich nur auf den am Fernschreibgerät bzw. Lochstreifensender eingegebenen Text. Das Chiffriergerät T-310/50 wurde zwischen Fernschaltgerät und Fernschreiblinie geschaltet (Abb. 13.1). Die Aufnahme der Fernschreibverbindung erfolgte deshalb mit dem Fernschaltgerät durch das Bedienteil und das Grundgerät des Chiffriergeräts T-310 (Abschn. 14.1) hindurch. Nach der Herstellung der Fernschreibverbindung wurden die Namengeber (d. h. Telex-Nummer, Rufnamen oder Tarnname/Tarnzahl) der Fernschreibmaschinen des Senders und des Empfängers im Klartext ausgetauscht und die Aufnahme der Chiffrierverbindung angekündigt. Dadurch konnten die absendende und empfangende Chiffrierstelle für die Verkehrsaufklärung identifiziert werden (Abschn. 15.3). Nach der Herstellung der Chiffrierverbindung konnte die gesamte Kommunikation in beiden Richtungen ohne Neusynchronisation verschlüsselt bzw. entschlüsselt werden. Diese für die Überprüfung der Chiffrierverbindung geschaffene technische Möglichkeit wurde auch dafür genutzt, dass die angewählte Chiffrierstelle eigene Nachrichten an die Chiffrierstelle, die die Chiffrierverbindung aufgebaut hat, ohne Neusynchronisation senden konnte. Die Verschlüsselung eigener Nachrichten ohne selbst gewählten IV wurde als potentielle Schwachstelle identifiziert und untersucht (Abschn. 15.2 und 15.5).

Das Abhören des Nachrichtenkanals (Abb. 13.1) und damit die Kenntnis der Nachricht bestehend aus dem IV und dem Geheimtext wird für alle Angriffe vorausgesetzt. Die Angriffe können sich auf einen Klartext oder auf den verwendeten Schlüssel richten (Abschn. 12.5). Der Schlüssel hat für den Angreifer den Wert aller damit verschlüsselten Klartexte. Im Fall des CV ARGON werden LZS und ZS zum Entschlüsseln einer Nachricht benötigt. Deshalb wurde die Möglichkeit zur Trennung der Kenntnis von Klartext, ZS und LZS sowie der Funktionen des Verschlüsselns/Entschlüsselns und des Schlüsselmanagements in den TTF [88] gefordert und war durch das CV zu gewährleisten. Der Bediener der Fernschreibtechnik und des

Bedienteils (in der Abb. 13.1 in der kontrollierten Zone rot gezeichnet, Abschn. 15.1) sollte nur die durch ihn bearbeiteten Klartexte kompromittieren können (Abschn. 15.5.2). Die Gebrauchsanweisungen für den Bediener [96,97] müssen einen sicheren Betrieb ermöglichen, gegenüber Bedienfehlern robuste Abläufe vorschreiben und Fehlverhalten als Verstöße klar erkennbar machen (Abschn. 15.5.2). Den Chiffreuren im Sperrbereich (in Abb. 13.1 grün gezeichnet) oblag als wichtigste Funktion die ZS-Eingabe [99]. Sie könnten den ZS und damit alle im ZS-Bereich bearbeiteten Klartexte kompromittieren (Kenntnis des LZS durch den Angreifer vorausgesetzt). Das Instandhaltungspersonal könnte durch Kompromittierung des LZS oder Manipulation der Chiffriertechnik Angriffe auf das CV ermöglichen oder unterstützen. Sie sollten deshalb keine Klartexte und keine ZS kennen. Die potentiellen Bedrohungen durch Chiffreure und das Instandhaltungspersonal konnten nur durch personelle und organisatorische Sicherheitsmaßnahmen abgewehrt werden.

Ein Angreifer nutzt alle Information, die mit der Nachrichtenübermittlung im Zusammenhang stehen, um Angriffe auf den Klartext oder den Schlüssel zu unterstützen. Die Verkehrsaufklärung kann durch den Zeitpunkt, den Absender und den Empfänger sowie der Länge der Nachrichten das Erraten wahrscheinlicher Klartexte unterstützen oder auf Aktivitäten im Zusammenhang mit den Klartexten hinweisen (Abb. 13.1, Abschn. 15.3). Eine weitere Informationsquelle kann das Nachrichtensignal bilden. Das *Nachrichtensignal* geht als zeitlich veränderliche physikalische Größe auf dem Nachrichtenkanal über den Geheimtext als pure Zeichenfolge hinaus. Das Nachrichtensignal kann Informationen unmittelbar über den Klartext enthalten (Übersprechen) oder interne Signale der Chiffriertechnik (Seitenkanal) wie den Schlüssel enthalten. *Seitenkanäle* sind Signale, die unbeabsichtigt Informationen über die Klartexte, die Schlüssel oder interne Prozesse des Chiffriergeräts tragen. Geheimzuhaltende Informationen über die Nachricht, den Schlüssel oder die Chiffriertechnik können auch in der Raumausstrahlung der Chiffrier- und Nachrichtentechnik enthalten sein. Wir fassten diese Quellen unter dem Begriff *kompromittierende Ausstrahlung* zusammen (Abschn. 14.6). Die Analyse der Chiffrier- und Nachrichtentechnik muss ebenso *verdeckte Kanäle,* d. h. den bewussten, aber getarnten Abfluss geheimer Information, ausschließen.

Bedrohungen der Sicherheit können sowohl bei Einhaltung des CV, aber insbesondere bei Abweichungen von den vorgeschriebenen und als sicher erachteten Prozeduren sowie bei Fehlern entstehen. Neben den bereits erwähnten Bedienfehlern können technische Fehler in der Chiffriertechnik auftreten. Diese müssen erkannt und ihre kryptologisch negativen Auswirkungen begrenzt werden (Abschn. 14.5.2). Bedienfehler und technische Fehler können zufällig auftreten, aber auch durch einen Angreifer provoziert werden. Insbesondere Störungen und Manipulationen des Nachrichtenverkehrs können zu solchen Fehler führen. Wenn Chiffrierverbindungen zielgerichtet gestört werden, ist der Übergang zum Klartextbetrieb durch das Bedienpersonal eine scheinbar nahe liegende, aber falsche Lösung des hervorgerufenen Problems. Effektiver für den Angreifer, wenn auch schwieriger zu bewerkstelligen, ist die Desorganisation und Desinformation durch die Nachbildung autorisierter Chifferstellen. Ein kompromittierter ZS kann sowohl zum Entschlüsseln von originalen

Geheimtexten, aber auch zum Verschlüsseln eigener Nachrichten genutzt werden (Abschn. 15.4).

Die Erarbeitung eines Bedrohungsmodells und der Bedrohunsanalyse sind wichtiger Voraussetzungen für die Sicherheitsanalyse eines Chiffrierverfahrens.

14 Chiffriergeräte und Schlüsselmittel

Inhaltsverzeichnis

Die Chiffriergeräte T-310/50 und T-310/51 bildeten zusammen mit den Schlüsselmitteln der Typen 796 und 758 die technische Grundlage der CV ARGON, SAGA und ADRIA. Wir beschreiben die Entwicklung sowie die Produktion der Chiffriermittel in den Abschn. 14.1, 14.2 und 14.3.

Die kryptologisch-technische Analyse begleitete den gesamten Entwicklungsprozess der Chiffriergeräte und der Schlüsselmittel bis hin zum Einsatz in den Chiffrierstellen. Die Mitarbeiter des ZCO nutzten dafür die technische Dokumentation des Entwicklungsprozesses, eine umfangreiche technische Dokumentation des fertigen Chiffriergeräts T-310/50 (7 Bände Beschreibung, 5 Bände Prüfvorschriften) sowie die Erprobungen der A-Muster, K-Muster sowie weniger Seriengeräte. Sie bildeten den Ausgangspunkt für das Verständnis der Chiffriergeräte T-310/50 und die im Folgenden beschriebenen eigenen Untersuchungen. Die kryptologisch-technischen Untersuchungen zielten auf den Nachweis der Korrektheit der Chiffriermittel entsprechend den Vorgaben, die sich im Wesentlichen aus den Pflichtenheften ergaben. Sie erforderte ebenso die Identifikation, die Untersuchung und die Bewertung potentieller Schwachstellen der Chiffriermittel. Sie schloss auch die Analyse verdeckter Kanäle ein.

Im Abschn. 14.4 widmen wir uns der Entwicklung und der Analyse von Zufallsgeneratoren. Zufallsgeneratoren stellen durch die zufällige Erzeugung der IV eine wichtige Voraussetzung des CA T-310 technisch sicher. Die technischen Vorkehrungen zum Schutz der Chiffrierung vor technischen Fehlern (Prüf- und Blockiersys-

W. Killmann und W. Stephan, *Das DDR-Chiffriergerät T-310*,
https://doi.org/10.1007/978-3-662-67584-7_14

tem, PBS) und Manipulation der Chiffriergeräte beschreiben wir im Abschn. 14.5. Abschließend gehen wir im Abschn. 14.6 kurz auf die Analyse der kompromittierenden Ausstrahlung der Chiffrier- und Nachrichtentechnik ein.

14.1 Chiffriergeräte T-310/50 und T-310/51

Unter *Chiffriermittel* verstanden wir alle Mittel, die zur Anwendung eines CV benötigt werden und die den Ablauf der Prozesse des CV bestimmen. Dazu gehörten die Chiffriertechnik, die Schlüsselmittel sowie die Vorschriften zur Anwendung des CV, wie die Gebrauchsanweisung [99] und die Installationsvorschrift [103].

Das Chiffriergerät T-310/50 besteht aus dem Bedienteil, dem Grundgerät und der Stromversorgung (in Abb. 14.1 von oben nach unten angeordnet).

Optional konnte ein weiteres Bedienteil (Zusatzbedienteil) für einen zweiten Fernschreibarbeitsplatz zwischen Bedienteil und Grundgerät geschaltet werden. In der Aufbauvariante diente ein optionaler Kodeumsetzer der Kodierung und Dekodierung der Geheimtexte in Zahlenfolgen. Die Kodeumsetzung hatte keinen Einfluss auf die kryptologische Sicherheit des Chiffriergeräts T-310/50. Das Chiffriergerät T-310/50 wurde für die CV ARGON und ADRIA (Abschn. 13.1) genutzt. Die K5/0-Funktionsmuster[1] des Gerätesystems T-310/50 wurden durch Modifikation des Bedienteils für das CV SAGA (Abschn. 13.2) zu dem Gerätesystem T-310/51 umgebaut. Die folgende Beschreibung gilt für beide Gerätevarianten, auf die wenigen Unterschiede wird gesondert hingewiesen (Abschn. 14.4).

Das Bedienteil wurde zwischen Fernschaltgerät und Grundgerät installiert (Abb. 14.2).

Das Bedienteil ermöglichte die Auswahl zwischen Linienbetrieb ohne Chiffrierung (Taste LIN) und Lokalbetrieb ohne Chiffrierung (Taste LOK), den Übergang in den lokalen Chiffrierbetrieb (Vorchiffrieren) oder (online) Direktchiffrierbetrieb (Taste C) sowie die Sperre des Übergangs in den Chiffrierbetrieb (Taste SP). Die Taste LÖ diente dem Löschen von Fehlermeldungen (außer ZS-Fehlern, Abschn. 14.5.2) mit dem Übergang in den Lokalbetrieb. Die Taste GG-AUS löste eine Notlöschung des ZS aus und schaltete das Grundgerät ab. Sie wurde deshalb durch eine Schutzkappe gegen versehentliches Auslösen geschützt. Die Anzeigen signalisierten den Zustand des Grundgeräts: Linienbetrieb (Anzeige LIN), Lokalbetrieb (Anzeige LOK), Chiffrierbetrieb (Anzeige C), Sperre des Übergangs in den Chiffrierbetrieb (Anzeige SP), Blockierung (Anzeige BL), Anruf einer Gegenstelle (Anzeige AN) und Gegenschreiben (Anzeige GEG) [2].

Im Lokalbetrieb wurden durch das Chiffriergerät Fernschreibzeichen vom Fernschreibgerät (Tastatur und Lochstreifensender) empfangen und über das Fernschreibgerät an den Lochstreifenempfänger ausgegeben. Im Linienbetrieb wurden Fern-

[1] Die Stufe K5 stand für die Erprobung der konstruktiven Lösung und den Nachweis der Reproduzierbarkeit der Funktion und die Stufe K5/0 für die Freigabe zur Produktion auf der Grundlage der Funktionsmuster-Kleinserienfertigung [55].

[2] Eine vollständige Beschreibung des Bedienteils befindet sich in [99, Kap. 2.1.4].

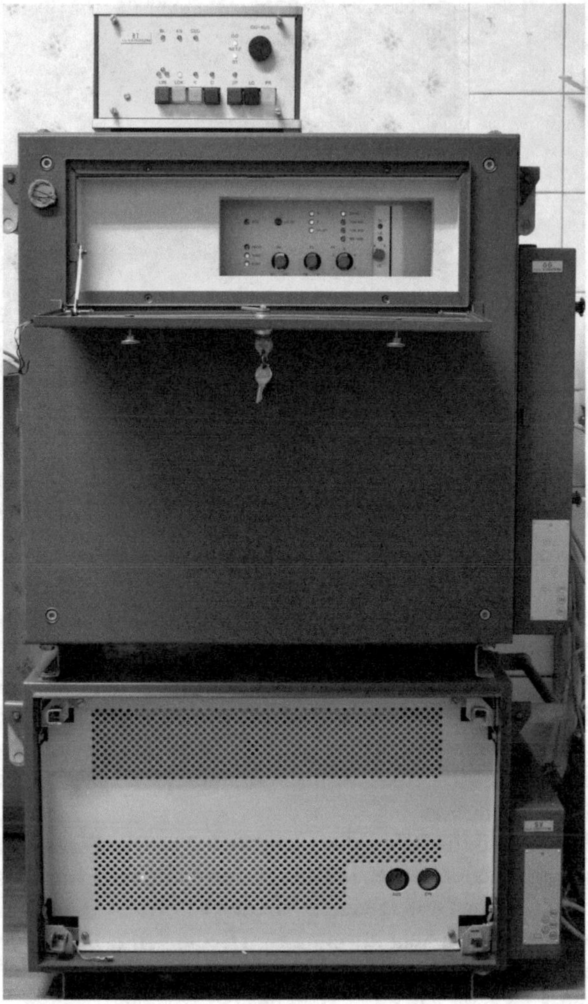

Abb. 14.1 T-310/50 bestehend aus Bedienteil, Grundgerät und Stromversorgungseinheit (Harnekop NVA Museum)

schreibzeichen vom Fernschreibgerät empfangen und an die Fernschreiblinie ausgegeben bzw. von der Fernschreiblinie empfangen und an das Fernschreibgerät ausgegeben. Das Betätigen der Taste C initiierte den Übergang des Grundgeräts in die Chiffrierlage mit der Ausgabe der Steuerfolgen und der Synchronfolge. Der Übergang in die Dechiffrierlage erfolgte in den Betriebsarten ohne Chiffrierung und ohne Sperre bei Erkennen der Steuerfolge „bbbb" und im Chiffrierbetrieb durch Wechsel der Empfangsrichtung. Das Chiffriergerät ermöglichte im Fall der Direktchiffrierung einen Halbduplexbetrieb, d. h. einen wechselseitigen verschlüsselten Dialog ohne Neusynchronisation. Bei Teildirektchiffrierung arbeitete nur eine Stelle im Chiffrierbetrieb und die andere ohne Chiffrierung (d. h. sie empfing oder sendete

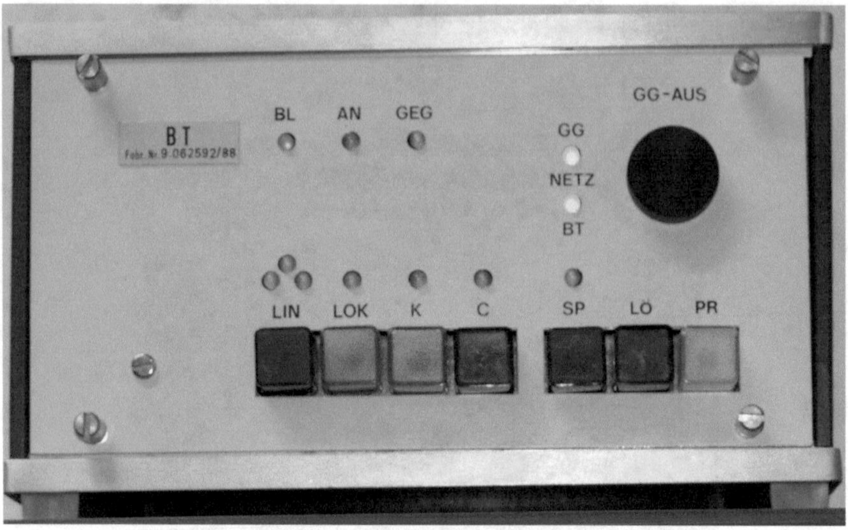

Abb. 14.2 Bedienteil des Chiffriergeräts T-310/50 (Harnekop NVA Museum)

Geheimtext). Die Abläufe werden im Zusammenhang mit der Bedienanalyse im Abschn. 15.2 detaillierter beschrieben.

Der Umbau des Chiffriergeräts T-310/50 zu T-310/51 betraf vor allem das Bedienteil in zwei Varianten BTZ-M(Ü) und BTZ-M(B). Der Chiffrierbetrieb erfolgte nur im Linienbetrieb und wurde durch die elektronischen Fernüberwachungs- und Fernsteueranlagen 445 und 450 (Mikrorechnersysteme K1520) gesteuert. Die Tasten C und LOK waren wirkungslos.

Das Grundgerät wurde zwischen den Bedienteilen und der Fernschreiblinie installiert. So war ein abgesetzter Betrieb in einer Absetzentfernung von bis zu 100 m vom Grundgerät möglich. Das Grundgerät enthält den Chiffrator, die Zentraleinheit und die Anschalteinheit mit den Schnittstellen zum Bedienteil und zur Fernschreiblinie. Der optionale Kodeumsetzer war, wenn installiert, ebenfalls Bestandteil des Grundgeräts. Das Abb. 14.3 zeigt das Bedienfeld des Grundgeräts.

Die Bedienklappe des Grundgerätes ist während des Normalbetriebs verschlossen und petschiert. Sie wird nur für die Bedienhandlungen des Chiffreurs geöffnet. Die Bedienhandlungen am Grundgerät umfassen die Schlüsseleingabe, die prophylaktische Prüfung, die Funktionskontrolle der Anschalteinheit (Schalter FK), die Einstellung der Übertragungsgeschwindigkeit (Schalter Bd) und die Wahl der Teilnehmerschaltung (Wählnetz bzw. handvermitteltes Netz, Standleitung, Schalter TS). Die Abb. 14.3 des Bedienfelds des Grundgeräts zeigt links oben den Bedienknopf Taste LÖGG und die Anzeige PRCH der prophylaktischen Prüfung, die Anzeige der Blockierung TOR1 und TOR2 und rechts die Lochkarteneingabebau-

Abb. 14.3 Bedienfeld für die Schlüsseleingabe und prophylaktische Prüfung (Harnekop NVA Museum)

gruppe. Der optoelektronische Eingabebaustein UWP[3] der Eingabeeinheit wurde bereits im Gerät SKS V/1 verwendet.

Das Gerät T-310/51 arbeitete nur im Standleitungsbetrieb mit 100 Bd, deshalb sind die in Abb. 14.3 gezeigten Bedienelemente Bd, TS und FK wirkungslos.

Das Stromversorgungsgerät wurde dem Umfang der TTL[4]-Schaltkreise des Grundgeräts entsprechend dimensioniert und verbrauchte bis zu 200 VA (mit Kodeumsetzer bis zu 215 VA). Bei Betrieb wurde die Frontplatte der Stromversorgung abgenommen, um den Wärmeaustausch zu gewährleisten.

Die Abb. 14.4 zeigt das geöffnete Grundgerät mit dem Prüfrechner PR-310. Die Frontplatte des Bedienfeldes wurde für den Anschluss des Prüfrechners entfernt. Im Grundgerät oben links sind die Karteneinschübe (KES) des Chiffrators, das Bedienfeld mit Karteneingabe und rechts die Anschalteinheit zu sehen. Die Anschalteinheit stellte die peripherieseitige Schnittstelle zum Bedienteil und über das Bedienteil zur Fernschreibtechnik und die linienseitige Schnittstelle zum Fernschreibkanal her. Im Lokalbetrieb bildete sie einen Netzabschluss zum Fernschaltgerät und einen Peripherieabschluss zum Fernscheibkanal.

Im lokalen Chiffrierbetrieb wurde der Netzabschluss über den Chiffrator geleitet. Im Linienbetrieb verband die Anschalteinheit die lokale Fernschreibtechnik mit der Fernschreiblinie. Im Linienbetrieb ohne Chiffrierung werden Fernschaltgerät und Fernschreiblinie direkt und im Linienbetrieb mit Chiffrierung über den zwischengeschalteten Chiffrator verbunden. Im unteren Teil sind rechts zwei Einschübe des Prüfrechners gesteckt und über die Kabel mit dem Grundgerät des Prüfrechners verbunden. Daneben befinden sich die KES der Zentraleinheit, die den gesamten Datenverkehr zwischen Fernschaltgerät, Bedienteil, Chiffrator und Fernschreiblinie steuerte. Die leeren Steckplätze sollten ggf. notwendige Geräteerweiterungen als kryptologische Reserve aufnehmen können. Auf halber Höhe der linken und rechten

[3]Die Abkürzung steht für die russische Bezeichnung für ein Lochkarteneingabegerät „ustrojstvo vvoda s perfokart“ (in Transkription abgekürzt UWP).

[4]TTL = Transistor-Transistor-Logik.

Abb. 14.4 Prüfrechner PR-310/2 (oben) und Grundgerät (Harnekop NVA Museum)

Seitenwand sind innen Kontakte des Kontroll- und Sicherungssystems zu sehen, die beim Öffnen der Frontplatte die Stromversorgung abschalten und den ZS löschen (Abschn. 14.5.1). Weitere Informationen zum Gerätesystem sind im Anhang D zu finden.

Der Prüfrechner PR-310 diente der Funktionskontrolle bei der Instandsetzung. Er selbst verfügte über zwei Steckplätze, die die Schnittstellenadapter für den Selbsttest aufnahmen (im Abb. 14.4 unten links). Die Bedienung des Prüfrechners erfolgte über Tastatur und Bildschirm des K1510 oder über den Fernschreiber.

14.2 Chiffrator und Langzeitschlüssel

Der LZS des CA T-310 wurde auf LZS-Leiterkarten realisiert, die auf die KES der KE gesteckt wurden. Die LZS-Leiterkarten wurden unter direkter Kontrolle des ZCO produziert. Die Abb. 14.5 zeigt einen mit LZS-Leiterkarte bestückten KES.

Die Überwachung der Korrektheit der Funktion verlangte eine Duplierung der KE (Abschn. 14.5.2). Die technischen Rahmenbedingungen begrenzten die Implementierung der zwei einander duplizierenden KE auf drei KES mit je einer LZS-Leiterkarte. Die Abb. 14.6 zeigt das Prinzip der Implementierung einer KE. Die Baugruppen eines KES sind in den gestrichelten Rechtecken dargestellt.

Die drei KES der KE besaßen die gleiche Topologie. Jeder KES konnte sechs 4Bit-Speicher, drei Implementierungen der Z-Funktion und eine LZS-Leiterkarte tragen. Nur zwei KES wurden voll genutzt. Auf dem KES, der Teile beider KE enthielt, wurden alle sechs 4Bit-Speicher, aber nur zwei von drei Z-Funktionen genutzt. Die Ausgänge der 4Bit-Speicher des U-Registers wurden über die LZS-Leiterkarten und die Rückverdrahtung mit den Eingängen der Z-Funktionen auf demselben oder einem anderen KES verbunden. Es bestanden auch Verbindungen zwischen den LZS-Leiterkarten über die Rückverdrahtung. Dies schränkte die LZS, die in der Klasse ALPHA möglichen waren, für das Gerät T-310 auf die technisch zulässigen LZS ein, wie sie bereits im Abschn. 4.4.1 beschrieben wurden. In den Gleichungen im Abschn. 4.4.1 entspricht die Menge $W = \{5, 9, 21, 25, 29, 33\}$ den Ausgängen des

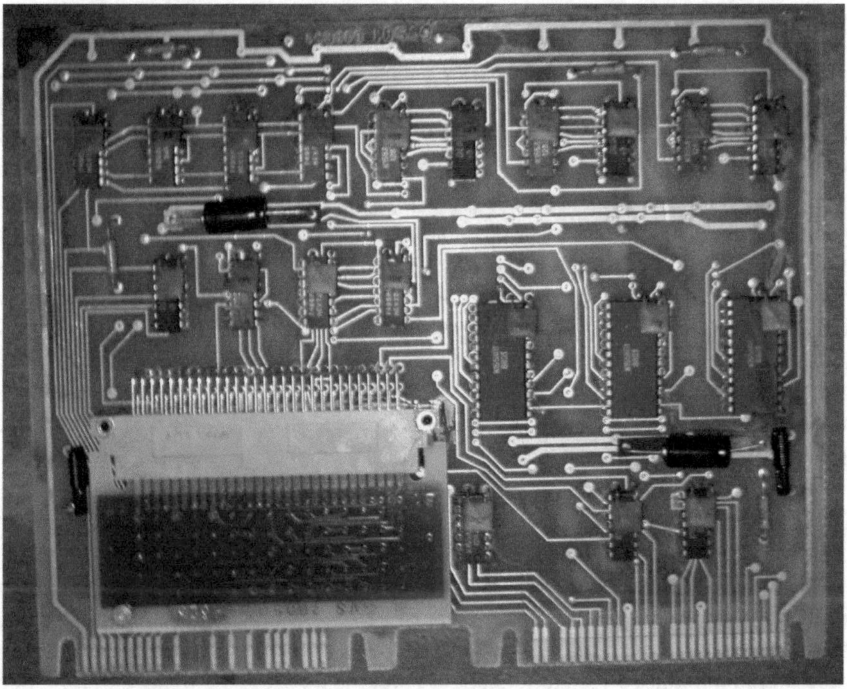

Abb. 14.5 Chiffrator-KES mit LZS-Platine [30]

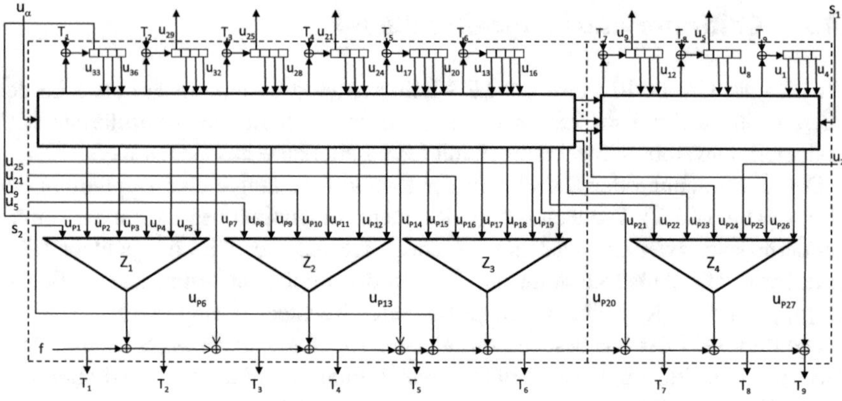

Abb. 14.6 Implementierung einer Komplizierungseinheit auf zwei Karteneinschüben

U-Registers, die auf dem KES nach außen an die Rückverdrahtung geführt wurden. Die Menge $P' = \{P3, P7, P9, P15, P18, P24\}$ entspricht den Eingängen der Z-Funktionen, die nicht mit der LZS-Leiterkarte, sondern mit der Rückverdrahtung verbunden waren. Die Bedingungen (2) und (3) in (4.39) ergaben sich aus der Leiterkartentopologie und der Verbindung zum PBS, das die Ausgänge beider KE mit einander verglich (Abschn. 14.5.2). Die Bedingung (4) in (4.39) entsprach den verfügbaren Verbindungen zwischen den KES einer KE.

Eine Änderung der Zuordnung zwischen den Mengen W und P' in der Bedingung (1) in (4.39) hätte eine Änderung der Rückverdrahtung erfordert. Die Änderungen der Bedingungen (2), (3) und (4) wären dagegen nur mit geänderten KES realisierbar gewesen. Die technischen Einschränkungen der LZS, wie im Abschn. 4.4.1 dargestellt, waren folglich wesentlich für die technische Umsetzung in den Geräten T-310/50 und T-310/51. Alle Tripel (P, D, α), die diese Einschränkungen nicht erfüllten, sind nur von theoretischem Interesse. Wir erwarteten, dass diese Festlegungen noch ausreichend viele Permutationen P und D in den LZS-Klassen KT1 und KT2 zuließen. Aber erst die erfolgreiche Erzeugung von LZS, die alle kryptologischen und technisch bedingten Anforderungen erfüllten, zeigte, dass diese Einschränkungen zulässig waren und sie die kryptologische Sicherheit nicht beeinträchtigten.

14.3 Schlüsselmittel

Die CV ARGON, SAGA und ADRIA verwendeten für den ZS die Schlüsselmittel der Typen 796 und 758. Diese Schlüsselmittel wurden durch das ZCO produziert. Sie wurden an die Chiffrierorgane zur Verteilung an die Chiffrierstellen der jeweiligen Schlüsselbereiche ausgeliefert. Das Direkt-, Teildirekt- und Vorchiffrieren erfolgte mit den gleichen ZS-Mitteln. Eine Schlüsselserie bestand aus inhaltsgleichen, eingeschweißten Schlüssellochkartenheften. Zwei identische Exemplare waren für den individuellen Verkehr vorgesehen. Für den allgemeinen Verkehr war die Auflage auf

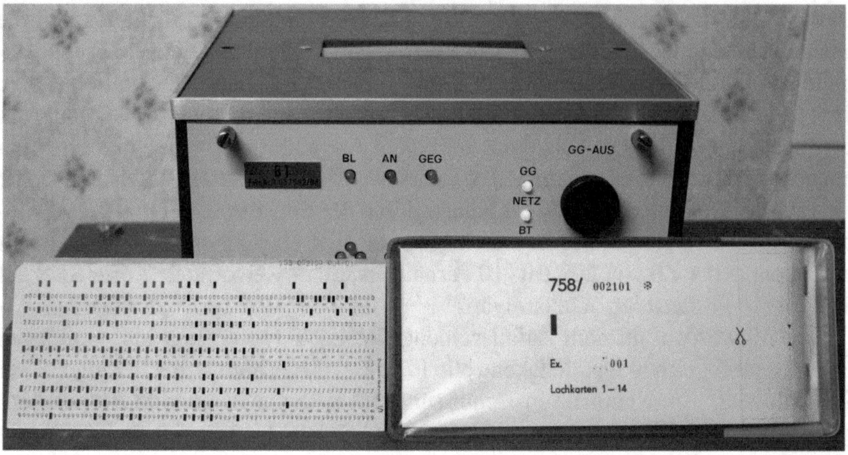

Abb. 14.7 Lochkarte und Schlüssellochkartenheft des Schlüsselmittels Typ 758 (Harnekop NVA Museum)

bis zu 150 identischen Exemplaren begrenzt, weil für den allgemeinen Verkehr aus operativen Gründen nur maximal 150 Teilnehmer erlaubt waren.

Ein Schlüssellochkartenheft enthielt (Abb. 14.7 und 14.8)

- ein Heftumschlagblatt mit der Typnummer des Schlüsselmittels 796 oder 758, die Verkehrsart „I“ für individuellen und „A“ für allgemeinen Verkehr, Seriennummer, Exemplarnummer und Angaben zu den Lochkartennummern (von – bis)
- eine Nachweistabelle auf der Rückseite des Heftumschlagblatts
- eine Tabelle mit Kenngruppen aus Buchstabenfünfergruppen für jeden ZS
- fünf Schlüssellochkarten im Fall Typ 796 und 14 Schlüssellochkarten im Fall Typ 758, jede in einem separaten Kuvert.

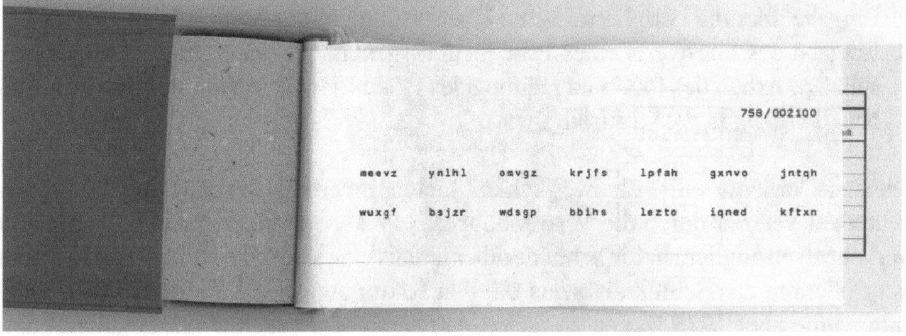

Abb. 14.8 Kenngruppen und Nachweistabelle im Schlüssellochkartenheft (Harnekop NVA Museum)

In der Nachweistabelle musste das Öffnen des Schlüssellochkartenheftes und die Erstentnahme jeder Schlüssellochkarte dokumentiert werden. Die Kenngruppentabelle wurde für die Vereinbarung der zu verwendenden Schlüssellochkarte genutzt. Jede Entnahme der Schlüssellochkarte und deren Vernichtung (frühestens sechs Stunden, spätestens 48 h nach Ablauf der Gültigkeit des Schlüssels) wurde in einem seriengebundenen Nachweisdokument verzeichnet. Der Aufbau der Lochkarte ergab sich aus der Definition des ZS, der Konstruktion der Eingabeeinheit und den technischen Anforderungen des PBS. Durch Nutzung aller elf Spuren der Schlüssellochkarte konnte der ZS von 208 Bit (10 Paritätsbits, Schlüsselvorrat 2^{198}) für SKS auf 240 Bit (10 Paritätsbits, Schlüsselvorrat 2^{230}) für T-310-CA verlängert werden.

Die ZS wurden mit dem Zufallszahlengenerator T-113 erzeugt und unterlagen einer kryptologischen Qualitätskontrolle [93]. Der Algorithmus zur Erzeugung der ZS schloss die von-Neumann-Prozedur zur Erzeugung gleichverteilter Bits aus Folgen unabhängiger Bits, statistische Tests der ZG und die Bildung der Paritätsbits ein [93].

14.4 Zufallsgeneratoren

Wir gehen in diesem Abschnitt näher auf die Zufallsgeneratoren (ZG) der Geräte T-310/50 und T-310/51 ein, da hier die Wechselwirkung zwischen der Entwicklung und der Analyse besonders anschaulich wird. Für CA der Klasse ALPHA waren für die Verschlüsselung verschiedener Klartexte mit gleichem ZS ($S1$, $S2$) paarweise verschiedene IV F zu verwenden. Alle vom Nullvektor verschiedenen IV waren kryptologisch gleichwertig und technisch zulässig.

Für die Erzeugung der Startwerte der Synchronisationseinheit wurden zu Beginn der Entwicklung für die Geräte T-310 zwei grundsätzliche Möglichkeiten erwogen: (a) die externe Eingabe oder (b) die interne zufällige Erzeugung. In den Vorgaben für das Gerät T-310 von 1975 wurden für die externe Eingabe der IV zwei Varianten gefordert:

1. Eingabe über die Peripherie, keine Übermittlung in der Nachricht
2. Eingabe des Startwerts eines Pseudozufallsgenerators (PZG) mittels Lochkarte, ständige Arbeit des PZG und Bildung des IV aus dem aktuellen Zustand des PZG bei Übergang in die Chiffrierlage.

Die erste Variante sollte die Möglichkeit bieten, innerhalb der ZS-Bereiche für allgemeinen Verkehr durch die Verwendung des IV als Spruchschlüssel individuellen Verkehr zu ermöglichen. Sie schuf darüber hinaus eine kryptologische Reserve durch Vergrößerung des Schlüsselvorrats um den Faktor $\mathcal{M}_{61} \approx 2{,}3 \cdot 10^{18}$. Diese Variante wurde aber 1978 wegen zu hohen Aufwands an Spruchschlüsselmaterial und des hohen technischen Aufwands im Gerät T-310 verworfen. Der PZG der zweiten Variante war ein lineares Schieberegister, das baugleich zum linearen Schieberegister SRF zur Erzeugung der Folge $(f_i)_{i=1,2,\ldots}$ war. Für die K-Entwicklung wurde die zweite Variante durch Wegfall der Lochkarteneingabe modifiziert und ging in die Entwicklung eines internen System-ZG ein. Die Seriengeräte T-310/50 wurden zusätzlich zum System-ZG mit einem physikalischen ZG ausgerüstet. Die bis einschließlich 1983 gefertigten Geräte wurden nachgerüstet und die ab 1984 produzierten Geräte erhielten den physikalischen ZG direkt in der Produktion. Der CA des Geräts T-310/51 entsprach dem des Geräts T-310/50. Im Gerät T-310/51 wurden die IV im Unterschied zu den Seriengeräten T-310/50 nur durch den System-ZG erzeugt.

Beide Varianten, System-ZG und physikalischer ZG, werden in den Abschn. 14.4.1 und 14.4.2 näher beschrieben und analysiert. Für beide ist das im Abschn. 14.4.3 beschriebene stochastische Modell anwendbar.

14.4.1 Systemzufallsgenerator

Der System-ZG verarbeitete folgende externe zufällige Signale für die Bildung der Eingabefolge des PZG:

1. Das Abtastsignal der Taktspur der Lochkarte während der ZS-Eingabe erzeugte einen Abschnitt der Eingabefolge. Die Taktspur enthielt 24 Lochungen und wurde mit 76,8 kHz abgetastet. Die Eingabefolge ist gleich 1, wenn eine Lochung erkannt wird, sonst gleich 0. Die Eingabefolge hängt vom Zeitpunkt und der Geschwindigkeit des Herausziehens der Lochkarte ab.
2. Der Zeitpunkt und die Dauer des 3. Prüfschritts der prophylaktischen Prüfung (Abschn. 14.5.2) wurde abhängig von der eingestellten Übertragungsgeschwindigkeit 50 Bd bzw. 100 Bd mit dem Takt 50 Hz bzw. 100 Hz abgetastet und in die Eingabefolge eingefügt.
3. Die als Fernschreibzeichen erkannten Signale wurden sowohl im Lokalbetrieb als auch im Linienbetrieb ohne Chiffrierung (einschließlich intern gebildeter Paritätsbits) als Eingabefolge genutzt. Bei einer Übertragungsgeschwindigkeit von 50 Bd wurde der Zeitpunkt im Zeitraster von 0,625 ms und der Zeicheninhalt im Zeitraster von 20 ms erfasst (bzw. 0,3125 ms und 10 ms bei 100 Bd Übertragungsgeschwindigkeit).

In unserer Terminologie war der System-ZG ein ZG mit externer Primärquelle [113]. Heute würde man ihn als nicht-physikalischen echten ZG einordnen [47].

Die Analyse des System-ZG konzentrierte sich auf

- die Untersuchung der Wahrscheinlichkeitsverteilung der verwendeten zufälligen Ereignisse und damit der Eingabefolge des PZG
- die Wirksamkeit der Zufallsfolge für die Erzeugung der IV in der Synchronisationseinheit.

Für die erste Zufallsquelle der Taktspur wurde ein Modell mehrdimensionaler Normalverteilung aufgestellt, für die Messung der Zeitintervalle ein Spezialgerät gebaut und Versuchsserien durchgeführt. Zur Vereinfachung des Modells wurden Abhängigkeiten zwischen den Komponenten der Normalverteilung näherungsweise durch lineare Regressionen beschrieben und einige Komponenten unberücksichtigt gelassen. Die Verteilungsparameter der anderen Zufallsquellen konnten nur geschätzt werden. Monte-Carlo-Simulationen zur Wirkung von Fernschreibzeichen auf den System-ZG lieferten unter den angenommenen Anwendungsbedingungen gute Ergebnisse.

Die Bewertung der Zufallsquellen war aus zwei Gründen schwierig:

1. Es konnten keine exakten Aussagen zu den in der Praxis typischen Parametern getroffen, sondern nur vermutet werden.
2. Aus Aufwandsgründen konnte nur eine geringe Menge an Messdaten unter Laborbedingungen gewonnen werden.

Die Anwendung des stochastischen Modells konnte für den System-ZG durch Tests nicht ausreichend erhärtet werden. Wir kamen für die Geräte, die nur mit dem System-ZG arbeiteten, zu folgenden Ergebnissen:

1. Eine ausreichend gleichmäßige Verteilung der IV kann nur unter den vermuteten Bedingungen und Idealisierungen nachgewiesen werden.
2. Die potentielle Möglichkeit der linienseitigen Beeinflussung des System-ZG zum Hervorrufen bzw. zum Begünstigen kryptologisch negativer Effekte (Auftreten gleicher IV) ist gegeben. Ihre praktische Nutzung erfordert spezielle technische Einrichtungen und ist peripherieseitig erkennbar.
3. Eine Zuordnung von T-310-Sprüchen zu Geräten ist i. A. praktisch ausgeschlossen. Nur wenn zwischen der Bildung zweier aufeinanderfolgender IV weder ZS-Eingabe, prophylaktische Prüfung noch Zeicheneingaben (z. B. bei Arbeit mit Mithörsperre) erfolgen, ist ein Nachweis eines Zusammenhangs zwischen den beiden IV praktisch möglich.

Wegen der unzureichenden Nachweise für die Sicherheit wurde 1981 für die Seriengeräte T-310/50 des CV ARGON die Einführung eines physikalischen ZG festgelegt.

Für die Geräte T-310/51 und das CV SAGA wurde die Sicherheit des System-ZG gesondert untersucht und bewertet [100]. Das Gerät T-310/51 verarbeitete zur Erzeugung der Eingabefolge für den ZG nur die Taktspur der ZS-Eingabe und der prophylaktische Prüfung (Punkt 3 oben). Es war kein Lokalbetrieb möglich. Im allgemeinen Fall wurden, außer durch Störungen und gegnerische Beeinflussung, keine Fernschreibzeichen von der Linie empfangen. Die Wahrscheinlichkeit für das Auftreten eines Paares gleicher IV innerhalb der Gültigkeit eines ZS von einer Woche und bei einem zeitlichen Abstand von zehn Minuten zwischen den Neusynchronisationen wurde mit $5{,}58 \cdot 10^{-10}$ bestimmt. Auf der Grundlage dieser Analyse wurde der Einsatz des System-ZG in den Geräten T-310/51 für das CV SAGA zugelassen.

14.4.2 Physikalischer Zufallsgenerator

Der physikalische ZG verwendete das Schrotrauschen der in Sperrrichtung betriebenen Basis-Emitter-Diode eines Transistors. Das entstehende Rauschsignal wurde verstärkt und durch einen Schmitt-Trigger in ein binäres Signal umgeformt. Dieses

Signal wurde fortlaufend $mod2$ aufaddiert, um das 0/1-Verhältnis zu glätten. Die so erzeugte Zufallsfolge wurde bei einer Übertragungsgeschwindigkeit von 50 Bd mit 1,6 kHz und bei 100 Bd mit 3,2 kHz erzeugt. Das Funktionsprinzip des physikalischen ZG der Seriengeräte T-310 entsprach dem Funktionsprinzip der ZG der Chiffriermittelproduktion, nur mit dem Unterschied, dass letztere zwei Rauschquellen an Stelle nur einer nutzten. Die erzeugte Zufallsfolge wurde $mod2$ mit der Eingabefolge des System-ZG addiert und in den PZG eingegeben. Der PZG erhielt folglich alle 48 Takte bei 50 Bd und alle 24 Takte bei 100 Bd ein Zufallsbit des physikalischen ZG.

Die Analyse des physikalischen ZG konzentrierte sich auf folgende Schwerpunkte:

- Qualität und Reproduzierbarkeit der internen Rauschquelle
- Wirksamkeit der Zufallsfolge für die Erzeugung der IV in der Synchronisationseinheit
- Entwicklung technisch und ökonomisch günstiger Kontrollmechanismen, einschließlich prophylaktischer Prüfung, zur Gewährleistung der kryptologischen Qualität der Zufallsfolge.

Die Qualität der internen Rauschquelle wurde unter Laborbedingungen an K-Mustern untersucht. Für die Produktionsabnahme wurden Kontrollen des Rauschsignals und der Zufallsfolge vorgesehen.

Die linearen Schieberegister SRF der Synchronisationseinheit und der PZG des ZG duplieren einander außerhalb des Chiffrierbetriebs, damit Fehler der Eingabe und Verarbeitung der Eingabefolge erkannt werden (Abschn. 14.5.2).

Die Gebrauchsanweisung des CV ARGON legte eine wöchentliche prophylaktische Prüfung des physikalischen ZG fest [99]. Es wurde kontrolliert, ob die Anzeige H-OFF innerhalb einer Minute 43 bis 50 mal aufleuchtet (50 Bd Übertragungsgeschwindigkeit). Eine Periode der Anzeige H-OFF aus Aufleuchten und Erlöschen zeigte das 32-fache Auftreten eines Musters aus 6 Bit an. Bei ordnungsgemäßer Funktion des ZG wurden 1600 gleichmäßig verteilte Bits pro Sekunde bzw. 96 000 Bits pro Minute ausgegeben. Der Erwartungswert des Auftretens des 6-Bit-Musters pro Minute betrug 1500 bzw. 46,875 Blinkperioden der Anzeige H-OFF. Die Wahrscheinlichkeit, dass ein ordnungsgemäß funktionierender ZG die geforderte Bedingung erfüllt, betrug 0,995.

14.4.3 Stochastisches Modell der Zufallsgeneratoren

In diesem Abschnitt beschreiben wir einige theoretische Grundlagen des stochastischen Modells des System-ZG und des physikalischen ZG. Das Modell zeigt, dass der Nachweis der Qualität des physikalischen ZG gegenüber dem Nachweis für den System-ZG wesentlich leichter ist. Da lineare Schieberegister auch heute in ZG eingesetzt werden, gehen wir hier auf Details dieses Nachweises ein.

Seien $F^i = (f_{i-60}, f_{i-59}, ..., f_i)$, $i = 0, 1, 2, ...$, die Zustände des PZG mit F^0 als Anfangszustand nach Einschalten der Stromversorgung und $(b_j)_{j=1,2,...}$, $b_j \in \mathcal{B}$, die Bits der verarbeiteten zufälligen Ereignisse. Der Anfangszustand des PZG F^0 ist in geringem Maß zufällig, da die Bausteine bevorzugte Werte nach Einschalten der Stromzuführung einnehmen. Er wird deshalb für das stochastische Modell als unbekannt, aber fixiert angenommen. Während des Chiffrierbetriebszustands, d. h. in den Takten $j \in \mathcal{C}$, ist die Eingabe ab der Erzeugung des IV bis zum Verlassen des Chiffrierbetriebszustands identisch Null, $b_j = 0$. In den Takten $\mathcal{Z}$ außerhalb von C realisiert die Folge $(b_j)_{j \in \mathcal{Z}}$ die Zufallsvariablen $(B_j)_{j \in \mathcal{Z}}$, wobei $\mathcal{C} \cup \mathcal{Z} = N$. Der System-ZG und der physikalische ZG unterscheiden sich in den zufälligen Ereignissen, die in den Takten $\mathcal{Z}$ die Verteilungen der Zufallsvariablen $(B_j)_{j \in \mathcal{Z}}$ bestimmen, und in den Eingabefolgen, die sie für den PZG erzeugen.

Wir betrachten zunächst die Wirkung der Eingabefolge $(b_j^{(s)})_{j \in \mathcal{Z}'}$, die durch die im System-ZG erzeugten Ereignisse entsteht. Der PZG wird mit dem Systemtakt von 76,8 kHz getaktet, die Erzeugung der Eingabefolge wechselt aber entsprechend der gewählten Übertragungsgeschwindigkeit mit 50 Hz bzw. 100 Hz. Zur Unterscheidung der Takte verwenden wir den Index i für den Systemtakt des PZG und den Index j für den Takt, mit dem die zufälligen Ereignisse abgetastet werden. Jedes Bit x_j eines zufälligen Ereignisses des System-ZG wird folglich über 1 536 bzw. 768 Systemtakte auf den internen Zustand des PZG xoriert. Für die gewählte Übertragungsgeschwindigkeit ist $\upsilon \in \{1536, 768\}$ und für beliebige $i \in \overline{0, \upsilon - 1}$ und j schreiben wir $x^{(\upsilon j+i)} = b_j$. Die Rekursion (4.38) nimmt für den PZG die Form

$$f^{(i+61)} = f^{(i+5)} \oplus f^{(i+2)} \oplus f^{(i+1)} \oplus f^{(i)} \oplus x^{(i)} \tag{14.1}$$

an. Für die Untersuchung der Zustandsänderungen des PZG verwenden wir die Interpretation des PZG-Zustands als Element in $GF(p(X))$ mit $P(X) = X^{61} + X^5 + X^2 + X + 1$ und als Element des Vektorraums $V(GF(2)^{61}, +, \cdot)$. Der PZG-Zustand $F^{(i)} = (f^{(i-60)}, f^{(59-i)}, \ldots f^{(i)}) \in GF(2)^{61}$ entspricht dann dem Polynom $F^{(i)}(X) = f^{(i-60)}X^{60} + f^{(i-59)}X^{59} + \ldots f^{(i-1)}X + f^{(i)} \in GF\mathcal{M}_{61}, i = 0, 1, 2., \ldots,$ und die Rekursion (14.1) entspricht der Multiplikation mit X und der Addition des Elements $x^{(i)} \in GF\mathcal{M}_{61}$. Wenn das Zufallsbit $b_j = 0$ ist, so entspricht die Zustandsänderung des PZG von $F^{(i)}$ zu $F^{(i+1)}$ der Multiplikation mit X^υ (d. h. dem υ-fachen der Rekursion des SRF). Wenn das Zufallsbit $b_j = 1$ ist, so entspricht die Zustandsänderung des PZG von $F^{(i)}$ zu $F^{(i+1)}$ der υ-fachen Rekursion mit $x^{(l)} = 1$. Für die Superposition der PZG-Zustandsänderung erhalten wir

$$F^{(i+1)}(X) = \begin{cases} F^{(i)}X, \text{ falls } x^{(i)} = 0, \\ F^{(i)}X + 1, \text{ falls } x^{(i)} = 1 \end{cases} \tag{14.2}$$

$$F^{(i+k)}(X) = F^{(i)}X^k + \sum_{l=1}^{k} x^{(l)}X^{l-1} \tag{14.3}$$

$$F^{(j+\upsilon)}(X) = F^{(j)}(X)X^\upsilon + b_j \cdot \sum_{l=1}^{\upsilon} X^{l-1} = F^{(j)}(X)X^\upsilon + b_j \cdot \frac{X^\upsilon - 1}{X - 1}$$

Wir bezeichnen $A_\upsilon(X) := \frac{X^\upsilon-1}{X-1}X^{(l-1)\upsilon}$ und erhalten für eine Zufallsfolge $(b_{j+1}, b_{j+2}, ..., b_{j+L})$

$$\begin{aligned} F^{(j+L)\upsilon}(X) &= F^{(j\upsilon)}(X)X^{(L\upsilon)} + \sum_{l=1}^{L} b_{j+l}\frac{X^\upsilon - 1}{X-1}X^{(l-1)\upsilon} \\ &= F^{(j\upsilon)}(X)X^{(L\upsilon)} + \sum_{l=1}^{L} b_{j+l}A_\upsilon(X) \end{aligned} \tag{14.4}$$

Da $\mathcal{M}_{61}$ eine Primzahl ist, sind alle vom Einselement verschiedenen Elemente der multiplikativen Gruppe von $GF(p(X))$, also auch X^υ, primitiv. Folglich sind die $\{A_\upsilon(X) : l \in \overline{0,60}\}$ linear unabhängig, da sonst die lineare Kombination einem annullierenden Polynom des primitiven Elements geringeren Grades entsprechen würde. Die Koeffizienten $A_m^{(j\upsilon)}, k \in N, m \in \overline{0,60}$ dieser Polynome $A(X)X^{k\upsilon}$ bilden Basen $A^{(k)} = (A_{60}^{(k\upsilon)}, A_{59}^{(k\upsilon)}, ..., A_0^{(k\upsilon)})$ im Vektorraum $V(GF(2)^{61}, +, \cdot)$. Für den System-ZG können die $b_j, ..., b_{j+L}$ ggf. nur kurze Folgen ergeben.

Betrachten wir nun die Eingabefolge des PZG, die aus der fortlaufend gebildeten Ausgabefolge des physikalischen ZG $(b_j^{(z)})_{j\in N}$ entsteht. Sei $\tau \in \{48, 24\}$ der Abstand der Bits des physikalischen ZG, mit dem sie auf die Eingabefolge des PZG xoriert werden. Die Vektoren $A_{\tau(j+60)}, A_{\tau(j+59)}, ...A_{\tau j}$ des physikalischen ZG sind aus denselben Gründen wie die Vektoren $A_{60}^{(k\upsilon)}, A_{59}^{(k\upsilon)}, ..., A_0^{(k\upsilon)}$ des System-ZG linear unabhängig. Die Summe

$$V_k = V(A_{\tau(j+60)}, A_{\tau(j+59)}, ...A_{\tau j}) = \sum_{m=0}^{60} b_j^{(z)} A^{\tau(j+m)} \tag{14.5}$$

spannt den Vektorraum $V(GF(2)^{61}, +, \cdot)$ auf. Auf der Grundlage der Labortests kann angenommen werden, dass der physikalischen ZG unabhängige Bits mit zeitlich unabhängiger (d. h. stationärer) Verteilung $p_1 = P\{B_j^{(z)} = 1\}$ ausgibt. Betrachtet man die Koordinaten der fortlaufenden *XOR*-Summe der Vektoren $V_k = (v_{k1} v_{k2}, ..., v_{k61})$, so folgt deren Verteilung dem Piling-up Lemma[5]. Es gilt

$$P\left\{\bigoplus_{k=1}^{m} v_{km} = 1\right\} - P\left\{\bigoplus_{k=1}^{n} v_{km} = 0\right\} = (-1)^{n+1}\prod_{k=1}^{m}(P\{v_{km} = 1\} - P\{v_{km} = 0\}))) \tag{14.6}$$

Für die Kombination aus System-ZG und physikalischen ZG bestand die Eingabefolge des PZG aus der *XOR*-Summe der fortlaufend gebildeten Ausgabefolge des physikalischen ZG $(b_j^{(z)})_{j\in N}$ und den Folgen aus den Ereignissen des System-ZG $(b_j^{(s)})_{j\in \mathcal{Z}'}$. Die Ausgabefolge des physikalischen ZG ist dabei die bestimmende

[5] Diese Bezeichnung wurde durch Matsui [53] eingeführt.

Zufallsquelle, da sie kontinuierlich auf den PZG wirkt. Für die Geräte T-310/50 wirkt der System-ZG als Reservezufallsquelle bei Beeinträchtigungen oder Ausfall des physikalischen ZG.

Die Verteilung der Zustände des PZG mit physikalischem ZG konvergiert nachweisbar zur gleichmäßigen Verteilung.

14.5 Schutz der Chiffrierung vor Fehlern und Manipulationen

Die Chiffrierung schützt die Klartexte vor Offenbarung. Die Schlüssel und die Chiffrierung können aber durch technische Fehler, Manipulationen oder Seitenkanäle verändert und dadurch Klartexte, Schlüssel oder Sicherheitsfunktionen kompromittiert werden. Der Schutz dieser Geheimnisse wird durch eine geeignete Sicherheitsarchitektur und durch die Sicherheitsfunktionen der Chiffriergeräte erreicht. Die Sicherheitsarchitektur ist eine Kombination aus den allgemeinen, nicht notwendigerweise sicherheitsspezifischen Funktionen des Chiffriergeräts und den Eigenschaften des Chiffriergeräts, die insgesamt zur Gewährleistung der Sicherheit beitragen. Der Schutz der geheimzuhaltenden Informationen bei Auftreten technischer Fehler und erkannten Manipulationen des Chiffriergeräts ist Aufgabe des Kontroll- und Sicherungssystems. Dieses System der Chiffriergeräte T-310/50 und T-310/51 bestand aus dem Gefäßabsicherungssystem, dem PBS des Chiffrators, der Überwachung der Anschalteinheit und der Überwachung der Versorgungsspannungen. Seitenkanäle sind Signale, die unbeabsichtigt Informationen über die Klartexte, die Schlüssel oder interne Prozesse des Chiffriergeräts tragen. Deren Auswertung führt zur Kompromittierung der zu schützenden Geheimnisse. Der Schutz vor Seitenkanalangriffen und Raumabstrahlung wurde unter dem Begriff Ausstrahlungssicherheit zusammengefasst.

14.5.1 Physische Sicherheit der Chiffriergeräte

Das Gefäßabsicherungssystem diente dem Schutz der im Grundgerät verarbeiteten Klartexte und der gespeicherten Schlüssel gegen unbefugtes Eindringen in das Grundgerät sowie dem Erkennen von Manipulationen am Grundgerät. Es bestand aus

- der elektrischen Sicherung gegen unbefugtes zerstörungsfreies Eindringen in das Grundgerät zur Kompromittierung des ZS
- der mechanischen Sicherung gegen unentdecktes Eindringen in das Grundgerät und das Bedienteil.

Die elektrische Sicherung erfolgte durch vier Taster an der Vorderwand und an der Rückwand des Grundgerätes. Beim Öffnen dienten sie zur Abschaltung der Stromversorgung des Grundgeräts und zum Löschen des ZS-Speichers. Sie führten ggf. auch zum Durchschmelzen von Sicherungen der Stromversorgung. Für ein befugtes

Öffnen des Grundgeräts zur Instandsetzung musste folglich das Stromversorgungsgerät abgeschaltet werden. Das Abschalten des Grundgeräts löste ein akustisches (Dauerton der Hupe) und ein optisches Signal (Anzeige Netz GG erlischt) am Bedien- und am Zusatzbedienteil aus. Die mechanische Sicherung bestand aus Verplombung der Vorder- und der Rückwand des Grundgerätes. Die Bedienklappe des Grundgerätes wurde verschlossen und petschiert.

Die elektrische und mechanische Sicherung der Geräte boten nur einen geringen Schutz gegen qualifizierte physische Angriffe. Sie wurden durch materielle und organisatorische Sicherheitsmaßnahmen in der kontrollierten Zone und im Sperrbereich ergänzt, die auch die Kompromittierung und den Missbrauch der Chiffriergeräte und der Schlüsselmittel verhinderten.

14.5.2 Selbsttest und prophylaktische Prüfung

Die Chiffriergeräte T-310/50 und T-310/51 verfügten mit dem PBS des Chiffrators, der Überwachung der Versorgungsspannungen und der Anschalteinheit sowie der Funktionskontrolle des Bedien- bzw. Zusatzbedienteils über einen Selbsttest sicherheitskritischer Funktionen.

Das PBS hatte die Aufgabe, technische Einzelfehler des Chiffrators zu erkennen und negative kryptologischen Auswirkungen unzulässiger Fehlerzustände durch Blockierung jeglicher Datenausgaben zu verhindern. Es musste sofort mit der Zuschaltung der Versorgungsspannung ständig wirksam sein. Die prophylaktische Prüfung des Chiffrators hatte die Aufgabe, die korrekte Funktion des PBS und des ZG zu prüfen.

Das PBS hatte folgende Funktionen:

1. Prüfung der Paritätsbedingungen innerhalb der ZS
2. Konstanzprüfung der Folgen s_1 und s_2 in jedem Folgeabschnitt der Länge 127
3. Duplierung der Schieberegister SRF und PZG in den Betriebszuständen ohne Chiffrierung als ZG und der Synchronisationseinheit während des Chiffrierens und Dechiffrierens
4. Prüfung der f-Folge, ob im Abstand von 61 aufeinander folgenden Bits mindestens eine Eins auftritt; die Aufsynchronisation mit einer 0-Folge wird verhindert
5. Prüfung der f-Folge, ob während der Erzeugung des sechsten Bits des 13Bit-Segments für die Verschlüsselungseinheit mindestens zwei Bits mit dem Wert Eins auftreten
6. Duplierung der KE mit einer Prüf-KE und doppelter Vergleich beider erzeugter u_α-Folgen
7. Prüfung der u_α-Folge der Prüf-KE, ob während der Erzeugung des sechsten Bits des 13Bit-Segments für die Verschlüsselungseinheit mindestens zwei Bits gleich Eins auftreten
8. Prüfung des Datentransports zwischen Zentraleinheit und Chiffrator durch Paritätsprüfung über die Klartext- und die Geheimtexteinheiten

9. doppelte Blockierung der Ausgabe des Chiffrators an die Zentraleinheit bei erkannten Fehlern
10. prophylaktische Prüfung der Kontrollbaugruppen
11. Löschung der Fehlermeldungen durch eine Bedienhandlung.

Die Funktion des PBS selbst wurde durch die manuell gesteuerte prophylaktische Prüfung kontrolliert [99, Kap. 4.3.1]. Die prophylaktische Prüfung simulierte für jede Prüfschaltung Fehlerzustände, die durch die Kontrollgruppen festgestellt und die Blockierung der Datenausgänge durch Anzeigen nachgewiesen wurde. Die ZS-Eingabe und die prophylaktische Prüfung waren funktionell miteinander verbunden und wurden gemäß Gebrauchsanleitung ARGON wöchentlich durchgeführt.

Wir analysierten das PBS des Chiffrators, die Überwachungsbaugruppen der Anschalteinheit und deren prophylaktische Prüfung sehr gründlich [112]. Die Duplierung war nur dann wirkungsvoll, wenn die funktionellen Baugruppen und die Prüfbaugruppen des PBS weitgehend unabhängig waren. Im Entwicklungsprozess wurde z. B. durch die PBS-Analyse festgestellt, dass ein technischer Einzelfehler auf dem KES, der Teile der KE und der Prüf-KE implementierte (Abschn. 14.2), zu der gleichen Fehlfunktion sowohl der KE als auch der Prüf-KE geführt hätte und folglich durch die Vergleichsschaltung nicht festgestellt worden wäre. Dieser Entwicklungsfehler wurde daraufhin durch eine Überarbeitung der Leiterkarte korrigiert.

Mit der Anschalteinheit konnten die Signalwege im Chiffriergerät T-310 beim Übergang vom offenen Betrieb in den Chiffrierbetrieb bzw. vom Chiffrierbetrieb in den offenen Betrieb umgeschaltet werden. Im offenen Linienbetrieb (Durchschaltlage) waren Fernschreibgerät und Fernschreiblinie über das Chiffriergerät galvanisch verbunden. Im Chiffrierbetrieb (Trennlage) war der Chiffrator zwischen Fernschreibgerät und Fernschreiblinie geschaltet. Im Lokalbetrieb war das Fernschreibgerät nur mit dem Chiffriergerät verbunden, die Fernschreiblinie endete im Chiffriergerät und wurde für eine Anrufsignalisation überwacht. In den Betriebsarten ohne Chiffrierung konnte die Mithörfunktion für den Übergang in die Chiffrierlage mit Dechiffrieren gesperrt werden. Wegen ihrer sicherheitskritischen Funktion wurde die Anschalteinheit ebenfalls überwacht. Die Überwachungsbaugruppen unterlagen einer prophylaktischen Prüfung [99, Kap. 4.3.2].

In den Geräten wurden die drei TTL-Versorgungsspannungen daraufhin überwacht, dass sie die Toleranz von $\mp 5\%$ nicht überschritten.

Die Funktionskontrolle des Bedien- bzw. Zusatzbedienteils ermöglichte die Kontrolle der Funktionstüchtigkeit der Anzeigen und der akustischen Fehlersignalisation (Taste PR, [96]). Die Gebrauchsanleitung ARGON legte fest, dass diese Funktionskontrolle zur Herstellung der Betriebsbereitschaft eines Endplatzes etwa alle acht Stunden durchzuführen ist [99, Kap. 4.4.2].

14.6 Kompromittierende Ausstrahlung

Die Kompromittierung von Geheimnissen durch das Auffangen der Ausstrahlung von Technik war bereits früh bekannt und fand 1971 Eingang in die Fachbegriffe des Chiffrierwesens [86]. Unter kompromittierender Ausstrahlung (KOMA) verstanden wir „alle Signale, die während der Verarbeitung, Speicherung oder Übertragung von Staatsgeheimnissen oder anderer geheimzuhaltenden Informationen mittels informationstechnischer Einrichtungen unbeabsichtigt entstehen und, wenn sie empfangen und analysiert werden, eine teilweise oder vollständige Rekonstruktion der geheimzuhaltenden Information ermöglichen“ [85]. Es werden alle Energieformen, die akustische, optische, elektrische, magnetische und elektromagnetische Ausstrahlung, die Signale auf den Nachrichtenkanälen sowie die auftretenden Strom- und Spannungsschwankungen des Stromversorgungsnetzes betrachtet. Die Ausstrahlungssicherheit musste durch die Gesamtheit der informationstechnischen Einrichtungen, die Staatsgeheimnisse oder andere geheimzuhaltende Informationen verarbeiten, speichern oder übertragen, und deren Umgebung gewährleistet werden. Um die Ausstrahlungssicherheit der Chiffriertechnik zu gewährleisten, wurden umfangreiche Untersuchungen durchgeführt und daraus resultierende technische und organisatorische Sicherheitsmaßnahmen getroffen (Abb. 14.9 und 14.10).

Die technischen Maßnahmen zur Gewährleistung der Ausstrahlungssicherheit umfassten u. a.

- die Entkopplung des Fernschreibgeräts und der Fernschreiblinie bzw. der klartextführenden und der geheimtextführenden Baugruppen (Rot-Schwarz-Trennung)
- die Signalfilterung an den äußeren Schnittstellen

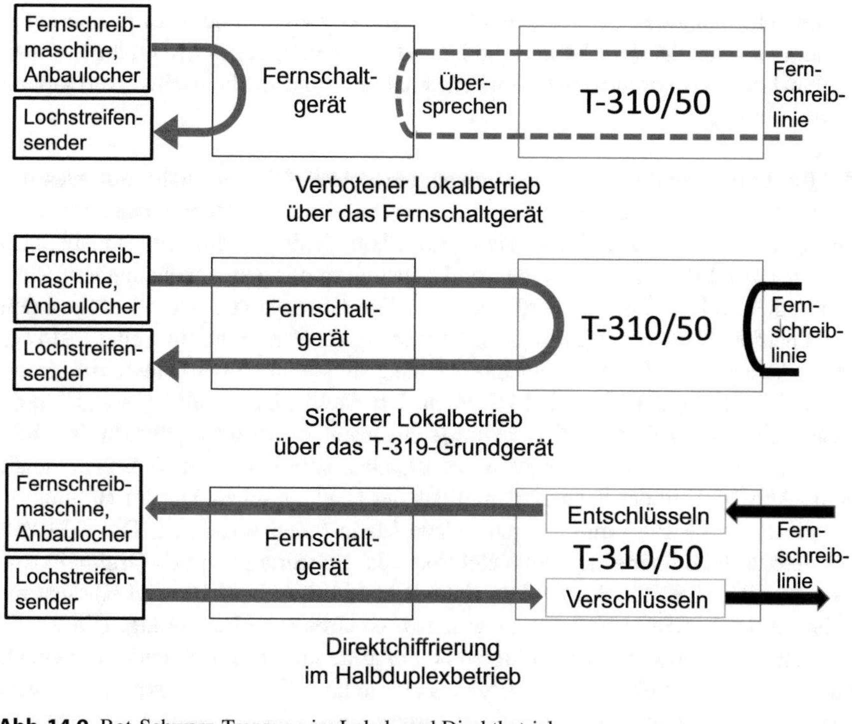

Abb. 14.9 Rot-Schwarz-Trennung im Lokal- und Direktbetrieb

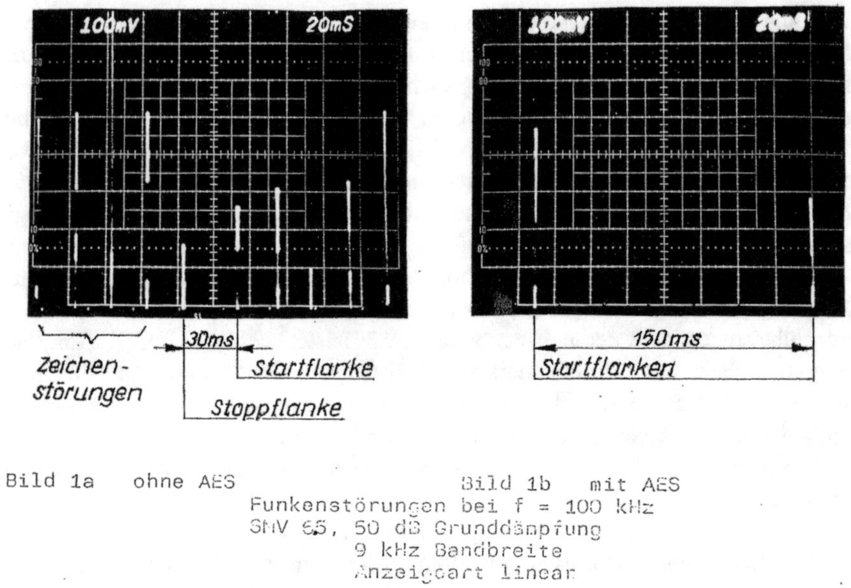

Abb. 14.10 Bilder der Übersprechmessung mit einem Oszilloskop [114]

- die Schirmung des Grundgeräts und der Kabel zwischen der Stromversorgung, dem Grundgerät, dem Bedien- und Zusatzbedienteil, der Fernschreibmaschine, dem Lochstreifensender und dem Fernschaltgerät und ihre beidseitige Verbindung mit Masse.

Zur Illustration der Probleme gehen wir auf ein typisches Beispiel näher ein. Messungen an den K-Mustern ergaben, dass das Fernschaltgerät das Übersprechen von Klartextsignalen auf die Fernschreiblinie im Lokalbetrieb nicht verhinderte (in Abb. 14.9 oben dargestellt). Die Herstellung von Lochstreifen mit geheimzuhaltendem Klartext in diesem Lokalbetrieb wurde verboten. Das Grundgerät T-310/50 stellte einen Lokalbetrieb mit sicherer Rot-Schwarz-Trennung zur Verfügung (in Abb. 14.9 in der Mitte dargestellt). Die Rot-Schwarz-Trennung musste auch bei Direktchiffrierung gewährleistet werden (in Abb. 14.9 unten dargestellt). Der „rote" Klartext wurde zwar logisch durch den Chiffrator vom „schwarzen" Geheimtext getrennt, ihre beiden Signale wurden aber in einer Anschalteinheit verarbeitet. Die Anschalteinheit ist im Abb. 14.4 auf der Seite 236 unterhalb des UWP zu sehen. Die Ausstrahlungssicherheit wurde 1982 durch verschiedene Maßnahmen verbessert. Die T-310/50 verfügte deshalb über eine aktive elektronische Entstörung (in den Originaldokumenten mit „AES" abgekürzt). Das linke Bild 1a der Abb. 14.10 zeigt Klartextimpulse an der Linienschnittstelle ohne aktive elektronische Entstörung. Die Relais mechanischer Fernschreiber erzeugten beim Auftrennen stromführender Leitungen Funken und damit elektromagnetische Störstrahlung. Diese Klartextimpulse werden durch die aktive elektronische Entstörung unterdrückt, wie das rechte Bild 1b der Abb. 14.10 zeigt. Die Funkstörfeldstärke, die Funkstörspannung peripherie- und linienseitig sowie die Übersprechdämpfung Peripherie-Linie (bei Lokalbetrieb über das Chiffriergerät) konnten beim Einsatz der zugelassenen mechanischen Fernschreibgeräte als gut eingeschätzt werden. Die Installationsvorschrift [103] erlaubte für das CV ARGON nur den Betrieb des Chiffriergeräts T-310/50 mit den Fernschreibern T51 und T63 mit dem Anbaulocher T52, dem Lochstreifensender T53/x, x = 3,4,5,6, und den Fernschaltgeräten T 57/4 und T 57/8. Bei chiffriertem und offenem Lokalbetrieb mit elektronischen Fernschreibern (z. B. F2000) war dagegen die Übersprechdämpfung ungenügend. Deshalb wurde deren Verwendung durch die Installationsvorschrift zum CV ARGON [103] nicht zugelassen. Für speziell geschützte elektronische Fernschreiber (z. B. F1300) wurden spezielle Festlegungen in Abhängigkeit vom Einsatzgebiet getroffen.

Die technisch-kryptologische Analyse des Chiffriergeräts T-310/50 und der Schlüsselmittel sind ein wichtiger Bestandteil der Sicherheitsanalyse des Chiffrierverfahrens. Sie bildet die Voraussetzung für die Analyse der Chiffriervorschriften.

Sicherheit des Chiffrierverfahrens im Einsatz 15

Inhaltsverzeichnis

In diesem Kapitel beschreiben wir, wie die Sicherheit des CV ARGON untersucht und bewertet wurde. Die Grundlagen der kryptologischen Analyse bildeten die mathematisch-kryptologische Analyse des CA und die technisch-kryptologische Analyse der Chiffriermittel. Die technische Dokumentation der Chiffriergeräte schloss eine Bedienungsanleitung für das Grundgerät sowie für das Bedien- und das Zusatzbedienteil ein. Die Dokumentation des Chiffrierverfahrens ARGON berücksichtigte die allgemeinen Vorschriften[1] für den Fernschreibchiffrierverkehr und beinhaltete

- die Installationsvorschrift [103, 104] und
- die Gebrauchsanweisung [99]

Die Installationsvorschrift [103] beschreibt die Geräteinstallation, die Verkabelung und die Größe des Sperrbereichs und der kontrollierten Zone. Die Analyse der Installationsvorschrift basierte vor allem auf den Untersuchungen der Ausstrahlungssicherheit. Sie wurde in Verbindung mit der eingesetzten Nachrichtentechnik über den gesamten Einsatzzeitraum fortgesetzt. Die Installationsvorschrift erläutern wir im Abschn. 15.1.

[1] Allgemein galten die *Anordnung über das Chiffrierwesen der DDR* [6], die *Regelungen und Bestimmungen des Chiffrierwesens der DDR* (GVS B 434-401/76) und die *Sicherheits- und technischen Bestimmungen für den Einsatz kanalgebundener Chiffriertechnik in stationären und mobilen Einrichtungen des Chiffrierwesens* (GVS B 434-402/76).

W. Killmann und W. Stephan, *Das DDR-Chiffriergerät T-310*,
https://doi.org/10.1007/978-3-662-67584-7_15

Die Gebrauchsanleitung [99] beschreibt die sichere Nutzung des Chiffriergeräts T-310/50 mit der Nachrichtentechnik. Die Bedienanalyse wurde 1985 abgeschlossen [105]. Im Abschn. 15.2 beschreiben wir schwerpunktmäßig, wie die Bedienfunktionen des Chiffriergeräts und die Gebrauchsanweisung in Bezug auf ihre Nutzungssicherheit analysiert wurden.

Abschließend untersuchen wir die Möglichkeiten eines Angreifers für die Verkehrsaufklärung und die Dekryptierung durch Beobachtung und Manipulation des Nachrichtennetzes.

15.1 Installationsvorschrift

Die Installationsvorschrift [103] beinhaltete die Anforderungen an die Aufstellung und die Verkabelung des Chiffriergeräts T-310/50. Sie legte Montagevorschriften für die Verbindungskabel zwischen Grundgerät und Bedienteilen, für die Linienkabel der Fernschreibmaschine und die Modifikationen des Lochstreifensenders und des Fernschaltgeräts sowie die Erdung der Geräte fest. Diese Anforderungen wurden für große Chiffrierstellen in [104] ergänzt.

Die generellen Anforderungen an die Räume der Chiffrierstellen waren in den allgemeinen Vorschriften des Chiffrierwesens der DDR fixiert. Die organisatorischen und materiellen Sicherheitsmaßnahmen umfassten:

- den Sperrbereich um das Grundgerät und die Stromversorgung mit einem Mindestabstand von 0,5 m zu der Nachrichtentechnik sowie zu fremden Geräten, Anlagen, Systemen, Kabeln und anderen elektrischen Leitern (Zone 1). Der Sperrbereich umfasste Räume, Bereiche, Anlagen, Objekte und Territorien, die von ihrer Umgebung durch zweckentsprechende Maßnahmen und Mittel zur Regulierung des Zutritts abgetrennt sind und zu denen nur ausdrücklich Befugte Zutritt hatten [85].
- die kontrollierte Zone mit einem Mindestabstand von 10 m zum Sperrbereich, in der sich das Bedienteil, die Kabel zwischen Bedienteil und Grundgerät sowie die Nachrichtentechnik befanden (Zone 2). Die kontrollierte Zone umfasste ständig bewachte oder beobachtete Objekte, Räume oder Geländeabschnitte, in denen der unkontrollierte Aufenthalt unbefugter Personen und Verkehrsmittel sowie der Einsatz technischer Aufklärungsmittel durch den Gegner ausschlossen waren [85].

Die TTF [88] legten bereits fest, dass außerhalb eines Umkreises von 2 m um das Grundgerät (einschließlich Stromversorgungsgerät), das Bedienteil und die Verbindungskabel eine Auswertung abgestrahlter Impulse zu keinerlei Rückschlüssen auf den Klartext bzw. die Funktion des Chiffrators führen durften. Das Gerät T-310 sollte auch gegenüber Störeinflüssen geschützt sein. Die Festlegungen für den Sperrbereich (Zone 1) und die kontrollierte Zone (Zone 2) des Chiffriergerät T-310/50 wurden in den Installationsvorschriften [103] auf der Grundlage der Analyse kompromittierender Ausstrahlung verschärft.

15.2 Gebrauchsanleitung

Die Dokumentation des Chiffriergeräts T-310/50 enthielt eine technische Beschreibung (Bücher 1 und 2 sowie Stromlaufpläne im Buch 6) der Gesamtheit der Funktionen der Bedienteile, des Grundgeräts und der Stromversorgung und eine technische Bedienanleitung (Buch 3). Diese Dokumente wurden analysiert, um die notwendigen, gewünschten und sonstigen Funktionen für das CV zu identifizieren, durch Tests zu überprüfen und zu bewerten. Die Gebrauchsanleitung [99] beschrieb die Nutzung des Chiffriergeräts T-310/50 mit der Nachrichtentechnik, d. h. der Fernschreibmaschine mit dem Anbaulocher, des Lochstreifensenders und des Fernschaltgeräts, für einen sicheren Betrieb. Sie umfasste Prozesse wie die Herrichtung der Klartexte für die Übermittlung, das Herstellen von Klartextlochbändern für das Chiffrieren, die Ankündigung und das Herstellen der Chiffrierverbindung mit dem Chiffriergerät T-310/50, die Quittungsgabe des Empfangs, das Verhalten bei Störungen oder Fehlern usw. [99].

Bei der Bewertung der Sicherheit des CV ARGON unter Einsatzbedingungen lag der Schwerpunkt auf der Bedienanalyse [105]. Durch sie identifizierten wir mögliche Bedienfehler, die durch eine Überarbeitung der Gebrauchsanweisung und die Schulung der Bediener vermieden werden sollten. Wir untersuchten

- die in der Gebrauchsanweisung festgelegten Bedienhandlungen
- unbewusste Bedienfehler im vorgesehenen Handlungsablauf
- Möglichkeiten der Kompromittierung geheimer Informationen oder Störung des Nachrichtenverkehrs durch Provokation von Bedienhandlungen oder Bedienfehlern
- Möglichkeiten bewusster Kompromittierung geheimer Informationen unter Ausnutzung geräte- und verfahrensspezifischer Bedingungen.

Die Analyse erfolgte in den Schritten:

1. Prüfung der Reaktion der Bedienteile und des Grundgeräts auf jede elementare Bedienhandlung sowie auf Signale von dem Fernschreibgerät und der Fernschreiblinie, soweit sie die Betriebszustände des Chiffriergerät beeinflussten
2. Prüfung der Bedienhandlungen gemäß technischer Bedienanleitung auf ggf. vorhandene Schwachstellen
3. Prüfung der in der Gebrauchsanweisung festgelegten Bedienhandlungen und Sicherheitsbestimmungen
4. Prüfung der Auswirkungen von unbewussten oder fahrlässigen Abweichungen von den festgelegten Bedienhandlungen in der Gebrauchsanweisung
5. Prüfung der gegnerischen Möglichkeiten zur Informationsgewinnung bei Einhaltung der Gebrauchsanweisung durch Provokation von Bedienfehlern oder bei bewussten Verstößen durch die Bediener.

Im Folgenden führen wir einige Fehlerquellen auf, die durch die Analyse aufgespürt werden konnten. Die Schlussfolgerungen daraus gingen in die Gebrauchsanweisung ARGON ein.

Es stellte sich heraus, dass die Hauptquelle für Bedienfehler der Wechsel zwischen Klartextbetrieb und Chiffrierbetrieb war. Die Betriebsbereitschaft eines (Fernschreib-) Endplatzes wurde durch den Linienbetrieb ohne Chiffrierung ohne Verbindung (Anzeige LIN Dauerlicht) definiert. Der Übergang in den Chiffrierbetrieb erfolgte durch Betätigen der Taste C oder den Empfang der Maschinenbefehlsfolge 1 „bbbb“ bei aktiver Mithörfunktion (Abschn. 14.1). Der gravierendste Bedienfehler bestand darin, dass der Bediener des Fernschreibplatzes vor beabsichtigter Chiffrierung die Taste C des Bedienteils nicht betätigte oder den Chiffrierbetrieb bei automatischer Klartexteingabe abbrach und die Anzeige C des Chiffrierbetriebs nicht kontrollierte. In diesen Fällen würden geheimzuhaltender Klartext auf die Fernschreiblinie (bei Direktchiffrierung) oder auf das Geheimtextlochband (bei Vorchiffrierung) ausgegeben.

Deshalb wurde in der Gebrauchsanweisung ARGON festgelegt, dass

- der Chiffrierbetrieb nur unter Kontrolle aller Anzeigen und speziell der Anzeige C (Flackerlicht während der Synchronisation, Dauerlicht im Chiffrierbetrieb) durchzuführen ist [99, Abschn. 13.1, Punkt 4][2]
- dem Text auf Klartextlochbändern die Zeichenkombination „bbbb“ voranzustellen ist [99, Kap. 5] und [96, Kap. 5.2][3]. Dann erwartete das Chiffriergerät nach Empfang der Maschinenbefehlsfolge „bbbb“ die Synchronfolge von der Fernschreiblinie und gab keine vom Fernschreibgerät empfangenen Zeichen an die Fernschreiblinie aus.

Die Schulungsanleitung zum CV ARGON wies ausdrücklich auf die Herstellung von Klartextlochbändern mit „bbbb“ hin [108].

An einem unbeaufsichtigten Fernschreibplatz konnte die chiffrierte Übermittlung von durch den Fernschreiber ausgegebenen Klartext vorgetäuscht werden. Der Angreifer bildete das Druckbild einer verschlüsselten Kommunikation nach, wobei er die Maschinenbefehlsfolge 1 „bbbb“ durch die Zeichenfolge „bbBubb“ ersetzte und somit (auch bei aktivierter Mithörfunktion) keinen Übergang in den Chiffrierbetrieb provozierte. Im Druckbild des Fernschreibers war „bbbb“ und „bbBubb“ nicht unterscheidbar (wohl aber bei Ausgabe auf Lochband).

Der Übergang der textempfangenden Chiffrierstelle zum Dechiffrieren bei Empfang der Maschinenbefehlsfolge 1 „bbbb“ konnte auch missbraucht werden. Ein unbeaufsichtigter Fernschreibplatz konnte bei eingeschalteter Mithörfunktion des Chiffriergeräts von der Linie aus blockiert werden, so dass keine Texte mehr zu empfangen waren.

---

[2]Diese Sicherheitsbestimmungen waren auch in der Gebrauchsanleitung des Bedienteils [96, Kap. 11] und deren Kurzfassung [97, Kap. 2] enthalten.

[3]Die Variante ohne Voranstellen von „bbbb“ wurde 1987 verboten.

Das Chiffriergerät der textabsendenden Chiffrierstelle konnte durch eine Gegenstelle synchronisiert werden. An einem unbeaufsichtigten Fernschreibplatz konnte z. B. der Namengeber fortlaufend abgerufen werden. Wenn eine Gegenstelle mehrfach die gleiche Synchronfolge F initiierte, führte das zu gleichen Texten mit gleichem IV, die dann dekryptiert werden könnten (Abschn. 6.1). Das stellte eine ernst zu nehmende Gefahr für die geheimzuhaltenden Texte dar. Die rekonstruierte Steuerfolge könnte durch den Angreifer auch verwendet werden, um selbst (phasengleiche) Texte herzustellen oder eine Chiffrierstelle des gleichen ZS-Bereichs nachzubilden und das Senden von Texten durch die aufsynchronisierte Stelle zu provozieren.

Die Gebrauchsanweisung ARGON legte deshalb fest, dass

- nur die Chiffrierstelle, die die Verbindung aufbaut, die Chiffriergeräte synchronisiert und die erste Nachricht absendet. Erst nach Prüfung der Angaben der Gegenstelle und Quittungsgabe können eigene Texte gesendet werden [99, Abschn. 13.1, Punkt 1]
- bei Abwesenheit des Bedieners die Mithörsperre zu aktivieren und erst bei Rückkehr zum Fernschreibendplatz zu deaktivierten ist [99, Abschn. 13.1, Punkt 9]
- bei Verstößen sofort gegenzuschreiben bzw. die Verbindung zu trennen ist [99, Abschn. 13.1, Punkt 1 und 8]. Das Gegenschreiben erfolgte, wenn bei Direktchiffrierung verstümmelter Text empfangen wurde, mit mehrmaliger Eingabe von „t“ oder „e“.

Bei Verstößen wurde die Gegenstelle mit den Verkehrsabkürzungen FUFUFU[4] für „Stellen Sie die Verletzung der Regeln ein“ oder KDKDKD für „Achtung! Kontrollieren Sie ihre Handlungen“ darauf aufmerksam gemacht.

Die Gebrauchsanweisung umfasste weitere Sicherheitsbestimmungen, die auf der Bedienanalyse und anderen Sicherheitsanalysen basierten. So beruhte das Verbot, Klartexte im Lokalbetrieb über das Fernschaltgerät zu bearbeiten [99, Abschn. 13.1], darauf, dass bei Anrufdurchschaltung durch das Fernschaltgerät die Klartexte kompromittiert werden konnten und die Übersprechdämpfung des Fernschaltgeräts gegenüber der Fernschreiblinie nicht ausreichte (Abschn. 14.6).

Die Sicherheitsbestimmungen der Gebrauchsanweisung enthielten aber auch Kompromisse. So war bekannt, dass z. B. bei manueller Texteingabe der Bediener an seiner „Handschrift“ erkannt werden kann. Die Analytiker konnten nicht ausschließen, dass das Fernschreibsignal wegen des Start-Stopp-Betriebs des Grundgeräts der Schreibrhythmus bei Direktchiffrierung und einer manuellen Texteingabe an der Fernschreibmaschine Informationen über den Klartext enthalten kann. Diese wären dann bei Direktchiffrierung auf der Fernschreiblinie auswertbar. Sie forderten daher, möglichst alle Informationen mit Verschlusssachencharakter über Lochstreifensender einzugeben. Die Gebrauchsanweisung [99] beschrieb in Abschn. 8.1 die Eingabe des Klartextes mit Lochstreifensender für Direktchiffrierung, aber die Sicherheitsbestimmungen forderten es in Kap. 11 explizit nur für Verschlusssachen-Klartexte über

[4] Die Übersetzung aus dem Russischen lautet „Pfui-Pfui-Pfui-Pfui“.

Funkstrecken. Die Schulungsanleitung [108] wies auf die Möglichkeit der Auswertung des Schreibrhythmus und die Abhörmöglichkeiten von Draht- und Funkkanälen hin.

Die Bedienanalyse ergab: Die Sicherheit des Chiffrierverfahrens, soweit sie durch die Bedienung des Chiffriergeräts bedingt ist, wird bei Einhaltung der Gebrauchsanweisung gewährleistet. Die Ergebnisse der Bedienanalyse dienten der Präzisierung der Gebrauchsanweisung. Sie fanden auch Eingang in die Schulung der Anwender.

15.3 Verkehrsanalyse

Von einem CV wird erwartet, dass es selbst keinen Beitrag zur Verkehrsaufklärung leistet. Dazu möchten wir zwei Aspekte anmerken:

Das CV ARGON setzte die Herstellung der Fernschreibverbindung, den Namengeberaustausch von Absender und Empfänger und die Ankündigung einer verschlüsselten Verbindung mit T-310/50 (durch Verkehrsabkürzung zac) voraus. Alle anderen Nachrichteninhalte, d. h. die Dienstinformation zur Nachricht und die geheime Nachricht selbst, wurden danach verschlüsselt übertragen. Die Nachricht konnte somit sofort verschlüsselt werden, wenn die Nachrichtenverbindung hergestellt war. T-310-Sprüche waren durch ihren Aufbau von anderen Fernschreiben zu unterscheiden. Die Sprüche konnten demnach aufgezeichnet und nach bestimmten Kriterien, wie z. B. Spruchlänge, Sender, Empfänger, Sendezeit, Synchronfolge, die ersten vier Geheimtextzeichen (verschlüsselte Maschinenbefehlsfolge 2 Bu CR LF LF) usw., sortiert werden. Die Länge des Klartextes konnte dem Geheimtext (abzüglich der vorgeschriebenen Dienstinformationen) entnommen werden.

Im mobilen Einsatz der Chiffriergeräte T-310/50 konnte der Namengeberaustausch durch den Austausch zufällig gewählter Kenngruppen ersetzt werden. Deshalb untersuchten wir in unseren kryptologischen Analysen, ob eine Zuordnung der Nachrichten zu den Geräten nur mit Hilfe der chiffrierten Nachrichten möglich wäre. Die potentiellen Möglichkeiten einer Zuordnung über die IV wurden durch die Nachrüstung mit physikalischen ZG ausgeschlossen (Abschn. 14.4.2). Es fanden sich keine weiteren Möglichkeiten für eine Zuordnung.

Die Eigenschaften des Gerätesystems T-310/50 und die vorgeschriebenen Abläufe reduzierten die Möglichkeiten der Verkehrsanalyse auf den Zeitpunkt der Übermittlung und die Länge der Nachricht. Wenn selbst diese Angaben geschützt werden mussten, gab es zwei Möglichkeiten:

1. Es kam spezielle Technik zum Einsatz, die ständig eine Pseudozufallsfolge übermittelte und auf die eine chiffrierte Nachricht addiert wurde.

2. Es wurden Blendnachrichten übermittelt. Sie dienten der Verschleierung des Nachrichtenverkehrs durch zusätzlich verschlüsselt übertragene Texte und erhöhten dadurch das Verkehrsaufkommen.

Für das CV ARGON wurden nur Blendnachrichten eingesetzt, die außerhalb des CV festgelegt wurden. Durch die Verbindungsanalyse konnte man auch Rückschlüsse auf die ZS-Bereiche ziehen, denn nur Teilnehmer mit gleichem ZS können miteinander chiffriert kommunizieren.

15.4 Authentisierung

Die Verschlüsselung und die Authentisierung der Kommunikation sind eng mit einander verbunden. Der Absender einer geheimen Nachricht möchte natürlich sicher sein, dass diese nur dem beabsichtigten autorisierten Empfänger übermittelt wird. Gleichwohl sind Absender als auch Empfänger daran interessiert, dass die Nachricht unverfälscht empfangen wird. Das Gerätesystem T-310 enthielt keine Mechanismen für die Authentisierung der Teilnehmer oder der Nachrichten. dazu notwendige Maßnahmen wurden für das CV ARGON durch Anforderungen an den Bedienablauf wie folgt festgelegt:

Bei individuellem Verkehr mit symmetrischer Verschlüsselung wurde die Authentisierung der Teilnehmer bereits durch die Schlüsselverteilung erreicht, denn nur der autorisierte Absender und der vorgesehene Empfänger besaßen den notwendigen Schlüssel. Bei allgemeinem Verkehr wurde der ZS an mehr als zwei Teilnehmer verteilt, so dass jeder Teilnehmer mit jedem Teilnehmer des ZS-Bereichs verschlüsselt kommunizieren konnte. Hier führten der offene und verschlüsselte Namengeberaustausch, die verschlüsselte Übermittlung der Fernschreibrufnamen des Senders und Empfängers die Authentisierung der Teilnehmer auf die Authentisierung der Nachricht zurück.

Die Prüfung der Integrität der Nachricht wurde allein durch die Redundanz der natürlichen Sprache und die Wiederholungen im hergerichteten Klartext ermöglicht und durch die Quittung der Gegenstelle bestätigt. Verstümmelte Texte führten zu Rückfragen des Empfängers (Gebrauchsanweisung ARGON [99, Kap. 3 bzw. 11]). Die zielgerichtete, also nicht bemerkbare Verfälschung der Nachricht wurde durch die Substitutionsschaltung des CA T-310 erschwert (Abschn. 6.1). Wenn die Rekonstruktion der Substitutionsfolge des Geheimtextes einer Chiffrierverbindung gelingt, ermöglicht es dem Angreifer selbst eine autorisierte Chiffrierstelle nachzubilden, d. h. eine Chiffrierverbindung aufzubauen und eigene Nachrichten zu übermitteln.

15.5 Voraussetzungen für die Dekryptierung

In diesem Abschnitt analysieren wir die praktischen Möglichkeiten der Informationsgewinnung eines Angreifers durch Dekryptierung. Wir setzen die vollständige Kenntnis des Gerätesystems T-310/50, einschließlich LZS, des CV, der übertragenen

Nachrichten und Eigenschaften des Nachrichtennetzes ohne Kenntnis des ZS beim Angreifer voraus. Dabei berücksichtigen wir auch aktive Angriffe über den Nachrichtenkanal und die Nutzung der Bedienfunktionen des Gerätesystems T-310/50, nicht jedoch eine Auswertung der kompromittierenden Ausstrahlung, der technischen Fehler oder der physischen Manipulation der Chiffriermittel.

Grundsätzlich sind zwei Angriffsziele zu unterscheiden: der ZS und einzelne Klartexte ohne Bestimmung des ZS. Sie werden in den Abschn. 15.5.1 und 15.5.2 beschrieben. Für beide Angriffsrichtungen ist anzumerken, dass der ZS-Bereich auf maximal 150 Teilnehmer begrenzt wurde, um sowohl die Auswirkungen erfolgreicher Dekryptierung oder Kompromittierung des ZS als auch Möglichkeiten für die Rekonstruktion von Klartexten ohne Bestimmung des ZS einzuschränken.

15.5.1 Angriffe auf den Zeitschlüssel

Wir betrachten zunächst die praktischen Voraussetzungen, einen ZS zu bestimmen. Das kann auf zwei Wegen erfolgen:

1. Die TPM (brute force attack) testet alle ZS, bis einer gefunden wird, der bei dem Dechiffrieren bekannter Geheimtexte sinnvolle Klartexte ergibt.
2. Der umgekehrte Weg versucht, aus bekannten oder gewählten Klartext-Geheimtext-Paaren einen ZS zu bestimmen, der dann bei dem Dechiffrieren anderer Geheimtexte sinnvolle Klartexte ergibt. Nach den Voraussetzungen unterscheidet man
   a) Angriffe bei alleiniger Kenntnis des Geheimtextes *(ciphertext only attack)*
   b) Angriffe bei Kenntnis abgehörter Klartext-Geheimtext-Paare *(known plaintext attack)*
   c) Angriffe mit selbst gewählten Klartexten *(choosen plaintext attack).*

Ob im Fall 1 ein ermittelter ZS (oder ein ihm äquivalenter ZS) tatsächlich der richtige für die Verschlüsselung verwendete ZS ist, konnte ein Angreifer anhand der in der Gebrauchsanleitung ARGON vorgeschriebenen und deshalb bekannten (oder wahrscheinlichen) Textteile prüfen. Zusätzlich konnte die rund 70-prozentige Redundanz in sinnvollen deutschsprachigen Klartexten genutzt werden. Für den T-310-CA schloss allein der ZS-Vorrat eine praktische Nutzung der TPM aus. Wie in Abschn. 14.6 gezeigt, existierten allein schon 2^{115} nicht äquivalente Schlüsselkomponenten $S1$.

Die unter zweitens aufgeführten Methoden zur ZS-Bestimmung erforderten als Zwischenschritt die Bestimmung oder zumindest die Einschränkung der verwendeten a-Folge.

Für den Fall 2 (a) wurde angenommen, dass der Dekrypteur nur Geheimtexte kennt. Aus dem Auftreten eines Geheimtextzeichens, das nur aus Nullen besteht, könnte er darauf schließen, dass an der betreffenden Stelle Klartextzeichen und 5Bit-Tupel der a-Folge $\left(a_{7+13(j-1)}, \ldots, a_{11+13(j-1)}\right)$ gleich sind (Abschn. 6.1). Das trifft insbesondere auf die ersten vier Geheimtextzeichen zu, deren zugehörige Klartextzeichen die bekannte Maschinenbefehlsfolge 2 Bu CR LF LF bilden. Kennt der Dekrypteur wie in den Fällen 2 (b) und 2 (c) zu Teilen eines Geheimtextes die zugehörigen Klartextteile, so könnte er die für die Substitution verwendeten a-Folgeteile nur auf 31 a-Folgevektoren der Länge 10 Bit einschränken. Für alle Geheimtexte, die gemäß Gebrauchsanweisung ARGON gebildet wurden, waren bereits mindestens 76 Klartextzeichen bekannt oder konnten leicht erraten werden. Diese stereotypen Textteile konnten auch auf phasengleiche Geheimtexte hinweisen, lieferten aber nur eine schwache Einschränkung der a-Folge. Eine Bestimmung der a-Folge wäre erst bei Auftreten von mindestens zwei verschiedenen Klartextstellen, die mit gleichem ZS und IV (oder äquivalenten Schlüsseln) verschlüsselt wurden, gelungen. Die stereotypen Klartextteile sind dafür aber nur dann geeignet, wenn sie gegeneinander verschoben waren, z. B. durch unterschiedlich lange Fernschreibrufnamen. Das Auftreten von gleichen IV oder Textteilen, die mit gleichem ZS und gleichem Synchronfolgeabschnitt verschlüsselt werden, konnte ausgeschlossen werden (Abschn. 10.5).

Wir waren uns sogar sicher, dass ein Angriff wie 2 (b) bei Kenntnis abgehörter Klartext-Geheimtext-Paare nicht erfolgreich sein konnte. Es war gestattet, Texte, die offen übertragen werden durften, zweimal, sowohl unverschlüsselt als auch verschlüsselt, zu übertragen, wenn die Gebrauchsanweisung des Verfahrens ARGON eingehalten wurde. Durch die unverschlüsselte Übertragung entstand kein Vorkommnis im Sinne eines Verstoßes gegen die Gewährleistung der kryptologischen Sicherheit des CV ARGON [87]. Diese Einschätzung zeigte, dass wir den ZS des T-310-CA bei Vorliegen von schlüsselgleichen Klartext-Geheimtext-Paaren mit unterschiedlichen IV als sicher einschätzten.

Auch der Fall 2 (c) war prinzipiell möglich, z. B. wenn ein Innentäter präparierte Sprüche abgesetzt hätte. Auch hier war bestenfalls die a-Folge rekonstruierbar. Aus der Analyse des T-310-CA sind keine Methoden bekannt, die bei Kenntnis einer beliebigen Anzahl von a-Folgen zu einer Rekonstruktion des ZS führen.

15.5.2 Kompromittierung einzelner Klartexte

Wenn drei verschiedene Texte mit gleichem ZS und gleichem IV oder mit gleicher Substitutionsreihe verschlüsselt wurden und für zwei von ihnen die Klartexte bzw. Klartextstellen bekannt sind, so kann die a-Folge bestimmt und der dritte unbekannte Text entschlüsselt werden (Abschn. 6.1). Da solche Texte bei Einhaltung des CV praktisch ausgeschlossen sind (Kap. 10 und 11), können sie nur durch technische Fehler des ZG (Abschn. 14.4), unbewusste oder provozierte Bedienfehler (Abschn. 15.2) oder bewusste Angriffe durch das Bedienpersonal erzeugt werden.

Eine Gegenstelle kann einen aufgefangenen Geheimtext aus demselben ZS-Bereich nutzen, um eine autorisierte Chiffrierstelle nachzubilden, das Chiffriergerät einer autorisierten Chiffrierstelle zu synchronisieren und das Senden phasengleicher Geheimtexte zu provozieren. Gelingt dies zweimal, so kann der Geheimtext entschlüsselt werden. Ein Bediener könnte so fahrlässig oder bewusst einzelne Klartexte kompromittieren, ohne dass ihm die Klartexte zur Kenntnis gelangen oder bei ihm nachgewiesen werden könnten. Selbstverständlich könnte ein Innentäter auch jeden beliebigen Geheimtext seines ZS-Bereichs selbst entschlüsseln, dann wäre aber der bei ihm vorliegende Klartext ein Beweis für die Kompromittierung. Die Gebrauchsanweisung legte fest, dass nur die textabsendende Chiffrierstelle die Gegenstelle synchronisiert und von ihr der Namengeberaustausch sowie die Angaben von Datum und Uhrzeit der Nachricht zu kontrollieren sind.

Diese Festlegung wurde getroffen, um derartige Angriffe durch Bedienfehler zu vermeiden, aber auch um solche Handlungen als Verstöße gegen das CV ahnden zu können. Bei Verwendung von Funkverbindungen mussten sowohl die Funkdisziplin als auch die Einhaltung der Chiffrierverfahren kontrolliert werden.

Es könnten in einem ZS-Bereich auch zufällig gleiche Synchronfolgen F erzeugt werden. Abschätzungen in [111] und Abschn. 10.5 zeigen, dass dies bei ordnungsgemäß funktionierenden Zufallsgeneratoren praktisch ausgeschlossen ist. Die Zufallsgeneratoren unterliegen der Kontrolle des PBS und der prophylaktischen Prüfung (Abschn. 14.5.2).

Eine Rekonstruktion einzelner Klartexte wäre möglich, wenn eine Manipulation der Synchronfolge F erfolgreich durchgeführt werden könnte. Eine solche Manipulation bliebe aber kaum unbemerkt.

15.5.3 Hypothetische Angriffe

Der Vollständigkeit halber gehen wir noch auf Manipulationsmöglichkeiten ein, die in [15] durch Courtois untersucht wurden. Diese hypothetischen Angriffe wurden auch im Verlauf der Entwicklung des CV beachtet. Ihnen wurde durch Sicherheitsmaßnahmen begegnet.

Eine Manipulationsmöglichkeit hätte im Unterschieben von manipulierten bzw. dem Gegner bekannten ZS bestehen können. Das ist allerdings schwer vorstellbar, da die ZS-Produktion unter strengsten Sicherheitsvorkehrungen im ZCO erfolgte. Die ZS wurden nur durch Mitarbeiter des Chiffrierwesens ausgeliefert, deren Übergabe und Verwendung genauestens protokolliert.

Noch schwerer realisierbar wäre das Einschmuggeln von schwachen LZS in das Chiffriernetz gewesen. Dazu hätten extra Leiterplatten produziert und in den Grundgeräten eines ZS-Bereichs gleichzeitig ausgetauscht werden müssen. Der Zugang zu den Grundgeräten war streng reglementiert. Die Geräte durften nur von eingewiesenem Personal des Reparaturdienstes des Chiffrierwesens geöffnet werden (Abschn. 15.1). Bleibt noch das Unterschieben einer Synchronfolge $F = (0, \dots, 0)$, um auswertbare Steuerfolgen zu erzwingen. In diesem Fall würde das PBS reagieren und die Datenausgänge blockieren (Abschn. 14.5.2).

Im Einsatz des CV ARGON hatten die genannten Angriffsmöglichkeiten deshalb keine praktischen Erfolgsaussichten.

15.6 Chiffriergeräte T-310 und die Chiffrierverfahren aus heutiger Sicht

Das Chiffriergerät T-310 war ein Kind seiner Zeit. Seine Entwicklung begann vor 50 Jahren und dessen Serienproduktion sieben Jahre später. Unabhängig von den politischen Ereignissen war vorgesehen, ab Ende 1989 keine weiteren T-310/50 zu produzieren. Als technische Basis standen nur integrierte Schaltkreise mit geringem Integrationsgrad (small scale integration) zur Verfügung, die inzwischen veraltet waren. Das spiegelte sich sowohl in der Größe des Grundgeräts und der Stromversorgung als auch in der begrenzten Komplexität der Funktionalität des Grund- und des Bediengeräts wider. Die Geschwindigkeit der Schaltkreise ließ allerdings eine große Anzahl interner Takte des CA pro Fernschreibzeichen zu. Der schon in den achtziger Jahren entwickelte und gebaute Prüfrechner PR-310 basierte bereits auf einem Mikrorechner. Das ZCO entwickelte Ende der siebziger Jahre auch Chiffriergeräte mit höher integrierten Schaltkreisen, wie z. B. das PCM-30 Bündelchiffriergerät T-311 oder in den achtziger Jahren auf Mikrorechnerbasis das Chiffriergerät T-316 (http://scz.bplaced.net/).

In den Gerätesystemen T-310/50 und T-310/51 waren viele gute Ideen umgesetzt, wie die Substitutionsschaltung, die LZS und – wenn auch mit Anlaufschwierigkeiten – der ZG. Das Prinzip der Substitutionsschaltung einer (mindestens) zweifach transitiven Verknüpfung des Klartextes mit einer Steuerfolge wird heute durch die Blockchiffrierverfahren angewandt. LZS fanden und finden auch heute in CV Anwendung, z. B. in Form geheimer Substitutionsboxen oder geheimer elliptischer Kurven. Selbst Zufallszahlengeneratoren sind noch immer ein leidiges Problem fast aller Sicherheitsuntersuchungen bzw. Evaluierungen. Deshalb wurde dieses Thema von uns auch in Abschn. 14.4.3 ausführlicher diskutiert.

Aus heutiger Sicht zählt der Klartextbetrieb als Grundeinstellung des Chiffriergeräts und die Bedienhandlung beim Übergang in den Chiffrierbetrieb zu den potentiellen Sicherheitsproblemen der T-310. Die T-310/50 erfüllte die Bedingungen zum Schutz vor Klartextbetrieb durch interne Fehler und der deutlichen Anzeige des Klartext- bzw. des Chiffrierbetriebs, wie sie z. B. für Kryptomodule durch FIPS-140 [59] auch heute gefordert werden. Nach unserer Überzeugung ist es jedoch sicherer, den Chiffrierbetrieb als Ausgangslage zu nehmen und eine explizite Bedienhandlungen für den Übergang zum Klartextbetrieb zu fordern. Das berührt aber generell die Sicherheitsgrundsätze des Anwendungsgebiets. Für den E-Mail-Verkehr wäre es beispielsweise unter Sicherheitsaspekten sehr sinnvoll, wenn dieser grundsätzlich in einem Verschlüsselungsmodus stattfände und nur nach ausdrücklicher Freigabe in einen Klartextmodus übergehen dürfte.

> Der Chiffrieralgorithmus T-310 und das Chiffrierverfahren ARGON mag manchem Leser als *old school cryptography* erscheinen. Als *Kryptographie der alten Schule* sind sie aber auch heute noch lehrreich.

Teil IV
Ende und Neuanfang

„Kryptografie ist die politischste Form der Mathematik."
Johannis Brühl in der Süddeutschen Zeitung vom 23./24. November 2019

Das Ende des ZCO und der T-310 16

Inhaltsverzeichnis

Seit November 1989 änderten sich die politischen Verhältnisse stetig und rasant. Die Auswirkungen auf die Arbeit des Zentralen Chiffrierorgans und seine Mitarbeiter waren weitreichend. Die Auflösung staatlicher und gesellschaftlicher Einrichtungen hatte zur Folge, dass die dort befindlichen Chiffriergeräte zurückgeführt werden mussten. Das waren hauptsächlich T-310-Geräte, die mit Unterstützung und unter Kontrolle von Vertretern der Bürgerbewegung und Kirchen aus den Chiffrierstellen abtransportiert werden konnten. Für die Kommunikationsverbindung zwischen der Bundesregierung und der neuen DDR-Regierung musste gleichzeitig eine sichere Nachrichtenverbindung aufgebaut werden. In diesem Zusammenhang kam es zu Kontakten zwischen Vertretern der Zentralstelle für Sicherheit in der Informationstechnik in Bonn und dem Zentralen Chiffrierorgan, wobei auch das Verfahren ARGON, die T-310 und ihr Chiffrieralgorithmus vorgestellt wurden. Die T-310 kam sowohl auf Fernschreibverbindungen zwischen den beiden Regierungsbunkern für die Kommunikation der beiden Innenministerien als auch zwischen den beiden Verteidigungsministerien zwischen der Hauptnachrichtenzentrale in Strausberg und einer Einrichtung in Rheinbach bei Bonn zum Einsatz. Mit der Vereinigung am 3. Oktober 1990 begann dann der letzte Akt für die T-310-Geräte: Von wenigen Ausnahmen abgesehen, wurden bis zum Dezember 1990 alle Geräte vernichtet.

W. Killmann und W. Stephan, *Das DDR-Chiffriergerät T-310*,
https://doi.org/10.1007/978-3-662-67584-7_16

16.1 Drei Phasen im Vereinigungsprozess

Über das Ende der T-310 kann nicht berichtet werden, ohne es im Zusammenhang mit dem Ende der DDR und dem damit verbundenen Vereinigungsprozess der beiden deutschen Staaten zu sehen. In diesem Prozess können drei Phasen unterschieden werden.

- **Die erste Phase** begann mit der Neubildung der Regierung durch Ministerpräsidenten Hans Modrow am 17./18.11.1989 und endete mit den letzten Volkskammerwahlen in der DDR am 18. März 1990.
  In dieser Phase gingen die offiziellen Stellen in der DDR und Teile der Bürgerbewegung vom Weiterbestehen der DDR und einer demokratischen Umgestaltung aus.
- **Die zweite Phase** begann nach den Volkskammerwahlen mit der Regierungsbildung unter Ministerpräsidenten de Maizière. Damit begann der Vereinigungsprozess zwischen den beiden deutschen Staaten, wobei der Zeitrahmen vorerst offen blieb. Laut der gefundenen Unterlagen und der zugänglichen Veröffentlichungen wurde von einem Übergangszeitraum von ca. zwei bis vier Jahren ausgegangen. Dabei gab es sowohl in der DDR als auch in der Bundesrepublik Befürworter sowohl eines schnellen Zusammenschlusses, z. B. Minister Schäuble, als auch Befürworter einer längeren Übergangszeit, z. B. Lafontaine. Trotz des Inkrafttretens der Währungs-, Wirtschafts- und Sozialunion zwischen der BRD und der DDR am 1. Juli kam es zu keiner politischen Stabilisierung. In den Sommermonaten Juli und August 1990 entwickelte sich in der DDR eine Regierungskrise. Sie war begleitet von einem raschen Niedergang der DDR-Wirtschaft, sodass de Maizière am 1. August Bundeskanzler Kohl an dessen Urlaubsort am Wolfgangsee aufsuchte, um ihn zu einem möglichst frühen Vereinigungstermin und zu gesamtdeutschen Wahlen bereits am 14. Oktober zu drängen. Als Tag der Vereinigung von DDR und Bundesrepublik wurde letztendlich der frühestmögliche nach der abschließenden Zwei-plus-Vier-Konferenz bestimmt, der 3. Oktober 1990. Mit dem Besuch de Maizières bei Bundeskanzler Kohl an dessen Urlaubsort am 1. August 1990 und den daraus resultierenden Entscheidungen endete diese zweite Phase.[1]
- **Die dritte Phase** begann im August 1990 mit Bekanntgabe der schnellen Vereinigung und endete mit dem Tag der Vereinigung am 3. Oktober 1990.
  Sie war verbunden mit einem sehr schnellen Umbau in allen gesellschaftlichen Bereichen: in der Wirtschaft, in der Bildung, in der Verwaltung und im sozialen Bereich. Am 31. August unterzeichneten im Berliner Kronprinzenpalais Bundesinnenminister Schäuble und DDR-Staatssekretär Krause den deutsch-deutschen Einigungsvertrag.

---

[1] z. B: https://www.deutschlandfunk.de/die-letzten-schritte-auf-dem-weg-zur-einheit-100.html, https://de.wikipedia.org/wiki/Deutsche_Wiedervereinigung#Weichenstellungen_und_Beschleunigungsfaktoren, https://www.faz.net/aktuell/politik/inland/20-jahre-einigungsvertrag-der-endspurt-in-die-deutsche-einheit-1611725.html.

Das Ende der DDR war turbulent, das Tempo, in dem sich die Auflösung vollzog, atemberaubend.

Dazu ein recht spezielles Beispiel aus dem Oktober 1990: Die Deutsche Post (DDR) hatte für den 9. bis 11. Oktober in Berlin ein Fachkolloquium zum Thema *Kryptographische Methoden der Datensicherheit in der Telekommunikation* organisiert [50]. Sie reagierte damit auf die zunehmende Bedeutung von Datenschutz, Informationssicherheit und Kryptographie in der Öffentlichkeit, was sich mit Erfordernissen zu Beginn der Wende verstärkte. Als de-facto Ministerium für die Telekommunikation sah sich die Deutsche Post verpflichtet, tätig zu werden. Mit der Einladung zu diesem Kolloquium wollte sie die DDR-Experten, die bis dahin mehr oder weniger im Verborgenen und isoliert voneinander kryptographisch tätig waren, zusammenführen und auch Kollegen aus dem deutschsprachigen Raum, also Kollegen aus der BRD, aus Österreich und aus der Schweiz, in die Diskussion einbeziehen.

Die Vortragsliste zeigte, dass viele ausgewiesene Experten der Einladung folgten und das Vorhaben ein voller Erfolg geworden war: Aus der Bundesrepublik (alt) kamen Klaus-Dieter Wolfenstetter und Bernd Kowalski, beide damals bei der TELEKOM, sowie Bruno Struif von der GMD. Österreich war durch Professor Winfried B. Müller von der Universität Klagenfurt vertreten. Rainer Rueppel kam von R^3 Security aus der Schweiz. Erstmals erfuhren wir auch, dass es in der DDR außerhalb des ZCO noch Bereiche gab, in denen kryptographische Fragestellungen bearbeitet wurden. Dr. Norbert Thöry arbeitete bei der Deutschen Post, Dr. Christa Kubas kam von der Technischen Universität Dresden und Dr. Ernst-Günther Gießmann von der Humboldt Universität zu Berlin. Das ZCO wurde von uns beiden sowie einem weiteren Kollegen und einer Kollegin vertreten. Auf einen eigenen Vortrag waren wir allerdings sechs Tage nach der Vereinigung und wegen der speziellen Arbeiten während der Auflösung des ZCO nicht vorbereitet.

Das Kolloquium war das erste und gleichzeitig letzte seiner Art. Geplant als Ost-West-Treffen, wurde es zum ersten Treffen im vereinigten Deutschland. Es belegt den Versuch, kryptologische Fragestellungen mehr in die Öffentlichkeit zu tragen und akademische Institutionen auch international mit einzubeziehen. Das Beispiel zeigt, wie sich die einzelnen Ereignisse überschlugen und wie schnell sich die Annäherung von Ost und West auf diesem sehr speziellen Fachgebiet vollzog. Auch für uns im ZCO war diese Dynamik kaum vorhersehbar. Sie wirkte sich auf das Chiffrierwesen und uns als Mitarbeiter natürlich enorm aus. Die dabei von den einzelnen Mitarbeitern wahrgenommenen Aufgaben innerhalb und außerhalb des ZCO wurden weiterhin so vertraulich behandelt, dass teilweise erst im Zusammenhang mit der Erarbeitung dieses Buches und insbesondere dieser zweiten Auflage den Verfassern bestimmte Aktivitäten bekannt und die Zusammenhänge bewusst wurden.

In den nachfolgenden Kapiteln beschreiben wir unsere Sicht auf die Ereignisse, unsere Erlebnisse sowie die Erlebnisse von Protagonisten aus dieser Zeit, mit denen wir nach der Veröffentlichung der ersten Auflage Kontakt hatten.

16.2 Die Ereignisse in der ersten Phase und davor

Die Umwandlung des MfS in ein Amt für Nationale Sicherheit (AfNS) erfolgte im Zusammenhang mit der Neubildung der Regierung durch den Ministerpräsidenten Hans Modrow am 17./18.11.1989. Das ZCO wurde in den neuen Bestand des AfNS übergeführt. Bereits am 07.12.1989 forderte der Zentrale Runde Tisch die Auflösung des AfNS, was dann auch bis März 1990 vollständig geschah.

Das ZCO wurde bereits im Januar 1990 wieder aus dem AfNS herausgelöst und dem Ministerium des Inneren der DDR (MDI) zugeordnet, mit Peter-Michael Diestel als neuem Innenminister. Solange es die Bestrebungen gab, die DDR irgendwie zu erhalten, wurde letztlich auch ein Chiffrierwesen gebraucht, deshalb war das ZCO nicht von der Auflösung des AfNS betroffen. In einem Artikel des Spiegel [61] wird angedeutet, dass diese Angliederung unter dem Einfluss der beiden Bonner Berater des Ministers, dem Staatssekretär Hans Neusel und dem damaligen stellvertretenden Abteilungsleiter Eckart Werthebach erfolgte.

Während die sich ändernden Unterstellungsverhältnisse für das ZCO deutliche Umstrukturierungen mit sich brachten und erhebliche Personalreduzierungen nach sich zogen, waren die Kryptologen und die Mitarbeiter in der Entwicklungsabteilung davon wenig betroffen. Es wurde offenbar von fast allen Seiten akzeptiert, dass es in jedem Staat ein Chiffrierwesen gibt und es auch eins in der DDR geben musste.

In der ersten Zeit der Wende schützte das ZCO wahrscheinlich auch die etwas abgelegene geografische Lage vor den stürmischen und teilweise chaotischen Übernahmen von Einrichtungen des MfS durch aufgebrachte DDR-Bürger. Die Gebäude des ZCO standen in Dahlwitz-Hoppegarten in der Lindenallee. Viele Mitarbeiter des ZCO wohnten selbst in der Gemeinde und engagierten sich im gesellschaftlichen Leben ihres Wohnumfeldes. Der Bevölkerung von Dahlwitz-Hoppegarten war deshalb relativ frühzeitig bekannt, dass in dem Gebäudekomplex das Chiffrierwesen untergebracht war. Es gab sachliche Kontakte zur lokalen Bürgerbewegung, die nach einigen Diskussionen verstand, dass das ZCO nicht zu den MfS-Einheiten gehörte, die sie unmittelbar für die Situation in der DDR und für die Auseinandersetzungen mit Bürgern in der letzten Zeit verantwortlich machen konnten. Die Gebäude des ZCO wurden zu keiner Zeit durch Vertreter der Bürgerbewegung besetzt, wie das am 15. Januar 1990 in der Berliner Zentrale und schon vorher bei anderen Dienststellen in den Bezirks- und Kreisverwaltungen die Regel war.

16.3 Die Ereignisse in der zweiten Phase bis Juli 1990

Die hohe Politik war für uns, wie für viele andere DDR-Bürger, in dieser Zeit nicht transparent. Wir Mitarbeiter und Mitarbeiterinnen im ZCO mussten uns zu der Zeit um die Tagesaufgaben kümmern. Es gab noch verschiedene Einrichtungen, z. B. die Chiffrierstellen bei der Armee, die noch arbeiteten und betreut werden mussten. Andere Chiffrierstellen wurden aufgelöst.

Außerdem gehörte zu den Aufgaben des ZCO in dieser Zeit die Organisation der Rückführung der Chiffriergeräte aus den über das ganze Land verteilten, aufzulösenden Chiffrierstellen. Das war leichter gesagt als getan. Die Rückholaktionen erfolgten erst in der zweiten Phase etwas planvoller, nachdem das ZCO dem Innenministerium unterstellt war. Vorher mussten unsere Mitarbeiter immer auf aktuelle sich zuspitzende Situationen in den Einrichtungen reagieren, in denen es Chiffrierstellen gab. Zentrale Anweisungen gab es in der Regel nicht, das ZCO musste selbständig handeln. Um die Situation zu verstehen, muss man wissen, dass die Chiffrierstellen immer in besonders gesicherten Räumen mit speziellen Zugangskontrollen untergebracht waren. Zugang hatten nur Geheimnisträger des Chiffrierwesens. Die Installationsvorschrift (Abschn. 15.1) vermittelt einen Eindruck von den sehr strengen Maßnahmen für die Absicherung dieser Räume. So mutmaßten einige Bürgerrechtler, dass sich in diesen Räumen Abhörstellen befanden und begegneten der Rückholaktion – gelinde gesagt – nicht gerade freundlich.

In [30] ist folgende Notiz dazu zu finden:

„Die T-310/50 wurde am 25.07.1990 im DDR Fernsehen als »Abhörstation« im „Roten Rathaus" bezeichnet, es war aber **nur** (Bestandteil) einer Chiffrierstelle. Leider sind die MAZ-Aufzeichnungen (des Fernsehens) nicht erhalten geblieben. Im Online-Fotoarchiv des Bundesarchiv ist ein Pressefoto erhalten. In den Archiven der DDR-Zeitungen „Neues Deutschkand", „Berliner Zeitung" und „Neue Zeit" sind dazu ebenfalls noch Mitteilungen vom 26. bis 28.07.1990 erhalten (Staatsbibliothek).

Dazu heißt es: **Politischer Skandal geplatzt** – Der Marzahner Bürgermeister Andreas Röhl (SPD) in einer der vermeintlichen Abhöranlagen der ehemaligen Stasi, bei denen es sich in Wirklichkeit um offizielle **Chiffrierabteilungen des Berliner Magistrats** handelt. Berlins Innenstadtrat Thomas Krüger (SPD), der am 25.7. die „Enttarnung" von Geheimbüros in Berliner Rathäusern als einen politischen Skandal ohnegleichen bezeichnet hatte, war bereits seit Ende Mai über diese Chiffrieranlagen informiert gewesen." „In dieser Schlammschlacht zerfetzten sich die DDR Politker, Hr. de Maiziere, Diestel, Krüger und Röhl. Der Westberliner Senat ließ den Magistratsvertretern mitteilen, dass sie ebenfalls über Chiffrierstellen verfügten."

Erst mit diesem Hinweis aus Westberlin beruhigte sich die Situation.

Dass diese Rückholaktion unseres Wissens trotzdem ohne bemerkenswerte Vorkommnisse verlaufen konnte, ist zum großen Teil Kirchenvertretern zu verdanken. Sie wirkten beruhigend auf die Situation vor Ort ein. Deshalb wurden von ihnen oft die Chiffrierstellen mit Petschaften der Kirche gemeinsam mit Petschaften der zuständigen Staatsanwaltschaft versiegelt. Ein Beleg für ein solches Vorgehen ist in Abb. 16.1 zu erkennen. Im Beisein der Kirchenvertreter, der Staatsanwaltschaft und von Vertretern der Bürgerbewegung erfolgte dann die Rückführung der Chiffriergeräte, darunter auch der T-310. Ein Großteil der T-310-Geräte wurden schließlich in einer großen Garage, die mehreren Lkw Platz bot, auf dem Gelände des ZCO eingelagert. Die Rückführung der T-310 und anderer Geräte aus den Chiffrierstellen erfolgte auch noch nach dem Juli 1990.

Ob und wie die T-310-Geräte während des Vereinigungsprozesses eingesetzt werden, war völlig offen. Um auf alle Eventualitäten vorbereitet zu sein, produzierten wir für die T-310 vorsorglich neue LZS. Wir gingen davon aus, dass einerseits in der aktuellen Situation Geräte verloren gehen könnten und sich andererseits in jedem Fall die Einsatzbedingungen für die Geräte ändern würden. Was auch bedeutete, dass die Geräte in neuen Strukturen, z. B. mit anderem Bedienpersonal, also insgesamt in einem anderen Umfeld, eingesetzt werden würden. All das sind typische Gründe

Abb. 16.1 Siegel an einer Chiffrierstelle aus Eberswalde (Quelle: Privatarchiv)

für einen Schlüsselwechsel. Wie im Teil II dargelegt, wird mit dem LZS-Wechsel der T-310-CA total geändert. Das Konstruktionskonzept der LZS bewährte sich also auch in der aktuellen außergewöhnlichen Situation. Darüber hinaus versuchten wir, uns bereits ab Januar auf die voraussichtlich neuen Anforderungen in der Phase einer Umgestaltung der DDR bzw. im Vereinigungsprozess vorzubereiten. Es war abzusehen, dass wir ab einem gewissen Zeitpunkt keine sowjetischen Geräte bzw. Algorithmen im Chiffrierwesen der DDR einsetzen konnten. Ob westliche Technik genutzt werden konnte und durfte, war ebenfalls fraglich. Deshalb führten wir eine Reihe von Entwicklungsarbeiten weiter. Mit dem abzusehenden verstärkten Einsatz von moderner IT-Technik bzw. von Mikroprozessoren benötigte man z. B. Algorithmen, die softwaretechnisch günstig umzusetzen wären, etwa Blockchiffrieralgorithmen wie den amerikanischen DES oder den sowjetischen DCA (GOST 28147-89). Unter Zeitdruck entwickelten wir die Chiffrieralgorithmenklasse LAMBDA und eine weitere Klasse DELTA. Die Originaldokumente findet man in [29]. Die Anleihen am DES und DCA sind dort unschwer zu erkennen. Im Anhang E ist die Methodik der Entwicklung der Klasse LAMBDA skizziert. Nach Juni 1990 wurden diese Arbeiten eingestellt. Aus dem Vereinigungsprozess ergaben sich neue Herausforderungen und praktische Aufgaben, die gelöst werden mussten, unabhängig wie lange dieser Prozess dauern würde. Offen war damals beispielsweise, wie in dieser Übergangsphase die Kommunikation auf DDR-Gebiet, etwa für polizeiliche Aufgaben, gesichert werden sollte. Mit der umgerüsteten T-310 wäre dies möglich gewesen.

Ein spezielles Problem war die Gewährleistung einer gesicherten Kommunikation zwischen staatlichen Stellen der Noch-DDR und der Bundesrepublik. Während innerhalb der DDR die Chiffrierstellen geschlossen und aufgelöst wurden, erhielten einige Kollegen den Auftrag, an der Sicherstellung dieser Kommunikation mitzuwirken. In dieser Zeit entwickelten sich auch erste Kontakte zum ZSI in Bonn. Über die folgenden drei Ereignisse berichten wir genauer:

- 28. Juni 1990 Inbetriebnahme einer gesicherten Fernschreibverbindung zwischen den Regierungsbunkern in Marienthal/Ahrweiler (BRD) und Prenden (DDR) zur Absicherung der Verbindung zwischen den beiden Innenministerien
- 8.–10. Juli Dienstreise nach Bonn. Information der ZSI zu ARGON und zur T-310
- 24. Juli Besuch von Dr. Leiberich in Hoppegarten.

16.3.1 Die gesicherte Fernschreibverbindung zwischen den beiden Innenministerien

Mit einer Dienstreise von drei Mitarbeitern des DDR-Innenministeriums begannen die Vorbereitungen für den Betrieb der gesicherten Fernschreibverbindung.[2] Die Teilnehmer waren VP-Rat Dr. Klaus Dieter Nickel[3], einer der Entwickler der T-310 und damals Mitarbeiter des ZCO, und VP-Oberrat Hans Schmohl[4], Leiter der Abteilung 6 des SFDR (Spezieller Fernmeldedienst der Regierung bei der Verwaltung des Nachrichtendienstes der DDR MdI), sowie ein weiterer Mitarbeiter des SFDR, VP-Obermeister G. Der SFDR war früher eine Abteilungen MfS. Auch sie wurde bereits im Januar 1990 in das MdI der DDR eingegliedert.

Nach seinen handschriftlichen Aufzeichnungen aus dieser Zeit starteten Dr. Nickel und ein Fahrer am 26. Juni 1990 um 8.30 Uhr mit einem Barkas, vergleichbar mit einem VW-Bus, vom Gelände des ZCO in Dahlwitz-Hoppegarten bei Berlin Richtung Bonn. In seinem Gepäck befanden sich neben entsprechenden Dokumenten zwei T-310-Chiffriergeräte und zwei elektronische Fernschreiber. An der Grenze stießen die beiden SFDR-Mitarbeiter zu dem Transport. Ab der Grenzkontrollstelle Helmstedt/Marienborn übernahm der Bundesgrenzschutz (BGS) den Transport und die Sicherung der Technik bis zum Bestimmungsort. Am 27. Juni fand die offizielle Begrüßung auf dem BGS-Gelände in Swisttal-Heimerzheim statt. Direktor Idolski, der kommandierende Offizier, bekundete das Interesse des BGS an den persönlichen Fähigkeiten und der technischen Ausstattung des MdI, d. h. des ehemaligen MfS, die er als sehr wertvoll erachtete. Gleichzeitig betonte er jedoch die aus politischen Gründen notwendige Zurückhaltung insbesondere bis zu den BRD-Wahlen im Dezember.

Die DDR-Spezialisten installierten im Regierungsbunker Marienthal/Ahrweiler der Bundesrepublik zwei T-310-Geräte. Diese wurden noch am selben Tag, am 27. Juni 1990, durch Einlesen des Kurzzeitschlüssels (Lochkarte) aktiviert. Am 28. Juni vormittags wurden die Einrichtungsarbeiten abgeschlossen. Gleichzeitig wurde die grundsätzliche Arbeitsweise mit dem Leiter der BGS-Einheit PIII4 abgestimmt. Die Fernschreibverbindung zur Gegenstelle in der DDR sollte über zwei verschiedene Kanäle realisiert werden, über eine Standleitung und eine Funkverbindung. Beschlossen wurde, dass die Verbindung bis zur Inbetriebnahme der Standleitung über eine Funkverbindung erfolgen sollte. Bis dahin war auch noch kein Übertragungsverkehr für nachgeordnete Dienststellen vorgesehen. Nach einer Einweisung des Betriebspersonals wurden die zugehörigen Unterlagen, die Betriebsanleitung, ein Benutzer-

[2]In diesem Kapitel werden Interviews der Autoren und persönliche Aufzeichnungen und Fotos der genannten Protagonisten verarbeitet, die im Kern bereits in [73] enthalten sind.

[3]Nach der Wiedervereinigung war 1991 Dr. K.-D. Nickel Mitbegründer der Datasec Electronic GmbH. In diesem Unternehmen wirkte er viele Jahre als Marketing- und Vertriebsbeauftragter.

[4]Seit 1991 war Herr Schmohl als Geschäftsführer einer Handwerker-GmbH für Kommunikationsanlagen tätig. Danach war er bis zu seiner Pensionierung bei der Firma „Primacom“, einem deutschlandweiten Kabelfernsehunternehmen, für den technischen Service in drei der neuen Bundesländer zuständig.

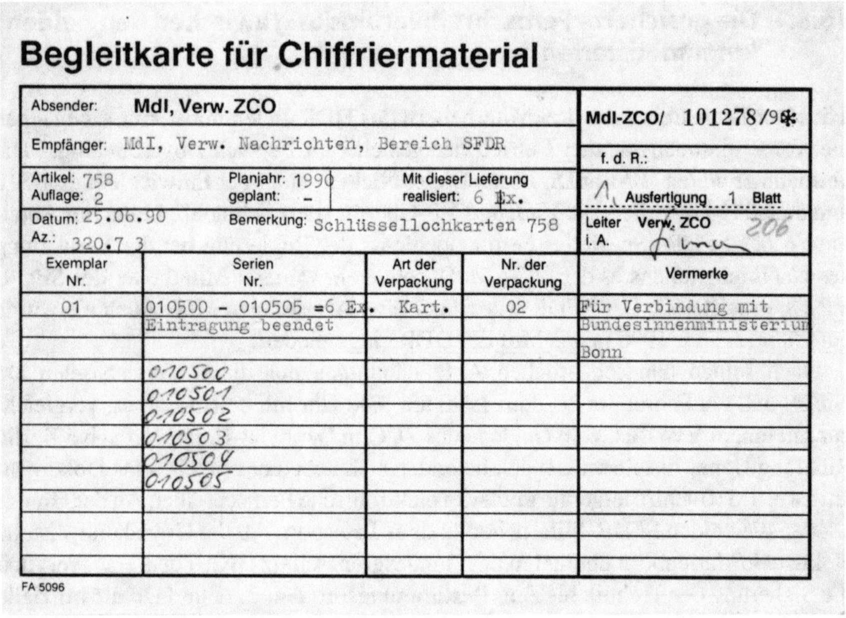

Begleitkarte für Chiffriermaterial

Absender: MdI, Verw. ZCO

Empfänger: MdI, Verw. Nachrichten, Bereich SFDR

MdI-ZCO/ 101278/9*

f. d. R.:

Artikel: 758 Auflage: 2 — Planjahr: 1990 geplant: – — Mit dieser Lieferung realisiert: 6 Ex.

1 Ausfertigung 1 Blatt

Datum: 25.06.90 Az.: 320.7 3 — Bemerkung: Schlüssellochkarten 758

Leiter Verw. ZCO i. A. 206

Exemplar Nr.	Serien Nr.	Art der Verpackung	Nr. der Verpackung	Vermerke
01	010500 - 010505 =6 Ex.	Kart.	02	Für Verbindung mit
	Eintragung beendet			Bundesinnenministerium
				Bonn
	010500			
	010501			
	010502			
	010503			
	010504			
	010505			

FA 5096

Abb. 16.2 Begleitkarte für Schlüssellochkarten

handbuch für das zugehörige ARGON-Verfahren und sechs Schlüsselochkartenhefte mit je 14 Lochkarten, übergeben. Bereits am 28. oder 29. Juni wurde die Standleitung eingeschaltet.

Die Abb. 16.2 zeigt eine Original-Begleitkarte für das übergebene Schlüsselmaterial. Als Vermerk ist die Verwendung „Verbindung mit dem Bundesinnenministerium Bonn“ aufgeführt.

Die Abb. 16.3 zeigt die eingeschweißten Lochkarten mit den geheimen Zeitschlüsseln, so wie sie in Marienthal ausgehändigt wurden.

Der Bereich, in dem die beiden T-310 in Marienthal aufgestellt waren, kann anhand der folgenden Quelle lokalisiert werden [26]: „In unmittelbarer Nähe der Schutzräume des Kanzleramtes und des Bundesinnenministeriums befindet sich das Gebäude 4, der geheime Kommunikationsbereich des Bundesgrenzschutzes. Dieser 200 m lange Seitentunnel war immer ein Sperrbereich innerhalb des Sperrgebiets, für den auch während der Bauzeit ein höherer Schutz gegen unbefugtes Betreten galt als anderswo.“ Auch die Chiffriergeräte waren dort untergebracht [1].

16.3.2 Die Gegenstelle in der DDR

Das Pendant in der DDR befand sich in einem Bunker in der Nähe von Prenden im Norden von Berlin. Das Objekt 5001 war in der DDR die „Hauptgeschäftsstelle der Partei- und Staatsführung“. Es wurde später als „Honecker-Bunker“ bekannt. Damals war er wohl das „technisch aufwendigste Schutzbauwerk im Warschauer

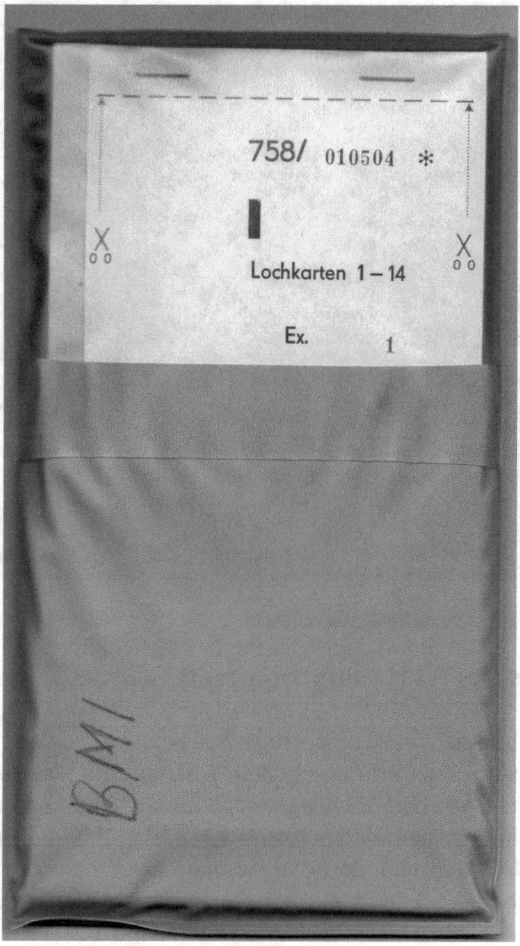

Abb. 16.3 Schlüssellochkarten für das BMI

Vertrag außerhalb der Sowjetunion". Heute ist dieser Bunker einer der verlorenen Orte (lost places). Es gibt Bestrebungen, ihn als Museum herzurichten, ähnlich wie den Regierungsbunker in Marienthal/Ahrweiler.[5] Für den Betrieb der Anlagen im Bunker war die damalige Fernmeldeeinheit von Herrn Schmohl zuständig.

Das Foto in Abb. 16.4 stammt aus dem Chiffrierraum dieses Bunkers. Es sind insgesamt sechs T-310-Geräte zu sehen, wobei je zwei Geräte übereinander stehen. Die beiden Chiffriergeräte auf der linken Seite waren für die gesicherte Verbindung nach Marienthal eingerichtet. Sie tragen die Aufschrift „Bonn" und haben die Seriennummern 281/86 und 001/86.

[5] https://www.bunker5001.com, abgefragt 2022-03-30.

Abb. 16.4 Sechs T-310-Geräte im Bunker Prenden

16.3.3 Warum das T-310-Gerät eingesetzt wurde

Bislang ist nicht bekannt, welche Führungsebenen in Ost und West an der Vorbereitung dieses Einsatzes der Chiffriermaschine T-310 beteiligt waren und in welcher Form. Nach den geltenden Bestimmungen der BRD konnte die Kommunikation nicht mit NATO-Verfahren gesichert werden, weil die DDR noch Mitglied des Warschauer Vertrages war. NATO-Technik durfte in solchen Ländern nicht eingesetzt werden. Wie bereits in Abschn. 1.3 vermerkt, war die T-310 kein Chiffriergerät, das in den Mitgliedsstaaten des Warschauer Vertrages verwendet wurde. Es wurde ausschließlich in der DDR eingesetzt. Dies war wahrscheinlich eines der Argumente, das für den Einsatz der T-310 sprach. Als Verbindungsknoten boten sich die geheimen Kommunikationszentralen der beiden Regierungsbunker an, denn von hier aus konnte fast jeder Ort in Ost und West mit einer gesicherten Verbindung erreicht werden. Mehr als 800 bis 900 Fernschreiben liefen täglich zwischen den beiden Bunkern über die 50-Baud-Leitung. Hauptsächlich ging der Fluss von West nach Ost, manchmal mit mehreren Verteilern. Zwischen ca. 12 Uhr und ca. 5 Uhr morgens gab es eine Übertragungspause. Etwa Mitte August wurde die bis dahin intensiv genutzte Fernschreib-Mietleitung abgeschaltet und eine Direktverbindung zum DDR-Innenministerium hergestellt. Dafür wurde das NATO-Chiffriergerät Elcrotel 4 eingesetzt. Nachdem die schnelle Vereinigung für den 3. Oktober beschlossen war, ließ die neue politische Lage dies offenbar zu. Die direkte Kurzwellenfunkverbindung, die parallel dazu noch betrieben werden konnte, blieb auch nach dem 3. Oktober bestehen. Der letzte Wechsel des geheimen Kurzzeitschlüssels für die Verbindung Marienthal – Prenden fand am 28. Mai 1991 statt. Bis zu diesem Zeitpunkt, also noch acht Monate nach der Wiedervereinigung, wurde die Chiffrierverbindung in Betrieb gehalten, aber vermutlich kaum genutzt. Mit der Abschaltung der Verbindung endete auch dieser letzte Einsatz der T-310.

16.3.4 Kontakte zum ZSI/BSI – unsere Dienstreisen nach Bonn

Der Einsatz der T-310-Geräte zur Sicherung der Kommunikation zwischen Ministerien der BRD-West und der DDR unterlag strikter Geheimhaltung. So hatten wir, die beiden Autoren, keine Kenntnis von diesen Aktionen, obwohl unsere Büros quasi Tür an Tür mit dem von Dr. Nickel lagen. Es wurde uns gegenüber auch immer nur von einer Absicherung der Linie Bonn-Berlin gesprochen. Wir erhielten vom damaligen Leiter des ZCO, Volkspolizei-Direktor Zimmermann, lediglich den Auftrag, das Verfahren ARGON und das Gerät T-310 in Bonn in der ZSI vorzustellen. Der Dienstreiseauftrag, wie in Abb. 16.5 aufgenommen, legitimierte unser Abenteuer. So fuhren wir am 8. Juli 1990 mit dem blauen Dienst-LADA des Leiters des ZCO von Dahlwitz-Hoppegarten nach Bonn, im Kofferraum geheim klassifizierte Unterlagen.

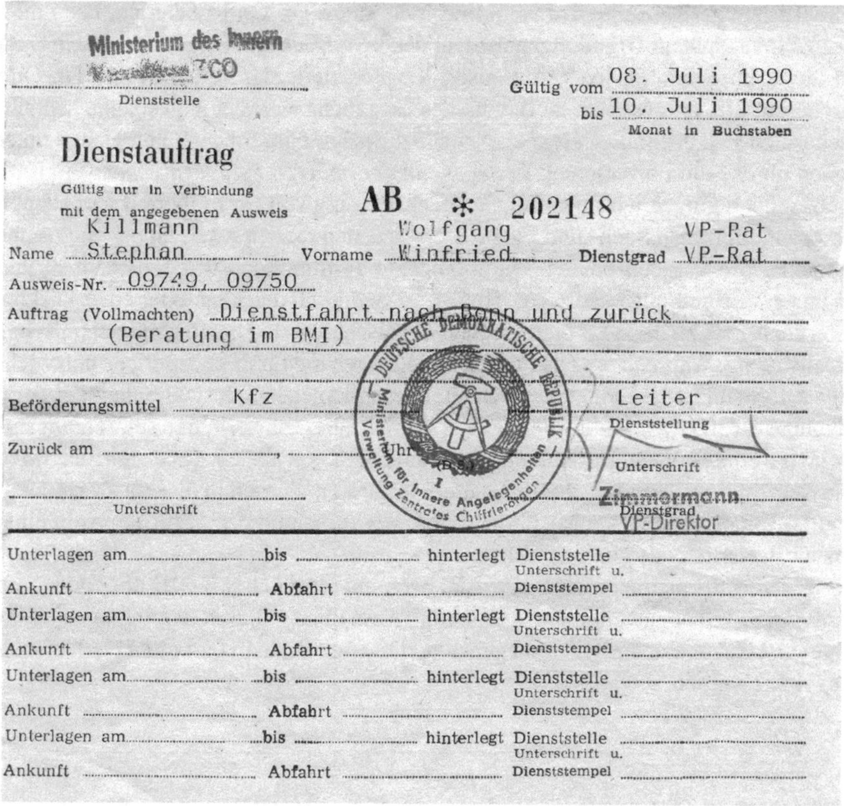

Ministerium des Innern
ZCO
Dienststelle

Gültig vom 08. Juli 1990
bis 10. Juli 1990
Monat in Buchstaben

Dienstauftrag

Gültig nur in Verbindung mit dem angegebenen Ausweis

AB * 202148

Name Killmann / Stephan Vorname Wolfgang / Winfried Dienstgrad VP-Rat / VP-Rat

Ausweis-Nr. 09749, 09750

Auftrag (Vollmachten) Dienstfahrt nach Bonn und zurück (Beratung im BMI)

Beförderungsmittel Kfz

Leiter
Dienststellung

Zurück am ......, ... Uhr

Unterschrift

Unterschrift

Zimmermann
Dienstgrad
VP-Direktor

Deutsche Demokratische Republik – Ministerium für Innere Angelegenheiten – Verwaltung Zentrales Chiffrierorgan

Unterlagen am	bis	hinterlegt	Dienststelle	Unterschrift u.	
Ankunft	Abfahrt		Dienststempel		
Unterlagen am	bis	hinterlegt	Dienststelle	Unterschrift u.	
Ankunft	Abfahrt		Dienststempel		
Unterlagen am	bis	hinterlegt	Dienststelle	Unterschrift u.	
Ankunft	Abfahrt		Dienststempel		
Unterlagen am	bis	hinterlegt	Dienststelle	Unterschrift u.	
Ankunft	Abfahrt		Dienststempel		

Abb. 16.5 Dienstauftrag für die Reise nach Bonn. (Quelle: Privatarchiv)

Wenige Monate vorher wären wir dafür mit Sicherheit verhaftet worden. Das Gefühl, eher in einem Film mitzuspielen als in der Realität zu wirken, wurde verstärkt, als wir in Marienborn durch die verlassenen, menschenleeren, aber offenbar noch voll funktionsfähigen Sicherungsanlagen der DDR-Grenztruppen fuhren. Die Grenzer waren erst wenige Tage vorher abgezogen worden. Das Ganze war mehr als gespenstisch und irgendwie surreal. Die Fahrt verlief dennoch ohne Zwischenfälle. Untergebracht wurden wir auf einem Gelände der Bundespolizei in Swissttal-Heimerzheim. Der Wachposten schaute irritiert und realisierte erst nach einigen Sekunden, dass wir mit Dienstausweisen der DDR-Volkspolizei ausgerüstet waren[6]. Irgendwie unwirklich kam uns auch der erste Abend im Westen vor. Wir saßen in einem Gemeinschaftsraum der Kaserne des Bundesgrenzschutzes und sahen uns zusammen mit Mitarbeitern des BGS das Endspiel der Fußball-Weltmeisterschaft Bundesrepublik Deutschland gegen Argentinien an.

Das Treffen mit den Vertretern der ZSI am Folgetag fand in Räumen des Bundesministeriums des Innern in der Graurheindorfer Straße in Bonn statt. Das Protokoll dieser als historisch zu bezeichnenden Dienstreise ist im Anhang einzusehen. Die Namen der Teilnehmer sind in der Quelle [30] geschwärzt. Allerdings haben drei der vier Teilnehmer aus der ZSI ihre Sicht auf den Verlauf dieses Treffens in Veröffentlichungen geschildert. Die Teilnehmer waren Dr. Otto Leiberich, der Leiter der ZSI und spätere Gründungspräsident des BSI, Michael Hange, sein Nachfolger in dieser Funktion, Dr. Ansgar Heuser, Kryptoexperte des BSI [68] und Dr. Otto Liebetrau. Die Atmosphäre zu Beginn des Gesprächs war sehr angespannt, schließlich trafen sich ehemalige Gegner. Nebenbei gesagt, bürgerte sich laut Hange unter ihnen für uns die Bezeichnung *Kollegen mit der anderen Feldpostnummer* ein [68]. Letztendlich gingen wir unter der Gesprächsführung von Dr. Leiberich sehr schnell zu kryptologischen Sach- und Fachfragen über und fanden rasch eine gemeinsame Sprache. Die von den beiden Seiten benutzte Terminologie war sehr ähnlich und in unserer Erinnerung bekam das Treffen unverzüglich den Charakter einer Diskussion zur T-310, zu ihren kryptologischen Eigenschaften und deren gerätetechnischen Realisierung. Während der Diskussion erhielten wir die für uns erfreuliche und wichtige Information, dass im aufgezeichneten Nachrichtenverkehr von Seiten der BRD offenbar T-310-Nachrichten identifiziert wurden, aber das Verfahren selbst nicht aufgeklärt werden konnte. Dafür überraschte die ZSI-Kryptologen, dass wir in der T-310 ein Substitutionsverfahren genutzt hatten. Insgesamt wurden in diesem Zusammentreffen von unseren Gesprächspartnern das Verfahren und der Algorithmus in einer ersten Bewertung als gut eingeschätzt.

Unsere Informationen zum CV ARGON und zum Gerät T-310 am ersten und zum CA T-310 am zweiten Tag werden im Wesentlichen durch den Inhalt des Teils II und III dieses Buches wiedergegeben und müssen deshalb hier nicht noch einmal angeführt werden.

[6] Noch in den Folgejahren erzeugten wir den gleichen Effekt, wenn wir bei der Anmeldung im BSI in Mehlem unsere damals noch gültigen DDR-Personalausweise hervorzogen.

Für uns war ganz besonders wichtig, welche Ergebnisse wir aus dem Treffen mitnehmen konnten. Im Einzelnen sind diese im Protokoll im Anhang D nachzulesen. Das wichtigste Ziel war, eine schnelle Zulassung des Verfahrens ARGON für Staatsgeheimnisse durch die ZSI zumindest für die Linie Bonn - Berlin zu erhalten. Unsere Vortragsmanuskripte sowie den auf der Linie Bonn – Berlin zu nutzenden LZS und die Prüffolgen sollten wir zusenden. Inzwischen sind im Archiv der BStU die an das ZSI damals übergebenen Unterlagen unter der Registiernummer „MfS Abt. XI Nr. 599" aufgetaucht. Die Bezeichnung ist etwas irreführend, denn das ZCO gehörte zu dieser Zeit zum MdI. Zwei der dort aufgeführten Dokumente enthalten die Definition des Chiffrieralgorithmus T-310 bzw. die Beschreibung des LZS-31 (Anlage C), der für den Einsatz vorgesehen war. Diese beiden Dokumente wurden am 25.07.1990 übergeben. Weitere Dokumente tragen den Titel „Hauptergebnisse der mathematisch-kryptologischen Analyse des Chiffrieralgorithmus T-310" [109] und „Auskunftsbericht zur Sicherheit des Chiffrierverfahrens ARGON" [121]. Es ist auf den 14. August 1990 datiert und enthält alle bis zu diesem Zeitpunkt bekannten Analyseegebnisse, die auch in diesem Buch dargestellt sind. All das sollte eine Grundlage für die Zulassung des Verfahrens ARGON für Staatsgeheimnisse durch die ZSI begründen.

Weiterhin wurde in Erwägung gezogen, dass ein Spezialist für kompromittierende Ausstrahlung (Abschn. 14.6) nach Berlin kommen sollte, um entsprechende Daten zu erhalten und die Eigenschaft des Gerätes aus dieser Sicht einzuschätzen. Dieser Besuch fand statt. Leider entsprach die Ausstrahlungssicherheit nicht den bundesdeutschen Anforderungen, was zur Folge hatte, dass die T-310 nicht in größerem Umfang eingesetzt wurde. Zuvor waren am 16. August 1990 nochmals zwei Techniker des ZCO nach Bonn gereist und hatten eine T-310, einschließlich der zugehörigen Unterlagen, übergeben (Anlage D).

Nicht im Protokoll unserer Dienstreise vermerkt ist eine kurze Begegnung mit Eckard Werthebach während einer Mittagspause. Werthebach war zur Wendezeit (März bis Oktober 1990) Berater in der DDR-Regierungskommission zur Auflösung des Staatssicherheitsdienstes. Das Aufeinandertreffen war nach unserem Eindruck eher zufällig, wurde aber von Dr. Leiberich genutzt, um uns ihm vorzustellen. Auch nicht vermerkt ist eine Frage, die Dr. Leiberich mehr nebenbei stellte, die sich aber im Nachhinein als wahrscheinlich wichtig erwies. Er fragte, ob wir uns prinzipiell eine Zusammenarbeit vorstellen könnten. Hier war eine diplomatische Antwort nicht so leicht, denn wir waren bisher auf der anderen Seite des Eisernen Vorhangs unterwegs und unsere Reaktion könnte möglicherweise Auswirkungen auf die Zukunft des ZCO haben. Unsere Entgegnung lautete sinngemäß, dass wir bald zusammen in einem geeinten Deutschland leben würden und wir uns natürlich erst zurechtfinden müssten, eine Zusammenarbeit für uns aber prinzipiell vorstellbar wäre. Es gäbe allerdings eine Grenze für uns, die wir nicht überschreiten würden: wir wollten keine Informationen über das Chiffrierwesen der Sowjetunion liefern – soweit sie uns überhaupt verfügbar waren. Es war weniger der große politische Kontext, der uns zu dieser Aussage bewog. Irgendwie schienen wir das unseren Mentoren schuldig zu sein. Wir begründeten unseren Standpunkt auch so, denn unsere Zusammenarbeit mit den sowjetischen Kryptologen war ebenfalls zur Sprache gekommen.

Nach diesem Treffen analysierten die ZSI-Kryptologen selbstverständlich den CA T-310. Inoffiziell wurde das Verfahren als äußert sicher angesehen [30,68]. Der offizielle Kommentar von Prof. Hans Dobbertin, den wir später noch kennen lernen durften, lautete mehr als neutral: „Ich bin nicht befugt, darüber etwas zu sagen." Das war damals, 1990, im Prinzip die erste Kontrollanalyse für die T-310, zehn Jahre nach der Analyse [111] und ca. 30 Jahre vor den Untersuchungen durch die Gruppe um Courtois. In *Die Erben der Enigma* [68] wird auch Dr. Ansgar Heuser zitiert: „Nur selten hat ein Entwickler von Kryptosystemen die Gelegenheit zu erfahren, ob seine Ideen wirklich standgehalten haben. ... Dies war einer der seltenen Fälle." Zu unseren Methoden schätzte er ein: „Um die Sicherheit von Verschlüsselungsverfahren zu beurteilen, nutzten die ZCO-Kryptologen beispielsweise gruppentheoretische Ansätze, die wir im Westen nicht kannten. Da machte sich offenbar die sowjetische Schule bemerkbar." Das historische Treffen und was Dr. Leiberich dabei bewegte, schilderte er später in seinem Beitrag in *Spektrum der Wissenschaften* [52]: „Über Jahrzehnte waren wir Feinde gewesen und nun saßen wir friedlich zusammen und diskutierten."[7]

16.3.5 Dienstreise von Dr. Leiberich zum ZCO in Dahlwitz-Hoppegarten

Unsere Dienstreise und die weiteren Aktivitäten dienten auch der Vorbereitung des Besuchs von Dr. Leiberich im ZCO in Dahlwitz-Hoppegarten. Einer der Autoren, Killmann, nahm teilweise an diesem Treffen teil. Nach unseren Tagebucheinträgen besuchte Dr. Leiberich das ZCO am 24.07.1990 in Begleitung von zwei weiteren, nicht namentlich bekannten Herren. Er informierte sich über die Aufgabenbereiche und die Struktur des ZCO. Details über den Verlauf des Treffens sind uns nicht bekannt.

Allerdings gibt es Aufzeichnungen zu den Schlussfolgerungen der Leitung des ZCO zu den Ergebnissen der Beratung. Es ist nicht nachzuvollziehen, ob sich darin die Gesprächsinhalte des Treffens tatsächlich widerspiegeln. Die Schlussfolgerungen, datiert auf den 01.08.1990, die im ZCO aus diesem Besuch gezogen wurden, sind in der Anlage F nachzulesen.

Die Perspektiven des ZCO und seiner Mitarbeiter waren offenbar das zentrale Thema. Die allgemeine Zielstellung kommt im Punkt 2 der Anlage zum Ausdruck:

„Einarbeitung ggf. erforderlicher Änderungen in den Entwurf des Ministerratsbeschlusses, Erstellung einer Zuarbeit über Verantwortlichkeiten und Aufgaben einer aus dem Bestand des ZCO zu bildenden Nachfolgeeinrichtung des ZCO für den Übergangszeitraum ca. bis 1993/94 als Grundlage für die Fixierung des Problems im Einigungsvertrag". Es wurde also von einer längeren Übergangszeit im Vereini-

[7] In der gleichen Spektrum-Ausgabe findet sich ein Beitrag von A. Beutelspacher. Dort findet man ein Foto, das uns Autoren in einer Diskussion mit Vincent Rijmen, einem der Entwickler des AES, zeigt.

gungsprozess ausgegangen. Ursprünglich war wohl sogar angedacht, uns langfristig in das in Gründung befindliche BSI zu übernehmen (s. dazu auch Kap. 17 und [61]).

Übrigens hielt sich in Politikerkreisen noch lange das Gerücht, dass ehemalige Mitarbeiter des ZCO im BSI untergekommen wären. Beleg dafür ist die Anfrage 50 in der Drucksache 13/3313 vom 05.12.1995 des Deutschen Bundestags:

„Wie viele aller und wie viele der heutigen Mitarbeiterinnen und Mitarbeiter des BSI haben zuvor jeweils in der Vorgängerorganisation des BSI, der Zentralstelle für das Chiffrierwesen (ZfCh) gearbeitet, und wie viele beim Zentralen Chiffrierorgan (ZCO) der DDR?" Die Antwort der Bundesregierung ist in der Drucksache 13/3408 des Deutschen Bundestags nachzulesen: „Von der Zentralstelle für Sicherheit in der Informationstechnik hat das BSI insgesamt 93 Mitarbeiter übernommen, wovon 13 Mitarbeiter ausgeschieden sind. Von der ZCO sind keine Mitarbeiter übernommen worden."

Die weiteren in der Anlage formulierten Aufgaben leiteten sich aus diesem Ziel ab. Sogar eine Reihe von Geräteentwicklungen, Evaluationsaufgaben, Algorithmus-Entwicklungen sollten weitergeführt werden. Für die dazu zu erarbeitenden Konzepte war als Termin in der Regel Mitte September 1990 festgelegt.

Auch für den Einsatz der T-310/50 gab es Festlegungen: „Vorbereitung des Einsatzes des Gerätes in neuen staatlichen Bereichen in Abhängigkeit von Festlegungen der ZSI" und die „Realisierung der Verpflichtungen gegenüber der ZSI: Erarbeitung aller Unterlagen für eine Zertifizierung durch das ZSI".

Aus den Aufzeichnungen geht hervor, dass für das ZCO zumindest für die Übergangszeit ein Perspektive aufgezeigt worden war.

16.4 Die Ereignisse in der dritten Phase bis Oktober 1990 und danach

Alle Überlegungen über den Weiterbestand des ZCO in einer längeren Übergangsphase wurden mit dem 3.10. zu Makulatur. Gleiches galt für den Einsatz der T-310. Die unten aufgeführten Ereignisse sind vermutlich so zu interpretieren, dass einerseits die auf die langfristige Vereinigung gerichteten Maßnahmen noch durchgeführt wurden. Andererseits spiegeln die Aktivitäten die neue Situation wider.

- 14. August: Übersendung der VS [109] mit Analyseergebnissen zur T-310 an die ZSI: Vereinbarung aus der Beratung ZCO – Dr. Leiberich
- 16. August: Vorstellung der T-310 im ZSI (Dr. Nickel) (s. Anlage D): Vereinbarung aus der Beratung ZCO – Dr. Leiberich
- Mitte August: Abschaltung der Verbindung zwischen den Regierungsbunkern in Marienthal/Ahrweiler (BRD) und in Prenden (DDR)
- 4. September: Dienstreise von Zimmermann, Killmann, Stephan nach Bonn
- 6. September: Inbetriebnahme einer gesicherten Verbindung zwischen den beiden Verteidigungsministerien (Strausberg – Bonn/Hardthöhe)
- 24. September: Austritt der DDR aus dem Warschauer Vertrag

- Nach dem 3. Oktober 1990 blieb das ZCO (in bedeutend reduziertem Personalbestand) mit dem Zusatz „i. L." bis 31.12.90 bestehen, um die festgelegten Aufgaben zur Liquidation durchzuführen
- 6. Oktober: Abschaltung der Verbindung zwischen den Verteidigungsministerien
- 28. Mai 1991: letzter Wechsel des geheimen Kurzzeitschlüssels für die Verbindung Marienthal – Prenden auf der Funkstrecke
- Bis 1993 Einsatz der T-310 zur Absicherung der FS-Verbindung der Deutschen Reichsbahn/Bundesbahn zur Organisation der Rückführung der sowjetischen Truppen aus Deutschland.

16.4.1 Die Auswirkungen der schnellen Vereinigung vom 3. Oktober

Die getroffenen Vereinbarungen zur Übergabe von Analyseergebnissen und zur Übergabe eines T-310-Geräts an das ZSI wurden zwar noch eingehalten. So wurde die vereinbarte Dienstreise von zwei Mitarbeitern des ZCO, einer davon war Dr. Nickel, noch durchgeführt. Am 17.08.1990 übergab Dr. Nickel eine T-310 und die zugehörige Dokumentation. Zusätzlich erfolgte eine Einweisung der Mitarbeiter der ZSI. In der Hoffnung, dass die T-310 auch weiterhin eingesetzt wird, unterbreiteten die Mitarbeiter des ZCO Vorstellungen zu ihrer Nutzung auf dem gesamten Territorium der BRD nach dem 3. Oktober. Sie erläuterten die Einsatzbedingungen und ihre Weiterentwicklung nach Vorgaben der ZSI (Anlage D). Alle Initiativen liefen jedoch ins Leere. Die Abschaltung der Verbindung zwischen den Regierungsbunkern in Marienthal/Ahrweiler und Prenden war dann vermutlich bereits eine Reaktion auf die neue politische Situation. Als Ersatz wurde eine Direktverbindung zwischen den beiden Innenministerien mit dem NATO-Chiffriergerät Elcrotel 4 eingerichtet [30].

Nach einem Monat relativer Ruhe verdichteten sich die Informationen über ein schnelles Ende des ZCO. Es gab große Ungewissheit bei den Mitarbeiterinnen und Mitarbeitern und die psychische Belastung stieg. Durch einen Anruf von Dr. Leiberich wurden wir, die beiden Autoren, nochmals für den 4. September nach Bonn eingeladen. ZCO-Direktor Zimmermann nahm ebenfalls an dieser Dienstreise teil. Wir dachten, es ginge um den weiteren Einsatz der T-310. In Bonn, wiederum in der Graurheindorfer Straße, trafen wir uns mit mehreren Herren, die sich aber nicht alle vorstellten. Dr. Leiberich war dabei und ein Vertreter des Innenministeriums, Herr Bieser, der die Diskussion leitete. Es ging jedoch nicht um den Einsatz der T-310, sondern darum, für Kryptologen aus dem ZCO eine Perspektive nach dem 3. Oktober aufzuzeigen. Das Angebot bezog sich zu Beginn auf uns beide und den ehemaligen Leiter der Dekryptierung, Horst M. (vgl. [61]). Das Angebot war verlockend, aber für uns in der Form nicht akzeptabel. Wir versuchten, von unseren Kryptologen so viele wie möglich mit einzubeziehen. Schließlich einigten wir uns auf zehn Mitarbeiter, die wir schnellstmöglich zu ihrer Bereitschaft für ihre Mitarbeit befragen und dann auf einer Namensliste nach Bonn übermitteln sollten. Für uns zehn sollte eine Beschäftigungsmöglichkeit im Umfeld der ZSI/BSI gefunden werden. Direktor Zimmermann, der sich an den Verhandlungen kaum beteiligte, bestätigte das Ergebnis und vertrat es dann auch gegenüber der Leitung des ZCO. Am gleichen Tag führte Dr. Leiberich bereits ein erstes Gespräch zur Umsetzung dieses Plans (Kap. 17)

Wieder zurück im ZCO stellten wir beide eine Liste der möglichen Kandidaten auf. Natürlich gab es Vorbehalte, ob das der richtige Weg sei, und uns war auch nicht ganz wohl dabei, eine Auswahl treffen zu müssen. Letztendlich aber war die DDR als Staat und das Sozialismusmodell, das sie repräsentierte, untergegangen. Es musste aber weitergehen, privat für jeden einzelnen und für die Familien. Wir führten individuelle Gespräche mit den von uns aufgestellten Kandidaten, in denen das Für und Wider einer solchen Perspektive ausführlich und teilweise auch sehr emotional diskutiert wurde. Schließlich musste jeder selbst über seinen zukünftigen Weg entscheiden.

Zwei Gespräche (geführt von W. Stephan)
Das Gespräch mit Horst M. ist mir in lebhafter Erinnerung geblieben. Er wollte das Angebot nicht annehmen, schließlich war er als Leiter der Dekryptierung in führender Funktion tätig gewesen. Erst nach längeren Gesprächen über seine persönlichen Perspektiven, er war damals schon über 50 Jahre alt, über die gesamte politische Situation sowie nach längerem Nachdenken sagte er zu. Auch die Tatsache, dass Dr. Leiberich ihn explizit als Wunschkandidaten, den er versorgt sehen wollte, benannt hatte, trug sicher zu seiner Zusage bei.

Das Gespräch mit einem anderen Kollegen verlief unter außergewöhnlichen Bedingungen. Wir wollten ihn als einen der leistungsfähigsten Kryptologen mit dabei haben, aber er war zur fraglichen Zeit im Urlaub im Harz. Auf seine Rückkehr konnten wir nicht warten, deshalb vereinbarte ich mit ihm telefonisch einen Termin in Magdeburg. Da wir uns beide in Magdeburg nicht gut auskannten, trafen wir uns am Kloster Unser Lieben Frauen. In der Klosterkirche sprachen wir über das Angebot aus Bonn. Sehr zögerlich und nach Rücksprache mit seiner Frau, die ihn begleitete, sagte er dann zu.

16.4.2 Die gesicherte Fernschreibverbindung zwischen den beiden Verteidigungsministerien

Nicht unerwähnt bleiben soll, dass es noch eine weitere gesicherte Verbindung zwischen zwei Ministerien gab. Im Zuge der Recherche zur zweiten Auflage stießen wir auf den Spiegel Online Artikel: „In der Zentrale des Klassenfeindes“[8].

In ihm wird auf ein generelles deutsch-deutsches Kommunikationsproblem dieser Zeit hingewiesen: „Das Fernmeldekabelnetz der Deutschen Post war dem enormen Gesprächsbedarf zwischen der BRD und der DDR nicht mehr gewachsen. Zwischen den Standorten der Verteidigungsministerien auf der Hardthöhe in Bonn und in Strausberg bei Berlin sollte eine direkte Fernmeldeverbindung hergestellt werden. Die vorbereitenden Gespräche hierzu fanden am 04. Mai 1990 in Bonn/Hardthöhe

[8]Quelle http://www.hptnzmfnv.homepage.t-online.de/bonn.htm und https://www.spiegel.de/geschichte/deutsche-annaeherung-a-949713.html; abgerufen 15.11.2022.

statt. Delegationsleiter der DDR-Seite war der Staatssekretär im Ministerium für Abrüstung und Verteidigung der DDR, Werner Ablaß."

Durch diese Notiz bekommen wir einen Eindruck auf welchen Führungsebenen die Kommunikation zwischen den beiden Staaten organisiert wurde. Leider ist uns zu den Gesprächen zwischen den beiden Innenministerien nichts bekannt. Weiter heißt es in der Quelle:

„Am 05.09.1990 frühmorgens um 05:00 Uhr wird ein Kfz vom Typ B-1000 (Kennzeichen: VA 80-4618) in Richtung Rheinbach/Bonn in Marsch gesetzt, zur Herstellung einer gedeckten Fernschreibverbindung. An Bord befindet sich ein Schlüsselgerät vom Typ ARGON/ T 310/50. Das Kommando wird geführt von Major H., zum Bestand gehören: Oberleutnant J., Oberfähnrich H. und als Fahrer Soldat H. Das Kommando wird um 12:00 Uhr im Grenzabschnitt Eisenach erwartet und zum Ziel begleitet. Am 06.09.1990 erfolgt die Installation der Technik in Rheinbach und die Aufnahme der Fernschreibverbindung. ...". Die Vorgehensweise war also recht ähnlich der, wie wir sie von der Installation für die Innenministerien kannten.

Die Verbindung bestand über den 03.10.1990 hinaus und wird gemäß dem in der Quelle ebenfalls zitierten Fernschreiben Nr. 879 vom 05.10.1990 an den Leiter Hauptnachrichtenzentrale am 06.10.1990 um 00:00 Uhr beendet. Auch hierfür wurde die T-310 eingesetzt.

16.4.3 Nachtrag

In [30] findet sich noch ein Hinweis auf den vermutlich allerletzten Einsatz der T-310 bei der Deutschen Reichsbahn/Deutsche Bahn:

1993 Abbau der T-310/50 im Bereich der Deutschen Reichsbahn/Deutschen Bahn – Fährbetrieb Mukran.

Es wurde die chiffrierte Kommunikation zur Absicherung des Abzuges der Sowjetischen Streitkräfte in Deutschland sichergestellt.

Leider wurden keine weiteren Quellen gefunden, die dies belegen könnten. Der Einsatz der T-310 erscheint jedoch plausibel, denn es ist bekannt, dass die Deutsche Reichsbahn einen eigenen Chiffrierdienst betrieben hat. Außerdem scheint es höchst unwahrscheinlich, dass westliche Chiffriertechnik für diese Aufgabe eingesetzt wurde.

> Mit den letzten Einsätzen der Geräte hatten wir nichts mehr zu tun. Ob die Geräte T-310 in der Übergangsphase bis zur Vereinigung in der DDR und darüber hinaus noch in anderen Verbindungen genutzt wurden, ist uns nicht bekannt. Dass der Einsatz der Geräte, abgesehen vom Einsatz bei der Reichsbahn, so abrupt endete, hing natürlich mit dem Untergang der DDR zusammen. Unabhängig davon war ihre Produktion bereits 1989 eingestellt worden und als Nachfolgegerät die T-317 mit einem anderen Algorithmus schon in der Entwicklung.

16.5 Unsere letzte Aufgabe – Vernichtung der Geräte

Das allerletzte Kapitel der T-310 beginnt im Oktober 1990. Die Gruppe der zehn Kryptologen erhielt einen auf drei Monate befristeten Arbeitsvertrag vom Innenministerium der Bundesrepublik Deutschland und bekam die Aufgabe, sämtliche Schlüsselmittel zu vernichten. Uns beiden Autoren fiel in diesem Rahmen die Aufgabe zu, die ca. 830 im ZCO angelieferten T-310-Geräte zu entkernen. Wir standen dazu in der großen LKW-Garage voller T-310. Das Entkernen bedeutete, jedes Gerät öffnen, die drei Chiffrator-Leiterplatten ziehen, diese in eine Blechkiste legen und die Platinen mit dem LZS in eine andere Kiste sortieren. Eine Arbeit von knapp drei Monaten! Die Chiffrator-Leiterplatten wurden abgeholt und unter VS-Bedingungen entsorgt. Soweit uns bekannt ist, wurden fast alle übrigen Geräte in anderen Sammelstellen entsorgt.

Nachdem die Außenwache der Volkspolizei am 3. Oktober 1990 abgezogen war, wurde der Gebäudekomplex von jungen, durchtrainierten Männern in Zivil mit untergeschnallten Pistolen bewacht. Sie achteten strikt darauf, sich nicht an den Garagen aufzuhalten und auch die anderen Gebäudeteile nicht zu betreten. Vollends zurück zogen sie sich, wenn Soldaten der Sowjetarmee ihre Chiffriertechnik abholten, die in der ebenso großen Nachbargarage lagerte. Über diese Episode ist in den Veröffentlichungen so viel berichtet worden, man könnte meinen, der Hof des ZCO sei voller Augenzeugen gewesen. Aber in aller Regel waren wir mit den T-310-Geräten allein.

In dem Sinne schließt sich hier der Kreis: Entwickler der T-310 haben sie letztendlich auch vernichtet.

Nachtrag

Einige wenige Geräte haben die Vernichtungsaktion überlebt. Bekannt sind es zwei Geräte im Fundus des Deutschen Museums in München, vier Geräte im NVA-Museum in Harnekop bei Berlin, ein Gerät stand auch bei der SIT.

Neuanfang bei der SIT

17

Inhaltsverzeichnis

Zunächst eine Vorbemerkung zur Zentralstelle für Sicherheit in der Informationstechnik (ZSI) und zum Bundesamt für Sicherheit in der Informationstechnik (BSI). Das BSI befand sich 1990 gerade in Gründung. Es ging ursprünglich aus dem ZfCh, also einer Abteilung des BND, hervor. 1989 wurde die ZfCh in Zentralstelle für Sicherheit in der Informationstechnik (ZSI) umbenannt. Aus ihr wurde das BSI. Leiter des ZSI und Gründungspräsident des BSI war Dr. Otto Leiberich. In diesem Kontext suchte Dr. Leiberich, wie man in [61] nachlesen kann, nach Möglichkeiten, das kryptologisch geschulte Personal des ZCO zu binden und vom freien Markt fernzuhalten. Am liebsten hätte er es in das in Gründung befindliche BSI eingestellt. Staatssekretär Neusel verwarf diese Idee. Wie im vorhergehenden Kapitel bereits beschrieben, wurde lediglich für uns 10 Kryptologen die Möglichkeit einer Nachfolgebeschäftigung gesucht.

Zurück zu den Ereignissen im September 1990: Noch am 4. September, dem gleichen Tag, an dem unser Treffen mit Dr. Leiberich in Bonn stattfand, kontaktierte er seinen alten Bekannten Herrn Dietrich Albert, mit der Frage nach der dringenden Unterbringung von 10 Spezialisten des ZCO der DDR. Herr Albert empfahl die Gründung einer Firma in Berlin. Von einem Arbeitsort in Westdeutschland riet Herr Albert ab, um den Mitarbeitern die Nähe zu ihren Wohnorten zu erhalten. Er übernahm dann auch den Aufbau dieser Firma, einschließlich amtsgerichtlicher Anmeldung und der Geschäftsführung des Unternehmens SIT – Gesellschaft für Systeme der Informationstechnik. Der Begriff Informationssicherheit wurde bewusst nicht verwendet.

An der Gründung hatten das BSI und Rohde & Schwarz entscheidenden Anteil und vermutlich geschah dies mit entsprechender Zustimmung durch das

W. Killmann und W. Stephan, *Das DDR-Chiffriergerät T-310*,
https://doi.org/10.1007/978-3-662-67584-7_17

Innenministerium der Bundesrepublik. Es liegt nahe, dass einer der Gründerväter von Rhode & Schwarz, Dr. Hermann Schwarz, das Vorhaben unterstützte.

So nahm die SIT am 1. Januar 1991 ihre Arbeit auf, übrigens am gleichen Tag, als die ZSI ihre Aktivitäten in einer Neugründung unter der Bezeichnung BSI fortführte. Von dort kamen auch die ersten Aufträge für die SIT.

Die Spekulationen, wie sich das Ganze auf den höheren Entscheidungsebenen abspielte und wer welche Interessen vertrat, möchten wir anderen überlassen [61, 66,67]. Von einer Geheimoperation, wie in [61] unter dem spektakulärem Titel „Von Mielke zu Merkel"etwas reißerisch beschrieben, konnte aus unserer Sicht keine Rede sein.

Eines sei jedoch herausgestellt: Alle involvierten Personen, die wir kennen lernten, handelten im engagierten Bestreben, zu einem friedlichen Vereinigungsprozess beizutragen. Bei Hermann Schwarz waren es möglicherweise auch Erinnerungen an sein Studium und seine Promotion in Jena, die dazu führten, dass er das Projekt unterstützte.

Dr. Leiberich begleitete unseren Weg und besuchte uns später mit mehreren seiner Mitarbeiter bei der SIT. Auch bei zufälligen Treffen, z. B. während der BSI-Kongresse in Bad Godesberg, interessierte er sich immer wieder für unseren beruflichen Weg und erinnerte an die für ihn persönlich wichtige erste Begegnung in Bonn. Nicht unerwähnt bleiben sollen Frau B. aus dem Innenministerium und Herr Bendler vom BSI, die sich offenbar auf administrativer Ebene stark für uns engagierten. Herr Albert, als erster Geschäftsführer der SIT, nahm es einige Jahre auf sich, zwischen seinem Wohnort in der Nähe von Köln und der SIT in der Nähe von Berlin zu pendeln.

Übrigens hinterließ Herr Bendler mit folgendem ganz persönlich gemeinten Ratschlag gleich zu Beginn unserer Bekanntschaft bei uns einen bleibenden Eindruck: „Kaufen Sie keine alten Autos, keine Versicherungen, die Ihnen aufgedrängt werden, und nehmen Sie keine billigen Kredite auf."

17.1 Umzug und Beginn der Arbeit

Aus unseren befristeten Arbeitsverträgen als *Auflöser* beim Innenministerium der Bundesrepublik kamen wir direkt zur SIT. Wir hatten keine zwischenzeitliche Anstellung bei der Deutschen Bahn, wie in [68] beschrieben. Unser Kryptologenteam wurde ein wenig später noch durch Ingenieure und Techniker des ehemaligen ZCO verstärkt.

Für unseren ersten Arbeitsort wurde uns ein Naherholungsobjekt des Ministeriums des Inneren der nun schon abgewickelten DDR in Grünheide bei Berlin zur Verfügung gestellt. Aus der Konkursmasse des ZCO konnten wir die Büroausrüstung mitnehmen, außerdem große Teile der mathematischen und IT-Fachliteratur. Weiterhin war verabredet, dass wir kryptologische Untersuchungsergebnisse zu ALPHA bzw. zur T-310 mitnehmen durften. Sie wurden in einem ebenfalls aus dem ZCO mitgeführten Blechschrank im Keller verwahrt. So hatten wir zwar keinen Zugriff mehr auf die Geräte, aber wesentliche Unterlagen waren für uns noch zugänglich. Die Arbeit konnte beginnen.

17.2 Nutzung der ALPHA-Dokumente

Diese Unterlagen wurden in zweifacher Weise von uns genutzt. Für interne Zwecke sollten wir unsere Analysemethoden nutzbar machen, indem wir sie auf vom BSI vorgegebene Chiffrieralgorithmen anwendeten. Wir hielten im BSI auch Vorträge zu kryptologischen Themen. Zum anderen war es für uns essentiell, unser Wissen zu nutzen, um die SIT in entsprechenden Fachkreisen bekannt zu machen. Dazu wendeten wir unsere Methoden auf Algorithmen der öffentlichen „Kryptographie an," beispielsweise den DES, und stellten die Ergebnisse auf EUROKRPYT-Tagungen vor. Drei Vorträge beruhten methodisch auf den Untersuchungsergebnissen zur Klasse ALPHA [38,74,75]. Einer der Vorträge wird interessanterweise auch von einem unserer ehemaligen Lektoren in [9] referenziert.

Irgendwann, etwa 1994, informierte uns unser Geschäftsführer Herr Albert, dass er die Unterlagen an die zuständigen Stellen zurückgegeben habe. Seitdem hatten wir keinen Zugriff mehr darauf.

17.3 Unser Abschied von der SIT

Die Entwicklung der SIT verlief nicht so geradlinig, wie es in Veröffentlichungen dargestellt wurde. Nachdem der erste Geschäftsführer 1995 in den Ruhestand gegangen war, gab es eine Zeit, in der sich parallel zwei Geschäftsführer in der Verantwortung fühlten. Sie setzten sich gegenseitig per einstweiliger Verfügung ein und ab. Schließlich kam es sogar zu einer Insolvenzanmeldung durch einen der beiden Geschäftsführer. Wir, die Autoren, nahmen die unerfreuliche Situation zum Anlass, die SIT zu verlassen.

Die Rohde & Schwarz GmbH & CO. KG verhinderte schließlich die Insolvenz. Unter einer neuen Geschäftsführung stabilisierte sich später für die SIT – und damit für ihre Mitarbeiter – die Situation wieder. Die SIT wurde im Mai 1996 als selbstständige Tochter in den Rhode & Schwarz Konzern integriert. Wenige Jahre später kam es sogar dazu, dass der Bereich Hardwareverschlüsselung von Bosch und kurz darauf auch der entsprechende Bereich von SIEMENS übernommen wurde. Es ist schon ein Treppenwitz der Geschichte, dass unter dem Dach der SIT, also einer ursprünglichen Gründung für das Unterkommen von ehemaligen DDR-Kryptologen, nun zwei namhafte Entwicklungszentren für Chiffriergeräte der Bundesrepublik integriert wurden.

Allerdings sind inzwischen große Teile der SIT mit dem Geschäftsbereich Rohde & Schwarz Cybersecurity verschmolzen. In reduzierter Größe agiert die SIT weiterhin als Tochtergesellschaft.

Wie oben angedeutet, sind wir Verfasser ab 1995 eigene Wege gegangen. Wolfgang Killmann wurde für viele Jahre Leiter der Prüfstelle für Common Criteria bei debis Systemhaus (später T-Systems danach Telekom) und hatte in dieser Funktion weiter enge Kontakte zum BSI. Winfried Stephan war Teamleiter und Senior Consultant im Bereich Automotive Security, ebenfalls im debis Systemhaus und nach den genannten Umstrukturierungen letztlich auch in der Telekom.

Die Geschichte der T-310 ist damit zu Ende erzählt – oder auch nicht, denn die Analysearbeiten gehen zurzeit noch weiter. Wir sind gespannt auf neue Ergebnisse der nächsten Generation von Kryptologen.

Liste der Vortragsthemen sowjetischer Kryptologen

A

In diesem Anhang sind Themen der Lektionen aufgeführt, die von sowjetischen Kryptologen in den Jahren von 1974 bis 1987 für die Kryptologen des ZCO gehalten wurden.

L1: Permutationsgruppen und Boolesche Funktionen (1974)
L2: Gleichungssysteme in Gruppen (1974)
L3: Die Verträglichkeit von Gleichungssystemen, die den Prozess der Chiffrierung mit Hilfe gesteuerter Elementarzellen (GEZ) beschreiben, einige Fragen der Theorie der Permutationsgruppen (1975)
L4: Halbgruppen von Abbildungen und Automaten (1975)
L5: Einige algorithmische Fragen der Automatentheorie (1976)
L6: Einige Fragen der Eindeutigkeit und der Zyklenstruktur eindeutiger Abbildungen (1976)
L7: Einige Fragen der Bestimmung von Eingabeworten und der Qualitätseinschätzung von Ausgabeworten endlicher MOORE-Automaten (1977)
L8: Einige Fragen zu Booleschen Funktionen, die im Zusammenhang mit deren invarianten Eigenschaften stehen (1977)
L9: Einige Fragen zur Theorie stochastischer Automaten (1978)
L10: Einige Fragen der Nichtunterscheidbarkeit von Eingabeworten und Zuständen endlicher Automaten (1978)
L11: Einige Fragen der Konstruktion von Algorithmen zur Untersuchung endlicher Gruppen (1979)
L12: Einige Fragen der Periodizität in endlichen Automaten (1979)
L13: Einige Beziehungen der Nichtunterscheidbarkeit in Automatenmengen (1980)
L14: Einige Fragen zur Konstruktion effektiver numerischer Algorithmen (1980)
L15: Chiffriersysteme mit offenem Schlüssel (1981)
L16: Statistische Kriterien, die bei der statistischen Analyse von diskreten Folgen verwendet werden (1981)

W. Killmann und W. Stephan, *Das DDR-Chiffriergerät T-310*,
https://doi.org/10.1007/978-3-662-67584-7_A

L17: Anwendung der Statistik bei der Untersuchung von Chiffrieralgorithmen (1982)
L18: Lösungsmethoden für Boolesche Gleichungssysteme (1982)
L19: Wahrscheinlichkeitstheoretische und statistische Aufgaben im Zusammenhang mit dem Polynomialschema (1983)
L20: Lösungsmethoden für Gleichungssysteme über algebraischen Strukturen (1983)
L21: Inertionsgruppen Boolescher Funktionen (1984)
L22: Wahrscheinlichkeitsverteilungen auf algebraischen Gruppen (1984)
L23: Zufällige Abbildungen in komplizierten Automaten (1985)
L24: Weiterentwicklung der Informationstheorie Shannons (Einige informationstheoretische Betrachtungsweisen kryptologischer Probleme) (1985)
L25: Die Anzahl der Lösungen zufälliger Boolescher Gleichungen (1986)
L26: Eigenschaften des Datenchiffrieralgorithmus (DCA) (1986) und (1987)[1]
L27: Überblick über statistische Methoden der Untersuchung diskreter Folgen (1987)

[1] In den beiden Lektionen wurden uns der Vorläufer des heute unter dem Namen GOST, genauer GOST 28147-89, bekannten Blockchiffrieralgorithmus vorgestellt, also zwei Jahre vor seiner Veröffentlichung.

Liste der VS-Unterlagen ALPHA

B

In diesem Anhang sind einige VS-Unterlagen zur Chiffrieralgorithmenklasse ALPHA aufgeführt, die bisher nicht veröffentlicht wurden.

Im Verlauf der Arbeiten an der zweiten Auflage sind die mit „*" gekennzeichneten Quellen in der BStU gefunden worden. Inzwischen sind auch noch weitere Originaldokumente zur kryptologischen Analyse aufgetaucht, siehe Inhaltsverzeichnis.

1. Über eine Permutationsgruppe und ihre kryptologische Anwendung
   GVS ZCO-075/75*[77]
2. Beschreibung der Chiffrieralgorithmenklasse ALPHA
   GVS 020-XI/415/75*[78]
3. Charakterisierung der BOOLEschen Funktion Z
   GVS 020-XI/493/76*[110]
4. Ergebnisse der Untersuchung der Chiffrieralgorithmenklasse ALPHA
   GVS ZCO-198/77*[79]
5. Ergebnisse der Untersuchung der Chiffrieralgorithmenklasse ALPHA – 1. Ergänzung
   GVS ZCO-659/77
6. Materialsammlung ALPHA
   GVS 020-XI/301/79*
7. Kryptologische Dokumentation zum LZS 19
   GVS B434-205/80
8. Kryptologische Dokumentation zum LZS 22
   GVS B434-383/80
9. Kryptologische Analyse des Chiffriergeräts T310/50
   GVS ZCO-402/80*[111]
10. ALPHA: Gesicherte Einzelaussagen
    GVS 020-XI/544/80*
11. Langzeitschlüsselklassen KT1 und KT2
    GVS 020-XI/553/80*[81]

W. Killmann und W. Stephan, *Das DDR-Chiffriergerät T-310*,
https://doi.org/10.1007/978-3-662-67584-7_B

12. Analyse des PBS des Chiffrators
GVS 020-XI/856/80
13. Kryptologische Dokumentation zum LZS 21
GVS B434-112/81
14. Intransitive und nicht primitive Gruppen G(P, R) und G(P, D)
GVS ZCO-298/81
15. Kryptologische Dokumentation zum LZS 25
GVS B434-400/81
16. Kryptologische Dokumentation zum LZS 23
GVS B434-662/81
17. Kryptologische Dokumentation zum LZS 26
GVS B434-663/81*
(im BStU vorhanden ist die GVS MfS-20-Nr/XI/411/84 „Umsetzung des LZS 26 auf KES")
18. Untersuchungsergebnisse zu einem Substitutionsalgorithmus
GVS 020-XI/244/81
19. Neue Untersuchungsergebnisse über die Gruppen G(P, R) und G(P, D)
GVS ZCO-300/82
20. Kryptologische Dokumentation zum LZS 30
GVS B434-400/83
21. Über die Algorithmenklassen ALEPH und ihre kryptologische Anwendung
GVS ZCO-268/84
22. Periodizitätseigenschaften von Folgen des Chiffrieralgorithmus T310
GVS 020-XI/137/85
23. Kryptologische Dokumentation zum LZS 31
GVS B434-178/85
24. Der Langzeitschlüssel im Gerät T310/50
GVS 020-XI/596/85*[84]
25. Periodizitätseigenschaften von ALPHA-Folgen
GVS ZCO-129/86
26. Übersprechdämpfung T310
GVS 020-XI/223/86*[115]
27. Einschätzung des Standes der Analyse von Algorithmen der Klasse ALPHA
GVS 020-XI/369/86
28. Über Äquivalenzbeziehungen von Schlüsseln in Chiffrieralgorithmen der Klasse ALPHA
GVS ZCO-609/86
29. Über Äquivalenzrelationen von Schlüsseln im Chiffrieralgorithmus T310
GVS 020-XI/253/87*[91]
30. Einige Eigenschaften der Grundabbildung in Chiffrieralgorithmen der Klasse ALPHA
GVS ZCO-008/88*[102]
31. Kryptologische Dokumentation zum LZS 34 und LZS 35
GVS b999-0013/90

32. Kryptologische Dokumentation zum LZS 32 und LZS 33
    GVS b999-0014/90
33. Kryptologische Dokumentation zum LZS 21/1 und LZS 21/2
    GVS b999-0022/90
34. Auskunftsbericht zur Sicherheit des Chiffrierverfahrens ARGON
    GEHEIM b999/0023/90*(Bericht für BSI)*[121]
35. Hauptergebnisse der mathematisch-kryptologischen Analyse des Chiffrieralgorithmus T-310
    GEHEIM b999/0024/90 (Bericht für BSI)*[109]
36. PGD (Programmdokumentation) S236 TB
    GVS 477/80
37. PGD P54204
    VVS 369/80
38. PGD UP UD3
    VVS 773/82
39. PGD PD3C
    GVS 281/86

Operative LZS für SKS und T-310

C

Das LZS-Verzeichnis [82] listet alle für SKS und T-310 definierten LZS auf. Die Liste umfasst

1. alle für den operativen Einsatz freigegebenen LZS der Geräte SKS-V/1, T-310/50 und T-310/51 (s. folgende Abschnitte),
2. alle LZS-Kandidaten, die untersucht, aber nicht für den operativen Einsatz freigegebenen wurden, z. B. die LZS-14, LZS-15 und LZS-29,
3. alle Parametertupel (P, R, U^0, α) und (P, D, α) (oder deren Teile), die für Programmtests konstruiert wurden, z. B. die LZS-24, LZS-25, LZS-27 und LZS-28.

In diesem Anhang sind alle für den operativen Einsatz freigegebenen LZS aufgeführt. Die Freigabe eines LZS bedeutet, dass er die Kriterien der LZST erfüllt. Das heißt nicht, dass die LZS tatsächlich eingesetzt wurden.

Es werden wichtige Nachweise zu ihren mathematischen Eigenschaften angeben, die für ihre Freigabe gefordert wurden (Abschn. 8.6). Für jeden LZS werden angegeben

1. die Parameter des LZS, d. h. (P^*, R, U^0, α) für SKS-LZS und (P, D, α) für T-310-LZS,
2. die Existenz eine Fixpunktes (für CA SKS als Oktalzahl o und für CA T-310 als Hexalzahl h),
3. die Beweise für die Primitivität der Gruppen $G^*(P^*, R)$ für SKS-LZS und $G(P, D)$ für T-310-LZS,
4. die Beweise für die Alternierende Gruppen $G^*(P^*, R) = \mathcal{A}(\mathcal{B}^{27})$ und $G(P, D)$=$\mathcal{A}(M)$.

Die Bijektivität der Abbildung φ für alle $p \in \mathcal{B}^3$ ergibt sich aus der Zugehörigkeit der T-310-LZS zur Klasse KT1 und dem Satz 7.1 im Abschn. 7.3. Die Nachweise der Transitivität der Gruppen $G^*(P^*, R)$ bzw. $G(P, D)$ sind bereits in den Tab. 7.10 und 7.11 im Abschn. 7.6 angeben.

W. Killmann und W. Stephan, *Das DDR-Chiffriergerät T-310*,
https://doi.org/10.1007/978-3-662-67584-7_C

In den Berechnungen werden die gemäß 8.7.1 bestimmten vollständigen Zyklenlängen aller Abbildungen $\varphi(p)$ für alle $p \in \mathcal{B}^3$ genutzt, um für die aufgeführten LZS die Nachweise der Primitivität und die Identifizierung mit der Alternierenden Gruppe zu erbringen. Die dazu benötigten Zyklen bzw. Zyklenlängen des LZS-n werden im Text mit $L^{(n)}_{p,k}$ gekennzeichnet, wobei $p \in \overline{0,7}$ für den Parameter und k für den Platz in der fallenden Reihenfolge der Zyklenlängen steht. Weitere Details zu den LZS sind [82] zu entnehmen.

C.1 SKS-LZS 19

Der LZS-19 für den CA SKS wurde 1979 erstellt und ist definiert durch

$$\begin{aligned} P^*_{19} &= (22, 19, 3, 1, 6, \underline{21}, 17, 16, 8, 11, 2, 20, \underline{24}, 9, 23, 10, 14, 26, 15, \underline{27}, \\ &\qquad 25, 7, 18, 5, 12, 13, \underline{4}) \\ R_{19} &= (4, 8, 9, 6, 7, 5, 2, 3, 1) \\ U^0_{19} &= (010111001100010000101010000) \\ \alpha_{19} &= 1 \end{aligned}$$

Er besitzt den Fixpunkt $U = 700707000o$ für $p = (0, 0, 1)$.

Angenommen $G^*(P^*_{19}, R_{19})$ sei imprimitiv und $\bar{X}$ ein I-System. Für $p = (1, 0, 0)$ wurde der drittlängste Zyklus mit einer Länge $L^{(19)}_{4,3} = 18770711$ berechnet. $L^{(19)}_{4,3}$ ist eine Primzahl mit $2^{24} < L^{(19)}_{4,3} < 2^{25}$. Aus Lemma 8.7 folgen Paare der Mächtigkeiten der I-Systeme und der I-Gebiete $(|\bar{X}|, |[x]|) \in \{(2, 2^{26}), (4, 2^{25}), (2^{25}, 4), (2^{26}, 2)\}$. Für $p = (1, 1, 1)$ wurde ein Zyklus $\Omega^{(19)}_{7,1}$ der Länge $L^{(19)}_{7,1} = 86148479$ berechnet. Da $2^{26} < L^{(19)}_{7,1}$ kann dieser Zyklus weder Elemente aus nur einem noch aus $L^{(19)}_{7,1}$ I-Gebieten enthalten. Für alle echten Teiler t von $L^{(19)}_{7,1}$ gilt $43 \leq t \leq 2003453$. Es ergeben sich Paare der Mächtigkeiten der I-Systeme und der I-Gebiete $(t, L^{(19)}_{7,1}/t)$. Kombiniert man beide Aussagen zu den Paaren, so erhält man mindestens 2^{25} I-Gebiete mit mindestens 64 Elementen und den Widerspruch $|M| \geq 2^{31}$. Die Gruppe $G^*(P^*_{19}, R_{19})$ ist folglich primitiv.

Für den Nachweis der Alternierenden Gruppe wenden wir Satz 8.13 für die Abbildung $g = \phi(0, 0, 0)$ an. Der größte Primfaktor aller Zyklenlängen ist $p_{max} = 1065839$ und er tritt nur genau einmal als Faktor der Zyklenlängen auf, genauer: $L^{(19)}_{0,8} = p_{max}$ und für alle $i \neq 8$ gilt $ggT(L^{(19)}_{0,i}, p_{max}) = 1$. Aus Korollar 8.4 folgt mit $2^{27} - p_{max} \geq 3$, dass $G^*(P^*_{19}, R_{19}) \geq \mathfrak{A}(\mathcal{B}^{27})$ gilt. Wegen $P^*_{19}27 = 4$ folgt aus Satz 8.14 $G^*(P^*_{19}, R_{19}) \leq \mathcal{A}(\mathcal{B}^{27})$ und schließlich $G^*(P^*_{19}, R_{19}) = \mathfrak{A}(\mathcal{B}^{27})$.

C.2 T-310-LZS 21

Der LZS-21 für den CA T-310 wurde 1981 erstellt und kam in den Geräten T-310/50 zum operativen Einsatz. Er ist definiert durch

$$\begin{aligned} P_{21} &= (36, 4, 33, 11, 1, \underline{20}, 5, 26, 9, 24, 32, 7, \underline{12}, 2, 21, 3, 28, 25, 34, \underline{8},\\ &\quad 31, 13, 18, 29, 16, 19, \underline{6})\\ D_{21} &= (0, 24, 36, 4, 16, 28, 12, 20, 32)\\ \alpha_{21} &= 1 \end{aligned}$$

Er besitzt den Fixpunkt $U = f00f0f000h$ für $p = (0, 0, 0)$.

Der Nachweis der Primitivität der Gruppe $G(P_{21}, D_{21})$ wurde im Beispiel 8.4.4 im Abschn. 8.4.3 geführt. Das Beispiel 8.5 enthält den Beweis, dass die Gruppe $G(P_{21}, D_{21})$ die Alternierenden Gruppe $\mathcal{A}(M)$ enthält. Mit dem Satz 8.15 folgt dann $G(P_{21}, D_{21}) = \mathfrak{A}(M)$.

C.3 SKS-LZS 22

Der LZS-22 für den CA SKS wurde 1980 erstellt und ist definiert durch

$$\begin{aligned} P^*_{22} &=(14, 3, 7, 9, 26, \underline{19}, 25, 21, 12, 1, 22, 24, \underline{6}, 5, 16, 17, 8, 11, 15, \underline{4},\\ &\quad 10, 20, 23, 2, 18, 13, \underline{27})\\ R_{22} &=(4, 9, 8, 3, 6, 7, 2, 5, 1)\\ U^0_{22} &=(000111001101001011100001110)\\ \alpha_{22} &=19 \end{aligned}$$

Er besitzt den Fixpunkt $U = 777707000o$ für $p = (0, 0, 1)$.

Angenommen $G^*(P^*_{22}, R_{22})$ sei imprimitiv und $\bar{X}$ ein I-System. Für $p = (0, 1, 1)$ wurde der längste Zyklus mit einer Länge $L^{(22)}_{3,1} = 40944367$ berechnet, wobei $L^{(22)}_{3,1}$ eine Primzahl mit $2^{25} < L^{(22)}_{3,1} < 2^{26}$ ist. Folglich können nur Paare der Mächtigkeiten der I-Systeme und der I-Gebiete $(|\bar{X}|, |[x]|) \in \{(2, 2^{26}), (2^{26}, 2)\}$auftreten. Weiterhin wurde $L^{(22)}_{1,1}$ mit $2^{26} < L^{(22)}_{1,1} = 99179207 \leq 2^{27}$berechnet. Für alle echten Teiler t von $L^{(22)}_{1,1}$ gilt $17 \leq t \leq 5834071$. Analog zum Nachweis der Primitivität im Abschn. C.1 folgt aus $L^{(22)}_{1,1}$, dass mindestens 2^{25} I-Gebiete mit mindestens 2^5 Elementen existieren müssen. Aus dem Widerspruch folgt, dass die Gruppe $G^*(P^*_{22}, R_{22})$ primitiv ist.

Da $L^{(22)}_{3,1}$ die größte Zykluslänge aller Zyklenlängen von $g = \phi(0, 1, 1)$ ist, kann die Primzahl $L^{(22)}_{3,1}$ nur genau einmal als Faktor dieser Zyklenlängen auftreten. Aus Korollar 8.4 folgt mit $2^{27} - L^{(22)}_{3,1} \geq 3$, dass $G^*(P^*_{22}, R_{22}) \geq \mathfrak{A}(\mathcal{B}^{27})$. Wegen $P^*_{22}6 = 19$ folgt aus dem Satz 8.14 $G^*(P^*_{22}, R_{22}) \leq \mathfrak{A}(\mathcal{B}^{27})$ und schließlich $G^*(P^*_{22}, R_{22}) = \mathfrak{A}(\mathcal{B}^{27})$.

C.4 SKS-LZS 23

Der LZS-23 für den CA SKS wurde 1981 erstellt und ist definiert durch

$$\begin{aligned} P^*_{23} &= (23, 7, 12, 18, 24, \underline{9}, 13, 1, 20, 14, 16, 22, \underline{19}, 25, 3, 15, 17, 5, 10, \underline{27}, \\ &\quad 26, 6, 4, 11, 8, 21, \underline{2}) \\ R_{23} &= (7, 4, 6, 8, 2, 3, 9, 5, 1) \\ U^0_{23} &= (001001001111100011111000010) \\ \alpha_{23} &= 17 \end{aligned}$$

Er besitzt den Fixpunkt $U = 700707000o$ für $p = (0, 0, 1)$.

Wie der Tab. 8.1 zu entnehmen ist, besitzt Abbildung $\phi(1,1,0)$ einen Zyklus der Länge $2^{26} < 93405397 = L^{(23)}_{6,1}$. Die Primitivität der Gruppe $G^*(P^*_{23}, R_{23})$ ergibt sich aus Satz 8.9 und der Alternierenden Gruppe als Untergruppe der Gruppen $G^*(P^*_{23}, R_{23})$ aus dem Korollar 8.4. Da $P^*_{23} 13 = 19$ ergibt sich aus $G^*(P^*_{23}, R_{23}) \leq \mathfrak{A}(\mathcal{B}^{27})$ und Satz 8.14 schließlich $G^*(P^*_{23}, R_{23}) = \mathfrak{A}(\mathcal{B}^{27})$.

C.5 T-310-LZS 26

Der LZS-26 für den CA T-310 wurde 1981 erstellt. Er ist definiert durch

$$\begin{aligned} P_{26} &=(8, 4, 33, 16, 31, \underline{20}, 5, 35, 9, 3, 19, 18, \underline{12}, 7, 21, 13, 23, 25, 28, \underline{36}, \\ &\quad 24, 15, 26, 29, 27, 32, \underline{11}) \\ D_{26} &=(0, 28, 4, 32, 24, 8, 12, 20, 16) \\ \alpha_{26} &=4 \end{aligned}$$

Er besitzt den Fixpunkt $U = ff0fff000h$ für $p = (0, 1, 1)$.

Angenommen $G(P_{26}, D_{26})$ sei imprimitiv und $\bar{X}$ ein I-System. Für $p = (1, 1, 1)$ wurde der drittlängste Zyklus mit einer Länge $2^{32} < L^{(26)}_{7,3} = 5590259449 < 2^{33}$ berechnet. $L^{(26)}_{7,3}$ ist eine Primzahl. Aus Lemma Lemma 8.7 folgen mögliche Paare der Mächtigkeiten der I-Systeme und der I-Gebiete

$$(|\bar{X}|, |[x]|) \in \{(2, 2^{35}), (2^2, 2^{34}), (2^3, 2^{33}), (2^{33}, 2^3), (2^{34}, 2^2), (2^{35}, 2)\}$$

Für $p = (0, 0, 0)$ wurde ein Zyklus der Länge $L^{(26)}_{0,1} = 44675358629 > 2^{35}$ berechnet. Für alle echten Teiler t von $L^{(26)}_{0,1}$ gilt $11 \leq t \leq 4061396239$. Analog zum Nachweis der Primitivität im Abschn. C.1 erhält man mindestens 2^{33} I-Gebiete mit mindestens 16 Elementen und den Widerspruch $|M| \geq 2^{37}$. Die Gruppe $G(P_{26}, R_{26})$ ist folglich primitiv.

Wie in Tabelle 8.1 angegeben, ist die Zykluslänge $L^{(26)}_{7,3} = 5590259449$ eine Primzahl und streng größer als alle anderen Primfaktoren der Zyklenlängen von $\varphi(1, 1, 1)$. Aus dem Korollar 8.4 folgt mit $2^{36} - L^{(26)}_{7,3} \geq 3$, dass $G(P_{26}, D_{26}) \geq \mathfrak{A}(M)$. Aus dem Satz 8.15 folgt $G(P_{26}, D_{26}) \leq \mathfrak{A}(M)$ und schließlich $G(P_{26}, D_{26}) = \mathfrak{A}(M)$.

Tab. C.1 Fallunterscheidung zur Primitivität der Gruppe $g(P_{26}, D_{26})$, Zyklus $L^{26}_{0,1}$

	Fall 1	Fall 2	Fall 3	Fall 4	Fall 5	Fall 6
Mächtigkeit I-Gebiete	11	5791	63701	701329	7714619	4061396239
Anzahl der I-Gebiete	4061396239	7714619	701329	63701	5791	11

C.6 T-310-LZS 30

Der LZS-30 für den CA T-310 wurde 1983 erstellt und gehört der Klasse KT1 an. Er diente als Reserve-LZS für ARGON und war für ADRIA vorgesehen. Er ist definiert durch

$$\begin{aligned} P_{30} &= (8, 28, 33, 3, 27, \underline{20}, 5, 16, 9, 1, 19, 23, \underline{4}, 2, 21, 36, 30, 25, 11, \underline{24}, 1 \\ &\quad 2, 18, 7, 29, 32, 6, \underline{35}) \\ D_{30} &= (0, 36, 8, 28, 12, 32, 4, 20, 16) \\ \alpha_{30} &= 3 \end{aligned}$$

Er besitzt den Fixpunkt $U = 0f0f00000h$ für $p = (1, 0, 1)$.

Wie in der Tab. 8.1 angegeben, besitzt Abbildung $\varphi(1,0,1)$ einen Zyklus der Länge $2^{35} < 38566068901 = L^{(30)}_{5,1}$. Die Primitivität der Gruppe $G(P_{30}, R_{30})$ ergibt sich aus Satz 8.9 und der Alternierenden Gruppe als Untergruppe der Gruppen $G(P_{30}, R_{30})$ aus dem Korollar 8.4. Aus Satz 8.15 folgt schließlich $G(P_{30}, R_{30}) = \mathfrak{A}(M)$.

C.7 T-310-LZS 31

Der LZS-31 für den CA T-310 wurde 1985 erstellt und gehört der Klasse KT1 an. Er kam in den Geräten T-310/51 und vermutlich bei der Kommunikation zwischen der DDR und der BRD 1990 zum Einsatz. LZS-31 ist definiert durch

$$\begin{aligned} P_{31} &= (7, 4, 33, 30, 18, \underline{36}, 5, 35, 9, 16, 23, 26, \underline{32}, 12, 21, 1, 13, 25, 20, \underline{8}, \\ &\quad 24, 15, 22, 29, 10, 28, \underline{6}) \\ D_{31} &= (0, 16, 4, 24, 12, 28, 32, 36, 20) \\ \alpha_{31} &= 2 \end{aligned}$$

Er besitzt den Fixpunkt $U = 0ff0f0000h$ für $p = (0, 1, 1)$.

Die Abbildung $\varphi(1,0,0)$ besitzt einen Zyklus der Länge $2^{35} < 66649299533 = L^{(31)}_{4,1}$. Die Primitivität der Gruppe $G(P_{31}, R_{31})$ ergibt sich aus Satz 8.9 und die Alternierende Gruppe als Untergruppe der Gruppen $G(P_{31}, D_{31})$ aus dem Korollar 8.4. Aus Satz 8.15 folgt schließlich $G(P_{31}, D_{31}) = \mathfrak{A}(M)$.

C.8 T-310-LZS 32

Der LZS-32 für den CA T-310 wurde 1990 erstellt. Der LZS-32 war für die CV ARGON bzw. CV ADRIA vorgesehen. Er ist definiert durch

$$\begin{aligned} P_{32} &= (27, 30, 33, 24, 11, \underline{36}, 5, 20, 9, 23, 1, 34, \underline{16}, 14, 21, 8, 28, 25, 22, \underline{32},\\ &\quad 4, 10, 13, 29, 15, 12, \underline{18})\\ D_{32} &= (0, 20, 24, 4, 28, 8, 16, 36, 12)\\ \alpha_{32} &= 4 \end{aligned}$$

Er besitzt den Fixpunkt $U = 000ff00f0h$ für $p = (0, 0, 0)$.

Die Abbildung $\varphi(0{,}0{,}0)$ besitzt einen Zyklus der Länge $2^{35} < 64375382131 = L_{0,1}^{(32)}$. Die Primitivität der Gruppe $G(P_{32}, D_{32})$ ergibt sich aus Satz 8.9 und der Alternierenden Gruppe als Untergruppe der Gruppen $G(P_{32}, D_{32})$ aus dem Korollar 8.4. Aus Satz 8.15 folgt schließlich $G(P_{32}, D_{32}) = \mathfrak{A}(M)$.

C.9 T-310-LZS 33

Der LZS-33 wurde 1990 für den CA T-310 erstellt. Er war für die CV ARGON bzw. CV ADRIA vorgesehen. Er ist definiert durch

$$\begin{aligned} P_{33} &=(24, 3, 33, 30, 2, \underline{8}, 5, 12, 9, 1, 10, 6, \underline{32}, 22, 21, 18, 28, 25, 16, \underline{20},\\ &\quad 36, 13, 17, 29, 26, 4, \underline{35})\\ D_{33} &=(0, 12, 24, 36, 28, 16, 32, 8, 4)\\ \alpha_{33} &=3 \end{aligned}$$

Er besitzt den Fixpunkt $U = ff0f0f000h$ für $p = (0, 0, 1)$.

Angenommen $G(P_{33}, D_{33})$ sei imprimitiv und $\bar{X}$ ein I-System. Es wurden die Zyklen $\Omega_{1,1}^{(33)}$ der Länge $L_{1,1}^{(33)} = 853 \cdot 52808753 > 2^{35}$ und $\Omega_{6,1}^{(33)}$ der Länge $L_{6,1}^{(33)} = 1327 \cdot 38785493 > 2^{35}$ berechnet. Aus Lemma 8.7 ergeben sich die folgenden Paare der Mächtigkeiten der I-Systeme und der I-Gebiete $(|\bar{X}|, |[x]|) \in \{(2^{10}, 2^{26}), (2^{26}, 2^{10})\}$ für $L_{1,1}^{(33)}$ bzw. $(|\bar{X}|, |[x]|) \in \{\{(2^{11}, 2^{25}), (2^{25}, 2^{11})\}$ für $L_{6,1}^{(33)}$. Diese Paare sind nicht verträglich. Aus dem Widerspruch folgt, dass $G(P_{33}, D_{33})$ primitiv ist.

$L_{7,5}^{(33)}$ ist streng größer als alle anderen Primfaktoren der Zyklenlängen des Gruppenelements $\varphi(1, 1, 1)$ und $2^{36} - L_{7,5}^{(33)} = 68588268803 \geq 3$. Aus Korollar 8.4 folgt, dass $\mathfrak{A}(M) \leq G(P_{33}, D_{33})$. Aus dem Satz 8.15 folgt $G(P_{33}, D_{33}) \leq \mathfrak{A}(M)$ und abschließend $\mathfrak{A}(M) = G(P_{33}, D_{33})$.

Dienstreisen nach Bonn im Sommer 1990

D

D.1 Dienstreise nach Bonn vom 8. 7. bis 10. 7. 1990

Quelle: [30]

Die Teilnehmer an diesem Treffen sind aus anderen Veröffentlichungen inzwischen bekannt z. B. [52,68]. Von Seiten des ZSI waren das Dr. Otto Leiberich, Herr Michael Hange, Dr. Ansgar Heuser und Dr. Otto Liebetrau und vom ZCO die beiden Autoren.

(Tippfehler in den Protokollen wurden korrigiert)

Abteilung 2, Berlin, 13. Juli 1990

Bestätigt: Leiter ZCO Zimmermann, VP-Direktor

Bericht über die Dienstreise nach Bonn vom 8. 7.–10. 7. 1990

1. Teilnehmer:
seitens der ZSI: Herr [redacted] (nur an Beratung am 9. 7.) Herr [redacted] (Gesprächsleitung am 10. 7.) Herr [redacted] Herr [redacted]

(alle Mitarbeiter der ZSI)

seitens des ZCO: Herr: [redacted] Herr: [redacted]

Die Beratungen fanden im Bundesministerium des Innern statt. Die Unterbringung erfolgte beim Bundesgrenzschutz Swissttal-Heimerzheim, Gabrielweg 5.

Zeitlicher Ablauf:

6. 7. 90 18.00 Uhr Ankunft in Bonn

W. Killmann und W. Stephan, *Das DDR-Chiffriergerät T-310*,
https://doi.org/10.1007/978-3-662-67584-7_D

9. 7. 90 09.30 – ca. 12.30 Uhr Eröffnungsgespräch und Vortrag von Herrn [redacted] zum Verfahren ARGON

danach Besichtigung Stadtzentrum Köln und Bonn, Abendessen

10. 7. 90 09.00 – 12.30 Uhr Vortrag von Herrn [redacted] zum Chiffrieralgorithmus und Abschlußgespräch

14.00 Uhr Abfahrt nach Berlin

2. Inhalt des Eröffnungsgespräches

Zu Beginn des Treffens überreichte Herr [redacted] den Brief des Leiters des ZCO an Herrn [redacted] mit der Bitte um baldmöglichste Antwort.

Auf Anfrage von [redacted] informierte Herr [redacted] über Struktur und Aufgaben des ZCO einschließlich Referate und Namen der Referatsleiter im Anleitungsbereich des Herrn [redacted]. Die ZSI ist ähnlich strukturiert. [redacted] fragte weiterhin nach Ergebnissen der Dekryptierung und nach dem Verbleib dieser Spezialisten.

Wir informierten darüber, daß der Kern dieser Mitarbeiter noch im ZCO arbeitet, aber sämtliche Aktivitäten in dieser Richtung eingestellt wurden.

Nach der zugesagten Bereitstellung von Vocodern befragt, teilte [redacted] mit, daß ihre Beschaffung kompliziert sei. Er versucht Vocoder, möglicherweise auch nur Funktionsmuster, über [redacted] zu senden oder Herrn [redacted] mitzugeben.

Die Dienstreise von Herrn [redacted] nach Berlin zu einer Beratung im ZCO ist für August vorgesehen. Nach Darlegung der Dringlichkeit einer solchen Maßnahme und auf Anfrage von Herrn [redacted] schloß [redacted] nicht aus, daß er im August gemeinsam mit Herrn [redacted] nach Berlin kommt.

3. Information ARGON

Die Vorträge wurden mit Interesse aufgenommen. Sie beschäftigten sich mit vergleichbaren Problemen auf vergleichbarem Niveau. Einige Lösungen finden sie sehr interessant. Insgesamt überzeugte das Konzept des Chiffrierverfahrens ARGON.

Die Analyse beeindruckte durch ihre Komplexität und durch die erreichten Ergebnisse. Die Vortragskonzepte liegen in Abteilung 2 vor.

Aus den Fragen und Reaktionen war zu entnehmen, daß der Einsatz des Verfahrens durch die Funkaufklärung der BRD ermittelt wurde, darüber hinaus aber keine Informationen bei der ZSI vorliegen.

Zur Einschätzung neuer Einsatzmöglichkeiten des Gerätes sind folgende Informationen wichtig:

- Die ZSI nutzt nur hochwertige Chiffriertechnik in staatlichen Bereichen, die auch in den NATO-Ländern insgesamt eingesetzt wird.
- T-310 könnte den Bedarf an Chiffriertechnik auf dem Territorium der DDR in der Übergangsphase decken. (NVA, Polizei, ...)
- Chiffriertechnik ist in der Bundesrepublik nicht in so großen Stückzahlen z. B. bei der Polizei eingesetzt.
- Die verfügbare Stückzahl beeindruckte.

4. Inhalt des Abschlußgespräches

Ziel ist eine schnelle Zulassung des Verfahrens ARGON für Staatsgeheimnisse durch die ZSI (zumindestens auf der Linie Bonn – Berlin).

Zur Unterstützung der Arbeiten wurde von uns zugesagt, die Vortragsmanuskripte, den auf der Linie Bonn – Berlin eingesetzten Langzeitschlüssel und Prüffolgen zu übersenden.

Weiterhin wird in Erwägung gezogen, daß ein Spezialist für KOMA-Fragen gemeinsam mit Herrn [redacted] nach Berlin kommt, um die Eigenschaft des Gerätes aus dieser Sicht einzuschätzen und entsprechende Daten zu erhalten.

Anschlußmöglichkeiten an die Siemensfernschreibmaschine (Militärvariante) könnten in diesem Zusammenhang erörtert werden.

5. Schlußfolgerungen und Aufgaben

1. Umfassende Vorbereitung des Besuches von Mitarbeitern der ZSI beim ZCO im August
   - 1. Variante: es kommt eine Delegation mit Herrn [redacted] und Herrn [redacted]
   - 2. Variante: es kommt eine Delegation mit Herrn [redacted]

   Ein Spezialist für KOMA-Fragen kommt mit sehr hoher Wahrscheinlichkeit.
   V.: Stellv. d. Leiters WuT
2. Man kann generell davon ausgehen, daß die ZSI, insbesondere [redacted], an dem im ZCO vorhandenen Potenzial interessiert ist. Zwischenetappen für das Zusammengehen (z. B. Außenstellen der ZSI, Angliederung bei Polizei, Armee oder POST) sollten angedacht und auf Realisierbarkeit geprüft werden.

3. Die Unterlagen zum Verfahren ARGON sind schnellstmöglich über Dr. Werthebach an die Spezialisten der ZSI zu übergeben.
   V.: Abteilung 2
4. Die Einsatzkonzeption für T-310 ist zu überarbeiten. Der Einsatz in kommerziellen Bereichen sollte z. Zt. nicht mehr in Betracht gezogen werden.
   V.: Abteilung 1 u. 8
5. Provisorien in der mathematisch-kryptologischen Bereitstellung von Langzeitschlüsseln sollte auch unter dem Aspekt der Geheimhaltung überwunden werden. Dazu müssen Anschlußmöglichkeiten für die Geräte T-032 und T-037 an PC geschaffen werden.

   V.: Abteilung 2 Ma:Abt 1 und 3 T.: 12/90
   16.7.90

D.2 Dienstreise vom 16. 8. bis 17. 8. 1990

Zentrales Chiffrierorgan Berlin, 27. August 1990

Bestätigt: Leiter des ZCO

gez. Zimmermann VP-Direktor

B e r i c h t über die Dienstreise nach Bonn vom 16. 8. – 17. 8. 1990

Quelle:[30]

(Aus dem terminlichen Ablauf der Ereignisse im Juli und August 1990 geht zweifelsfrei hervor, dass einer der Teilnehmer des Treffens Dr. Nickel war. Er bestätigte das auch selbst nach unserer Rückfrage im Jahr 2021.)

1. Allgemeines
Teilnehmer

Seitens der ZSI: Herr [redacted] (Delegationsleiter), Herr [redacted] (nur an Beratung am 16.8., Spezialist Abstrahlung), Herr [redacted] (Spezialist Fernschreibverschlüsselung), Herr [redacted] (Spezialist Fernschreibverschlüsslung)

Seitens des BMI: Herr [redacted] (Bereich Dr. Werthebach, nur zeitweilig anwesend)

Seitens des ZCO: Herr [redacted] und Herr [redacted]

Die Beratungen fanden im Bundesministerium (Bereich Dr. Werthebach) statt. Die Unterbringung erfolgte beim Bundesgrenzschutz Swissttal-Heimerzheim.

Die Dienstreise erfolgte entsprechend der Dienstreisedirektive vom 13. 8. 1990.

Zeitlicher Ablauf:

16. 8. 90: 14.15 Uhr – Ankunft Bonn; 14.15–16.00 Uhr – Eröffnungsgespräch und Abstimmung des weiteren Verlaufes

17. 8. 90: 08.30–15.00 Uhr – Übergabe der Chiffriertechnik und Dokumentation; Inbetriebnahme und Einweisung; 14.15 Uhr – Abfahrt nach Berlin

2. Inhalt des Eröffnungsgespräches

Die Begrüßung erfolgte durch Herrn [redacted] in seinem Arbeitszimmer. Er verwies darauf, daß zum Einsatz von T-310/50 keine grundsätzlichen Festlegungen existieren und diese auf anderer Ebene getroffen würden.

Die Herren der ZSI bedauerten und entschuldigten die ungünstigen Umstände der Geräteübergabe und Einweisung im BMI im Vergleich zu den besseren Voraussetzungen in der ZSI. Sie erklärten weiterhin, daß sie erst zwei Tage zuvor die Aufgabe, die Geräte zu übernehmen, erhalten haben.

Ihr vorrangiges Anliegen wäre, durch eine Einweisung schnell die Bedienung des Gerätes und die wichtigsten Eigenschaften kennenzulernen.

Ihr Auftrag sei, in kurzer Zeit Aussagen über die Einsatzfähigkeit von T-310/50 zu treffen, ohne jedoch zu wissen, in welchen Bereichen und mit welcher Fernschreibtechnik der Einsatz erfolgen soll.

Sie äußerten mehrfach ihren Unmut hinsichtlich dieser so kurzfristig durchzuführenden und unklaren Aufgabe.

Die Vertreter des ZCO legten Umfang und wesentliche Bestandteile der zu übergebenden Technik und Dokumentation dar. Dabei zeigt sich, daß die Vertreter der ZSI über keine Informationen zu T-310/50 verfügten, auch nicht über die bereits in vorangegangenen Absprachen vermittelt bzw. zur Übergabe vereinbart wurden.

Hinsichtlich der Abstrahlungseigenschaften von T-310/50 wurde auf die durch das ZCO vorgeschlagene Konsultation für 8/90 in Berlin verwiesen. Auf diese Problematik wurde deshalb nicht weiter eingegangen.

Im weiteren Verlauf des Gespräches wurden unsererseits erste Informationen über Aufbau und Wirkungsweise von T-310/50 vermittelt, Fragen beantwortet (siehe Punkt 3.) und die technischen Voraussetzungen für eine Geräteinbetriebnahme am nächsten Tag geklärt.

3. Übergabe, Inbetriebnahme, Einweisung

Die Übergabe der Technik und Dokumentation erfolgte an Herrn [redacted] Die einzelnen Positionen und die Quittierung sind den Begleitkarten für Chiffriermaterial Nr. 101321/90–101325/90 zu entnehmen.

Zusätzlich wurde das Dokument „Zusammenstellung von Informationen über das Gerätesystem T-310/50 und dessen Einsatz“ übergeben (siehe Anhang).

Die Übergabe eines solchen Dokumentes wurde auf der Konsultation zwischen dem ZCO und dem BMI/ZSI am xx. 8. 90 vereinbart.

Es wurde unsererseits darauf hingewiesen, daß das ursprüngliche Vorhaben, eine Aufstellung von Problemen zu übergeben, aus Zeitgründen nicht realisiert werden konnte. Stattdessen wurde eine umfangreiche Zusammenstellung von Informationen über das Gerät und dessen Einsatz erarbeitet, die die Aufgaben des ZCO darstellen, und die es der ZSI gestattet, unmittelbar die für ihre Aufgabenstellung relevanten Aufgaben abzuleiten.

Die Inbetriebnahme und Einweisung in die Bedienung von T-310/50 erfolgte im Standleitungsbetrieb zwischen den beiden Geräten und den Fernschreibmaschinen T 100 (von der ZSI bereitgestellt) und F 1301 (vom ZCO bereitgestellt).

Weiterhin wurden die wichtigsten Handgriffe zum Öffnen der Geräte praktisch vorgeführt. Besonderes Interesse fanden die „Kryptobaugruppe" (KES 7901), die ANE, der UWP, der KU und die Maßnahmen zur Gefäßabsicherung.

Die Zielstellung der Einweisung (s. o.) wurde erfüllt.

Nachstehend erfolgt eine Auflistung interessanter Fragen und Probleme, die sich aus dem gesamten Gesprächsverlauf ergeben haben:

Schnittstelle T-310/50

Nach detaillierter Erklärung der Schnittstelle und Verweis auf zu untersuchende Probleme wurde seitens der ZSI die Tatsache, daß T-310/50 kanalabschließend im Fernschreibkanal eingebunden ist, als problematisch hinsichtlich einer Postzulassung (DBP) angesehen.

Die Verschlüsslungstechnik der ZSI sei aus diesem Grund stets zwischen Endgerät und Fernschaltgerät geschaltet.

Angriffschutz

Maßnahmen gegen unbefugten Zugriff auf sensible Informationen und Funktionen innerhalb des Gerätes (antitemper Programm in der Terminologie der ZSI), Frage der ZSI nach Vorhandensein eines derartigen Programms.

Es wurde das Gefäßabsicherungssystem erläutert und auf zusätzliche notwendige Sicherungsmaßnahmen durch den Nutzer (statische Sicherheit) verwiesen.

Hinsichtlich der antitemper Maßnahmen wurde auch auf die Aussage der kryptologisch-technischen Analyse aufmerksam gemacht, die noch 8/90 übergeben wird.

Funktion der GTX-Taste

Es wurde die Funktion der GTX-Taste des F 1301 bzw. Druckerfallensperre des T 51 im Zusammenhang mit den Betriebsarten von T-310/50 erläutert.

Da offensichtlich die Endtechnik der ZSI diese Sondertaste nicht enthält, wurde die Betriebsart „Vorchiffrierung mit Kodeumsetzung" mit Interesse aufgenommen.

Schutzleiter

Welche Ableitströme – wird VDE-Norm 804 eingehalten?

4. Sonstiges

1. Bei der Inbetriebnahme wurde ein Bedienteil (BT) als fehlerhaft erkannt. Dieses BT wurde nicht übergeben.
2. Seitens des ZCO wurde die Bereitschaft erklärt, kurzfristig weitere Konsultationen (auch in Bonn) zu Fragen des Einsatzes von T-310/50 (insbesondere technische Probleme) durchzuführen.

5. Maßnahmevorschläge

1. Übergabe Bedienteil an ZSI V.: Abt. 5 T.: 8/90
2. Beschaffung der für T-310/50 zutreffenden VDE-Standards V.: Abt. 1 T.: 9/90

   Verteiler: – Ltg., – die Abt. 1–8

Zusammenstellung von Informationen über das Gerätesystem T-310/50 und dessen Einsatz

0. Vorbemerkung

   Dieser Auskunftsbericht ist eine Zusammenstellung wichtiger Informationen bzw. deren Quellen über das Gerätesystem T-310/50 und seines Einsatzes, deren Kenntnis bei Entscheidungen für neue Einsatzmöglichkeiten als zweckmäßig erachtet wird. Der Bericht wird in nachfolgende Schwerpunkte unterteilt:

   – technische Information zum Gerätesystem T-310/50 – Chiffrierverfahren ARGON – Ausstrahlungssicherheit – Schlüsselmittel – Instandsetzung – Betriebsdienst – Langzeitschlüssel – Weiterentwicklung

1. Technische Informationen

   Das Gerätesystem T-310/50 wird in seiner Funktionsweise und seinen Parametern vollständig durch die Technische Dokumentation, bestehend aus 10 Büchern, beschrieben.

   Die Technische Dokumentation wurde durch das ZCO auf der Grundlage von Zuarbeiten des Herstellers bzw. der Entwicklungsstelle fertiggestellt und produziert. Die Dokumentation unterliegt dem Änderungsdienst. Die Dokumentation ist ausschließlich im Bereich der Instandsetzung verfügbar.

   Zu beachtende technische Probleme:

   Das Gerät T-310/50 ist entsprechend Entwicklungsaufgabenstellung für bestimmte Nachrichtenend-, Übertragungs- und Vermittlungstechnik entwickelt worden. Jeder Anschluß neuartiger Technik ist aus funktioneller und sicherheitstechnischer Sicht zu überprüfen.

   Im Einzelnen sind zu untersuchen:

– Schnittstelle zur Endtechnik (elektrisch, funktionell) – Betriebsarten der Endtechnik im Zusammenwirken mit der Endtechnik (aktive elektronische Entstörung (NES)) – Schnittstelle zur Übertragungs- bzw. Vermittlungstechnik (elektrisch, funktionell)
Diese Untersuchung sind für alle Betriebsarten bzw. Zustände von T-310/50 notwendig.

2. Chiffrierverfahren ARGON
Das Chiffrierverfahren ARGON umfaßt das Gerätesystem T-310/50, die Schlüsselmittel Typ 758 und die Anwenderdokumentation, bestehend aus – Gebrauchsanweisung ARGON (T-310/50) – Bedienungsanweisung BT – Installationsvorschrift T-310/50 sowie interne Vorschriften des ZCO zur Produktion der Schlüsselmittel, Herstellung der Langzeitschlüssel u. a. Die Chiffrierorgane legen darüber hinaus allgemeine Vorschriften zur Handhabung, zur Aufbewahrung, zum Transport, zum Nachweis und zur Vernichtung von Chiffriermaterial fest.
Das Chiffrierverfahren ARGON wurde 1983 durch das ZCO für die Bearbeitung von Informationen bis einschließlich Geheimhaltungsgrad GVS (entspricht GEHEIM) zugelassen.
Untersuchungsergebnisse zur Sicherheit des Chiffrierverfahrens ARGON, mit Ausnahme der Ausstrahlungssicherheit, wurden mündlich am 9. und 10. Juni 1990 vorgestellt und werden im August 1990 schriftlich übergeben.
Gegenwärtig sind 4 neue Langzeitschlüssel für den Einsatz mathematisch-kryptologisch erarbeitet, aber noch nicht realisiert worden. Sie ermöglichen den Aufbau isolierter Chiffriernetze (siehe dazu auch Punkt 7.)

3. Ausstrahlungssicherheit
Die Ausstrahlungssicherheit ist durch das Gerät T-310/50 selbst und die Einhaltung der Installationsvorschriften (IV) gewährleistet.
Die Installation des Gerätesystems T-310/50 erfolgt durch den Nutzer entsprechend IV. Die Abnahme der Chiffrierstelle erfolgt durch Kontrolle u. a. der Einhaltung der IV durch das ZCO.
Aus der Sicht der Ausstrahlungssicherheit sind bei Verwendung anderer als in der BA bzw. IV genannten Technik (insbesondere Endtechnik) folgende Untersuchungen durchzuführen (Schwerpunkte):

- überkoppeln Signale T-310/50 (Peripherie) auf FSM (überkoppeln auf Netz, Abstrahlen über FSM),
- überkoppeln Telegrafiesignale FSM über T-310/50 (ANE) auf Linie (Flankensteilheit, Frequenzspektrum, ...),
- Prüfung AES-Funktion im Zusammenwirken mit FSM (falls 50 Bd.),
- nur bei Bedarf: Prüfung Einfluß Kodeumsetzer (KU).
  Vorschlag:
- Erörterung der Probleme auf Konsultation ZCO – ZSI 8/90 in Berlin,
- Erarbeitung aktueller KOMA-Analysen T-310/50 durch ZCO und Übergabe an ZSI 8/90,
- Durchführung gemeinsamer Messungen am Gesamtsystem (T-310/50 – FSM) in Bonn oder Berlin noch 1990.

Die Erteilung eines KOMA-Zertifikats sollte erfolgen für: – T-310/50, – T-310/50 mit elektron. FSM.
Vorschlag:

- Vergabe durch ZSI gemäß ZSI-Vorschriften unter Mitwirkung des ZCO
  Weitere Aufgaben:
- Erarbeitung Installationsvorschrift T-310/50 mit elektronischen Fernschreibmaschinen
  Vorschlag: Erarbeitung durch ZCO nach Vorgaben von ZSI
- Präzisierung Betriebsvorschriften und Inbetriebnahmeanweisung T-310/50 bezüglich AES und KU
  Vorschlag: Erarbeitung durch ZCO

4. Schlüsselmittel
   Die Schlüsselmittel werden in zwei Arten gefertigt (Typ 758, Typ 796), die sich in der Anzahl der Schlüssellochkarten und Verpackung unterscheiden. Gegenwärtig wird nur Typ 758 produziert. Die Lochkarten sind blattweise abgesichert.
   In Abhängigkeit von der Schlüsselorganisation erfolgt die Kennzeichnung der Mittel (allgemein, individuell, Nr. des Expl. der Serie, Kennzeichnung der Vertraulichkeit).
   Die Anzahl der Exemplare pro Serie ist in der Regel max. 150. Aus technologischer Sicht gibt es keine Begrenzung.
   Die Gültigkeit des Zeitschlüssels beträgt 1 Woche. Veränderungen sind aus mathematisch-kryptologischer Sicht zulässig.
   Die Schlüsselmittelherstellung erfolgt zentral im ZCO mittels spezieller Produktionstechnik und unter ausstrahlungssicheren Bedingungen:

   – T-034-5 mit Arithma-Lochkartenstanzer – T-034-1 (für Kenngruppen) – Kuvertierungstechnik für Einzelblattabsicherung in speziell gefertigten Briefumschlägen

   – Geräte und Maschinen der Polygraphie, z. B. Hoch- und Flachdruckmaschinen, Heftmaschinen, Hochfrequenzfolienschweißpresse.

   Für die Wartung und Reparatur stehen ausreichend Ersatzteile und die entsprechend qualifizierten Techniker zur Verfügung. Eine zentrale Wartung der Gerätesysteme T-034-1 und T-034-5 ist sinnvoll, da eine Reihe von Bauelementen untereinander getauscht werden kann.

   Zur Herstellung der Schlüsselmittel werden Spezialisten benötigt, die zum überwiegenden Teil Berufe der Polygraphie haben, z. B. Handsetzer, Maschinensetzer, DTP-Setzer, Buch- und Offsetdrucker, Buchbinder.

   Die qualifizierte Herstellung der Schlüsselmittel ist nur durch oftmalige Gütekontrolle der einzelnen Arbeitsgänge durch langjähriges erfahrenes Personal zu gewährleisten.

   Die Sicherheit der Schlüsselmittel einschließlich der Verpackung wird bei verschiedenen Arbeitsgängen durch Markierungsmittel zusätzlich erhöht.

Die zum Einsatz kommenden Gerätesysteme T-034-1 und T-034-5 werden periodisch auf ihre kryptologische Sicherheit überprüft.

Die Schlüsselmittel werden in den verschiedensten Geheimhaltungsstufen oder als offene Sache hergestellt. Die Kennzeichnung erfolgt jeweils auf dem Deckblatt. Es ist jederzeit möglich, einen anderen Aufdruck auf dem Deckblatt aufzubringen.

5. Instandhaltung
   Für den Service T-310/50 existiert ein auf dem Territorium der DDR dislozierter Instandhaltungsdienst ZCO, der alleinig und unabhängig vom Hersteller der Geräte T-310/50 die ständige Verfügbarkeit dieser Technik, einschließlich auftretender Garantieleistungen, gewährleistet.
   Die Produktion der Geräte T-310/50 erfolgte im Zeitraum von 1983 bis 1989 und wurde auf der Grundlage der Lieferbedingungen für militärtechnische Erzeugnisse (LVO) durch Militärabnehmer des ZCO abgenommen.
   Die Funktion der Militärabnehmer bestand u. a. im Einbringen der operativen Langzeitschlüssel (LZS). Der Hersteller produzierte mit einem gesonderten LZS (Werk- bzw. Produktionsschlüssel).
   Entsprechend Pflichtenheftanforderung bzw. technischem Datenblatt garantiert der Hersteller eine MRBF von mind. 100 000 Betriebsstunden.
   In jedem Bezirk der DDR (15) gibt es ein selbständiges Referat Chiffrierwesen (CW) mit Instandsetzungstechnik T-310/50. Deren Aufgabe besteht in der schnellen wiederherstellenden Instandsetzung T-310/50 am Einsatzort durch Baugruppenaustausch mittels eines Instandsetzungssatzes (techn. Dok., Austauschbaugruppen, Spezial- und Normteile, Verbrauchsmittel, Hilfs- und Prüfmittel und Prüfrechner) sowie entsprechender Meßtechnik zur physikalischen Abstrahlungssicherheitsüberprüfung (AS-Prüfung).
   Das ZCO besitzt einen zentralen Instandsetzungsdienst mit den Aufgaben der schnellen wiederherstellenden Instandsetzung für den Raum Berlin und der zentralen Instandsetzung aller Baugruppen, die durch die selbständigen Referate CW auf dem Territorium der DDR anfallen.
   Zur org./techn. Realisierung wird bzw. kann zur Zeit der Kurierdienst der VP genutzt werden.
   Die Ausbildung, Anleitung und Qualifizierung der Instandsetzungsmechaniker erfolgt durch das ZCO.
   Gegenüber der durch den Hersteller garantierten theoretischen MTBF von rund 1000 h beläuft sich die praktische MTBF im stationären Betrieb für das Gerät T-310/50 auf ca. 7500 h (max. ein Ausfall pro Jahr).
   Die mittlere Instandsetzungsdauer, ohne Vor- und Nachbereitungsaufgaben sowie An- und Abfahrtszeiten, der schnellen wiederherstellenden Instandsetzung am Einsatzort umfaßt ca. eine Stunde.
   Der zentrale Instandsetzungsdienst des ZCO hat zur Gewährleistung einer normativen Nutzungsdauer aller produzierten Geräte T-310/50 für ca. 20 Jahre alle erforderlichen Norm- und Spezialersatzteile sowie Baugruppen eingelagert.
   Die zentrale Baugruppeninstandsetzung erfolgt mittels rechnergestützter

Diagnose- und Spezialtechnik, die im Rahmen von Rationalisierungsmaßnahmen durch Techniker des zentralen Instandsetzungsdienstes (ZCO) selbst entwickelt und gefertigt wurden.
Zwischen Hersteller und zentralem Instandsetzungsdienst (ZCO) besteht eine rechtskräftige Instandsetzungsvereinbarung, auf deren Grundlage bei Bedarf Industrieinstandsetzungsleistungen bzw. die Produktion vereinbarter Spezialersatzteile erfolgen können.
Bei Einsatz der Geräte T-310/50, unter Einbeziehung des Territoriums der BRD, sollten gemeinsame Absprachen bzw. daraus folgend Festlegungen für eine effektive und rationelle Instandhaltung unter Berücksichtigung aller gegebenen Voraussetzungen getroffen werden.

6. Betriebsdienst
Die Organisation des Betriebsdienstes wird hauptsächlich bestimmt durch – Anzahl der Geräte und der Chiffrierstelle – hauptsächlich genutzte Betriebsart – Verkehrsarten (individuell, allgemein) – Anzahl der Korrespondenzen – Übergang in andere Schlüsselbereiche – End- und Übertragungstechnik (mechanische Fernschreibmaschinen oder Computer, Drahtkanal oder Funk) – abgesetzter Endplatz – Schlüsselorganisation.
Die Betriebskräfte arbeiten mit den Dokumenten entsprechend Punkt 2. Die darüber hinausgehenden betriebsorganisatorischen Festlegungen trifft der Nutzer in eigener Zuständigkeit. Die Betriebskräfte werden durch Lehrkräfte, die ihre Lehrberechtigung durch das ZCO erhalten, in das Verfahren eingewiesen. Lehrgänge sind kurzfristig realisierbar. Dafür stehen umfassendes Lehrmaterial und qualifizierte Ausbildungskräfte zur Verfügung.

7. Langzeitschlüssel
Der Langzeitschlüssel (LZS) besteht aus 3 Leiterplatten der Größe (95 × 47,5) mm wahlweise mit eigener Topologie oder Handverdrahtung. Die Herstellung erfolgt unter VS-Bedingungen. Für die Handverdrahtung ist pro LZS ca. 1 h Arbeitszeitaufwand erforderlich. Die Verdrahtung erfolgt auf Leiterplatten, die in der Industrie speziell gefertigt werden. Die handverdrahteten LZS werden im ZCO hergestellt. Im ZCO sind für sofortige Aufträge Leiterplatten für 400 LZS vorrätig.

8. Weiterentwicklungen
Für die Nutzung von Computern als Endgeräte in Verbindung mit T-310/50 werden Entwicklungen unter der Bezeichnung V24-Umsetzer (VU) in den Varianten VU 1 bis VU 4 durchgeführt bzw. sind geplant.
Für die Signalisation von Anrufen (ext. Weckerfunktion) ist unter Beachtung der Ausstrahlungssicherheit eine Signalisationseinrichtung realisiert worden.

übernommen: 17.08.90 [redacted], übergeben: [redacted] 17.08.90

LAMBDA1-Algorithmus

E

Relativ unabhängig von der konkreten politischen Entwicklung war absehbar, dass die Chiffrierhoheit als staatliches Monopol auch in der DDR nicht mehr aufrecht erhalten werden konnte. Die auf der Ebene von Staatsgeheimnissen eingesetzten Verfahren und Algorithmen sollten im kommerziellen Bereich möglichst nicht im breiten Umfang eingesetzt werden. Wie z. B. die USA, die BRD und auch die Sowjetunion verfolgten wir das Konzept der Trennung zwischen Chiffrierverfahren, die im staatlichen bzw. militärischen Bereich und im kommerziellen Bereich eingesetzt werden. Bis 1989 waren wir davon ausgegangen, dass wir bei Bedarf den sowjetischen Standard nutzen würden. Das war nun nicht mehr so ohne Weiteres durchführbar. Für den DCA, also den Vorläufer des GOST [28], der damals noch nicht veröffentlicht war, würden wir eine Genehmigung der Sowjetunion benötigen. Der DES als Alternative schied schon aufgrund des geringen Schlüsselumfangs aus. Eine potentiell mögliche Entzifferung – durch wen auch immer – wollten wir ausschließen. Es gab also für uns kein akzeptables, schnell einsetzbares Verfahren für diesen Bereich.

In einer Einschätzung vom 20.02.1990 *Möglichkeiten und Gefahren der Nutzung des DES* [29] führten wir folgende potentiellen Schwachstellen aus:

- Eigenschaften des DES, Sicherheit: 56 Bit für den Schlüssel sind heute wenig. Es ist vorstellbar, daß die leistungsfähigsten Dekryptierdienste der Welt unter Nutzung aller Möglichkeiten von Wissenschaft und Technik (Spezial-Hardware, Parallelisierung, ...) mit einem an die Grenzen ihrer Fonds gehenden Aufwand die TPM (Totale Probiermethode – brute force) realisieren. Es ist unbekannt, ob diese Dekryptierdienste Gesetzmäßigkeiten des DES (Trapdoors) kennen, die – unter irgendwelchen realen Annahmen und Voraussetzungen – wesentlich weniger Aufwand als das Durchprobieren von 2^{56} Varianten erfordern. Der DES enthält keinen Bestandteil, der als LZS verwendet werden könnte.
- In der Literatur zum DES gab es auch Mutmaßungen, dass die S-Boxen und das „Key Scheduling" Trapdoors enthalten könnten.

W. Killmann und W. Stephan, *Das DDR-Chiffriergerät T-310*,
https://doi.org/10.1007/978-3-662-67584-7_E

Der Ausweg bestand in einer Eigenentwicklung, offiziell auf der Basis des DES. Unsere Kenntnisse über den GOST nutzten wir ebenfalls kreativ. So entstand der Blockchiffrieralgorithmus LAMBDA1.

Die exakte Definition des LAMBDA1-Algorithmus kann man in [29] nachlesen. Nachfolgend werden die Designideen vorgestellt. Der Algorithmus wurde innerhalb von etwa drei Monaten entwickelt. LAMBDA1 wurde aus dem DES abgeleitet und dabei folgende Änderungen vorgenommen:

- Vergrößerung der effektiven Schlüssellänge von 56 Bit auf 256 Bit
- Änderung der Art und Weise der Schlüsselfolgenerzeugung
- Addition zweier Schlüsselvektoren nach 8 Verarbeitungszyklen
- Einführung einer zusätzlichen Permutation in jeder Runde
- Weglassen der Anfangs- und Endpermutation.

E.1 Gesamtalgorithmus

In der nachfolgenden Skizze E.1 ist der Gesamtalgorithmus dargestellt. Durch das Design gibt es einen gewollten Unterschied sowohl zum DES als auch zum GOST. Es gibt jedoch die Möglichkeit, die Rundenfunktion identisch zur Rundenfunktion des DES zu gestalten.

E.2 Begründung der Änderungen

Aus der Literatur ist bekannt, dass die Anfangs- und Endpermutationen ohne kryptographische Relevanz sind. Deshalb wurden sie einfach weggelassen.

Die Rundenanzahl entspricht mit 16 Runden dem DES. Die Rundenfunktion wird durch eine Bitpermutation vor der Expansionsschaltung ergänzt. Sonst ist sie mit der Rundenfunktion des DES identisch. Die eingefügte Permutation sollte die Funktion eines LZS, ähnlich der Funktion in der ALPHA-Klasse, übernehmen.

Die vorgenommene Erweiterung hat folgende Gründe:

1. Es sollte eine Dekryptierung für Geheimdienste, die möglicherweise den DES beherrschen, verhindert oder zumindest erschwert werden.
2. Es ist eine kryptologische Reserve eingebaut, die dann wirksam wird, wenn die Permutation geheimgehalten wird. Sollten sich Schwachstellen bzw. Trapdoors des DES zeigen, dann wäre es denkbar, mit dieser Permutation denen entgegenzuwirken.

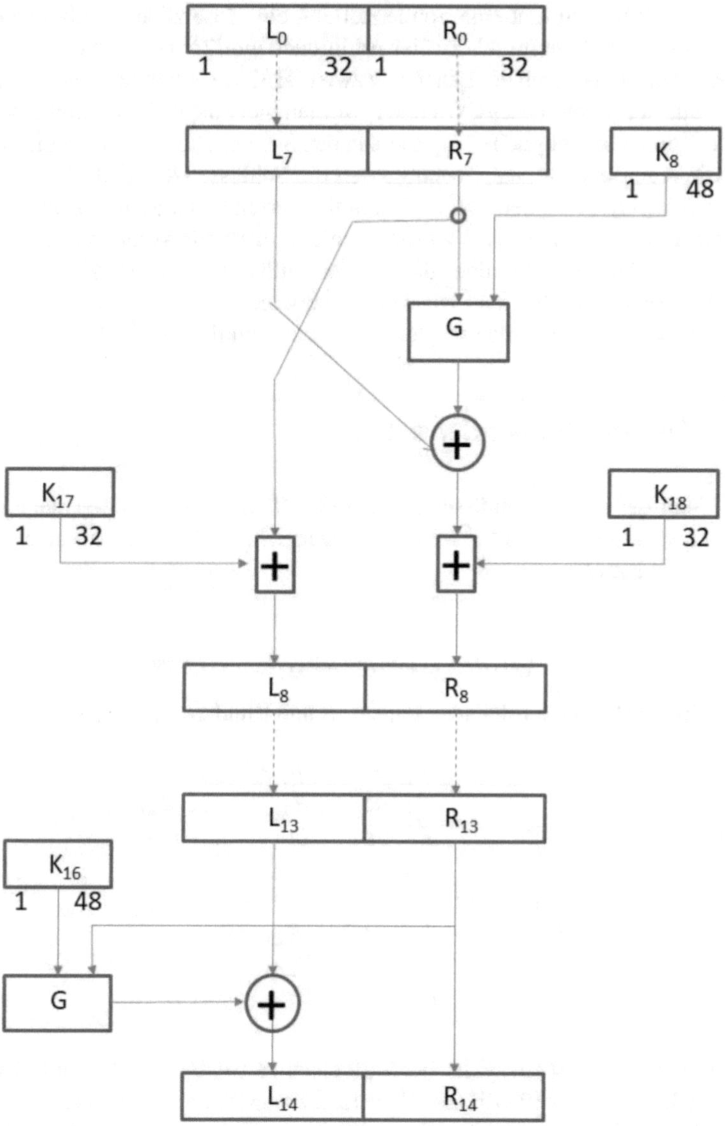

Abb. E.1 Der LAMBDA1-Algorithmus

3. Man kann auf diese Weise Algorithmen für unterschiedliche Einsatzgebiete trennen.

Wenn die identische Permutation eingesetzt wird, erhält man die DES-Rundenfunktion.

Die achte Runde nimmt eine Sonderstellung ein. Zusätzlich zur üblichen DES-Rundenfunktion werden mittels zweier Additionen $mod 2^{32}$ noch jeweils ein zusätzlicher Rundenschlüssel mit der Länge von zweimal 32 Bit aufaddiert. Die Idee hierfür entstand aus der Kenntnis des GOST. Wir wollten hier eine weitere Möglichkeit einbauen, um potentiell mögliche Trapdoors in den S-Boxen des DES zu neutralisieren. Durch die Additionen $mod 2^{32}$ beeinflussen die Schlüssel K_{17} und K_{18} in Abhängigkeit von den Inhalten der 32-Bit-Vektoren unterschiedliche Bits dieser Vektoren. Sollte ein Dekryptierangriff bis zu dieser mittleren Runde vorgedrungen sein und somit bereits Informationen über die Rundenschlüssel vorliegen, wollten wir hier eine Schranke setzen, die dann zusätzlich überwunden werden müsste. Setzt man $K_{17} = K_{18} = 0$, so erhält man wieder die Rundenfunktion des DES.

E.3 Bildung der Rundenschlüssel

Die Bildung der Rundenschlüssel ist dem GOST entlehnt. Das war naheliegend, denn auch dort werden 256 Bit verwendet. Der Schlüssel besteht aus acht Zeichen (S) zu je acht Bit (B):

$$S = \left(S_1, S_{2,} \ldots, S_8\right) = (B_1, B_2, \ldots, B_{256})$$

Die Bits werden nach folgender Vorschrift den Runden zugeordnet:

$$\begin{array}{rrll} & K_1 =: & B_1 & \ldots B_{48} \\ & K_2 =: & B_{49} & \ldots B_{96} \\ & K_3 =: & B_{97} & \ldots B_{144} \\ & K_4 =: & B_{145} & \ldots B_{192} \\ \forall j \in 5, 12: & Kj =: & T^{11}(K_{j-4}) & \\ \forall j \in 13, 16: & Kj =: & T^{11}(K_{25-j}) & \\ & K_{17} =: & B_{193} & \ldots B_{224} \\ & K_{18} =: & B_{225} & \ldots B_{256} \end{array} \tag{E.1}$$

Die Funktion T^{11} ist ein zyklischer Shift eines 48-Bit-Vektors. In den 16 Rundenschlüsseln kommen nur 192 Bit zum Einsatz. Sie werden entsprechend der Vorschrift in der Abbildung jeweils um 11 Bit zyklisch verschoben und zwar jeder Rundenschlüssel K_1 bis K_4 viermal. Die Schlüssel K_{17} und K_{18} werden nur einmal in der Mitte der Berechnung eingesetzt. Sie sind nur 32-Bit lang.

Durch das gewählte Design konnten wir alle Veröffentlichungen zum DES für die Einschätzung und Bewertung der Qualität von LAMDA1 nutzen. Das gab uns eine gewisse Sicherheit dafür, dass die kryptologischen Eigenschaften des Algorithmus von guter Qualität sind. Durch die Einbindung von LZS bzw. durch die Schaffung von kryptologischen Reserven konnten wir den Algorithmus trotz der sehr kurzen Entwicklungszeit für die Implementierung in einem Chiffriergerät, in der T-316, vorschlagen.

Mit dem Ende der DDR wurden die Untersuchungen zum Algorithmus eingestellt.

Der Sachstandsbericht LAMBDA1 vom Juni 1990 [29] wurde zum Abschlussbericht.

Laut diesem Bericht wurden in der kurzen Zeit ca. 70 Quellen zur DES-Analyse ausgewertet und in Bezug auf LAMBDA1 bewertet.

Aus kryptologischer Sicht sind folgende Ergebnisse erwähnenswert, die hier in verkürzter Form wiedergegeben werden:

1. In Anlehnung an die in /5/[-2] untersuchten DES-like functions ergaben Untersuchungen der Gruppe der LAMBDA1-like functions, dass die Alternierende Gruppe vorliegt.
2. Alle schwachen und semischwachen Schlüssel mit Palindromcharakter /6/[-1] wurden eindeutig bestimmt. In Relation zum Schlüsselumfang von 2^{256} ist ihr Auftreten jedoch um Größenordnungen geringer als beim DES.
3. Automorphismen: Es wurden Aussagen bewiesen, die die Anzahl und die Art der Automorphismen in einem grundlegenden Automatenmodell wesentlich einschränken. Damit sind mehrere Klassen kryptologisch evtl. verwendbarer algebraischer Strukturen ausgeschlossen.
4. Zweifache Transitivität: Die zweifache Transitivität ist eine wesentliche algebraische Eigenschaft für Gruppen von Abbildungen, die in Blockchiffren verwendet werden. Die Überprüfung dieser Eigenschaft ist auch für die Analyse von LAMBDA1 von Interesse. Die theoretischen Grundlagen für eine rechnergestützte Prüfung wurden ausgearbeitet.
5. In der Literatur gibt es eine Reihe verschiedener statistischer Untersuchungen, mit denen versucht wird, unerwünschte Gesetzmäßigkeiten im Chiffrieralgorithmus zu entdecken /7/[0]. Geplant und zum Teil begonnen wurden Experimente zum Avalanche-Effekt und zum strikten Avalanche-Effekt und zur Testung spezieller Bitabhängigkeiten. Aufgrund der geringen Leistungsfähigkeit der zur Verfügung stehenden Rechner konnte bisher nur wenige Versuche durchgeführt werden, eine endgültige Wertung ist zurzeit nicht möglich. Die bisherigen Versuche zeigen jedoch keine Auffälligkeiten.

Die Ergebnisse zeigen, dass es gelungen war, die Erfahrungen aus der ALPHA-Analyse hier einzubringen und vergleichbare Ergebnisse zu erreichen. Deshalb schätzten wir abschließend ein: Es gibt aus heutiger Sicht keine Einwände für den

[-2]/5/ Even S., Goldreich O. DES-like function can generate the alternating group – IEEE Trans. Inf. Theory, 1983, Vol. IT-29, No. 6, pp. 863–865.

[-1]/6/ Simmons G. J., Moore J. H. Cycle Structure of the DES for keys having palindromic (or anti-palindromic) sequences of rounds keys. – IEEE Trans. Software Eng., 1987, Vol. SE-13, No. 2, pp. 262–273.

[0]/7/ A. K. Leung, S.E. Tavares Sequence complexity as a test for cryptographic systems.

Dienstreise von Dr. Leiberich am 24. Juli 1990

F

Aus dem terminlichen Ablauf der Ereignisse im Juli und August 1990 geht zweifelsfrei hervor, dass hier die Dienstreise von Dr. Leiberich ausgewertet wurde.

Quelle: [30], Protokoll:

Zentrales Chiffrierorgan Berlin, 1. August 1990

Der Leiter

Abteilung 2 Leiter

Schlußfolgerungen und Maßnahmen zur Umsetzung der Ergebnisse der Beratung mit dem Leiter der Zentralstelle für die Sicherheit in der Informationstechnik, Herrn

Ausgehend von den Ergebnissen der Beratung wurden drei Hauptaufgaben für die weitere Arbeit des ZCO abgeleitet:

- Fortführung der wissenschaftlichen und wissenschaftlich-technischen Arbeit, Profilierung der Spezialisten zur Durchführung von Analysearbeiten für die Evaluierung und Zertifizierung informationstechnischer Systeme;
- Präzisierung der Aufgaben des ZCO für das Gebiet der DDR und nach der Vereinigung wegen besonderer Bedingungen in einem Übergangszeitraum für das Gebiet der ehemaligen DDR,
- Ordnungsgemäße Rückführung und Vernichtung von Chiffriertechnik und -mitteln entsprechend gültigen Sicherheitsbestimmungen.

W. Killmann und W. Stephan, *Das DDR-Chiffriergerät T-310*,
https://doi.org/10.1007/978-3-662-67584-7_F

Daraus sind für das Zentrale Chiffrierorgan folgende Aufgaben abzuleiten:

1. Erarbeitung einer Bedrohungsanalyse als Grundlage für die weitere Arbeit des ZCO sowie zur Unterstützung der Behandlung des Ministerratsbeschlusses über das Chiffrierwesen der DDR und die Gewährleistung der Sicherheit informationstechnischer Systeme
V.: Abt. 1 T.: 10. 06. 90 M.: Abt. 2 bis 4, 8
2. Einarbeitung ggf. erforderlicher Änderungen in den Entwurf des Ministerratsbeschlusses, Erstellung einer Zuarbeit über Verantwortlichkeit und Aufgaben einer aus dem Bestand des ZCO zu bildenden Nachfolgeeinrichtungen des ZCO für den Übergangszeitraum ca. bis 1993/94 als Grundlage für die Fixierung des Problems im Einigungsvertrag
V.: Abt. 1 T.: 15. 8. 90 M.: Abt. 2 bis 8
3. Fortführung der Aufgaben zur Entwicklung und Analyse der Algorithmen LAMBDA und DELTA. Einbeziehung der Algorithmen FEAL und MASSEY in die Untersuchungen
V.: Abt. 2
4. Durchführung eines Schulungszyklusses zu Sicherheitsstrategien, IT-Sicherheitskriterien der ZSI und der durch das ZCO erarbeiteten Bedrohungsanalyse
V.: Abt. 1 T.: 14. 9. 90 M.: Abt. 2 bis 4, 7, 8
5. Erarbeitung einer Strategie zur Umprofilierung der wissenschaftlichen und wissenschaftlich-technischen Aufgaben des ZCO auf Analyse-, Evaluations- und Zertifikationsaufgaben
V.: Abt. 2 T.: 20. 9. 90 M.: Abt. 1, 3, 4, 7
6. Weiterführung der Entwicklungsarbeiten zu den Themen
T-314 mit Anschlußmöglichkeiten an Datenübertragungseinrichtungen, Fernkopier- und Vocodertechnik in der Schnittstelle V.24, 12/90 Nutzung der Geräte im staatlichen Bereich, Durchführung der erforderlichen Analysearbeiten 12/90 Evaluation der Lösung,
T-325 Einsatz mit Vocoder, siehe T-314
T-316 Abschluß der Produktionseinführung, Vorbereitung der Abnahme der Geräte beim Hersteller, Vorbereitung des Einsatzes der Geräte beim Nutzer 11/90, Realisierung des Rahmenvertrages über die kommerzielle Nutzung des Gerätes mit der Steremat-GmbH 8/90, Abschluß der Analysearbeiten 11/90, Evaluation
T-316 M, Abschluß eines Vertrages mit der Steremat-GmbH über die Vermarktung der Entwicklungsergebnisse 10/90, Abschluß der Entwicklungsarbeiten an den Mustergeräten bzgl. Hard- und Software 9/90, Prüfung der Möglichkeiten und Fixierung der Bedingungen für einen möglichen staatlichen Einsatz der Geräte 11/90, Evaluation der Lösung
T-330/K Weiterführung der Entwicklungsarbeiten, Schaffung der Voraussetzungen zur Evaluation der Lösung, Aufbereitung der Entwicklungsergebnisse

für eine Zusammenarbeit mit der ZSI
KENDO/P Abschluß des Vertrages mit ASCOTA-GmbH 9/90,
T-310/50 Vorbereitung des Einsatzes der Geräte in neuen staatlichen Bereichen in Abhängigkeit von Festlegungen der ZSI. Weiterarbeit an den Entwicklungsaufgaben VU 1 bis 4 entsprechend Erfordernissen und neuen Einsatzbedingungen für das Gerät
V.: Abt. 3 T.: entsprechend Vorgaben und M.: Abt. 1, 2, 4 bis 8 vertraglichen Vereinbarungen
KRAKE Abschluß der Entwicklungsarbeiten 10/90, Evaluation der Lösung,
T-310/50 Realisierung der Verpflichtungen gegenüber der ZSI, Erarbeitung aller Unterlagen für eine Zertifizierung durch die ZSI
V.: Abt. 2 T.: entsprechend Vorgaben

7. Weiterführung der theoretischen Arbeiten zur Ausstrahlungssicherheit und des Ausbaus der materiell-technischen Basis. Durchführung der Wiederholungsmessungen am Gerät T-310/50.
   V.: Abt. 4 T.: Messungen 8/90
8. Vorbereitung der für den Monat August geplanten Beratungen mit der ZSI zur Sprachchiffriertechnik, Ausstrahlungssicherheit und Schlüsselmittelproduktion, Auswertung der Ergebnisse und Festlegungen weiterer Maßnahmen.
   V.: Abt. 3, bis 6 T.: 8/90
9. Erarbeitung einer Konzeption zur Erfassung, Rückführung, Zwischenlagerung, Vernichtung, Verschrottung nicht mehr benötigter Chiffriertechnik und -mittel. Abschätzung der für die Umsetzung der Konzeption erforderlichen Kräfte, Mittel und Fristen.
   V.: Abt. 5 T.: 28. 9. 90 M.: Abt. 1 bis4, 6 bis 9
10. Erarbeitung von Technologien zur Vernichtung von nicht mehr benötigter Chiffriertechnik, Abschätzung des für die Vernichtung der jeweiligen Geräte erforderlichen Aufwandes.
    V.: Abt. 7 T.: 28. 9. 90
11. Abstimmung der im Entwurf des Ministerratsbeschlusses über das Chiffrierwesen der DDR und die Gewährleistung der Sicherheit informationstechnischer Systeme festgelegten Verantwortlichkeiten und Aufgaben für das ZCO mit den Gebieten Geheimschutz, Spionageabwehr, Datenschutz und Datensicherheit eingereichten bzw. beabsichtigten Regelungen (s. Entwurf MR-Beschluß, Pkt. 2.).
    V.: Abt. 1, 8 T..: 9/90
12. Organisation des Chiffrierwesens in der DDR gemäß den neuen Verwaltungsstrukturen. Erarbeitung einer Vorlage zur Bestätigung durch den Minister.
    V.: Abt. 8, 1 T.: 14. 9. 90
13. Vorbereitung, Durchführung und Umsetzung der Ergebnisse der Beratung mit dem Chiffrierorgan der UdSSR zur Vorbereitung der Regierungsvereinbarung über die Aussonderung sowjetischer Chiffriertechnik.
    V.: Ltg. des ZCO T.: 8/90 M.: Organisation Abt. 1 Zuarbeit Abt. 1 bis 8

14. Vorbereitende Arbeiten zur Ausarbeitung einer Struktur des ZCO, die den Festlegungen des Ministerratsbeschlusses und den Bedingungen für die Übergangsphase entspricht. Erarbeitung eines ersten Entwurfes für das ZCO bzw. einer auf der Basis des ZCO entstehenden Nachfolgeorganisation.
V.: Ltg. ZCO T.: 28. 9. 90 M.: Abt. 1 bis 9
gez. Zimmermann VP-Direktor

Abkürzungen

G

BF	Boolesche Funktion
BSI	Bundesamt für die Sicherheit in der Informationstechnik
BStU	Bundesbeauftragte für die Unterlagen des Staatssicherheitsdienstes der ehemaligen Deutschen Demokratischen Republik
CA	Chiffrieralgorithmus
CV	Chiffrierverfahren
EG	Effektivitätsgebiet
eEG	echtes Effektivitätsgebiet
ES	Erzeugendensystem
GZ	Gleichungszyklus
GVS	Geheime Verschlusssache
I-Gebiet	Imprimitivitätsgebiet
I-System	Imprimitivitätssystem
IV	Initialisierungsvektor
KE	Komplizierungseinheit
KES	Karteneinschub
LZS	Langzeitschlüssel
MfS	Ministerium für Staatssicherheit
MK	Markov-Ketten
MCh	Markov-Chiffren
NVA	Nationale Volksarmee

W. Killmann und W. Stephan, *Das DDR-Chiffriergerät T-310*,
https://doi.org/10.1007/978-3-662-67584-7_G

OTF	Operativ-technische Forderungen
PBS	Prüf- und Blockiersystem
PZG	Pseudozufallsgenerator
SRF	lineares Schieberegister
TPM	Totale Probier-Methode
TTF	Technisch-taktische Forderungen
VVS	Vertrauliche Verschlusssache
ZCO	Zentrales Chiffrierorgan
ZfCh	Zentralstelle für das Chiffrierwesen
ZG	Zufallsgenerator
ZS	Zeitschlüssel
ZSI	Zentralstelle für Sicherheit in der Informationstechnik

Literatur

1. J. Albes, dpa.2021. Enigmas Erben – DDR-Verschlüsselungsmaschinen beim Klassenfeind. https://www.heise.de/news/Enigmas-Erben-DDR-Verschluesselungsmaschinen-beim-Klassenfeind-5048022.html.
2. J. Araujo u. a. Imprimitive Permutations in Primitive Groups. J. Alg. Vol. 486, 2017, 396–416.
3. R. Anderson. Security engineering: a guide to building dependable distributed systems. ISBN 0-471-38922-6. Wiley Computing Publishing, 2001.
4. A. Arbib. Algebraische Theorie abstrakter Automaten, formaler Sprachen und Halbgruppen. Copyright 1968 by ACADEMIC PRESS INC. Akademie-Verlag Berlin, 1973.
5. R. Aragona, A. Caranti, M. Sala. The Group Generated by the Round Functions of a GOST-Like Cipher. In: Annali di Matematica Pura ed Applicata 196.1 (2017), S. 1–17.
6. Vorsitzender des Ministerrats der DDR. Anordnung über das Chiffrierwesen der Deutschen Demokratischen Republik, GVS B-2-128/77
7. L. Babai. The Probability of Generating the Symmetric Group. In: Journal of Combinatorial Theory Series A 52 (1989), S. 148–153.
8. A. V. Babash. Periods of output sequences of an automaton for given periodic input sequence. In: Discrete mathematics and applications 19.6 (2009), S. 631–652.
9. A. V. Babash und G. P. Shankin. Kriptografija. SOLON-R. Seria Knig Aspekty Zaschtschity. ISBN 5-93455-135-3. 2002.
10. D. Bochmann. Einführung in die strukturelle Automatentheorie. ISBN 3-446-11981-7. VEB Verlag Technik, Berlin, 1975.
11. D. Bochmann, Ch. Posthoff und A. Zakrevskij. Boolesche Gleichungen Theorie Anwendungen Algorithmen. ISBN 3-211-95815-0. VEB Verlag Technik, Berlin, 1984.
12. D. Bochmann und Ch. Posthoff. Binäre dynamische Systeme. ISBN 3-486-25071-X. Akademie, Berlin, 1981.
13. A. Charisius und J. Mader. Nicht länger geheim. 2. Auflage. ISBN 3-929161-77-X. Militärverlag der DDR, Berlin, 1975.
14. N. T. Courtois. Cold War Crypto, Correlation Attacks, DC, LC, T-310, Weak Keys and Backdoors. University College Londen, UK. 2017.
15. N. T. Courtois u. a. Cryptographic Security Analysis of T-310. 2018. https://eprint.iacr.org/2017/440.pdf.
16. N. T. Courtois und M.-B. Oprisanu. Ciphertext-only attacks and weak long-term keys in T-310. In: Cryptologia 42.4 (2018), S. 316–336.

W. Killmann und W. Stephan, *Das DDR-Chiffriergerät T-310*,
https://doi.org/10.1007/978-3-662-67584-7

17. N. T. Courtois. Linear cryptanalysis and block cipher design in East Germany in the 1970s. In: Cryptologia 43.1 (2019), S. 2–22.
18. N. T. Courtois. Slide attacks and LC weak keys in T-310. In: Cryptologia 43.3 (2019), S. 175–189.
19. N. T. Courtois und M. Georgiou. Constructive Non-Linear Polynomial Cryptanalysis of a Historical Block Cipher. Cornell University. 2019. arXiv:1902.02748.
20. N. T. Courtois und A. Patrick. Lack of Unique Factorization as a Tool in Block Cipher Cryptanalysis. Cornell University. 2019. arXiv:1905.04684 [cs.CR].
21. N. T. Courtois, M. Scarlata und M. Georgiou. How Many Weak-Keys Exist in T-310? In: Tatra Mountins 73 (2019), S. 61–82.
22. N. T. Courtois. Invariant Hopping Attacks on Block Ciphers. Cornell University. 2020. arXiv:2002.03212v1 [cs.CR].
23. N. T. Courtois und M. Georgiou. Variable elimination strategies and construction of nonlinear polynomial invariant attacks on T-310. In: Cryptologia 44.1 (2020), S. 20–38.
24. N. T. Courtois. A nonlinear invariant attack on T-310 with the original Boolean function. In: Cryptologia 45.2 (2021), S. 178–192.
25. J. Daemen und V. Rijmen. The Design of Rijndael. ISBN 3-540-42580-2. Springer, Berlin, 2002.
26. J. Diester und M. Karle. Plan B. ISBN 978-3-86950-164-2, 2013, Verlagsanstalt Handwerk GmbH.
27. J. D. Dixon. The probability of generating the symmetric group. In: Math. Z. 110 (1969), S. 199–205.
28. V. Dolmatov. GOST 28147-89: Encryption, Decryption and Message Authentication Code (MAC) Algorithms. Cryptocom, Ltd. 2010. https://tools.ietf.org/html/rfc5830.
29. J. Drobick. LAMBDA DOKU. Umfangreiche Dokumentation zum Chiffrierwesen der DDR. 2019. http://scz.bplaced.net/des.html#lambda, abgerufen 2023-06-21.
30. J. Drobick. T310 / 50 ARGON DOKU. 2019. http://scz.bplaced.net/t310.html, abgerufen 2023-06-2l.
31. K. Eichner und A. Dobbert. Headquarters Germany. Rote Reihe. ISBN 3-929161-77-X. edition ost, Berlin, 1997.
32. H. Feistel. Cryptography and Computer privacy, Scientific American, May 1973.
33. W. Feller. An Introduction to Probability Theory and Its Applications. Volume I, Second Edition. Wiley, New York, 1958.
34. P. Flajolet und A. Odlyzko. Random Mapping Statistics. In: EUROCRYPT '89. LNCS 434. Springer, Berlin, 1990, S. 329–354.
35. W. M. Fomintchev. Diskretnaja matematika i Kriptologija. ISBN 5-86404-185-8. Dialog Mifi, 2003.
36. S. W. Golomb. Shift Register Sequences. Holden-Day, Inc., 1967.
37. F.-P. Heider, D. Kraus und M. Welschenbach. Mathematische Methoden der Kryptoanalyse. ISBN-13: 978-3-528-03601-0. Vieweg, Wiesbaden, 1985.
38. G. Hornauer, W. Stephan und R. Wernsdorf. Markov Ciphers and Alternating Groups. In: EUROCRYPT '93. LNCS 765. Springer, Berlin, 1994, S. 453–460.
39. A. Hulpke. Techniques for the Computation of Galois Groups. In: Algorithmic Algebra and Number Theory. Hrsg. von Hiss G. Matzat B. H. Greuel G. M. Springer, Berlin, Heidelberg, 1999.
40. Institut für Regelungstechnik. Vorläufiges Pflichtenheft T 310/50 (Leistungsstufe A2) Chiffrator. Techn. Ber. GVS B 253 – 09/77. KEAW, 1977.
41. Institut für Regelungstechnik. K-Pflichtenheft T 310/50, Chiffrator. Techn. Ber. GVS B 253-64/78. BStU Archiv der Zentralstelle MfS – Abt. XI, Nr. 678. VEB Steremat Berlin Herrmann Schlimme, 1978.
42. ISO/IEC 18033-1:2021(E). Information security - Encryption algorithms – Part 1: General, 2021.
43. ITU-T: Information Technology – Open Systems Interconnection – Basic Reference Model: The Basic Model, ITU-T recommendation X.200, 07/94.

44. D. Kahn. The Codebreakers. The story of secret writing. ISBN 0-684-83130-9. Scribner, 1996.
45. W. Killmann. On security aspects of the ciphers T-310 and SKS with approved long-term keys. In: Cryptologia (2023), S. 1–33.
46. W. Killmann. The History of the Development and the Analysis of the Cipher Machine T-310 and the Cipher ARGON by the ZCO, angenommen zur HISTOCRYPT 2023.
47. W. Killmann und W. Schindler. A proposal for: Functionality classes for random number generators. Techn. Ber. Version 2.0. BSI. 2011.
48. V. F. Kolchin. Random mappings. ISBN 0-911575-16-2. Springer Berlin, Heidelberg, New York, 1986.
49. V. F. Kolchin, B. A. Sewastjanow, B. P. Tschistjakow. Slutschainye Rasmeschtschenija. Nauka, Moskau, 1976.
50. Kryptographische Methoden der Datensicherung in der Telekommunikation, Vortragsmanuskripte. Informationsheft Zentrum für Telekommunikation. Telekom. Bundespost TELEKOM, Zentrum für Telekommunikation, 1989.
51. X. Lai. On the Design and Security of Block Ciphers. ETH Series in information processing, Vol. 1. Hartung-Gorre, Konstanz, 1992.
52. O. Leiberich. Vom diplomatischen Code bis zur Falltürfunktion. In: Spektrum der Wissenschaften, Dossier 4 (2001), S. 30–31.
53. M. Matsui. Linear Cryptanalysis Method for DES Cipher. In: Proceeding EUROCRYPT '93 Workshop on the theory and application of cryptographic techniques on Advances in cryptology. LNCS, volume 765. Springer, Berlin, 1984, S. 386–397.
54. A. J. Menezes, P. C. van Oorschot und S. A. Vanstone. Handbook of applied cryptography. ISBN 0-8493-8523-7. CRC Press, 1997.
55. Ministerium für Wissenschaft und Technik. Nomenklatur der Arbeitsstufen und Leistungen von Aufgaben des Planes Wissenschaft und Technik. MfWT, 1975. 1975.
56. A. Mukhopadhyay. Recent developments in switching theory. ISBN 012509850. Academic Press, 1971.
57. A. Müller. Wellenkrieg. Agentenfunk und Funkaufklärung des Bundesnachrichtendienstes 1945–1968. Veröffentlichungen der Unabhängigen Historikerkommission zur Geschichte der Erforschung des Bundesnachrichtendienstes 1945–1968, Band 5. ISBN-978-3-86153-947-6. Ch. Links, Berlin, 2017.
58. P. H. Müller. Lexikon der Stochastik. Akademie, Berlin, 1975.
59. NIST. Special Publication Security Requirements For Cryptographic Modules. Techn. Ber. FIPS PUB 140-1. NIST, 1994.
60. NIST. Recommendation for Block Cipher Modes of Operation. Techn. Ber. Special Publication 800-38A. NIST, 2001.
61. M. Rosenbach und H. Stark. Von Mielke zu Merkel. In: Der Spiegel 39 (2010), S. 30–31.
62. A. Rukhin u. a. A Statistical Test Suite for Random and Pseudorandom Number Generators for Cryptographic Applications. Techn. Ber. NIST SP 800-22 Rev. 1a. NIST, 2010.
63. O. S. Rothaus. On Bent Functions. In: Journal of Combinatorical Theory A.20 (1976), S. 300–305.
64. V. N. Satschkov. Verojatnostnye metody v kombinatornom analyze. Nauka, 1978.
65. L. Sachs und J. Hedderich. Angewandte Statistik, Methodensammlung mit R. Springer, 2006.
66. K. Schmeh. Codeknacker gegen Codemacher. ISBN-13: 978-3937137896. W3L, Dortmund, 2007.
67. K. Schmeh. Cold War Cryptography. 44CON Information Security Conference. 2019. www.youtube.com/watchv=VEmsZj9UK2Y aufgerufen 2023-06-21.
68. K. Schmeh. Die Erben der Enigma. secunet. 2007.
69. K. Schmeh. The East German Encryption Machine T-310 and the Algorithm It Used. In: Cryptologia 30.3 (2006), S. 251–257.
70. B. Schneier. Applied Cryptography: Protocols, Algorithms and Source Code in C. ISBN-0471128457. Wiley, New York, 1996.
71. P. H. Starke. Abstrakte Automaten. VEB Deutscher Verlag der Wissenschaften, Berlin, 1969.

72. V. E. Stepanov. Limit Distributions of Certain Charakteristics of Random Mappings. In: Theory of Probability and Its Applications. Vol. 14, No. 4. Society for Industrial und Applied Mathematics, 1969, S. 612–626.
73. W. Stephan. Use of T-310 Encryption During German Reunification 1990. In Proceedings of the 5th International Conference on Historical Cryptology HistoCrypt 2022, Linköping Electronic Conference Proceedings 188.
74. R. Wernsdorf. The One-Round Functions of the DES Generate the Alternating Group. In: EUROCRYPT 1992. LNCS 658. auch in Complementation-Like and Cyclic Properties of AES Round Functions, S. 143–148, Springer, Berlin, 2002. Springer, Berlin, 1993, S. 99–112.
75. R. Wernsdorf. The Round Functions of RIJNDAEL Generate the Alternating Group. In: EUROCRYPT '93. LNCS 658. Springer, Berlin, 1994, S. 99–112.
76. H. Wielandt. Finite Permutation Groups. Academic Press, 1964.
77. ZCO. Über eine Permutationsgruppe und ihre kryptologische Anwendung (russ.). Techn. Ber. GVS ZCO-075/75. 1975.
78. ZCO. Ref 11. Beschreibung der Chiffrieralgorithmenklasse ALPHA. Techn. Ber. GVS 020-XI/415/75. 1975.
79. ZCO. Ergebnisse der Untersuchung der Chiffrieralgorithmenklasse ALPHA (russ.). Techn. Ber. GVS ZCO-198/77. 1977
80. ZCO. T 310 LZS-Technologie.1980. BStU Archiv der Zentralstelle MfS - Abt. XI, Nr. 598.
81. ZCO. AG 113. Langzeitschlüsselklassen KT1 und KT2. Techn. Ber. GVS 020-XI/553/80. 1980.
82. ZCO. Klasse ALPHA: Langzeitschlüsselverzeichnis. GVS MfS 020 Nr. XI/127/76. 1976–1990.
83. ZCO. Kryptologische Dokumentation des LZS 25. GVS B434-400/81. 1981.
84. ZCO. Der LZS im Gerät T 310/50 einschl. Ergänzungsblätter. GVS MfS-20-Nr/XI/596/85.1985. BStU Archiv der Zentralstelle MfS – Abt. XI Nr. 596.
85. ZCO. AKG. 100 Grundbegriffe des Chiffrierwesens. ZCO 1989. http://scz.bplaced.net/fachbegriffe#grundbegriff, abgerufen 2023-06-21.
86. ZCO. Fachbegriffe des Chiffrierwesens. Techn. Ber. VVS - ZCO/407/71. http://scz.bplaced.net/fachbegriffe.html1971, abgerufen 2023-06-21.
87. ZCO. Abt. XI. Rückflußinformation Nr.2/88. Hinweise zur Nutzung des Verfahrens ARGON. 1988. http://scz.bplaced.net/ke-sks-t310.htm, abgerufen 2023-06-21.
88. ZCO. Abt. XI. Taktisch-technische Forderungen T-310. Techn. Ber. GVS MfS 020 XI/767/74. MfS, Abt. XI, 1974. BStU Archiv der Zentralstelle MfS – Abt. XI – 801.
89. ZCO. Ref 101. Periodiziätseigenschaften in ALPHA (russisch). Techn. Ber. GVS 129/86.
90. ZCO. Ref 101. Schlüssläquivalanzen in ALPHA (russisch). Techn. Ber. GVS 609/86.
91. ZCO. Ref 102. Über Äquivalenzrelationen von Schlüsseln im Chiffrieralgorithmus T-310. Techn. Ber. GVS-0020 MfS-Nr. XI/253/87. 1987. BStU Archiv der Zentralstelle MfS – Abt. XI – 599.
92. ZCO. Ref 102. Einschätzung des Standes der Analyse von Algorithmen der Chiffrieralgorithmenklasse ALPHA. Techn. Ber. GVS-0020 MfS-Nr. XI/369/86. BStU Archiv der Zentralstelle MfS – Abt. XI – 599.
93. ZCO. Abt. XI/10. Algorithmus zur Herstellung von Zeitschlüsseln in Form von Bitfolgen. Techn. Ber. GVS-0020 MfS-Nr. XI/012/78. http://scz.bplaced.net/schluessel.html, abgerufen 2023-06-21.
94. ZCO. Abt. Z. Beschluß zur Freigabe des Gerätes T-310/50 mit dem Chiffrierverfahren ADRIA für den Einsatz im nichtstaatlich organisierten Chiffrierwesen. Techn. Ber.1990. BStU Archiv der Zentralstelle MfS – Abt. XI, Nr. 551.
95. ZCO. Arbeitsmaterial gegnerische Angriffe. Techn. Ber. Quelle nicht verfügbar, 1984.
96. ZCO. Bedienungsanweisung BT. Techn. Ber. VVS B 434-082/84. Harnekop NVA Museum, 1984.
97. ZCO. Bedienungsanweisung BT, Kurzfassung. Techn. Ber. VVS B 434-274/84. Harnekop NVA Museum. 1984.

98. ZCO. Forderungen an die Entwicklung des Gerätes T-310. Techn. Ber. ZCO GVS 226/76. 1976. BStU Archiv der Zentralstelle MfS – Abt. XI 801.
99. ZCO. Gebrauchsanweisung ARGON (T 310/50). Techn. Ber. GVS B 434-081/83. Harnekop NVA Museum. 1983.
100. ZCO. Gerätesystem T 310/51, Teil V, Die Sicherheit des Verfahrens SAGA im System T 310/51-Fü 445 mit Fü-ZE. Techn. Ber. GVS-o020 MfS XI/167/87. ZCO, 1987.
101. ZCO. Gebrauchsanweisung SAGA (T 310/51). Techn. Ber. GVS B434-238/85. 1985.
102. ZCO. Einige Eigenschaften der Grundabbildung in Chiffrieralgorithmen der Klasse ALPHA (russ). Streng geheim Reg.-Nr.: ZCO/008/88. 1988. BStU Archiv der Zentralstelle MfS – Abt. XI – 599.
103. ZCO. Gerätesystem T310/50 Installationsvorschrift. Techn. Ber. VVS B 434-143/86.1986. Harnekop NVA Museum.
104. ZCO. Gerätesystem T310/50 Installationsvorschrift (1. Ergänzung – Zentrale Chiffrierstellen). Techn. Ber. VVS B 434-065/83, 1983 abgestuft als Dienstsache. Harnekop NVA Museum.
105. ZCO. Abt. XI/1. Analyse der Bedienhandlungen am Gerätesystem T 310/50 und deren Konsequenzen für die Gewährleistung der Sicherheit der zu übertragenden Informationen. Techn. Ber. GVS MfS-Nr. XI/113/85.1985 . BStU Archiv der Zentralstelle MfS – Abt. XI – 665.
106. ZCO. Kryptologische Analyse des Chiffrators des Systems OPERATION. GVS MfS-20-Nr/XI/47/73 BStU Archiv der Zentralstelle MfS – Abt. XI Nr. 183.
107. ZCO. Kryptologische Analyse des Chiffrators des Systems OPERATION, Erste Ergänzung GVS MfS-20-Nr/XI/76/74 BStU Archiv der Zentralstelle MfS – Abt. XI Nr. 183.
108. ZCO. Schulungsanleitung Verfahren ARGON (T 310/50). Techn. Ber. VVS B 434-416/84. 1984. Harnekop NVA Museum.
109. ZCO. Hauptergebnisse der mathematisch-kryptologischen Analyse des Chiffrieralgorithmus T 310, Berlin 14. August 1990, Geheim b999-0024/90 BStU Archiv der Zentralstelle MfS – Abt. XI-599.
110. ZCO. Referat 11. Charakterisierung der Booleschen Funktion Z. Techn. Ber. GVS-020 MfS-Nr. XI/493/76. BStU Archiv der Zentralstelle MfS – HA XI, Nr. 621. ZCO, 1976.
111. ZCO. Referat 11. Kryptologische Analyse des Chiffriergeräts T-310/50. Techn. Ber. GVS ZCO Nr. 402/80. BStU Archiv der Zentralstelle MfS – Abt. XI, Nr. AR3 594. 1980.
112. ZCO. Technische Analyse des PBS des Chiffrators T-310/50. Techn. Ber. GVS XI/356/83.
113. ZCO. AG 112. Der Zufallsgenerator im Gerät T 310/50. Techn. Ber. GVS-o020 MfS XI/765/84, abgestuft als Dienstsache. BStU Archiv der Zentralstelle MfS – Abt. XI, Nr. 596.
114. ZCO. Ergebnisse der Störspannungsmessungen T-310, selektive Weiterentwicklung. Techn. Ber. GVS 434 670/82, 1982 BStU Archiv der Zentralstelle MfS Abt. XI, Nr. 186.
115. ZCO. Übersprechdämpfung T 310/50. GVS MfS-20-Nr/XI/223/86. 1986 BStU Archiv der Zentralstelle MfS – Abt. XI Nr. 596.
116. ZCO. AG 113. Sachstandsbericht zur Arbeit am Chiffrieralgorithmus des Geräts T310. Techn. Ber. GVS - XI/674/76. BStU Archiv der Zentralstelle MfS – Abt. XI, Nr. 532., 1976.
117. ZCO Referat 13. Kurzbeschreibung des Gerätes T032. Techn. Ber. GVS – XI/124/80. http://scz.bplaced.net, abgerufen 2023-06-21. 1980.
118. ZCO. AG 131. Untersuchungen zu dem durch die Programme S 416 bzw. P 51 realisierten Testsystem. Techn. 1976 Ber. GVS MfS-Nr. XI/604/76. BStU Archiv der Zentralstelle MfS – Abt. XI Nr. 665.
119. ZCO. Vereinbarung zwischen dem operativ-technischen Sektor des MfS (OTS), der Verwaltung für Staatssicherheit Groß-Berlin, Kreisdienststelle Berlin-Treptow und der Abt. XI. VVS MfS 201 Nr. B55/75, 1975. BStU Archiv der Zentralstelle MfS – AKG 4743.
120. ZCO. Über die Einfachheit des Automaten A(P, R, 1) der Klasse ALPHA, GVS ZCO-Nr. 124/79.
121. ZCO. Auskunftsbericht zur Sicherheit des Chiffrierverfahrens ARGON, Geheim b999-023/90, BStu Archiv der Zentralstelle MfS—Abt. XI 787.

Stichwortverzeichnis

W. Killmann und W. Stephan, *Das DDR-Chiffriergerät T-310*,
https://doi.org/10.1007/978-3-662-67584-7

Printed in the United States
by Baker & Taylor Publisher Services